U0314292

冶金工业出版社

普通高等教育"十四五"规划教材

环境保护与绿色化学

郝润龙 齐 萌 袁 博 编著

扫码获得数字资源

北 京

冶金工业出版社

2023

内 容 提 要

本书重点介绍了绿色化学和污染防治两方面内容，涉及环境、能源等自然科学与工程技术，主要内容包括：由环境问题引出绿色化学产生的背景；对人体有害的化学物质及防护方法；水、大气、土壤中污染物的迁移转化原理及主要污染物的控制技术；绿色化学原则及实现途径；绿色化学技术；化学工业可持续发展的方向。

本书可作为环境、化学等专业的教学使用，也可供有关专业的工程技术人员参考。

图书在版编目（CIP）数据

环境保护与绿色化学/郝润龙，齐萌，袁博编著. —北京：冶金工业出版社，2023.3

普通高等教育"十四五"规划教材

ISBN 978-7-5024-9408-7

Ⅰ.①环…　Ⅱ.①郝…　②齐…　③袁…　Ⅲ.①化学工业—无污染技术—高等学校—教材　Ⅳ.①X78

中国国家版本馆 CIP 数据核字（2023）第 027193 号

环境保护与绿色化学

出版发行	冶金工业出版社	**电　话**	(010)64027926
地　　址	北京市东城区嵩祝院北巷 39 号	**邮　编**	100009
网　　址	www.mip1953.com	**电子信箱**	service@mip1953.com

责任编辑　郭冬艳　美术编辑　吕欣童　版式设计　郑小利
责任校对　石　静　责任印制　禹　蕊
三河市双峰印刷装订有限公司印刷
2023 年 3 月第 1 版，2023 年 3 月第 1 次印刷

787mm×1092mm　1/16；16.25 印张；391 千字；249 页
定价 49.00 元

投稿电话　(010)64027932　投稿信箱　tougao@cnmip.com.cn
营销中心电话　(010)64044283
冶金工业出版社天猫旗舰店　yjgycbs.tmall.com
（本书如有印装质量问题，本社营销中心负责退换）

前　言

尽管化学品的使用可以追溯到古代文明时代，但直至大约 1800 年前，现代化学工业才开始逐步发展成为其他生产部门提供化学原料的工业类型。而化学工艺的飞速发展被认为起源于第二次工业革命时期，尽管这种发展的速度近年来已经开始大大减慢，但化工产业在人类的衣、食、住、行各方面都起着重要的作用，化工产业必不可少。化学及化学工业为人类创造了前所未有的巨大财富，满足了人类越来越高的生产和生活要求，但由于其使用的化学原料数量巨大、种类繁多，涉及的反应类型多样，如冷却、加热、蒸馏、蒸发、萃取、吸收、过滤、结晶和溶解等，因此生产过程中排出的废水、废气、废渣数量大，成分复杂，可能含有的有害物质较多。尤其是 20 世纪 50~60 年代，石油化学工业的兴起和迅速发展，更加剧了化学生产的环境污染问题。另外，化学产品的使用过程也可能对环境造成不同程度的危害。20 世纪，为人们所熟知的公害事件多是由于不当的化学生产导致的。因此在全球保护环境呼声日益高涨的今天，化学工业首当其冲，甚至被认为是造成环境问题的罪魁祸首，世界各国也纷纷加大了对化学生产及化学品使用的控制力度。进入 21 世纪，伴随经济繁荣、文明进步的辉煌景象同时，展现在人们面前的也有全球化的资源与环境问题，全球范围的生态环境的日益恶化与世界经济科技的高速增长已成为这个时代的特征。特别是发展中国家，这一特征表现得更为显著。而人类对于环境的治理，也开始逐步从末端治理发展至开发清洁的工业技术，即从源头削减污染，生产环境友好的产品。在这样的背景下，绿色化学应运而生，逐渐成为当代化工技术与化学研究的热点及科技前沿。绿色化学旨在利用化学的技术和方法减少或消除对人类及生态环境有害的原料、溶剂、试剂等的使用，同时减少或消除对人类及生态环境有害的产物、副产物的产生。绿色化学的终极目标在于从源头上阻止化学污染的产生，使人类社会获得可持续的发展。目前，绿色化学在环境污染防治方面的应用日益广泛。

　　高等教育发展的目标是培养出更多能肩负起历史重任、有创造性、能参与国际竞争的具有一定综合素质的高级专门人才。环境教育是综合素质教育不可或缺的一环，环境意识是当代学生综合素质的重要基础，当代大学生应为当代人类文明的发展承担起这一新的使命。新一代高级专门人才不仅应在观念上，更应在方法上，将自己的专业知识运用到国家或全球可持续发展战略的实施中去。人类所追求的新世纪高科技的标志之一就是与环境的协调程度，理工科的大学生们，特别是过程工业技术专业（如化工、建材、冶金、热能动力、轻纺、食品等专业）的学生，应该更加自觉地承担起这一使命，当然这也需要我们用先进的绿色理念与技术对他们实施优先的、重点的教育。

　　基于这样的想法，本书的内容较为宽泛，涉及环境、能源等自然科学与工程技术，甚至涉及生态学等社会科学。但是，为了便于目前高校 32~40 学时的授课，全书共组织了 6 个方面的内容：环境问题与绿色化学、化学与人类健康、环境化学原理与污染物控制绿色化学 12 条原则、绿色化学技术、化学与可持续发展。本书使用对象主要为理工院校的学生，其内容偏重技术，特别是关于环境污染防治和绿色化学技术。为了便于学生学习，各章后面有习题，可供课后讨论与复习。另外，附录中给出了一些重要的环境法规和环境标准目录，以方便学习者及时获得更多的知识和信息。

　　本书在编写过程中，得到了本校环境科学与工程系相关老师的大力支持，并对本书的编写提出了宝贵意见，同时参考了有关文献资料，在此向相关老师与文献作者一并致谢！

　　由于编者水平所限，书中不妥之处，恳请读者批评指正。

编　者

2022 年 11 月

目　　录

1 绪 论

1.1 环境问题与化学

1.1.1 化学工业的发展概况

可以说化学是关系人类生存的基础科学，是为人类提供材料和药品的科学，是人类借以认识自然、改造自然的科学。利用化学反应和过程来制造产品的化学过程工业（包括化学工业、精细化工、石油化工、制药工业、日用化工、橡胶工业、造纸工业、玻璃和建材工业、钢铁工业、纺织工业、皮革工业、饮食工业等）在发达国家中占有较大的份额。这个数字在美国超过30%，而且还不包括诸如电子、汽车、农业等要用到化工产品的相关工业的产值。发达国家从事研究与开发的科技人员中，化学、化工专家占一半左右。世界专利发明中有20%与化学有关。

我国著名化学家、南开大学校长杨石先教授说过，农、轻、重、吃、穿、用，样样都离不开化学。化学在我们中间，化学与我们同行。人类之衣、食、住、行、用无不与化学所掌管之成百化学元素及其所组成之万千化合物和无数的制剂、材料有关。房子是用水泥、玻璃、油漆等化学产品建造的。肥皂和牙膏是日用化学品，衣服是合成纤维制成并由合成染料上色的。饮用水必须经过化学检验以保证质量，食品则是由用化肥和农药生产的粮食制成的。维生素和药物也是由化学家合成的。交通工具更离不开化学。车辆的金属部件和油漆显然是化学品，车厢内的装潢通常是特种塑料或经化学制剂处理过的皮革制品，汽车的轮胎是由合成橡胶制成的，燃油和润滑油是含化学添加剂的石油化学产品，蓄电池是化学电源，尾气排放系统中用来降低污染的催化转化器装有用铂、铑和其他一些物质组成的催化剂，它可将汽车尾气中的氧化氮、一氧化碳和未燃尽的碳氢化合物转化成低毒害的物质。飞机则需要用质量轻的铝合金来制造，还需要特种塑料和特种燃油。书刊、报纸是用化学家所发明的油墨和经化学方法生产出的纸张印制而成的。摄影胶片是涂有感光化学品的塑料片，它们能被光所敏化，所以在曝光时和在用显影药剂冲洗时，它们就会发生特定的化学反应。彩电和电脑显示器的显像管是由玻璃和荧光材料制成的，这些材料在电子束袭击时可发出不同颜色的光。VCD光盘是由特殊的信息存储材料制成的。参加体育活动时穿的跑步鞋、溜冰鞋、运动服、乒乓球、羽毛球等也都离不开现代合成材料和涂料。甚至人类，也是由化学元素组成的。

现代化学工业的发展起源于工业革命时期，并发展成为其他工业部门提供化学原料的产业，比如制肥皂所用的碱，棉布生产所用的漂白粉，玻璃制造业所用的硅及碳酸钠。最开始人类化工制造的是这些无机物。而有机化学工业的发展是在19世纪60年代，以William Henry Perkin发现了第一种合成染料——苯胺紫，并加以开发利用为标志。20世纪初，德国曾花费大量资金用于实用化学方面的重点研究，其中新染料的发现以及硫酸的接触法生产和氨的哈伯生产工艺的发展使之成为当时化学工业最发达的国家，到 1914 年，第一次世界大战的爆发，对以氨为基础的化合物的需求飞速增长，德国的化学工业在世界化学产品市场上占有 75%的份额。这种快速的改变一直持续到战后。1950 年以来，化学工业更是一直以引人注目的速度飞速发展。化学工业的这种迅猛发展主要是由于石油化学领域的研究和人们对于有机合成高聚物如聚乙烯、聚丙烯、尼龙、聚酯和环氧树脂的需求大大增加。但随着人类物质产品的极大丰富，这种发展的速度近年来已经大大减慢。具体来讲，现代化学工业在如下几个领域的发展最为引人瞩目。

1.1.1.1 合成化学的发展

20 世纪合成化学发展迅速，给人类带来了巨大的物质财富。发现和创造的新反应、新合成方法不胜枚举，如超低温合成、超临界合成、高压合成、电解合成、光合成、声合成、微波合成、等离子体合成、固相合成、仿生合成、反应蒸馏合成、无溶剂合成等。现在，几乎所有的已知结构的天然化合物、具有特定功能的非天然化合物都能够通过化学合成的方法来获得。据美国化学文摘统计，到 1999 年 12 月 31 日，人类已知的化合物有 2340 万种，绝大多数是化学家合成的，几乎又创造出了一个新的自然界。合成化学为满足人类对物质的需求做出了重要贡献。纵观 20 世纪，合成化学领域共获得 10 项诺贝尔化学奖。

如 1965 年，有机合成大师 R. B. 伍德沃德（Woodward）通过其有机合成的独创思维和高超技艺，先后合成了奎宁、胆固醇、可的松、叶绿素和利血平等一系列复杂有机化合物而荣获诺贝尔化学奖。获奖后他又提出了分子轨道对称守恒原理，并合成了维生素 B_{12} 等，其结构图如图 1-1 所示。

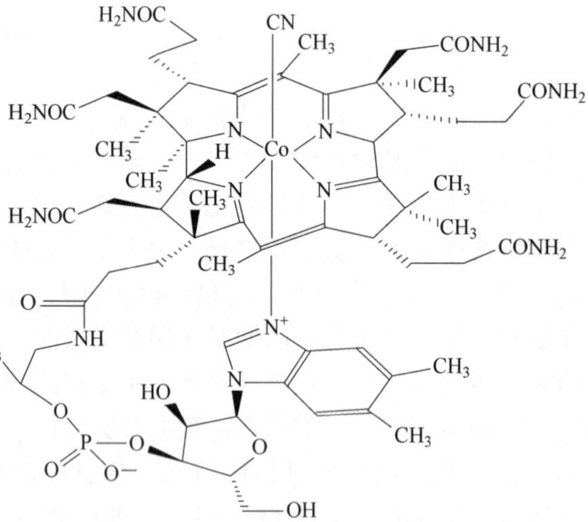

图 1-1 维生素 B_{12}结构图

又比如，1990 年由 Kishi 领导的 24 位研究生和博士后经过 8 年努力完成了 Paly-toxin（海葵毒素）的全合成，其结构图如图 1-2 所示。其分子式为 $C_{129}H_{223}N_3O_{54}$，相对分子质量为 2680 道尔顿，有 64 个不对称碳和 7 个骨架内双键，异构体数目多达 2^{71} 个。

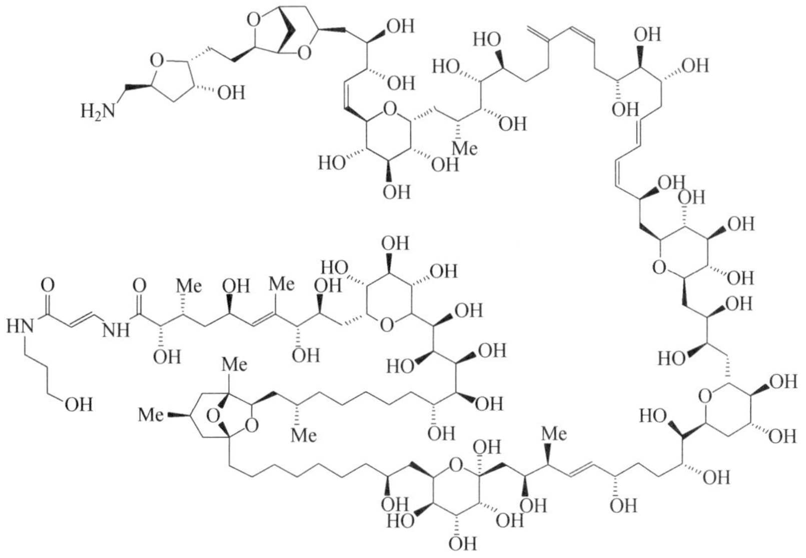

图 1-2　Paly-toxin(海葵毒素)结构图

1.1.1.2　核能的重大发现

核能的利用是 20 世纪在能源化学方面的一个重大突破,在该领域共产生了 6 项诺贝尔奖。如我们熟知的皮埃尔·居里夫妇发现了放射性比铀强 400 倍的钋,以及放射性比铀强 200 多万倍的镭,打开了 20 世纪原子物理学的大门,他们因此获得了 1903 年诺贝尔物理奖。居里夫人还测定了镭的原子量,建立了镭的放射性标准,积极提倡把镭用于医疗,使放射治疗得到了广泛应用,造福了人类。为表彰居里夫人在发现钋和镭、开拓放射化学新领域以及发展放射性元素应用方面的贡献,1911 年她被授予诺贝尔化学奖。居里夫妇的女儿与其丈夫,约里奥·居里夫妇用 β 射线轰击硼、铝、镁时发现产生了带有放射性的原子核,这是人类第一次用人工方法创造出放射性元素,为此荣获了 1935 年的诺贝尔化学奖。夫妻俩还于 1948 年领导创建了第一个核反应堆。

1.1.1.3　现代化学理论取得突破性进展

我们学习的经典化学理论,多来自于现代化学理论的研究成果。如 1954 年,鲍林(L. Pauling,1901～1994 年)由于在化学键本质研究和用化学键理论阐明物质结构方面的重大贡献而荣获了诺贝尔化学奖。他把量子力学应用于分子结构,把原子价理论扩展到金属和金属间化合物,提出了电负性概念和计算方法,创立了我们学习过的价键学说和杂化轨道理论。以及莫利肯运用量子力学方法,创立了原子轨道线性组合分子轨道的理论,阐明了分子的共价键本质和电子结构,由此获 1966 年诺贝尔化学奖。化学键和量子化学理论的发展足足花了半个世纪的时间,让化学家由浅入深,认识分子的本质及其相互作用的基本原理,从而让人们进入分子的理性设计的高层次领域,创造了新的功能分子,如药物设计、新材料设计等,这也是 20 世纪化学的一个重大突破。

研究化学反应是如何进行的,揭示化学反应的历程和研究物质的结构与其反应能力之间的关系,是控制化学反应过程的需要。在这一领域相继获得过 2 次诺贝尔化学奖。还有分子反应动态学，是从微观层次出发，深入到原子、分子的结构和内部运动、分子间相互作用和碰撞过程来研究化学反应的速率和机理。李远哲和赫希巴赫（Herschbach）首先发明了获得各种态信息的交叉分子束技术，并利用该技术 $F+H_2$ 的反应动力学，对化学反应的基本原理做出了重要贡献，被称为分子反应动力学发展中的里程碑。为此，李远哲、赫希巴赫（Herschbach）和波拉尼（Polany）共同获得 1986 年诺贝尔化学奖。

1.1.1.4　功能材料

人类在合成橡胶、合成塑料和合成纤维这三大合成高分子材料化学中取得了突破性的成就，由此获得 3 项诺贝尔化学奖。如 1953 年齐格勒（Ziegler）成功地在常温下用 $(C_2H_5)_8AlTiCl_4$ 作催化剂，将乙烯聚合成聚乙烯，从而发现了配位聚合反应。1955 年纳塔（Natta）将齐格勒催化剂改进为 $TiCl$ 和烷基铝体系，实现了丙烯的定向聚合，得到了高产率、高结晶度的全同构型的聚丙烯，将合成方法—聚合物结构—性能三者联系起来，成为高分子化学发展史中一项里程碑。为此，齐格勒和纳塔共获 1963 年诺贝尔化学奖。

1.1.1.5　对现代生命科学和生物技术的重大贡献

20 世纪生命化学的崛起给古老的生物学注入了新的活力，人们在分子水平上对生命奥秘的认识进一步加深。如 1953 年 J. D. Watson 和 H. C. Crick 提出了 DNA 分子双螺旋结构模型，这项重大成果对于生命科学具有划时代的意义，它为分子生物学和生物工程的发展奠定了基础，为整个生命科学带来了一场深刻的革命。20 世纪化学与生命科学相结合产生了一系列在分子层次上研究生命问题的新学科，如生物化学、分子生物学、化学生物学、生物有机化学、生物无机化学、生物分析化学等。在研究生命科学的领域里，化学不仅提供了技术和方法，而且还提供了理论。

1.1.1.6　对人类健康的贡献

20 世纪初由于对分子结构和药理作用的深入研究，药物化学迅速发展，并成为化学学科一个重要领域。1909 年德国化学家艾里希合成出了治疗梅毒的特效药物胂凡纳明。20 世纪 30 年代以来化学家从染料出发，创造出了一系列磺胺药，使许多细菌性传染病特别是肺炎、流行性脑炎、细菌性痢疾等长期危害人类健康和生命的疾病得到控制。青霉素、链霉素、金霉素、氯霉素、头孢菌素等抗生素的发明，为人类的健康做出了巨大贡献。据不完全统计，20 世纪化学家通过合成、半合成或从动植物、微生物中提取而得到的临床有效的化学药物超过 2 万种，常用的就有 1000 余种，而且这个数目还在快速增加。

1.1.2　化学未来的发展趋势

未来化学在人类生存、生存质量和生存安全方面将以新的思路、观念和方式继续发挥核心科学的作用。应该说，20 世纪的化学科学在保证人类衣食住行需求、提高人类生活水平和健康状态等方面起了重大作用，21 世纪人类所面临的粮食、人口、环境、资源和能源等问题将更加严重，这些难题的解决要依赖各个学科，要依靠研究物质基础的化学学科。

可以预计 21 世纪学科发展的特点将是各学科纵横交叉去解决实际问题。对于化学学科，将是其自身的继续发展和与相关学科融合发展相结合；化学学科内部的传统分支的继续发展和作为整体发展相结合；研究科学基本问题和解决实际问题相结合。

　　面对日益增长的各种功能材料的需要，合成化学在研究内容、目标和思路上要有大的改变。未来合成化学要能够根据需要（功能）去设计、合成新结构。合成化学不仅要研究传统的分子合成化学，也应研究高级结构（分子以上层次），特别是高级有序结构的构筑学（tectonics）。组合化学是基于与传统的合成思路相反的反向思维，加上固相合成技术，并受生物学大规模平行操作启发而产生的，它在新药物、新农药、新催化剂等的研究领域已初步显示出强大的生命力，这方面的研究将是一个新的生长点。此外，发现和寻找新的合成方法是一个永久课题。

　　复杂化学体系的研究。目前，数学、物理、生物学以至金融、社会学都在研究复杂性问题。复杂性具有多组分、多反应和多物种的特征。结构复杂性的特征主要是多层次的有序高级结构；而过程复杂性主要是复杂系统参与化学反应时所表现的过程，它由时空有序的受控的一系列事件构成；状态变化的复杂性又是过程复杂性的表现。这些特点在生物和无生物系统中广泛存在，在工农业生产和医疗、环境等领域中也是无处不在，所以研究复杂系统的化学过程具有普遍意义。未来化学要在研究分子层次的结构的基础上，阐明分子以上层次结构和结构变化的化学基础，以及结构、性质与功能的关系。物理学从纳米材料的研究结果发现当物体分割到纳米尺寸时微粒的性质有突变，进一步提出了量子尺寸效应。多年来化学家认为性质就是由原子结构的分子结构所决定的，事实上很多现象早已说明化学性质也有尺度效应，在化学性质和尺度之间也有一个飞跃，所以未来还要注意复杂系统的多尺度问题。此外，复杂系统中的化学过程是研究复杂系统的核心话题，因为人类所面对的生物、环境、山川、湖泊等都在变化中，未来化学还需研究宽时间范围的化学行为，建立跟踪分析方法，发展过程理论。

　　新实验方法的建立和方法学研究。未来化学研究要首先发展先进的研究思路、研究方法以及相关技术，以便从各个层次研究分子的结构和性质的变化。分析仪器的微型化（如生物芯片技术）和智能化是应该研究的方向。此外，要注意建立时间、空间的动态、原位、实时跟踪监测技术，建立一套用方法和仪器去研究微小尺寸复杂体系中的化学过程（如扫描显微技术）。21世纪化学会在生物大分子之间、生物大分子与小分子之间的各种相互作用，生物功能分子的结构与功能关系，生命过程的复杂性等方面取得突破性进展。

　　各种结构材料和功能材料与粮食一样，永远是人类赖以生存和发展的物质基础。化学是新材料的"源泉"，任何功能材料都是以功能分子为基础的，发现具有某种功能的新型结构会引起材料科学的重大突破（如富勒烯）。未来化学不仅要设计和合成分子，而且要把这些分子组装、构筑成具有特定功能的材料，甚至模拟生物材料形成过程。从超导体、半导体到催化剂、药物控释载体、纳米材料等都需要从分子和分子以上层次研究材料的结构。化学将在设计、合成功能分子和结构材料以及从分子层次阐明和控制生物过程（如光合作用，动植物生长）的机理等方面，为研究开发高效安全肥料、饲料和肥料/饲料添加剂、农药、农用材料（如生物可降解的农用薄膜）、生物肥料、生物农药等打下基础。可以利用化学和生物的方法增加动植物食品的防病有效成分，提供安全的、有防病作用的食物和食物添加剂，改进食品储存加工方法，以减少不安全因素等。其他材料领域，如20世纪用化学模拟酶的活性中心的研究已取得进展，未来将会在可用于生产、生活和医疗的模拟酶的研究方面有所突破，而突破是基于构筑既有活性中心又有保证活性中心功能的高级结构的化合物。21世纪电子信息技术将向更快、更小、功能更强的方向发展，目前大家正在致力于量子计算机、生物计算机、分子器件、生物芯片等新技术的研究，标志着"分子电子学"和"分子信息技术"的到来，这就要求化学家要做出更大的努力，设计、合成所需要的各种物质和材料。

绿色化学是未来化学发展最有潜力和价值的方向之一。他是从源头上杜绝不安全因素，其主导思想是在工业中采用无毒、无害的原料和溶剂，采用高选择性的化学反应，生产环境友好的产品；在农业中减少农药、有害化肥、污水灌溉以及有害于环境土壤结构和肥力的材料（如塑料）；在生活中减少使用有害环境的材料和过度消耗能源。这就要求未来化学改变现有生产的化学合成路线和工艺，使其成为能够保证人类可持续发展、并与生态环境协调发展的捷径，节能和节约的生产方式，要用新的化学品取代现在使用的有害化学品，用新的工作方法代替现在的有害工作方法。

在能源和资源方面，未来化学要研究高效洁净的转化技术和控制低品位燃料的化学反应；新能源如太阳能以及高效洁净的化学电源与燃料电池等都将成为 21 世纪的重要能源，这些研究大多需要从化学基本问题做起，否则，很难取得突破。矿产资源是不可再生的，化学要研究重要矿产资源（如稀土）的分离和深加工技术以及利用。

在满足生存需要之后，不断提高生存质量和生存安全是人类进步的重要标志。化学可从三个方面对保证生存质量的提高做出贡献：（1）通过研究各种物质能的生物效应，找出最佳利用方案；（2）研究开发对环境无害的化学品和生活用品，研究对环境无害的生产方式，这两方面是绿色化学的主要内容；（3）研究大环境和小环境（如室内环境）中不利因素的产生，转化和与人体的相互作用，提出优化环境、建立洁净生活空间的途径。同时，健康是生存质量的重要标志。维持健康状态依靠预防和治疗两方面，且以预防为主。预防疾病是 21 世纪医学的中心任务。化学可以从分子水平了解病理过程，提出预警生物标志物的检测方法，设立预防途径。

展望未来，我们有理由相信，21 世纪的化学将更加繁荣兴旺，化学将迎来它新的黄金时代。在国计民生的各个领域，如粮食、能源、材料、医药、交通、国防以及人类的衣、食、住、行、用等方面，将继续发挥其不可替代的作用。

1.1.3 环境问题与化学

20 世纪 80 年代以来，化学品在社会公众中的形象产生了一些微妙的变化。一些人甚至认为，化学品有毒、有味、污染环境。国内一些食品、化妆品广告或包装上常加一句"本品不含任何化学添加剂"。"化学"似乎成了"有害"的同义词。然而，人们殊不知，那些标榜的纯天然物质也都是化学品，人们对化学存在一定的偏见。

广义上说，任何物质都是有毒的。物质的毒性与物质的"量"有关。常用衡量物质毒性的标准是 LD_{50}（mg/kg），化学物质的急性毒性分级为：剧毒、高毒、中等毒、低毒、微毒。我们普遍认为 CO_2 是"无毒无害"，但是有一定前提。目前大气中 CO_2 平均浓度大约为 $360×10^{-6}$（V/V），预计到下世纪浓度水平会翻倍。由于它的温室效应，会使地球温度升高 1.5 4.5 倍，从而引起一系列全球性环境问题。另一方面，如果潜艇或宇宙飞船座舱空气中 CO_2 浓度提高到 20%，那么其中工作人员也会因此而"中毒"死亡。人们对于高毒物质倍加谨慎小心，但对于低毒物质对人类的伤害却常常掉以轻心，以致造成严重后果。如过度饮酒、吸烟、滥用药品和保健品、过度化妆、染发等。

"有味"主要是指有不好闻的味道，它也和量有关。一些香料在较高浓度时不好闻，但在较稀浓度下是香的；一些物质在较高浓度下是臭的，但稀释后可能是香料。一个极端的例子是如图 1-3 所示的 3-甲基吲哚，俗称粪臭素，将之稀释后，可作为食品添加剂使用。

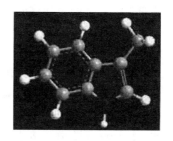

图 1-3　3-甲基吲哚

但是目前，似乎污染环境似乎成了化学的代名词。造成这一现象固然部分是出于误解，但是不可否认不少化学工业生产的排放和一些化学品的滥用，确实给整个生态环境造成了非常严重的影响。1984 年 12 月 3 日凌晨 3 时，印度博帕尔市郊的美国联合碳化物公司印度子公司的农药厂，发生异氰酸甲酯的大量泄漏。异氰酸甲酯为剧毒物质，吸入微量就能使人、畜、禽致死。肺部吸入后，在浓度不大时刺激细胞壁，引起咳嗽、咽喉发炎、黏膜充血、呕吐等；严重时，引起肺部淤血和肺水肿；极严重时，血管膨胀，心脏功能发生故障，导致急性窒息性死亡。博帕尔市郊农药厂异氰酸甲酯泄漏时，一些人就在睡梦中死去，许多人被毒气熏醒，惊慌失措地冲出家门。7 天后市政府公布，有 32 万人中毒，其中 2500 人死亡，6 万人严重中毒，5 万人在医院抢救。博帕尔市的农田、水源和食品也都受到污染，市内所有机关、工厂、学校一度被迫关闭，几十万居民逃离家园，远走他乡。在受伤害的人中有不少人经常产生幻觉，产生自杀念头。孕妇生育后，死婴和畸形婴儿发生率直线上升。而且受害者仍以平均每天 1 人的速度不断死亡，总死亡人数已逾 4000 人。这场事故造成了印度百万人受到不同程度的伤害，几十万人丧命和致残。这是切尔诺贝利核电站事故后又一次由生产事故造成的震惊全球的大惨剧。

除了这些偶然性的化学事故外，还有化学化工生产过程中长期积累性的废物排放，以及一些有毒有害的化工产品在环境中的残留和对环境的破坏。1913 年合成氨化学肥料的生产，1921 年从天然气和轻烃蒸气裂解制造乙烯，1928 年研制出第一个抗生素——盘尼西林（Penicillin），1930 年开始生产聚氯乙烯，1938 年生产出化纤尼龙，1941 年主要杀虫剂 DDT 进入市场，这些成就对促进粮食、蔬菜等食物的丰收，减轻人类病痛、预防疾病、保障健康、延长寿命、丰富生活等方面起到了十分重要的作用。化肥、农药、制药、石油化工等已成为化学工业的重要支柱产业，这些产品渗入人类生活的各个方面，遍及衣、食、住、行。但对人类健康的危害性和对环境、生态的破坏也逐渐暴露出来，引起世界各国政府和社会的警觉。

栖居在美国的一种老鹰——白头海雕，是北美洲沿海的特产，它是美国的象征。早在 1782 年就被规定为美国的国鸟，是世界珍贵鸟类之一。成年的白头海雕身体为褐色，配上鲜明的白色头部和尾部，显得十分美丽和庄严。然而，从 20 世纪 50 年代以来，这种海雕的数量明显减少。大量的研究结果表明，像 DDT 等氯化烃类农药，在对成年海雕尚未造成明显毒害之前，已严重影响它的生殖能力了。白头海雕主要以鱼类为生，鱼在它的食物中占 50%~60%。从 1945 年以来，在白头海雕活动的沿海地区经常喷洒 DDT，目的是杀死沼泽地和沿海地区的蚊子，从而也使这些地区鱼蟹体内的 DDT 含量高达 46×10^{-6}。白头海雕吃了这些鱼，也就在自己体内积聚了 DDT，因而得了不孕症。此外，DDT 和其他杀虫剂通过皮肤、消化道进入人体，可使人中毒；并在地球大气循环的作用下，被带到世界各地，人们甚至在北极的海豹和南极的企鹅体中也发现了 DDT。杀虫剂 DDT 于 1939 年由瑞士化学家保尔·赫尔曼·米勒研制成功，直至 1972 年美国环保署禁止使用，其间长达 30 余年。

当前面临的形势是，社会已无法离开造成当前物质文明的化学工业和化工产品而倒退到从前。尽管人们处在恐怖的白色污染中，但离开今天的高分子产品，人们的日常生活还能否正常进行，尤其是在都市中。发达国家试图将一些有毒有害的化学生产转移到发展中国家。与环境问题密切相关的是能源问题，这在很大程度上也是一个化学问题。化石燃料燃烧过程中，二氧化碳的排放不可避免，只是人们能否控制其不造成温室效应；酸雨主要是煤燃烧排放二氧化硫造成的，对它的控制应该是有效的，但要经济地实现控制则恐非易事。因此人们既要为了开创美好生活而发展化学工业，又不能让它的生产过程和它的产品破坏世界的环境，贻害人们的子孙。这是当前化学工作者面临的最大挑战，即要为社会创造新的、安全的化学绿色化学。

在我国，化学工业在给中国人民带来医疗、保健，丰富多彩的衣食住行等生活和电视、电影等娱乐方面的巨大进步的同时，由于化学工业的发展和人们环保意识的薄弱，也引发了一系列严重的污染环境、危害健康、破坏生态的事件。例如，我国一家铁合金厂的铬渣堆场，由于缺少防渗措施，6 价铬污染了 20 多平方千米地下水，致使 7 个自然村的 1800 多眼水井无法饮用。工厂先后花费 7000 多万元用于赔款和补救治理。我国某锡矿山的含砷废渣长期堆放，随雨水渗透，污染水井，曾一度造成 308 人中毒，6 人死亡。我国政府在 1993 年世界与环境发展大会之后，编制了《中国 21 世纪议程——中国 21 世纪人口、环境与发展白皮书》，规定了我国经济持续发展的总体目标和实施清洁生产的战略步骤。

诚然，化学工程在实施过程中，很容易产生人类不需要的副产物，如果处理不当将无法避免地造成环境污染。但是环境污染的治理、各种副产物的处理技术，往往又要依赖化学手段才可能得到进行，所以环境改善需要化学。其实，其他工业类型同样也对环境产生污染，不过化工的污染往往是直接的影像，更加显而易见而已。而化学手段能够帮助人类根本的治理、克服、控制所有这些污染。所以，可以说化学与环境的关系微妙而相辅相成。比如最简单的治污实践：用酸碱中和原理即氢氧化钙来中和高酸度工业废水中的 H^+；用明矾来沉降水中的固体颗粒；或在高浓度重金属离子的废水中添加石灰乳；用重金属离子与—OH 结合产生沉淀，去除水中的重金属。总之，利用化学武器或手段来去除污染物或者使污染物转化为无毒无害物质，使社会科学发展与环境问题协调解决，是现代化学工业面临的最紧迫课题。

1.2 绿色化学的产生与发展

1.2.1 绿色化学的产生背景

随着世界人口的急剧增加、各国工业化进程的加快、资源和能源的大量消耗与日渐枯竭、工农业污染物和生活废弃物等的大量排放，人类生存的生态环境迅速恶化，主要表现为大气被污染、酸雨成灾、全球气候变暖、臭氧层被破坏、淡水资源紧张和被污染、海洋被污染、土地资源退化和沙漠化、森林锐减、生物多样性减少、固体废弃物造成污染等。目前，人类赖以生存的自然环境遭到破坏，人与自然的矛盾激化。

化学作为一门创造性的学科，从诞生至今已取得了辉煌的成就。化学工业给人类提供了极为丰富的化工产品，迄今为止人类合成了 600 多万种化合物，工业生产的化学品已经超过 5 万种，目前全世界化工产品年产值已超过 15000 亿美元。我国生产的化学品近 4 万种，2001 年石油和化工产品总产值达 10990 亿元，占全国工业总产值的 9.8%。这些化工产品为人类创造了巨大的物质财富，极大地丰富了人类的物质生活，促进了社会的文明与进步。因此，化学工业在国民经济中占有极为重要的地位，成为国民经济的基础工业和支柱产业。但是也应该看到，大量化品的生产和使用造成了有害物质对环境的污染，当代全球环境问题的严峻挑战都直接或间接与化学物质污染有关。表 1-1 列举了 20 世纪 30 年代以来世界范围内的八大公害事件。

表 1-1 20 世纪世界八大公害事件

事　件	污染物	发生时间、地点	致害原因和症状	公害原因
马斯河谷烟雾	二氧化硫、烟尘	1930 年 12 月 比利时马斯河谷	$SO_2 \rightarrow SO_3 \rightarrow$ 胸痛、咳嗽、流泪、咽痛、呼吸困难	工厂多，工业污染物积聚，加之遇雾天
多诺拉烟雾		1948 年 10 月 美国多诺拉	SO_2 + 烟尘 $\rightarrow$ 硫酸 $\rightarrow$ 眼痛、咳嗽、胸闷、咽喉痛、呕吐	
伦敦烟雾		1952 年 12 月 英国伦敦		
洛杉矶光化学烟雾	光化学烟雾	1955 年 5~12 月 美国洛杉矶	石油工业、汽车尾气/紫外线作用 $\rightarrow$ 眼病和咽喉发炎	氮氧化物、碳氢化合物排入大气
水俣病事件	甲基汞	1953~1979 年 日本九州	鱼吃甲基汞、人吃鱼 $\rightarrow$ 失常	化工厂生产汞催化剂
四日市哮喘病事件	SO_2、煤尘	1955~1972 年 日本四日市	重金属微粒、$SO_2 \rightarrow$ 眼痛、支气管哮喘	Co/Mn/Ti 粉尘，SO_2
米糠油事件	多氯联苯	1968 年 日本九州爱知县等 23 个县府	食用含多氯联苯的米糠油 $\rightarrow$ 全身起红疙瘩、呕吐、恶心、肌肉疼痛	生产中多氯联苯进入米糠油
富山骨痛病	镉	1955~1965 年 日本富山	食用含镉的米和水 $\rightarrow$ 肾脏障碍、全身骨痛、骨骼萎缩	炼锌厂含镉废水

还应该指出，西方国家工业化发展的经验、教训值得我们注意和吸取。那种"先污染，后治理"的粗放经营模式，不仅浪费了自然资源和能源，而且投资大、治标不治本，甚至有可能造成二次污染。因此，传统化学工业的发展，使得迫切需要寻求减少或消除化学工业对环境污染问题的措施和良策，而绿色化学及技术正是解决此问题行之有效的办法。从源头上防止污染，实施清洁生产技术，实现废物的"零排放"（zero emission），这正是绿色化学的核心和目标。

环境问题的日益严重，伴随着人类环保意识的全面觉醒。保护生态环境，解决全球性污染问题，已成为世界各国人民共同关注的大事，环保观念深入人心，环保法规的频繁颁布和完善也推动了绿色化学的兴起与发展。

1.2.2 绿色化学的产生与发展

1.2.2.1 绿色化学的发展概况

自 20 世纪 90 年代初美国学者提出绿色化学概念以来，瞬时成为化工行业的一块绿色阵地。绿色化学是 21 世纪化学化工发展的重要方向，是人类实现社会和经济可持续发展的必然选择。因此，国内外对绿色化学的研究极为重视，理论和技术创新硕果累累，不断推进绿色化学向纵深发展。在环境保护与绿色化学理念的发展历程中有一些历史性的事件值得我们永远铭记。

1962 年美国女科学家 R. Carson 所著的《寂静的春天》（《Silent Spring》出版)，书中详细地叙述了 DDT 和其他杀虫剂对各种鸟类所产生的影响。DDT 等杀虫剂通过食物链使鸟类的数量急剧减少，同时也危及其他鸟类，使原来叶绿花红、百鸟歌唱的春天变得"一片寂静"。此外，这些杀虫剂通过皮肤、消化道进入人体，使人中毒；同时，在地球大气循环的作用下，被带到世界各地，甚至在北极的海豹和南极的企鹅体内也发现了DDT。这本书引起了大众的关注，被誉为警世之作，也使得美国政府着手立法管制杀虫剂。

1970 年，科学家组织发起了第一个世界地球日，向全世界提出警告，工业活动正在破坏地球的自然生态系统的稳定性，呼吁人类保护地球。

1971 年，美国政府成立环保署（EPA），开始对环境保护进行监控和管制。

1972 年，联合国召开了人类环境会议，发表了《人类环境宣言》。

1981 年，莱斯特·布朗出版了《建设一个可持续发展的社会》，书中引用联合国环境方案中一句话："我们不只是继承了父辈的地球，而且还借用了儿孙的地球"，因此要求人类自觉地改变价值观念，从传统工业模式转换到可持续发展的模式。

1987 年，联合国环境与发展委员会公布了《我们共同的未来》的长篇报告书。

1989 年，美国环境生态学家 R. A. Frosch 模拟生物的新陈代谢过程，首先提出工业代谢的概念，认为现代工业生产过程实际就是将原料、能源和劳动力转化为产品和废物的代谢过程。接着 N. E. Gallopoulos 等人又提出"工业生态系统"和"工业生态学"的概念。

1990 年，美国国会通过《污染预防法》，提出从源头上防止污染的产生。

1991 年，美国化学会（ACS）和美国环保署（EPA）启动了绿色化学计划，其目的是促进研究、开发对人类健康和生态环境危害较小的新的或改进的化学产品和工艺流程。

1992 年 6 月，在巴西里约热内卢举行了举世瞩目的联合国环境与发展大会，102 个国家的元首或政府首脑出席了会议，共同签署了《关于环境与发展的里约热内卢宣言》《21世纪议程》等5个文件。这是20世纪末人类对地球、对未来的美好而做出的庄严的承诺！

1994年，我国政府发表了《中国21世纪议程》白皮书，制定了"科教兴国"和"可持续发展"战略，郑重声明走经济与社会协调发展的道路，将推行清洁生产作为优先实施的重点领域。由联合国环境署等机构参与，中国绿色发展高层论坛组委会承办的"第五届中国绿色发展高层论坛"于2013年4月20~22日在海南省五指山举办，会议主题为"生态文明，绿色崛起和绿色发展"。

1995年，美国开始设立"总统绿色化学挑战奖"，表彰在"绿色化学与技术"研究领域中取得卓越成就的美国科学家。

1996年，在英国召开的哥顿会议（Gordon Conference）第一次以"环境无害、有机合成"为主题，讨论原子经济、环境无害溶剂等。1997年的哥顿会议仍以绿色化学的有关内容为主题。

1996年由美国环保署P. T. Anastas等编写的《绿色化学》丛书陆续出版，出版的第一辑副标题为"为环境设计化学"，1998年出版的第二辑副标题为"无害化学合成和工艺的前沿"。此外，Anastas等人在1998年出版的《绿色化学理论与实践》一书中详细阐述了绿色化学的定义、原则、评估方法及发展趋势，使之成为绿色化学的经典之作。

1997年5月，中国以"可持续发展问题对科学的挑战——绿色化学"为主题的香山科学会议第72次学术讨论会在北京举行，中心议题为：可持续发展对物质科学的挑战、化学工业中的绿色革命、绿色科技中的一些重大科学问题和中国绿色化学发展战略。

1997年6月在华盛顿国家科学院召开了以美国化学会、美国化学工程师协会等多家单位发起的第一届"绿色化学与工程会议"，主题为"2020年的应用展望"（Implementing Vision 2020）。此后每年举行一届会议，均包括一个绿色化学的主题内容。2000年8月召开的第四届会议的主题是"可持续发展的技术由研究到工业应用"（Sustainable Technologies：From Research to Industrial Inplementation）。

1997年，世界上第一份"工业生态学杂志"面世。其创刊号上指出，工业生态学是一门迅速发展的系统科学分支，它从局部、地区和全球三个层次上系统地研究产品、工艺、产业部门和经济部门中的能流和物流。

1998年在中国安徽合肥召开了第一届国际绿色化学高级研讨会，1999年在成都市、2000年在广州市、2001年在济南市，分别召开了第二、第三、第四属国际绿色化学高级研讨会，并编辑出版了各届会议的论文集，研讨会代表了我国在绿色化学研究领域的最新成果和最高水平。

1998年，美国正式成立了绿色化学研究所，美国环境保护署（EPA）也专门设立了绿色化学机构，在美国正式启动"绿色化学"计划，并称之为"21世纪最重要的研究领域"。

1999年1月，英国皇家化学会主办的国际性杂志《绿色化学》创刊，其内容涉及清洁化工生产技术各方面的研究成果、综述和其他信息，并站在现代化学研究的前沿，涵盖了通过对化学品的应用或加工来减轻对环境影响的所有研究活动。

1999年3月，中国召开了"人口、资源与环境"会议，决定对现有工厂企业加紧实施"零点行动计划"，对污染严重而又无法根治的工厂企业坚决执行"关、停、并、转"；

对目前排污尚未达标，但通过技术改造有望扭转局面的企业，发榜公布，限期整改达标。上海市于 1999 年 4 月也召开了"人口、资源与环保"会议，制定了上海至 2002 年的环保工作计划，形成了"上海加强环境保护和建设的若干决定"和"上海加强环境保护和建设的实施意见"两个文件。

2000 年 7 月，中国上海市举行了"大都市生态、环境和可持续发展国际研讨会"，美国洛杉矶研究所总裁 Paul Hawken 提出"自然资本论"（Natural Capital-ism）的观点，认为全球性的第二次工业革命正在到来，人类不但必须实施清洁生产，而且必须对自然资源进行投资。

1.2.2.2 世界各国的绿色化学政策

由此可见，绿色化学已成为世人瞩目的热点话题，是世界公认的 21 世纪最重要的研究领域之一，各国都争相在这一领域开展工作。除设立总统绿色化学挑战奖外，1997 年，美国在国家实验室、大学和企业之间成立绿色化学研究院（the green chemistry institute，GCI）。其主要目的是促进政府、企业与大学和国家实验室等的学术、教育和研究的协作，主要活动涉及绿色化学的研究、教育、资源、会议、出版及国际合作等。英国皇家化学会创办了绿色化学网络（green chemistry network，GCN），其主要目的是在工业界、学术界、学校中普及和促进绿色化学的宣传、教育、训练与实践。英国、意大利和澳大利亚等国家相继建立了绿色化学研究中心（或清洁技术研究中心）。例如，英国 York 大学成立了绿色化学研究中心，由 J. Clark 教授领导的研究组主要研究催化和清洁合成；由 Nottingham 大学的 M. Poliakoff 教授领导的研究组主要进行超临界流体的研究开发和教育；Carnegie Mellon 大学绿色设计研究所主要从事产品工艺和制造的绿色设计开发等。日本在 2000 年创办了绿色与可持续化学网，其目的是促进环境友好、有利于人类健康和社会安全的绿色化学的研究工作，主要活动涉及绿色与可持续发展化学的研究与开发、教育、奖励、信息交流和国际合作等。另外，各国不断创立绿色化学领域的专业刊物，如《绿色化学》（《Green Chemistry》）于 1999 年由英国皇家化学会创办，是直接面向绿色化学领域的国际性专业刊物，内容涉及绿色化学的研究成果、综述、报道和其他信息。此外，很多杂志也设立了绿色化学专栏，定期或不定期刊登有关绿色化学方面的论文。如《Industrial and Engineering Chemistry Research》《Pure and Applied Chemistry》《Catalysis Today》《Journal of Industrial Ecology》等。自绿色化学出现以来，各国还出版了大量介绍绿色化学的专著。1998 年，P. T. Anastas 和 J. C. Warner 出版了《Green Chemistry：Theory and Practice》一书，比较详细地论述了绿色化学的定义、原则、评估方法和发展趋势，成为绿色化学的经典之作。2000 年，P. Tunds 和 P. T. Anastas 出版了《Green Chemistry：Challenging Perspectives》一书，该书进一步阐明了绿色化学的产生、机遇和挑战，以及绿色化学发展的前景。绿色化学化工领域的各种国际学术会议更是频繁举办。1994 年 8 月第 208 届美国化学会，举办了"为环境而设计：21 世纪的新范例"专题讨论会，集中讨论了环境无害化学、环境友好工艺和绿色技术等问题。以绿色化学为主题的哥顿会议（Gordon Conference）自 1996 年以来在美国和欧洲轮流举行。1996 年哥顿会议以环境无害有机合成为主题，讨论了原子经济性、环境无害溶剂等问题，这是在世界高水平的学术论坛上首次讨论绿色化学专题。这次会议与美国"总统绿色化学挑战奖"一起被 Brealow 在"化学的绿色化"的评论中称为 1996 年"两个重要的第一次"。1997 年美国国家科学院举办了第一届绿色化学与工程会议，展示了有关绿色化学的重大研究成果，包括生物催化、超临界流体中的反应、流程和反应器设计及 2020 年技术展望等 64 篇论文。次年又召开了主题为"绿色化学：全球性展望"的第二届绿色化学与工程会议。1998 年，意大利化学会召开了主题为"友好工艺—有机化学中的一个最新突破"的会议。同年，由欧洲议会资助，在意大利威尼斯举办了第一期暑期绿色化学研讨班。2001 年 6 月，在美国 Boulder Colorado 由 IUPAC 召开了第 14 次 Chemrawn（适应世界需要的化学研究）会议，主题是"绿色化学——面向环境无害的工艺和产品"，大会论文汇集在 2001 年《Pure and Applied Chemistry》第 73 卷第 8 期中发表。2001 年 3 月，由英国皇家化学会召开的"绿色化学——可持续产品和过程"会议在 Swansea 大学举行。此次会议涵盖了化学和化学工程的前沿领域，包括绿色化学、清洁工艺和污染最小化等诸多内容。2003 年 3 月，在日本东京举办了第一届绿色和可持续发展化学国际会议（简称 GSC，Tokyo-2003），强调创造发明的化学技术可以降低资源的消耗，并且能在整个产品的生产和使用过程中减少废物的排放，有利于保障人类健康和安全，保护生态环境。会议发表了《GSC 东京宣言》（GSC Tokyo Statements）。2003 年 5 月，在美国佛罗里达州 Sandestin 召开的绿色化学工程技术会议上，确定了"绿色化学工程技术 9 条附加原则"，提出了"绿色工程"发展理念，从而将绿色化学化工拓展到整个工程领域。2013 年 6 月 30 日~7 月 5 日在德国南部城市林道召开了世界最大规模的诺贝尔奖得主演讲大会，会议以"绿色化学"为主题，35 位获得诺贝尔奖的科学家与来自 78 个国家的 600 多名杰出青年科学家在一起，讨论生化过程和结构，以及更好地生产、转换和存储化学能量等问题。

1.2.2.3 我国的绿色化学政策

A 绿色化学是我国化工发展的必由之路

在我国的环境污染中，来自工业的污染占 70% 以上。我国是以煤为主要能源的国家，每年由工厂废气排出的 SO_2 达 $1.6×10^7$t，使我国酸雨面积不断扩大，遍及全国 22 个省市，受害耕地面积达 $2.67×10^{10}$m^2，有山西南、华南蔓延至华东、华中和东北之势。我国每年废水排放量达 $3.66×10^{10}$t，其中工业废水 $2.33×10^{10}$t，86% 的城市河流水质超标，江河湖泊重金属污染和富营养化问题突出，七大水系污染殆尽。但是，我国是一个水资源严重缺乏的国家，水资源总储量虽为 $2.8×10^{12}$m^3，但人均占有量约为 2200m^3，为世界人均占有量的 1/4，居世界第 88 位。全国有 300 多个城市缺水，其中 100 多个城市严重缺水，尤其是我国北方地区缺水严重，已成为社会经济发展的重要制约因素之一。

化学工业由于化工生产自身的特点（品种多、合成步骤多、工艺流程长），加之中小型化工企业占大多数，长期以来采用高消耗、低效益的粗放型生产模式，使我国的化学工业在不断发展的同时，也对环境造成了严重的污染，成为"三废"排放的大户。我国化工行业每年排放工业废水 $5×10^9$t、工业废气 $8.5×10^{11}$m^3、工业废渣 $4.6×10^7$t，分别占全国工业"三废"排放量的 22.5%、7.82%、5.93%。在工业部门中，化工排放的汞、铬、酚、砷、氟、氰、氨、氮等污染物居第一位。例如，染料行业每年排放工业废水 $1.57×10^8$t，染料废水 COD 值高，色度深，难以生物降解。又如铬盐行业每年排放铬渣约 $1.3×10^5$t，全国历年堆存的铬渣已超过 $2×10^6$t，流失到环境中的六价铬每年达 1000t 以上，给地下水质和人体健康造成严重的危害。

总之，传统化学工业以大量消耗资源、粗放经营为特征，加之产业结构不尽合理，科学技术和管理水平较为落后，使得我国的生态环境和资源受到严重污染和破坏。因此，必须更新观念，确立"原料—工业生产—产品使用—废品回收—二次资源"的新模式，采用"源头预防及生产过程全控制"的清洁工艺代替"末端治理"的环保策略。依靠科技进步，大力发展绿色化学化工，走资源、环境、经济、社会协调发展的道路，这是我国化学工业乃至整个工业现代化发展的必由之路。

我国极为重视绿色化学的研究和开发，积极跟踪国际绿色化学的研究成果和发展趋势，倡导清洁工艺，实行可持续发展战略。

1995 年，中国科学院化学部确定了"绿色化学与技术——推进化工生产可持续发展的途径"的院士咨询课题。

1997 年，举行了以"可持续发展问题对科学的挑战——绿色化学"为主题的香山科学会议。中国科学技术大学朱清时院士作了题为"可持续发展战略对科学技术的挑战"的专题报告，中国石油化工总公司闵恩泽院士作了题为"基本有机化工原料生产中的绿色化学与技术"的专题报告，中国科学院化学冶金研究所陈家镛院士作了题为"绿色化学与技术：冶金和无机化工的挑战与机遇"的专题报告。香山科学会议有力地推进了我国绿色化学研究的开展。

1997 年国家自然科学基金委员会与中国石油化工总公司联合资助了"九五"重大基础研究项目"环境友好石油催化化学与化学反应工程"。1999 年国家自然科学基金委员会设立了"用金属有机化学研究绿色化学中的基本问题"的重点项目，2000 年把绿色化学作为"十五"优先资助领域。

第 16 次"21 世纪核心科学问题论坛——绿色化学基本科学问题论坛"于 1999 年 12 月 21~23 日在北京九华山庄举行，来自化学、生命、材料等领域的近 40 名专家出席了会议，提出了下一步研究工作的重点：（1）绿色合成技术、方法学和过程的研究；（2）可再生资源的利用与转化中的基本科学问题；（3）绿色化学在矿物资源高效利用中的关键科学问题。

自 1998 年在中国科学技术大学举办了第一届国际绿色化学高级研讨会以来，我国先后举办了多届国际绿色化学研讨会。例如，第 7 届国际绿色化学研讨会于 2005 年 5 月 24~26 日在广东珠海举行，主要内容为绿色化学反应（包括化学反应机理和流程研究），环境友好化学品的设计、加工和利用，生物质资源的有效利用，以及计算机辅助的绿色化学设计和模拟等。2007 年 5 月 21~24 日，第 8 届国际绿色化学研讨会在北京九华山庄召开，会议的主要议题为"绿色化学与可持续发展"。其具体内容包括可持续发展材料的利用与开发，绿色合成路线的研究，绿色化工过程、技术及其集成，以及绿色化学的新机遇等。

我国于 2006 年 7 月 12 日正式成立了中国化学会绿色化学专业委员会，旨在促进绿色化学的研究与开发，加强绿色化学的学术交流与合作。

2013 年 11 月 30 日全国绿色化学化工科学与技术学科博士后论坛在杭州市浙江工业大学举行。论坛以"绿色化学化工领域的新理论与新技术"为主题，从绿色化学合成技术，可再生能源的开发与利用，节能降耗新工艺和新方法，保护生态和环境友好的新技术等方面开展学术交流与讨论。

同时，为实施"科教兴国"战略，实现到 2010 年以及 21 世纪中叶中国经济、科技和社会发展的宏伟目标，确保科技自身发展能力不断增强，迎接新世纪挑战的迫切需要而制定的《国家重点基础研究发展规划》，亦将绿色化学的基础研究项目作为支持的重要方向之一。此外，国内大专院校也纷纷成立了绿色化学研究机构，如中国科技大学绿色科技研究与开发中心、四川大学绿色化学与技术研究中心等。

B　我国的绿色化学发展对策

（1）加强绿色化学的宣传和教育。近10年来，绿色化学及其应用技术在欧美地区发展很快。许多国家已将绿色化学作为一种政府行为，组织实施。瑞典、荷兰、意大利、德国、丹麦等积极推行清洁生产技术，实施废物最小评估办法，取得了很大的成功。我国各级政府部门应充分认识绿色化学及其产业革命对未来人类社会和经济发展所带来的影响。及时调整产业结构，大力发展绿色技术和绿色产业。绿色化学及其产业是既能适应我国当前的经济发展模式，又能适应我国民族特点的科学和产业。绿色化学产业以保护和节省资源为目的，促进人和自然的和谐与协调，追求可持续发展，几乎涉及所有的行业。

为了全面推动绿色化学及其产业的发展，应加强对绿色化学与技术的宣传，制定对绿色化学与技术的奖励和扶持政策，促进我国绿色化学及其产业的发展。

（2）选择重点领域研究开发绿色化学技术。绿色化学的研究目标是运用化学原理和新化工技术，研究和开发环境友好的新反应、新工艺和新产品，站在可持续发展的高度，实现资源、环境和社会经济发展的协调与和谐。

1）防治污染的洁净煤技术。洁净煤技术包括煤燃烧前的净化技术，燃烧过程中的净化技术，燃烧后的净化技术，以及煤的转化技术。大力研究开发洁净煤技术，有利于节省能源，改善我国大气的质量，减少环境污染，是实现绿色产业革命战略的重中之重。

2）绿色生物化工技术。将廉价的生物质资源转化为有用的化学品和燃料是发展我国绿色化学的战略目标。绿色生物化工技术包括基因工程技术、细胞工程技术、微生物发酵技术和酶工程技术。植物资源是地球上最丰富的可再生资源，每年以1.6×10^{11}t的速度再生，相当于8×10^{10}t石油所含的能量，我国每年农作物秸秆量超过1×10^9t，但是利用率不到5%（主要用于造纸）。若利用绿色生物化工技术将其转化为有机化工原料，则至少可制取2×10^5t乙醇、8×10^7t糠醛和3×10^5t木质素，创造出数百亿元的价值。

3）矿产资源高效利用的绿色技术。我国是一个人口众多而资源相对紧缺的国家，开发矿产资源高效利用的绿色技术和低品位矿产资源回收利用的绿色技术，是绿色化学研究的重要目标。目前，生物催化技术、微波化学技术、超声化学技术、膜分离技术等引起人们的极大关注，并且有的已投入工业应用，展示了广阔的发展前景。

4）精细化学品的绿色合成技术。精细化学品是高新技术发展的基础，关系到国计民生。探索和研究既具有高选择性，又具有高原子经济性的绿色合成技术，对于精细化学品的制备至关重要。例如，不对称催化合成技术大量用于精细化学品的制备，已成为绿色化学研究的热点。组合合成已成为绿色化学中实现分子多样性的有效捷径。

5）生态化工的绿色技术。生态化工是以生态系统和化工系统交叉耦合而形成的复合系统作为研究对象，以物质循环、能量流动、信息传递和价值增值为纽带的一种现代化工模式。生态化工技术是以工业生态学原理为指导，依据循环经济理念，通过绿色合成与转化，在生产人类需要的环境友好物质的同时，促进生态系统平衡和良好循环，确保全球社会经济的可持续发展。绿色化学与生态化工技术代表着现代化学工业的发展方向，受到世界各国政府、企业和学术界的高度关注，已成为21世纪化学与化工的核心问题。

（3）大力实施清洁生产工艺。对现有企业的生产工艺用绿色化学的原理和技术进行评估，借鉴当今先进的科学技术，加强技术改造，实施清洁生产工艺，是绿色化学研究的又一重要课题。国内外的许多成功经验表明，清洁生产工艺既是切实可行的，又是一本万利的。

（4）加大科技创新的力度。创新是一个民族的灵魂，是科学技术不断进步的永不枯竭的动力。纵观美国"总统绿色化学挑战奖"，其获奖项目都体现了观念创新、品种创新和技术创新。要加快发展我国的绿色化学工业，既要跟踪时代，又要自主创新，要加强对新观念、新理论、新方法和新工艺的探索，突破关键技术，推进产、学、研的结合，加快科技成果的转化和应用。创新的主体是人，要培养和造就一大批高水平的从事绿色合成技术研究开发和清洁生产管理的技术人员队伍，为实现我国化学工业的绿色化发挥骨干作用。

（5）加强国际学术交流和合作。绿色化学是 21 世纪的中心科学，绿色化学及其应用技术在欧美国家发展很快，我国应积极跟踪国际绿色化学研究及其产业发展动向，加强国际学术交流和合作，更多地吸收国外新工艺和新技术，促进我国化学工业的不断进步和健康快速发展。

1.3　绿色化学与传统化学的区别

1.3.1　绿色化学的定义及研究内容

1.3.1.1　绿色化学的含义

绿色化学（green chemistry）又称环境友好化学（environmental friendly chemistry）或可持续发展化学（sustainable chemistry），是运用化学原理和新化工技术来减少或消除化学产品的设计、生产和应用中有害物质的使用与产生，使所研究开发的化学品和工艺过程更加安全和环境友好。

在绿色化学基础上发展的技术称为绿色技术或清洁生产技术。理想的绿色技术是采用具有一定转化率的高选择性化学反应来生产目标产物，不生成或很少生成副产物，实现或接近废物的"零排放"；工艺过程使用无害的原料、溶剂和催化剂；生产环境友好的产品。

1.3.1.2　绿色化学的研究内容

绿色化学是研究和开发能减少或消除有害物质的使用与产生的环境友好化学品及其工艺过程，从源头防止污染。因此，绿色化学的研究内容主要包括以下几个方面：

（1）清洁合成（clean synthesis）工艺和技术，减少废物排放，目标是"零排放"；

（2）改革现有工艺过程，实施清洁生产（clean production）；

（3）安全化学品和绿色新材料的设计和开发；

（4）提高原材料和能源的利用率，大量使用可再生资源（renewable resource）；

（5）生物技术和生物质（biomass）的利用；

（6）新的分离技术（new separation technology）；

（7）绿色技术和工艺过程的评价；

（8）绿色化学的教育，用绿色化学变革社会生活，促进社会经济和环境的协调发展。

绿色化学的核心是要利用化学原理和新化工技术，以"原子经济性"为基本原则，研究高效、高选择性的新反应系统（包括新的合成方法和工艺），寻求新的化学原料（包括生物质资源），探索新的反应条件（如环境无害的反应介质），设计和开发对社会安全、对环境友好、对人体健康有益的绿色产品。

1.3.2 绿色化学与传统化学的差别

绿色化学与传统化学的不同之处在于前者更多地考虑社会的可持续发展，促进人和自然关系的协调，是人类用环境危机的巨大代价换来的新认识、新思维和新科学，是更高层次上的化学。

绿色化学与环境化学的不同之处在于前者是研究环境友好的化学反应和技术，特别是新的催化技术、生物工程技术、清洁合成技术等，而环境化学则是研究影响环境的化学问题。

绿色化学与环境治理的不同之处在于前者是从源头防止污染物的生成，即污染预防（pollution prevention），而环境治理则是对已被污染的环境进行治理，即末端治理。实践表明，这种末端治理的粗放经营模式，往往治标不治本，只注重污染物的净化和处理，不注重从源头和生产全过程中预防和杜绝废物的产生和排放，既浪费资源和能源，又增加了治理费用，综合效益差。

总之，从科学观点来看，绿色化学是化学和化工科学基础内容的创新，是基于环境友好条件下化学和化工的融合和拓展；从环境观点看，它是保护生态环境的新科学和新技术，从根本上解决生态环境日益恶化的问题；从经济观点看，它是合理利用资源和能源，降低生产成本，符合经济可持续发展的要求。正因为如此，科学家们认为，绿色化学是21世纪科学发展的最重要领域之一。

扩展阅读：

总统绿色化学挑战奖（The Presidential Green Chemistry Challenge Awards）

1995年3月16日，美国总统克林顿宣布设立"总统绿色化学挑战奖"（The Presidential Green Chemistry Challenge Awards）（见图1-4），并于1996年7月在华盛顿国家科学院颁发了第一届奖项。这是世界上首次也是唯一一个由国家政府出台对化学化工领域实行的奖励政策，奖给学校或工业界已经或将要通过绿色化学显著提高人类健康和环境的先驱工作，得奖者可以是个人、团体或组织。其目的是通过将美国环保署与化学工业部门作为环境保护的合作伙伴的新模式来促进污染的防治，建立工业生态平衡。美国"总统绿色化学挑战奖"共设立了5个奖项：变更合成路线奖、变更溶剂/反应条件奖、设计更安全化学品奖、小企业奖及学术奖，每个奖项奖给一个项目，后两个奖项的内容可以是上面3个方面的任一方面。由美国环境保护署、美国科学院、国家科学基金和美国化学会联合主办，每年的6月开奖励大会。根据全球性气候问题的严峻形势，2015年起，新增了一个奖项——气候变化奖（Specific Environmental Benefit：Climate Change）

该奖励集中在3个方面：（1）绿色合成路径，包括使用绿色原料、使用新的试剂或催化剂、利用自然界的工艺过程、原子经济过程等；（2）绿色反应条件，包括低毒溶剂

图 1-4　总统绿色化学挑战奖

取代有毒溶剂、无溶剂反应条件或固态反应、新的过程方法、消除高耗能/高耗材的分离纯化步、提高能量效率等；（3）绿色化学品设计，包括用低毒物取代现有产品、更安全的产品、可循环或可降解的产品、对大气安全的产品等。

第一届"总统绿色化学挑战奖"于 1996 年 7 月在华盛顿国家科学院举行，共有 67 个项目被提名，其中 4 家公司和 1 位化学工程教授被授予"总统绿色化学挑战奖"。至 2013 年为止，美国"总统绿色化学挑战奖"颁奖情况参见表 1-2。

表 1-2　美国"总统绿色化学挑战奖"获奖项目和获奖者

项目名称＼年度	学术奖	小企业奖	变更合成路线奖	变更溶剂/反应条件奖	设计更安全化学品奖
1996	将废弃生物转化为动物饲料、工业化学品和燃料。M. Holtzapple	替代聚丙烯酸的可降解性热聚天冬氨酸的生产和使用。Donlar 公司	由二乙醇胺催化脱氢取代氢氰酸路线合成氨基二乙酸钠。Monsanto 公司	用 100% CO_2 做聚苯乙烯发泡剂的开发和应用。Dow 化学公司	开发一种对环境安全的船舶生物防垢剂。Rohm & Haas 公司
1997	可使用 CO_2 用作溶剂的表面活性剂的设计和应用。J. M. Desimone	Coldstrip™——除去有机物的清洁技术。Legacy 公司	布洛芬的生产新工艺。BHC 公司	不产生显影和定影废液的干法感光成像系统。Imation 公司	THPS——一种全新的低毒性、能快速降解的杀菌剂。Albright & Wilson 公司
1998	①"原子经济性"概念的提出。Trost B. M. ②微生物作为环境友好催化剂的应用。K. M. Draths 和 J. W. Frost	环境友好的灭火剂和冷却剂的开发和应用。Pyrocool 技术公司	合成 4-氨基二苯胺的新工艺。Flexsys 公司	以膜分离为基础的乳酸酯的新工艺：替代卤代和有毒溶剂的无毒工艺。Argonne 国立实验室	以 Confirm™ 为代表的新型系列化学杀虫剂的发明和商业化。Rohm & Hass 公司

续表 1-2

项目名称 年度	学术奖	小企业奖	变更合成路线奖	变更溶剂/反应条件奖	设计更安全化学品奖
1999	Tanil™ 作氧化剂的活化剂——绿色氧化剂技术中过氧化氢的活化。 T. J. Collins	将纤维素生物质转化为乙酰丙酸及其衍生物。 Biofine 公司	生物催化剂在制药工业中的实际应用。 Lilly 实验室	开发带电聚丙烯酰胺的水基生产过程，用于废水处理除去悬浮固体及污染物。 Nalco 化学公司	多杀霉素（Spinosad）——一种新型杀虫剂产品。 Dow 益农公司
2000	酶催化剂在有机合成中的应用。 C. H. Wong	Envirogluv™——可用辐射固化并为环境接受的油墨装饰玻璃和水泥制品的技术。 Revlon 公司	开发合成高活性抗病毒药物 Cytovene 的新方法。 Roche Colorado 公司	利用水做载体的双组分水迹聚氨酯涂料。 Bayer 公司	开发 Sentricon™——消灭白蚁群的新系统和杀虫剂。 Dow 益农公司
2001	设计一系列能在水和空气中，而不是在有机溶剂和惰性气体中进行的过渡金属催化有机反应。 C. J. Li	Messenger®——一种激活作物防御病虫害的自我保护系统的技术开发。 Eden 公司	与环境友好并可生物降解的螯合剂——亚氨基双琥珀酸钠盐的合成。 Bayer 公司	biopreparation 技术的开发——以酶处理棉织物的工艺。 Novozymes 公司	在阳离子电涂工艺中以钇代替铅。 PPG 公司
2002	在 CO_2 中具有很高溶解能力的无氟材料的设计。 E. J. Beckman	超临界 CO_2 流体清洗保护层技术。 SC Fluids 公司	舍曲林（Sertraline）工艺改革中的绿色化学。 Pfizer 公司	从可再生资源玉米谷物制备乳酸（PLA）工艺开发。 Cargill Dow 公司	开发碱性季铵铜盐（ACQ），代替有毒的铬酸化的砷酸铜（CCA）作为木材防腐剂。 Chemical Specialties 公司
2003	应用脂肪酶在温和条件下进行高温选择性聚合反应。 R. A. Gross	Serenade®——一种环境友好的高效生物杀菌剂。 AgraQuest 公司	一种无废物排放的制备固体氧化物催化剂的工艺。 Sild-Chemic 公司	1，3-丙二醇（PLX）的微生物发酵制备方法。 DuPont 公司	EcoWorx™——开发以聚烯烃为主要组分的可再生使用的地毯片。 Shaw 地毯公司

项目名称 / 年度	学术奖	小企业奖	变更合成路线奖	变更溶剂/反应条件奖	设计更安全化学品奖
2004	开发环境友好、性质可调的溶剂，实现反应分离一体化。 C. A. Ecker 和 C. I. Liotta	开发鼠李糖脂生物表面活性剂。 Jeneil Biosurfactant 公司	研究开发出紫杉醇抗癌药物。 Bristol-Myers Squibb 公司	开发出纸再生的酶技术。 Buckman 实验室	开发环境友好的 Rightfit™ 偶氮颜料。 Engelhard 公司
2005	建立一种用于离子液体溶解和处理纤维素制备新型材料的平台。 R. D. Rogers	利用生物技术合成聚羟基脂肪酸酯（PHA）天然塑料。 Metabolix 公司	①合成神经激肽-1 拮抗剂（aprepitant）新工艺。 Merck 公司 ②利用脂肪酶从植物油提取反式油脂制品。 ADM &. Novo-Zymes 公司	开发出紫外光可固化的单组分低挥发性汽车修补底漆。 BASF 公司	开发出一种非挥发性、具有反应活性的聚结剂，降低乳胶漆中挥发性有机物用量。 ADM 公司
2006	从天然丙三醇合成出生物基的丙二醇和多元醇的单体。 G. J. Suppes	开发了苯胺印刷工业中对环境安全的溶剂和循环利用方法。 Arkon 咨询公司和 Nupro 技术公司	开发了一条由 β-氨基酸制备 Januvia™ 的活性成分的新颖的绿色合成路线。 Merck 公司	采用先进的基因技术开发了一种酶法过程。 Codexis 公司	研发出 Greenlist™ 系统，该系统用来评估其产品中各成分对环境和人类健康的影响，并指导消费品配方的改进。 S. C. Johnson & Son 公司
2007	开发了一种全新的催化氢转移反应，用于碳碳键的形成。 M. J. Krische	发明了采用 CO_2 的灭菌新技术，利用超临界 CO_2 和一种过氧化物进行医疗灭菌的环境友好技术。 NovaSterilis 公司	开发了用大豆粉为原料制备黏合剂的替代品。 K. C. Li 教授与 Columbia 木业公司及 Hercules 集团公司	利用纳米技术开发了一种新型催化剂，实现了直接由氢气和氧气合成双氧水。 Headwaters 技术公司	利用可再生的生物质资源为原理合成了己内酶多元醇，用以替代石油基多元醇。 Gargill 公司

续表1-2

项目名称 年度	学术奖	小企业奖	变更合成 路线奖	变更溶剂/ 反应条件奖	设计更安全 化学品奖
2008	一种制备硼酸酯的绿色催化工艺。R. E. Maleczka 和 M. R. Smith	开发出稳定碱金属的安全技术。SiGNa 化学公司	开发出一种用于激光打印的生物基墨粉。Battelle 研究所	开发出用于水冷系统监控的 3D TRASAR 技术。Nalco 公司	开发了第二代 Spinetoram 新型杀虫剂。Dow 益农公司
2009	提出原子转移自由基聚合的新方法。Krzysztof Matyjaszewski	开发出 BioForming 催化转化工艺，使植物糖转化液体碳氢燃料。Virent 能源公司	开发出不使用溶剂的生物催化合成技术，用于化妆品的脂类物质的合成。Eastman 化学公司	发明一种安全、低温、快速、准确分析蛋白质的方法。培安（CEM）公司	在涂料和油漆配方中使用生物基的 Chempol 树脂和 Sefose 蔗糖酯，制备出高性能、低 VOC 的醇酸油漆和涂料。宝洁公司和库克复合材料与聚合物公司
2010	研究出循环使用二氧化碳生物合成高碳醇的方法，从而使太阳能和二氧化碳直接生物转化成化工原料成为可能。廖俊智教授及其团队	使用微生物技术在由基柴油基础上生产可再生石油燃料和化学品。L. S9 Inc.	共同开发了环境友好的利用 H_2O_2 作为氧化剂制备环氧丙烷的新工艺。美国 Dow 化学公司和德国 BASF 公司	研制出新型酶催化剂，改进了 2 型糖尿病的治疗药物西他列汀（Sitagliptin）的合成工艺。美国默克集团公司（Merck & Co., Inc.）和 Codexis 公司	开发出 Natular 牌改性 spinosad 蚊子幼虫杀虫剂。其用量为传统杀虫剂的 $\frac{1}{10} \sim \frac{1}{2}$，而毒性为有机磷酸酯杀虫剂的 $\frac{1}{15}$ 以下。克拉克（Clarke）公司

续表1-2

项目名称 年度	学术奖	小企业奖	变更合成路线奖	变更溶剂/反应条件奖	设计更安全化学品奖
2011	设计出了一种新颖的第二代表面活性剂（TPGS750-M），在水中形成纳米胶囊，加快了有机合成反应，减少了对有机溶剂的依赖。 Bruce H. Lipshutz	研发出利用大肠杆菌生物催化剂，通过新的净化工艺生产低成本、可再生的琥珀酸。 BioAmber 公司	开发出从可再生原料制备 1,4-丁二醇的绿色合成工艺。 Genomatia 公司	合成一系列无卤素的高渗性的聚合物膜 NEXAR，用于水的钝化和空气的净化等领域。 Kraton Performance Polymers 有限公司	研究出用可再生原料生产水性醇酸丙烯酸涂料的技术。 Sherwin-Willians 公司
2012	利用一氧化碳和二氧化碳合成可降解的聚合物。开发了一系列高效、环境友好的有机合成催化剂，用于生产可生物降解和生物相容性好的塑料。 M. W. Robert，James L. Hedrick 和 Geoffrey W. Coates	采用诺贝尔奖获奖技术——创新的复分解催化技术生产高性能绿色特种化学品，与石油化工技术相比，其能耗大大降低，温室气体排放量减少 50%。 Elevance 公司	研发了高效生物催化剂 LovD 生产辛伐他汀（Simva-statin）用于降胆固醇的药物治疗。 Codexis 公司和洛杉矶加州大学的唐教授	开发出 MAX-HT 方钠石阻垢剂。 Cytec 工业公司（Cytec Industries Inc.）	合成一种 Max-imyze 酶用于纸浆的生产，改善纸张的韧性和质量。 巴克曼国际公司（Buckman International. Inc.）
2013	利用可再生的植物原料成功开发出高级材料，并实现商业化。 理查德·伍尔（Richard P. Wool）	开发出三价铬化合物的电镀工艺，使电镀过程不产生任何含六价铬的废弃物。 法拉第技术公司（Faraday Technology Inc.）	通过聚合酶链式反应，将脱氧核苷三磷酸的合成步骤简化为三步，大大减少了有机溶剂的使用量和有害物质的排放量。 生命技术公司（Life Technologies Inc.）	开发出名为 EVOQUE 的高分子材料用于涂料中，大大减少了钛白粉的用量和原材料的消耗量。 Dow 化学公司（Dow Chemical Company）	采用植物油为原料开发出新型变压器绝缘液体，以替代矿物油或多氯联苯，减少爆炸的风险。 嘉基公司（Cargill Inc.）

习　题

1-1　说明当前人类主要面临哪些环境问题，并简述其成因。

1-2　未来化学的发展方向主要有哪些方面？

1-3　传统化学与绿色化学的主要区别是什么？

2 化学毒物与人类健康

2.1 黄曲霉素

2.1.1 结构

黄曲霉素为分子真菌毒素。在已发现的 4 种主要结构中，以 B_1 的毒性最大，如图 2-1 所示。黄曲霉素的分子式：

B_1：$C_{17}H_{12}O_6$　　B_2：$C_{17}H_{14}O_6$　　G_1：$C_{17}H_{12}O_7$　　G_2：$C_{17}H_{14}O_7$

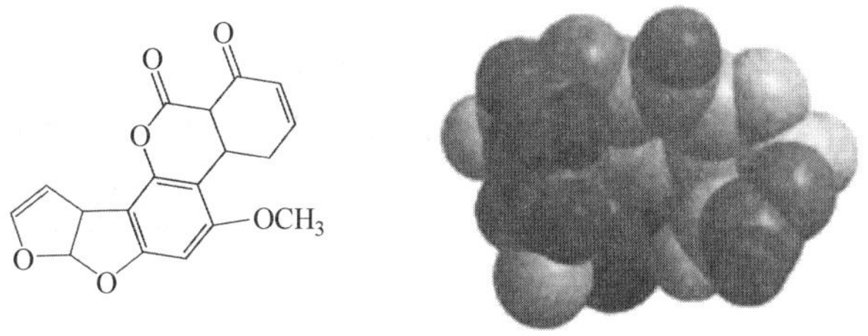

图 2-1　黄曲霉素 B_1 分子式

2.1.2 毒性

黄曲霉素是迄今发现的污染农产品毒性最强的一类生物毒素，能致癌、致畸、致突变，是已知的三大致癌物之一。农产品黄曲霉素含量是食品卫生和农产品国际贸易中的必检指标。黄曲霉素是很强的致癌物，肝癌与食品中黄曲霉素含量高有直接关系。在已经发现的 20 多种黄曲霉素中，以黄曲霉素 B_1（Aflatoxin B_1）最常见，毒性最大。我国规定，大米、食用油中黄曲霉素允许量标准为 $10\mu g/kg$，其他粮食、豆类及发酵食品为 $5\mu g/kg$，婴儿代乳食品不得检出。而世界卫生组织推荐食品、饲料中黄曲霉素最高允许量标准为 $15\mu g/kg$。$30\sim50\mu g/kg$ 为低毒，$50\sim100\mu g/kg$ 为中毒，$100\sim1000\mu g/kg$ 为高毒，$1000\mu g/kg$ 以上为极毒。其毒性为氰化钾的 10 倍，为砒霜的 68 倍。黄曲霉素随食物进入人体后，首先被肝脏吸收，在此被转化成多种黄曲霉素的衍生物，这些衍生物导致肝脏的 DNA 受损，其中一个重要影响是破坏抗癌基因 P53，改变 P53 的编码。

2.1.3 如何减少黄曲霉素的伤害

黄曲霉素在霉变的花生、大米、玉米、大豆、食用植物油等农产品，甚至油料种子、调味品、发酵品、中药材、酒类、干果、霉干菜等多种加工产品中均有发现。北方人春节甚至整个冬季都喜欢吃花生、干果等食品，为了防止产生黄曲霉素，建议最好将果仁、谷物等储藏在密封和干燥的地方，不要吃发霉的干果、果仁和粮食，和以发霉食品为原料制作的其他食品。要食用合乎标准的色拉油，少食用豆油。小作坊生产的豆油、花生油尤其可疑。油类的储藏条件至关重要。家中不要使用坛子、缸等容器盛放油类。因为这些容器容易在其边缘"长毛"。要严厉打击将发霉的大米经过抛光处理卖给消费者的不法行为。

2.2　甲　　醛

2.2.1　理化性质

甲醛又称蚁醛，英文名称是 Formaldehyde，化学式为 CH_2O，相对分子质量为 30.03，密度为 1.067，熔点为 -92℃，沸点为 -19.5℃，爆炸界限是 7%~73%，分子结构如图 2-2 所示。易溶于水和乙醇，40% 水溶液俗称福尔马林，是具有刺激性气味的无色液体，具有防腐作用，通常被用来固定病理标本及动物标本等。

图 2-2　甲醛分子结构

2.2.2　毒性

甲醛的毒性主要表现在以下几个方面：（1）刺激作用。低浓度的甲醛对眼、鼻和呼吸道有刺激作用，主要表现为流泪、打喷嚏、咳嗽、结膜炎、咽喉和支气管痉挛等。可导致皮肤过敏，出现急性皮炎，表现为粟粒至米粒大小红色丘疹，周围皮肤潮红或轻度红肿。（2）毒性作用。按毒性分级，甲醛属中等毒性物质，人一次误服 10~20mL 甲醛溶液即可导致死亡。美国环境保护局建议的每日容许摄入量为 0.2mg/kg 体重。甲醛能凝固蛋白质，当它与蛋白质氨基酸结合后，可使蛋白质变性，严重干扰人体细胞的正常代谢，因此对细胞具有极大的伤害作用。发生甲醛经口急性中毒后，可直接损伤人的口腔、咽喉、食道和胃黏膜；同时产生中毒反应，轻者头晕、咳嗽、呕吐、上腹疼痛，重者会出现昏迷、休克、肺水肿、肝肾功能障碍，导致出血、肾衰竭和呼吸衰竭而死亡。长期接触低浓度的甲醛，可引起神经系统、免疫系统、呼吸系统和肝脏的损害，出现头晕、头痛、乏力、嗜睡、食欲减退、视力下降等中毒症状。甲醛还容易与细胞内亲核物质发生化学反应，形成加合物，导致 DNA 损伤。因此，国际癌症机构已将甲醛列为致癌物之一。

2.2.3　来源及防治

2.2.3.1　室内装修用的胶水

甲醛主要来自复合木材中的酚醛树脂、脲醛树脂，内墙涂料，装修布，电器绝缘材料，黏合剂等。目前，在我国装饰装修领域，普遍采用大芯板作为家庭及工程装修的基本板材。受加工工艺的限制及胶黏剂品质的差异，市场上流通的大芯板中，绝大多数的甲醛释放量都严重超标，会对公共环境和人体健康造成严重危害。大芯板材中的胶是主要污染源。人造板用胶黏剂主要是含甲醛的脲醛树脂胶、酚醛树脂胶和三聚氰胺树脂胶，其中脲醛树脂胶占90%以上。这是因为它制造成本低、胶黏性好、色泽接近木材，而且在室内环境中使用时，对耐水性等性能要求不高。但脲醛树脂无论在制造、使用及固化后的各个阶段，都会释放出游离的甲醛，3年内为高峰期。胶合板制成家具后，胶层中还会释放出甲醛。这是因为脲醛树脂是在酸性条件下固化的，它在温度、光、水分的不断作用下，发生裂解反应而产生甲醛。这种释放甲醛的反应，可设法减弱，却不可避免。使用高游离甲醛胶水生产的胶合板装修居室或制成家具后，人们不仅会长时间受到强烈刺激性气体的伤害，而且钢木家具、金属铰链、把手也会锈蚀，影响家电产品的使用寿命。

　　我国生产的胶黏剂大多是人造板生产企业自产自用，生产规模大多偏小，有些厂家为保证人造板产品的质量，盲目增加施胶量，不但增加了成本，而且游离甲醛释放量居高不下。一些企业生产的板材甲醛释放量在100g板中40～60mg，有的甚至达到100mg，远远超过国家标准。表2-1中给出了甲醛释放量的国际环保标准。

表 2-1　甲醛释放量国际环保标准

国　家	标　准	备　注
德国	小于或等于10～60mg/L	DLN68763 生产
日本	小于或等于0.5～10mg/L	
中国	游离甲醛释放量小于40mg/100g	GB/T 14732

2.2.3.2　水产品

　　用甲醛处理过的海产品如海参、鱿鱼、海蜇等，外形好看，食用要谨慎。在碱性中甲醛与海产品中的蛋白质反应，形成缩醛化合物，使水浸泡过的海参、鱿鱼、海蜇变得挺直。但进入人体胃中，在酸性环境下又会放出甲醛，放出的甲醛可能会与人体蛋白质中的氨基酸重新结合，而危害人的健康。

2.2.3.3　衣物整理剂

　　甲醛是纺织品上的有害残留物之一。通过缩合作用，甲醛分子把两分子纤维连接起来，从而达到防缩水、防皱的目的。常用于以纤维素纤维为主的织物和以蛋白质为主的蚕丝织物的防缩防皱。由于含甲醛的纺织品做成服装后，在人们穿着过程中会逐渐释放出游离甲醛，通过人体呼吸及皮肤接触对呼吸道黏膜和皮肤产生强烈刺激，引发呼吸道炎症和皮肤炎。另外，在生产过程中为了保持印花、染色的耐久性或为了改善手感，也需要在助剂中添加甲醛。目前用甲醛印染助剂比较多的是纯棉纺织品，因为纯棉纺织品比较容易皱，使用含甲醛的助剂能提高棉布的硬挺度。对于丝织品，其作用原理同海产品。因此，在成衣上，微量的甲醛是不可避免的。一是来自整理剂中的游离甲醛，二是整理剂分解。如衣物与汗接触，甲醛就会被释放出来。随着人们环保意识的加强，国际上对纺织品中的甲醛进行了严格的限制。纺织品和服装中的甲醛问题已受到世界各国的普遍重视，现在日本、美国、欧洲以及有关国际组织的标准都对甲醛含量作出了明确的限制和规定。我国也相继在有关纺织品和服装产品标准中制定了控制甲醛含量的指标，已批准发布的强制性国家标准《纺织品甲醛含量的限定》（GB 18401 — 2001），其指标与国际接轨，即：婴幼儿纺织品甲醛含量不得超过 20mg/kg，接触皮肤的服装甲醛含量不得超过 75mg/kg，不接触皮肤的服装甲醛含量不得超 300mg/kg。我国已加入 WTO，纺织品服装出口关税及配额将不再是贸易歧视和限制出口的障碍，取而代之的将是产品质量的环保指标等"绿色贸易壁垒"，有害物质——甲醛，就是其中之一，它将成为国际贸易中主要的非关税贸易壁垒。对于我国出口纺织品服装企业和出口经营单位来说，要从各方面引起足够的重视，并了解相关进口国的技术法规和要求，及早采取相应的措施，以防不必要的损失，保持我国出口纺织品服装的良好势头。

甲醛与织物（如防皱剂、防缩水剂等）的作用原理是甲醛与棉花上的羟基或蛋白质中的氨基及羟基形成缩醛，如图 2-3 所示。

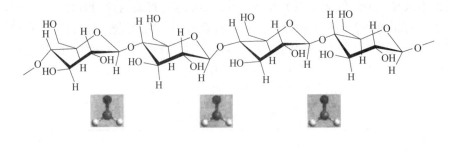

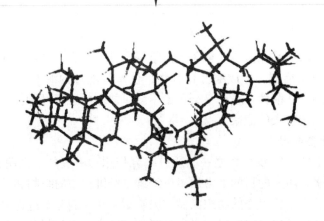

图 2-3　甲醛与织物的作用原理

甲醛与衣物中的葡萄糖单元形成网状结构使衣物挺直，甲醛慢慢释放后，衣物逐渐变得松懈，开始起褶。

2.2.3.4　啤酒中的甲醛

啤酒的甲醛是由于啤酒是一种不稳定的胶体溶液，在生产和储存过程中很容易产生浑浊沉淀现象而影响产品外观。如果在啤酒生产的糖化阶段添加微量甲醛，不仅可以抑制啤酒麦芽中多酚物质的氧化和溶出，使啤酒澄清透亮，还能大大缩短出酒时间。国内外传统的啤酒酿造工艺都是在啤酒加工生产中加入微量甲醛。但啤酒甲醛含量应符合安全标准。

2002 年初, 国家食品质量监督检验中心检测了 19 种国产品牌啤酒样本的甲醛含量。结果表明, 国内啤酒的甲醛平均含量为 0.31mg/L, 与国外啤酒的甲醛含量 0.25mg/L 无显著差异。假设每人每天饮用 2L 啤酒, 以国内品牌啤酒的甲醛平均含量计算, 每人每天经口摄入甲醛为 0.62mg, 加上从空气中吸入的 1~1.2mg/d(国家规定的最大容许量), 仍然远低于美国环境保护局建议的每人每日 12mg/60kg 体重这个最大容许摄入量。因此, 只要啤酒中甲醛含量没有超标, 基本上不影响人体健康。但甲醛毕竟是有毒物质, 因此, 从食品安全角度出发, 寻找成本较低的甲醛替代品, 或通过改进啤酒酿造工艺, 逐步少用或不用甲醛作加工助剂, 将成为我国啤酒业的一个发展方向。

2.3 苯 并 芘

苯并芘的化学式为 $C_{16}H_{10}$, 两种同分异构体苯并[a]芘和苯并[e]芘其结构如图 2-4 所示, 其中苯并[a]芘的危害更大, 是三大致癌物之一。

a   b

图 2-4 苯并芘的两种结构
a—苯并[a]芘; b—苯并[e]芘

2.3.1 理化性质

苯并[a]芘英文名是 Benzo[a]pyrene, 常温下为黄色固体, 温度高于 66℃时是晶状结晶, 低于 66℃ 则为菱形片状结晶。它不溶于水, 溶于苯、甲苯、丙酮、环己烷等有机溶剂。熔点为 178.1℃, 沸点为 496℃, 相对密度为 1.351, 溶解度为 3.8μg/L〔水(25℃)〕。在碱性情况下较为稳定, 遇酸则易起化学变化。

2.3.2 毒性

苯并[a]芘为强致癌物质, 其致癌机理是: 首先在 7a,8 位上发生氧化, 再水解生成 7a,8-二氢二醇(A), 最终形成致癌物 7a,8-二氢二醇-9,10 环氧化物(B), 如图 2-5 所示。

它可诱发多种脏器和组织的肿瘤, 如肺癌和胃癌等; 它还具有致畸性和影响繁殖——在小鼠和兔中, 苯并[a]芘能运转胎盘致癌活性, 造成子代肺癌腺瘤和皮肤乳头状瘤, 还观察到有降低生殖能力和对卵母细胞有破坏作用; 此外, 它还具有遗传毒性。所以一般来说, 苯并[a]芘每天允许的最大摄入量为 0.14~0.16μg。曾有科学家做过实验并发现: 将

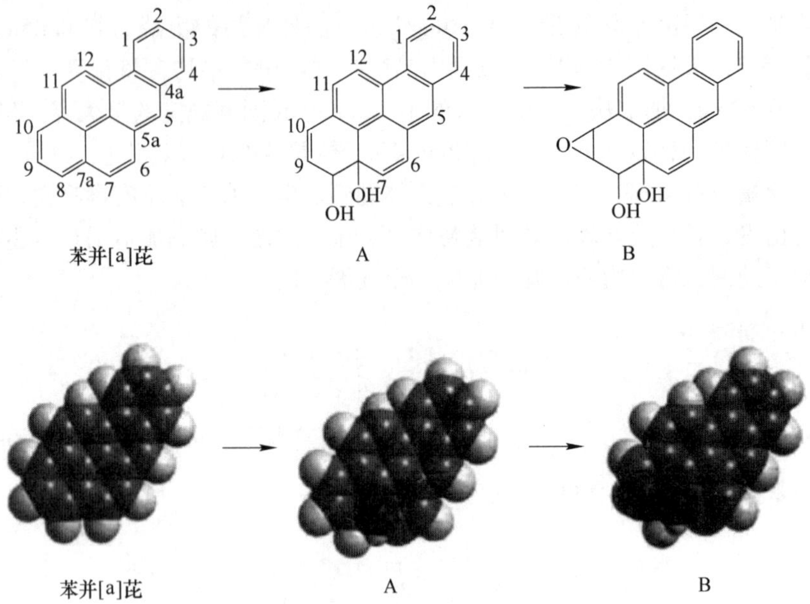

图 2-5 苯并芘的致癌机理

其溶液涂于鼠皮上，90～100μg 就发现鼠皮上生瘤，若注射则发展成肉瘤。据测定，涂抹小鼠皮肤可使半数小鼠致癌的有效量仅为 80μg。苯并[a]芘已被公认为致癌性稠环芳烃的代表物。北京放射医学研究所樊飞跃、杨素霞、曹珍山等人以体外细胞转化为实验模型，应用细胞生物学和分子生物学的实验手段，研究了苯并芘所致人胚肺细胞体外转化及其对细胞 DNA 链断裂损伤效应的规律。表明苯并芘造成了人胚肺细胞 DNA 链断裂损伤。DNA 链断裂损伤效应与苯并芘作用剂量之间的关系亦呈正比关系。苯并芘所致人胚肺细胞 DNA 链断裂损伤与细胞转化之间存在着显著相关关系，苯并芘诱发的细胞转化频率随着细胞 DNA 链断裂损伤效应的增加而增大。这一结果提示，苯并芘的致癌效应与 DNA 损伤效应密切相关。

近日，世界卫生组织经过 3 年的研究，评选并公布了 6 种最健康食品和 10 大垃圾食品，并称吃烧烤的毒性等同于吸烟。而美国一家研究中心的报告则称，吃一个烤鸡腿就等同于吸 60 支烟的毒性。常吃烧烤的女性，患乳腺癌的危险性要比不爱吃烧烤食品的女性高出 2 倍。

2.3.3 食品中的苯并芘

国内外研究证明，食物经熏、烤、煎、炸等烹调方式所造成的污染可使食品产生苯并[a]芘。焦糊的食品中其含量比普通食品的要增加 10～20 倍；脂肪，蛋白质或糖经高温烧烤或油炸的过程也会产生这种化学致癌物；而熏制食品不仅食品表面有部分变焦，还被附着许多烟雾颗粒，所以苯并[a]芘的含量也很高。油脂在高温加热时可分解生成甘油和脂肪酸。甘油进一步脱水变成丙烯醛，丙烯醛与脂肪酸中的共轭不饱和键通过 D-A 反应生成环状物，经进一步脱水环化产生苯并[a]芘。

日常饮食中有些烹调方式更易造成苯并[a]芘潜入人体。

（1）煎与炸的方式。反复煎炸食品的植物油，极有可能发生上述反应，产生一定量的致癌成分。煎炸时所用油温越高，产生的苯并[a]芘越多。日常生活中还要慎食油炸食品，对于反复热过的含油剩菜以及烧饼（据调查，一些不法商贩常用炸油条用过的旧油涂抹于烧饼上，尤其是烧饼和果子联营铺子的烧饼），应尽量少吃。

（2）炒的方式。通常，炒菜前都要把食用油烧开，而食用油加热到一定温度会产生油烟，这种烟雾中含有许多包括上述反应所产生的具有致癌作用的烃类有机物。据测定，食用油加热到270℃时，产生的油烟中含有苯并[a]芘等化合物，吸入人体可诱发肿瘤和导致细胞染色体的损失，而油温不到240℃时其损害作用较小。所以日常炒菜时，不要使油长时间处于烧开状态，注意控制油烟（比如使用抽油烟机）。炒完一道菜后，锅四周往往会产生一些黑色锅垢，它也含有苯并芘。因此一定要刷锅后，再做下一个菜。

（3）熏烤食品。熏烤所用的燃料木炭含有少量的苯并芘，在高温下它们有可能伴随着烟雾侵入食品中。另一方面，由于熏烤的鱼或肉等自身的化学成分——糖和脂肪，其不完全燃烧也会产生苯并[a]芘以及其他多环芳烃。比如熏鱼，制作过程中其脂肪燃烧不完全，加上烟雾的污染，成品中苯并[a]芘含量高达 6.7μg/kg。其他熏烤食物，如烧焦的咖啡豆、熏红肠甚至淀粉等，也含有不同程度的苯并[a]芘。

当然，熏制食品致癌性的大小取决于许多因素，所以我们可以采取适当的措施减少其对人体的危害。

1）与食入量有关。摄入苯并芘的量随吃的量增多而增多，所以不宜将油炸食品作为日常食品。

2）与熏烤方法有关。据测定，用炭火烤的肉内含 2.6~11.2μg/kg，而用松木熏的则高达 88.5μg/kg，用电烤箱仅含 0~0.05μg/kg。

3）与食物种类有关。肉类制品中含量较多，而淀粉类如烤白薯、面包中的含量较小。

2.3.4　烟草中的苯并芘

"吸烟与健康"问题中人们关注的焦点之一是吸烟与肺癌的关系，大量的流行病学研究、临床病理学研究和动物实验都试图阐述吸烟与肺癌的关系，目前普遍认为吸烟易导致肺癌，肺癌发生率和死亡率的上升与吸烟有因果关系。1980 年以来，科研工作者经过大量研究认为，烟气气溶胶粒相中的焦油是人体健康的最大威胁，其中苯并芘（0.01~0.05mg/支）为最主要的肿瘤诱导剂。因此尽量少抽烟，最好是不吸烟。

2.3.5　马路周围的苯并芘

由于汽油的不完全燃烧，汽车尾气中含有苯并芘的量不可小视，特别是通风不好的隧道中，苯并芘的含量大大超过国家规定的浓度。重庆医科大学程淑群等人通过对重庆大坪、两路口、七星岗隧道、龙家湾隧道、鹅岭隧道、杨家坪等 9 个点的汽车尾气进行了 3 次测试发现，空气中的苯并芘含量普遍超标。其中有的超标高达 165 倍。调查发现，越是道路狭窄拥挤、堵车严重的地方，空气流通不好、苯并[a]芘的含量越高。而路况较好、道路宽敞、车速快的地方，尽管车流量大，这种气体的含量并不高。因此不在马路上晒压粮食，早晨不要在马路周围跑步、散步，尽量不带小孩到马路周围，白天在马路上走过，回家后一定要换鞋。

2.4　二　噁　英

2.4.1　理化性质

二噁英，英文名字 Dioxin。二噁英是一个总称，它描述了一类数百种在环境中高度稳定的、非挥发性的、亲脂的、很难生物降解的有机氯化物。

二噁英包括多氯二苯并二氧六环（PCDD）和多氯二苯并呋喃（PCDF）这两类化合物。PCDD 和 PCDF 分别由 75 个和 135 个同族体构成，它们的化学结构相似，常简写为 PCDD/Fs。由于 Cl 原子取代数目不同而使它们各有 8 个同系物，每个同系物随分子中 Cl 原子的不同取代位置和数目，能产生 209 种异构体。结构式如图 2-6 所示。

图 2-6　二噁英的结构图（X 为 Cl 或 H）
a—PCDD；b—PCDF

2.4.2　毒性

二噁英是一种有毒的多氯三环芳香化合物，其致癌毒性比已知的致癌物质黄曲霉素高 10 倍，比苯并芘、多氯联苯和亚硝胺高 3~5 倍。动物实验表明，小鼠的 LD_{50} 值（毒死 50%实验品的量）为 $1\mu g/kg$，猴子为 $70\mu g/kg$。此外，它还具有环境雌激素效应，可以扰乱激素水平的调节，造成生殖机能失常，使男性雌性化。二噁英的毒性作用及机理可因生物性别的不同而存在差异。在雄性体内是由细胞核外的某种物质引起的，在雌性体内是由细胞核内的物质引起的。它还具有一系列与氯代芳烃类似的中毒症状，如：免疫系统受损，胸腺萎缩，以及致畸、致突变等。虽然二噁英微量摄入人体不会立即引起病变，但是一旦摄入不易排出，如肝脏中的二噁英随着胆汁排出到十二指肠后，又被小肠吸收而进入人体，形成肝肠循环。如果长期食用含二噁英的食品，这种有毒成分会蓄积下来，逐渐增多，最终对人体造成危害。

2.4.3　来源及防治

二噁英是在焚化垃圾、化学品和杀虫制剂、纸浆和纸的漂白过程中产生的。由于它具有耐高温，在环境中很稳定等特性，特别容易造成污染。生活中如何减少二噁英的危害：

（1）不要只吃同种类食物。二噁英与脂肪有极强的亲和力，微量摄入人体虽不会立即引起病变，但在脂肪层和脏器中蓄积至一定数量，会导致其沉积的组织损伤或出现癌变。美国联邦环保管理署在最近发布的一项名为《杀虫剂与食物，你和你的家庭需要什么》的报告中，建议消费者选择不同种类的食物，而不要只吃同种类食物，以减少吃进过量单一杀虫剂致癌的危险性。报告还建议人们应用流动自来水仔细清洗新鲜水果和蔬菜，丢弃绿叶蔬菜外边的几片叶子，切除肉类的脂肪和不要吃禽肉及鱼的皮等。

（2）多吃凉拌的蔬菜。研究表明，纤维食物和叶绿素在人体内可吸收二噁英，并同粪便一起排出。因而多吃凉拌的绿色蔬菜可消除体内长期积累的剧毒，其中最有效的食物首推米糠，其次是菠菜和萝卜叶。实验显示，在老鼠的食物中 10% 的纤维食物，可使二噁英的排出量增加 1.57 倍，肝脏内二噁英的积存量减少 84%；如果加上 20% 含有大量叶绿素的小球藻，二噁英的排出量则增加 3.43 倍，肝脏内的积存量减少 41%。

2.5 亚 硝 胺

2.5.1 理化性质

N-亚硝胺与黄曲霉素和苯并芘一样，也是世界公认的三大致癌物之一，其中低分子量的 N-亚硝胺在常温下为黄色油状液体，高分子量的 N-亚硝胺多为固体。二甲基亚硝胺可溶于水及有机溶剂，其他则不能溶于水，而易溶于有机溶剂。在通常情况下，N-亚硝胺不易水解，在中性和碱性环境中较稳定，但在特定条件下也发生水解、加成、还原、氧化等反应。结构式如图 2-7 所示。

图 2-7　亚硝胺的结构

2.5.2 毒性

亚硝胺是较稳定的化合物，其致癌机理是：其化合物中与氨氮相连的碳原子上的氢受到肝微粒体 P450 的作用，其碳上的氢被氧化而形成羟基，再进一步分解和异构化，生成烷基偶氮羟基化物，此化合物是具有高度活性的致癌剂。需要说明的是，它的致癌性与化学结构、理化性质以及体内代谢过程等有关。

科学家通过对亚硝胺致癌性进行的长期研究的动物实验表明：许多亚硝胺，包括香烟中的 10 多种亚硝胺，无论是对低等动物还是高等动物，都能诱发肿瘤；而且还证明，亚硝胺几乎对动物的所有脏器和组织都能诱发肿瘤，其中主要是对肝脏、食管、肺、胃和肾，其次是鼻腔、气管、食管、胰腺、口腔。另外，亚硝胺具有明显的亲和性，不同结构的亚硝胺，可以有选择性地对特定的器官诱发肿瘤，例如，具有对称结构的亚硝胺对白鼠主要诱发出肝癌，非对称的二烷基亚硝胺和某些杂环亚硝胺对大白鼠主要诱发出食管癌等。

2.5.3 来源

2.5.3.1 香烟

香烟中含有三大类亚硝胺，即挥发性亚硝胺、非挥发性亚硝胺和香烟中特有的亚硝胺——具强致癌性的去甲烟碱亚硝胺和甲酰基去甲烟碱亚硝胺。事实上，烟草中的蛋白质、农药和生物碱是产生亚硝胺的前体物。烟草中的生物碱（烟碱尼古丁、去甲烟碱、甲酰基去甲烟碱、假木械碱和新烟草碱）在香烟燃烧的过程中，会生成一些香烟中特有的亚硝胺化合物。

2.5.3.2　含硝酸盐和亚硝酸盐的食物

含硝酸盐和亚硝酸盐的食物在微生物或还原剂的作用下，硝酸根离子（NO_3^-）可被还原成亚硝酸根离子（NO_2^-）。本来绝大部分亚硝酸盐在人体内以"过客"的形式随尿排出，但在特定的条件下——包括环境酸碱度、微生物菌群和适宜的温度便会转化成亚硝胺，而人体正是可以提供这种特定条件的场所。其中胃可能是合成亚硝胺的主要场所。因为人体合成亚硝胺的适宜 pH 值小于 3，而正常人胃液的 pH 值为 1~4。亚硝酸盐进入胃里以后，在胃酸的作用下，与蛋白质分解产物二级胺反应可生成亚硝胺：

$$R_2NH + NaNO_2 \xrightarrow{\text{胃酸}} R_2N - N \tag{2-1}$$

此外，胃内还有一类含有硝酸盐还原酶的细菌，当胃酸缺乏时，胃液 pH 值较高，大于 5 时此类细菌有高度活性，利于将硝酸盐转化成亚硝酸盐，进而与胺类结合成亚硝胺。因此不论胃酸多少，均有利于亚硝胺的产生。所以对含硝酸盐和亚硝酸盐量较高的食物如酸菜、泡菜、咸鱼、火腿以及熏烤食物，尤其是熏烤的红肠等高亚硝酸盐食物，应尽量少吃。

亚硝酸盐在这里主要是指亚硝酸钾和亚硝酸钠，为白色或微黄色结晶或颗粒状粉末，味微咸涩，易溶于水。它们是强氧化剂，进入血液后能与血红蛋白结合，使低铁血红蛋白变为高铁血红蛋白，从而失去携氧能力，导致组织缺氧；亚硝酸盐能与人体和动物体内的蛋白质代谢的中间产物仲胺合成亚硝胺而致癌。人们食入体内的亚硝酸盐一般有以下几个来源：

（1）储存时间较长的水。水储存的时间越长，水里的细菌数量越多。虽然将水煮沸能杀死细菌，但细菌本身不会对人造成危害，而是在水加热的过程中，一些细菌尤其是大肠杆菌能释放出大量的硝酸盐还原酶，将水中的硝酸盐还原为亚硝酸盐。据调查分析，储存 3 天以上的水烧开后，其亚硝酸盐含量为储存 1 天水的 3.64 倍，储存 7 天的水则为储存 1 天水的 9.12 倍。同理，反复煮沸的水及长时间煮沸的水（如蒸锅水）中亚硝酸盐的含量也不可小视，这些水都应尽量不喝。

（2）咸菜。咸菜中含盐高，本身对人体有害。此外，咸菜中还含有大量的亚硝酸盐，过多食用后一方面会造成组织缺氧，出现头昏、头痛、呼吸困难等中毒现象；另一方面可能会转化成亚硝胺而致癌。咸菜必须腌透才可食用，暴腌的雪里蕻不宜食用。

（3）腌烤鱼肉类。鱼肉类食物中含有少量的胺类和丰富的脂肪和蛋白质，对鱼和肉的腌制烘烤等加工处理，尤其是油煎烹调时，能分解出一些胺类化合物。腐烂变质的鱼和肉类也分解出胺类，其中包括二甲胺、三甲胺、脯氨酸、腐胺、胶原蛋白等。这些化合物与亚硝基试剂作用生成亚硝胺。一般鱼和肉类制品中的亚硝胺主要是吡咯烷亚硝胺和二甲基亚硝胺。咸鱼一般是将生鱼用海盐腌制而成的，海盐的成分主要是氯化钠和硝酸钠。在腌制过程中，海盐中的硝酸钠与生鱼的胺接触，会使鱼体内产生大量的二甲基亚硝酸盐。人食用这种鱼后，二甲基胺硝酸盐经过代谢转化成二甲基亚硝胺：

$$(CH_3)_2NH \xrightarrow{\text{NaNO}_3,\ 代谢} (CH_3)_2N - NO \tag{2-2}$$

（4）酸菜。所谓酸菜，就是用优质大白菜等蔬菜和其他调料，经过渍泡、发酵而成的地道的东北酸菜。据东北农业大学介绍，制作酸菜的大白菜中的农药残留很少超标，因此酸菜的安全问题主要在于其亚硝酸盐的含量。由于生长过程中施用含硝酸盐的化肥，新鲜蔬菜中普遍存在硝酸盐。随着存放时间的延长，在细菌的作用下，硝酸盐会转化为亚硝酸盐，所以腌制酸菜时最好用新鲜蔬菜。此外，腌制的时间、温度、食盐的浓度与亚硝酸盐的含量也有一定关系：最初2~4天食盐浓度为5%时，温度越高产生的亚硝酸盐越多，37℃左右时最高；腌至4~8天时亚硝酸盐含量最高；第9天后开始下降，20天后基本消失。所以吃酸菜时，腌制的时间一定要长，至少20天。温度和盐量也要控制好，还得确保水的质量，若是使用了大量含亚硝酸盐的不洁净的水，也会导致亚硝酸盐含量增加。

（5）其他。由于一些不法商贩唯利是图，将含有硝酸盐的工业盐作为食盐使用以及腌制肉制品时亚硝酸盐作为食品添加剂使用超标等，也会造成人们亚硝酸盐中毒。目前我国制定的海产品和肉产品中N-二乙基亚硝胺、N-二甲基亚硝胺的限量卫生标准（GB 9677—1998）中规定：海产品中N-二甲基亚硝胺含量不超过4μg/kg，N-二乙基亚硝胺含量不超过3μg/kg，肉制品中N-二甲基亚硝胺含量不超过7μg/kg，N-二乙基亚硝胺含量不超过5μg/kg。

2.5.3.3 啤酒中的亚硝胺

啤酒是以大麦芽为主要原料，加入少量大米等淀粉类辅料，经液态糊化和糖化后，接种啤酒酵母，再经液态发酵而成。若使用的大麦芽是直接用火烘干的，由大麦芽中的酪氨酸分解而来的胺类和烟气中的二氧化氮及一氧化氮发生作用，生成二甲基亚硝胺。啤酒中含量高者每千克可含二甲基亚硝胺68μg。二甲基亚硝胺是可疑的致癌物质。为减少二甲基亚硝胺的生成，应避免直接用火烘干大麦芽。

2.5.3.4 火锅中的亚硝胺

上海市食品药品监督管理局对外发布饮食提醒，要格外注意火锅的科学食用方法。食品专家表示，在火锅中过长时间烧煮肉类可能会产生一类致癌物亚硝胺。上海市食品药品监督管理局有关专业技术人员，最近一次对火锅汤汁中的亚硝酸盐等物质进行检测，结果表明，当火锅烧煮60min和90min后，其汤汁中的亚硝酸盐含量分别超过了10mg/kg和15mg/kg，高于一般食品中的含量。亚硝酸盐一次大量（超过200mg）被吸收进入人体时，可将正常血红蛋白转变为高铁血红蛋白，造成人体缺氧，出现急性中毒症状。火锅食品中的肉类、鱼类、内脏等高蛋白食品都能在长时间高温烧煮过程中释放胺类物质，胺类中的二级胺类与亚硝酸盐结合，会形成一类致癌物质亚硝胺。

2.5.4 预防亚硝酸盐中毒

亚硝胺致癌是可以预防和控制的。除了避免以上的来源以外，还可以通过一些调整达到预防控制亚硝胺的目的。比如熏制食品在冷冻的条件下，就能防止硝酸盐的转化。亚硝胺极不稳定，将食品放在日光下曝晒一下，也会使亚硝胺消失或减少。通过防止食物霉变以及其他微生物污染，改进食品的加工方法，以及采取在土壤中施用钼肥以减少粮食、蔬菜中亚硝酸盐的含量等措施，就能控制亚硝胺进入人体。美国药理学家研究发现，将腌肉放在微波炉内烤，取出来时既香又脆，用化学方法分析，没有发现亚硝胺。

维生素 C 在抑制前体物（胺类、酰胺类、亚硝酸盐）形成亚硝胺方面，无论体内或体外都有效。维生素 C 是一种抗氧化剂，可在细胞外阻断致突变物的形成，有抑制肿瘤的作用。在食品加工或烹调过程中加入维生素 C，可降低食品中亚硝胺含量。摄入新鲜水果和青菜，可降低食管、胃和其他几种癌的患癌风险。猕猴桃汁除含有丰富的维生素 C 外，还有活性物质，具有阻断亚硝胺形成的作用。但维生素 C 对已形成的亚硝胺则无作用。杨文献等研究证明，维生素 C 可阻断胃内亚硝胺的合成，降低胃内亚硝胺的暴露水平，表现为胃液内亚硝胺含量减少。这一结果，不仅为证明人类食管癌的亚硝胺病因提供了更充分的流行病学依据，也为开展一级预防提供了科学依据和有效方法，认为每日口服 900mg 的维生素 C 效果较好。

蔬菜所含的酶能分解亚硝胺，故能降低其致癌性。各种蔬菜汁能抑制 N-甲基-N-硝基-N-亚硝基胍或甲基亚硝基脲引起的烷化作用，其有效性顺序为：萝卜>圆白菜>豌豆>黄瓜>芹菜>牛奶>西红柿。菠菜、草莓、花菜、莴苣、胡萝卜、土豆、日本萝卜、苹果等果蔬也能抑制亚硝化作用。

另外，维生素 A 有阻断亚硝胺的致癌作用，并抑制肿瘤细胞的繁殖和生长。Hill 等认为，维生素 A 可改变致癌物的代谢，增强动物的免疫反应，增强对肿瘤的抵抗力。Kour 等认为，维生素 A 的作用是使受激发的细胞停止在基因转化的阶段。这种细胞虽然有转化的基因型，但没有转化的表型，从而达到预防肿瘤的目的。中美两国科学工作者对河南林县的食管癌、贲门癌高发区进行了长达 10 年的研究，提示补充 β-胡萝卜素、维生素 E 和硒能降低胃癌的发病和死亡率，维生素 B_2、烟酸能降低食管癌的发病率。硒对化学致癌有明显的抑制作用。用大鼠进行 N-甲基-N-硝基-N-亚硝基胍（MNNG）的研究，发现高硒组腺癌明显减少（$P<0.02$），低硒比高硒摄入者患肿瘤数明显增多，提示硒具有防癌作用。MNNG 是直接致癌物，不需代谢活化，可见硒能抑制不需代谢活化的诱癌物导致的肿瘤。

大蒜天然提取物二烯丙基硫醚（DAS）具有抑制胃癌的作用。常吃大蒜者胃液中亚硝酸盐含量明显低于少食大蒜者，其原因可能是由于大蒜对胃液中细菌，特别是对硝酸盐还原菌的抑杀作用，提示通过进食大蒜阻断亚硝酸盐产生是预防胃癌的又一可能途径。绿茶、咖啡及左旋咪唑对 DENA（二乙基亚硝胺）的致癌作用均具有不同程度的抑制作用，其中以绿茶的抑制效果最为显著。

2.6　重　金　属

人体就像一个复杂的化学工厂，它包含了几乎所有元素，并且时刻都在进行着化学反应，使各物质在人体内的含量达到平衡，以保证人类的正常生命活动。金属元素在人体内担负着重要使命，一些金属元素是人体内必备的微量元素，如铁、锌、钙、锡、锰、钾、镁等，表 2-2 列出了人体所需微量金属元素与平衡失调导致的症状。

而一些金属尤其是重金属物质却会对人类健康造成不良影响。下面简单介绍一下这些有害金属物质的危害及其防治措施。

表 2-2　人体所需微量金属元素

元素	人体含量 /mg·kg⁻¹	日需量 /mg·kg⁻¹	生理功能	缺乏症	过量症
Fe	4.2	12	制造血红蛋白和含铁酶	贫血、免疫力低、易感冒、口腔炎	心衰、糖尿病、肝硬化
Zn	2.3	15	激活多种酶，参与核酸和能量代谢，促进性功能正常，抗菌消炎	侏儒、溃疡、炎症、不育、白发、白内障、肝硬化	肠胃炎、前列腺增大、贫血、高血压、冠心病
Sr	0.32	1.9	长骨骼、合成黏多糖、维持组织弹性	骨质疏松、白发、龋齿	关节痛、贫血、肌肉萎缩
Se	0.2	0.05	抑制自由基	心血管病、克山病、关节炎、癌	心肾功能障碍、腹泻
Cu	0.1	3	造血、合成酶和血红蛋白、增强抵抗力	关节炎、心肾功能障碍、溃疡	黄疸肝炎、肝硬化、癌、肠胃炎
Mn	0.02	8	增强蛋白质代谢、合成维生素、防癌	软骨、营养不良、神经紊乱、肝癌、生殖功能受抑	无力、帕金森症、心肌梗死
V	0.018	1.5	刺激骨髓造血、参与胆固醇和脂质代谢	胆固醇高、生殖功能低下、贫血、心肌无力、骨异常	结膜炎、鼻咽炎、心肾受损
Sn	0.017	3	促进蛋白质和核酸反应、促进生长、催化氧化还原反应	抑制生长	贫血、肠胃炎
Ni	0.01	0.3	参与细胞激酶和色素代谢、生血、激活酶、形成辅酶	肝硬化、尿毒症、脂肪和磷脂代谢异常	鼻咽癌、皮炎、白血病、骨癌、肺癌
Cr	<0.006	0.1	发挥胰岛素作用，调节胆固醇、糖和脂代谢、防止血管硬化	糖尿病、高血脂、结石、胰岛素功能失调	伤肝肾、鼻中薄膜穿孔、肺癌
Mo	<0.005	0.2	组成氧化还原酶	心血管病、克山病、食道癌、结石、龋齿	睾丸萎缩、性欲减退、脱毛、软骨、贫血、腹泻
Co	<0.003	0.0001	造血	心血管病	高血脂、癌

铝对人体的危害是多方面的，过量的铝可影响脑细胞功能，从而影响和干扰人的意识和记忆功能，造成老年痴呆症；可引起胆汁郁积性肝病，还可导致骨骼软化，以及引起细胞低色素性贫血、卵巢萎缩等病症。因此，世界卫生组织于 1989 年正式将铝确定为食品污染物，并要求加以控制。铝是通过铝制器皿和铝的食品添加剂进入到人体的。痴呆症属大脑皮质疾病，初始症状为记忆障碍并逐渐消失，语言表达困难，失去识别能力，外出不辨方向以及感觉运动能力缺陷，易被激怒和猜疑。研究发现，痴呆症患者大脑含铝水平明

显升高，约为正常人的 10~30 倍。铝是具有蓄积性的化学物质，生物半衰期为 556 天，储存于脑、骨、肺、肝、甲状旁腺等组织中，并且脑、骨、肺等组织中的铝可随年龄增长而增加。铝与脑组织有较大的亲和力，铝进入脑神经元细胞内，干扰脑细胞活动，破坏神经元结构，形成神经纤维结，出现异常脑电图波形，表现出透析性脑病或痴呆的症状；铝进入脑细胞内，抑制己糖激酶和 K^+–ATP 酶，直接破坏神经细胞内遗传物质脱氧核糖核酸的功能。铝在大脑中蓄积引起痴呆症是一个渐进的过程，一般需要 10 年才能表现出来，故平时应特别限制铝的摄入。实验证明，每天摄入低于 125mg 的铝不会造成铝在人体内的蓄积。铝是地壳里最常见的金属，约占地球表面积总量的 8%，存在于人类的日常生活之中并极易不知不觉地进入人的机体。预防铝摄入过多应从以下途径严加限制：不用明矾净化的水；尽量避免使用铝制器皿及餐具；尽量少吃油炸等含铝膨松剂（硫酸钾铝）的食品；少用铝制剂胃病药。

铅是人类最早发现并应用的金属之一，在应用过程中，人们对其毒性也逐渐有所了解。对人体而言，铅是一种没有任何生理功能，而具有神经毒性的重金属元素。铅进入人体会损害神经、消化系统和造血功能。四甲基铅和四乙基铅在肝脏中通过去烷基化生成的三烷基化合物是有毒的。可溶性无机铅盐都有毒，其毒性发端于 Pb^{2+} 易与蛋白质分子中半胱氨酸内的 SH 基发生反应，生成难溶化合物，中断了有关的代谢径路。铅在体内代谢情况与钙相似，易积在骨骼之中。儿童对铅的吸收率要比成人高出 4 倍以上。当人体摄入过量铅后，主要效应与 4 个组织系统相关：血液、神经、肠胃和肾。急性铅中毒通常表现为肠胃效应。在剧烈的爆发性腹痛后，出现厌食、消化不良和便秘。铅的来源主要有：铅的开采、冶炼和精炼对周围环境大气和土壤产生的影响，从而污染食物；含铅农药的使用；食品容器、用具等对食物的污染。因此，我们要采取下列措施：餐前洗手，少吃含铅高的松花、爆米花等膨化食品；不要在交通繁忙区和工业生产区玩耍或逗留；多食用排铅食品，如：牛奶、海带、大蒜、洋葱、猕猴桃等。

镉对生物机体的毒性与抑制酶功能有关。人体镉中毒主要是通过消化道与呼吸道摄取被镉污染的水、食物和空气而引起的。如偏酸性或溶解氧值偏高的供水易腐蚀镀锌管路而溶出镉，通过饮水进入人体。长期吸烟者的肺、肾、肝等器官中含镉量超出正常值的 1 倍，烟草中的镉来源于含镉的磷肥。镉在人体内的半衰期长达 10~30 年，对人体组织和器官的毒害是多方面的，能引起肺气肿、高血压、神经痛、骨质松软、骨折、内分泌失调等病症。在日本曾发生过骇人听闻的"骨痛病"，镉中毒的受害者开始是腰、手、脚关节疼痛，延续几年后，全身神经痛和骨痛，最后骨骼软化萎缩，自然骨折，直至在虚弱疼痛中死亡。有关报道指出，男性前列腺患者也与人体摄入过量镉有关。不少研究资料表明，在锌镉比低的地区，高血压发病率高，并且镉与心脏病之间有一定关系。婴儿出生时体内并没有镉。随着年龄的增长，人体内的镉就慢慢积累起来，而人体对它又没有平衡机制，所以它能在肾脏积累。积聚在人体内的镉能破坏人体内的钙，受害者骨头逐渐变形。初为腰、背、下肢疼痛，以后疼痛逐渐加剧，步行时像鸭子般，臀部左右摇摆，容易发生病理性骨折，患者因疼痛而不能入睡。进入人体中的镉能与含硫基的蛋白质分子结合，降低或抑制酶的活性，并妨碍蛋白质和脂肪的转化，引起高血压和心血管疾病。镉会蓄积在肾、肝和生殖器官等组织中，造成肾和神经损伤（以前者为主）。镉与锌的性质类似，但镉对某些肾组织比锌有更大的亲和力，因而能不可逆转地置换锌，改变依靠锌的一切生化反应，引起尿蛋白症、糖尿病、水肿病和癌症等。在因高血压死亡的人中，锌镉比为 1.4 左右，有的甚至不到 1.0。食物中含锌量比常量少或含镉量多了，都能引起镉在人体中的积聚。从预防镉中毒的角度来看，应尽量选食锌镉比值大于 40 的食物，如：牡蛎、谷类、面筋、豆荚、坚果等。

汞的毒性因其化学形态而有很大差别。经口摄入体内的元素汞基本上是无毒的，但通过呼吸道摄入的气态汞是高毒的；一价汞的盐类溶解度很小，基本上也是无毒的，但人体组织和血红细胞能将单价汞氧化为具有高度毒性的二价汞；有机汞化合物是高毒性的，例如 20 世纪 50 年代和 60 年代在日本的水埃市和新漓市分别出现的水侯病即是由甲基汞中毒引起的神经性疾病。这种疾病是由于工业废液中甲基汞排入水系，又通过食物链浓集于鱼体内，最后被人经口摄取所致。水侯病在日本曾引起千余人死亡。因甲基汞致人死命的事件还曾在伊拉克、巴基斯坦等国发生过。汞及其化合物的毒性主要出自于它们对含硫化合物的高度亲和能力，因此在进入生物体后，就会破坏酶和其他蛋白质的功能，影响其重新合成，由此引起各种有害后果。甲基汞的毒性表现还有其特异之处，进入人体度过急性期后，可有几周到数月的潜伏期，然后显示脑和神经系统的中毒症状，而且难以痊愈。此外，甲基汞还能通过母体影响胎儿的神经系统，使出生婴儿有智能发育障碍、运动机能受损等脑性小儿麻痹症状。

习　题

2-1　世界公认的三大致癌物是什么？

2-2　简述环境中二噁英的主要来源，及其影响防护。

2-3　人体内必备的微量金属元素有哪些，生活中常见的有害金属物质有哪些？简述其对人类健康的影响。

3 环境化学原理与污染物控制

3.1 水体污染原理及其防治

3.1.1 水污染概论

所谓水体污染，是指由于人为的或自然的因素造成外来物质过度入侵水体，水体因接受过多的杂质而导致其物理、化学及生物学性状的改变和水质的恶化或自然生态平衡遭到破坏的结果，水体污染严重影响水的使用功能，危害人体健康。20世纪60年代美国学者曾把水中污染物大体划分为八类：（1）耗氧污染物（一些能够较快被微生物降解成为二氧化碳和水的有机物）；（2）致病污染物（一些可使人类和动物患病的病原微生物与细菌）；（3）合成有机物；（4）植物营养物；（5）无机物及矿物质；（6）由土壤、岩石等冲刷下来的沉积物；（7）放射性物质；（8）热污染。这些污染物进入水体后通常以可溶态或悬浮态存在，其在水体中的迁移转化及生物可利用性均直接与污染物存在形态相关。

随着工业技术的发展，目前世界上化学品销售已达7万~8万种，且每年有1000~1600种新化学品进入市场。除少数品种外，人们对进入环境中的绝大部分化学物质，特别是有毒有机化学物质在环境中的行为（光解、水解、微生物降解、挥发、生物富集、吸附、淋溶等）及其可能产生的潜在危害至今尚无所知或知之甚微。然而，一次次严重的有毒化学物质污染事件的发生，使人们的环境意识不断得到提高。但是由于有毒物质品种繁多，不可能对每一种污染物都制定控制标准，因而提出在众多污染物中筛选出潜在危险大的作为优先研究和控制对象，称之为优先污染物。美国是最早开展优先监测的国家，早在20世纪70年代中期，就在"清洁水法"中明确规定了129种优先污染物，其中有114种是有毒有机污染物。日本于1986年底，由环境厅公布了1974~1985年间对600种优先有毒化学品环境安全性综合调查，其中检出率高的有毒污染物为189种。前苏联1975年公布了496种有机污染物在综合用水中的极限容许浓度，1985年公布了在此基础上进行修改后的561种有机污染物在水中的极限容许浓度。西德于1980年公布了120种水中有毒污染物名单，并按毒性大小分类。欧洲经济共同体在"关于水质项目的排放标准"的技术报告中，也列出了"黑名单"和"灰名单"。总之，有毒化学物质的水污染问题越来越受到世界各国的重视和关注。我国已把环境保护作为一项基本国策，为了更好地控制有毒污染物排放，近年来我国也开展了水中优先污染物筛选工作，提出初筛名单249种，通过多次专家研讨会，初步提出我国的水中优先控制污染物黑名单68种（见表3-1），将为我国优先污染物控制和监测提供依据。

表 3-1　我国水中优先控制污染物黑名单

1. 挥发性卤代烃类	二氯甲烷、三氯甲烷、四氯化碳、1,2-二氯乙烷、1,1,2-三氯乙烷、1,1,1,2-四氯乙烷、三氯乙烯、四氯乙烯、三溴甲烷（溴仿），计9个

续表 3-1

2. 苯系物	苯、甲苯、乙苯、邻二甲苯、间二甲苯、对二甲苯，计6个
3. 氯代苯类	氯苯、邻二氯苯、对二氯苯、六氯苯，计4个
4. 多氯联苯	1个
5. 酚类	苯酚、间甲酚、2,4-二氯酚、2,4,6-三氯酚、五氯酚、对-硝基酚，计6个
6. 硝基苯类	硝基苯、对硝基甲苯、2,4-二硝基甲苯、三硝基甲苯、对硝基氯苯、2,4-二硝基氯苯，计6个
7. 苯胺类	苯胺、二硝基苯胺、对硝基苯胺、2,6-二氯硝基苯胺，计4个
8. 多环芳烃类	萘、荧蒽、苯并[b]荧蒽、苯并[a]芘、茚并[1,2,3-c,d]芘、苯并[ghi]芘，计6个
9. 酞酸酯类	酞酸二甲酯、酞酸二丁酯、酞酸二辛酯，计3个
10. 农药	六六六、滴滴涕、敌敌畏、乐果、对硫磷、甲基对硫磷、除草醚、敌百虫，计8个
11. 丙烯腈	1个
12. 亚硝胺类	N-亚硝基二甲胺、N-亚硝基二正丙胺，计2个
13. 氰化物	1个
14. 重金属及其化合物	砷及其化合物、铍及其化合物、镉及其化合物、铬及其化合物、汞及其化合物、镍及其化合物、铊及其化合物、铜及其化合物、铅及其化合物，计9类

可以看出，金属污染物和有机污染物是被优先控制的水污染物类型。近年来的研究表明，通过各种途径进入水体中的金属，绝大部分将迅速转入沉积物或悬浮物内，因此许多研究者都把沉积物作为金属污染水体的研究对象。目前已基本明确了水体中金属结合形态通过吸附、沉淀、共沉淀等的化学转化过程及某些生物、物理因素的影响。由于金属污染源依然存在，水体中金属形态多变，转化过程及其生态效应复杂，因此金属形态及其转化过程的生物可利用性研究仍是环境化学的一个研究热点。另外，水环境中有机污染物的种类繁多，其环境化学行为至今还知之甚少。一些全球性污染物如多环芳烃、有机氯等，一直受到各国学者的高度重视。特别是一些有毒、难降解的有机物，通过迁移、转化、富集或食物链循环，危及水生生物及人体健康。这些有机物往往含量低，毒性大，异构体多，毒性大小差别悬殊。例如四氯二噁英，有22种异构体，如将其按毒性大小排列，则排在首位的结构式与排在第二位的结构式，其毒性竟然相差1000倍。此外，有机污染物本身的物理化学性质如溶解度、分子的极性、蒸汽压、电子效应、空间效应等同样影响到有机污染物在水环境中的归趋及生物可利用性。

3.1.2 水中污染物的迁移转化

3.1.2.1 无机物在水中的迁移转化

无机污染物，特别是重金属和准金属等污染物，一旦进入水环境，均不能被生物降解，主要通过沉淀—溶解、氧化—还原、配合作用、胶体形成、吸附—解吸等一系列物理化学作用进行迁移转化，参与和干扰各种环境化学过程和物质循环过程，最终以一种或多种形态长期存留在环境中，造成永久性的潜在危害。

A 颗粒物与水之间的迁移

（1）水中颗粒物的类别 天然水中颗粒物主要包括各类矿物微粒，含有铝、铁、锰、硅水合氧化物等无机高分子，含有腐殖质、蛋白质等有机高分子。此外还有油滴、气泡构成的乳浊液和泡沫、表面活性剂等半胶体以及藻类、细菌、病毒等生物胶体。下面分别叙述天然水体中颗粒物的类别。

天然水中具有显著胶体化学特性的微粒是黏土矿物。黏土矿物是由其他矿物经化学风化作用而生成，主要为铝或镁的硅酸盐，它具有晶体层状结构，种类很多，可以按照其结构特征和成分加以分类。

1）金属水合氧化物：铝、铁、锰、硅等金属的水合氧化物在天然水中以无机高分子及溶胶等形态存在，在水环境中发挥重要的胶体化学作用。

铝在岩石和土壤中是丰量元素，但在天然水中浓度较低，一般不超过 0.1mg/L。铝在水中水解，主要形态是 Al^{3+}、$Al(OH)^{2+}$、$Al(OH)_2^{4+}$、$Al(OH)_2^+$、$Al(OH)_3$ 和 $Al(OH)_4^-$ 等，并随 pH 值的变化而改变形态浓度的比例。实际上，铝在一定条件下会发生聚合反应，生成多核配合物或无机高分子，最终生成 $[Al(OH)_3]_\infty$ 的无定形沉淀物。

铁也是广泛分布的丰量元素，它的水解反应和形态与铝有类似的情况。在不同 pH 值下，$Fe(Ⅲ)$ 的存在形态是 Fe^{3+}、$Fe(OH)^{2+}$、$Fe(OH)_2^+$、$Fe_2(OH)_2^{4+}$ 和 $Fe(OH)_3$ 等。固体沉淀物可转化为 $FeOOH$ 的不同晶型物。同样，它也可以聚合成为无机高分子和溶胶。

锰与铁类似，其丰度虽然不如铁，但溶解度比铁高，因而也是常见的水合金属氧化物。

硅酸的单体 H_4SiO_4，若写成 $Si(OH)_4$，则类似于多价金属，是一种弱酸，过量的硅酸将会生成聚合物，并可生成胶体以至沉淀物。硅酸的聚合相当于缩聚反应：

$$2Si(OH)_4 \longrightarrow H_6Si_2O_7 + H_2O \tag{3-1}$$

所生成的硅酸聚合物，也可认为是无机高分子，一般分子式为 $Si_nO_{2n-m}(OH)_{2m}$。

所有的金属水合氧化物都能结合水中微量物质，同时其本身又趋向于结合在矿物微粒和有机物的界面上。

2）腐殖质：腐殖质是一种带负电的高分子弱电解质，其形态构型与官能团的离解程度有关。在 pH 值较高的碱性溶液中或离子强度低的条件下，羟基和羧基大多离解，沿高分子呈现的负电荷相互排斥，构型伸展，亲水性强，因而趋于溶解。在 pH 值较低的酸性溶液中，或有较高浓度的金属阳离子存在时，各官能团难于离解而电荷减少，高分子趋于卷缩成团，亲水性弱，因而趋于沉淀或凝聚，富里酸因分子量低受构型影响小，故仍溶解，腐殖酸则变为不溶的胶体沉淀物。

3）水体悬浮沉积物：天然水体中各种环境胶体物质往往并非单独存在，而是相互作用结合成为某种聚集体，即成为水中悬浮沉积物，它们可以沉降进入水体底部，也可重新再悬浮进入水中。

悬浮沉积物的结构组成并不是固定的，它随着水质和水体组成物质及水动力条件而变化。一般来说，悬浮沉积物是以矿物微粒，特别是黏土矿物为核心骨架，有机物和金属水合氧化物结合在矿物微粒表面上，成为各微粒间的黏附架桥物质，把若干微粒组合成絮状聚集体（聚集体在水体中的悬浮颗粒粒度一般在数十微米以下），经絮凝成为较粗颗粒而沉积到水体底部。

4）其他：湖泊中的藻类，污水中的细菌、病毒，废水排出的表面活性剂、油滴等，也都有类似的胶体化学表现，起类似的作用。

（2）水环境中颗粒物的吸附作用。水环境中胶体颗粒的吸附作用大体可分为表面吸附、离子交换吸附和专属吸附等。首先，由于胶体具有巨大的比表面积和表面能，因此固液界面存在表面吸附作用，胶体表面积愈大，所产生的表面吸附能也愈大，胶体的吸附作用也就愈强，它是属于一种物理吸附。其次，由于环境中大部分胶体带负电荷，容易吸附各种阳离子，在吸附过程中，胶体每吸附一部分阳离子，同时也放出等量的其他阳离子，因此把这种吸附称为离子交换吸附，它属于物理化学吸附。这种吸附是一种可逆反应，而且能够迅速地达到可逆平衡。该反应不受温度影响，在酸碱条件下均可进行，其交换吸附能力与溶质的性质、浓度及吸附剂性质等有关。对于那些具有可变电荷表面的胶体，当体系 pH 值高时，也带负电荷并能进行交换吸附。离子交换吸附对于从概念上解释胶体颗粒表面对水合金属离子的吸附是有用的，但是对于那些在吸附过程中表面电荷改变符号，甚至可使离子化合物吸附在同号电荷的表面上的现象无法解释。因此，近年来有学者提出了专属吸附作用。

所谓专属吸附是指吸附过程中，除了化学键的作用外，尚有加强的憎水键和范德华力或氢键在起作用。专属吸附作用不但可使表面电荷改变符号，而且可使离子化合物吸附在同号电荷的表面上。在水环境中，配合离子、有机离子、有机高分子和无机高分子的专属吸附作用特别强烈。例如，简单的 Al^{3+}、Fe^{3+} 高价离子并不能使胶体电荷因吸附而变号，但其水解产物却可达到这点，这就是发生专属吸附的结果。

（3）沉积物中重金属的释放。重金属从悬浮物或沉积物中重新释放属于二次污染问题，不仅对于水生生态系统，而且对于饮用水的供给都是很危险的。诱发释放的主要因素有：

1）盐浓度升高：碱金属和碱土金属阳离子可将被吸附在固体颗粒上的金属离子交换出来，这是金属从沉积物中释放出来的主要途径之一。例如水体中 Ca^{2+}、Na^+、Mg^{2+} 离子对悬浮物中铜、铅和锌的交换释放作用。在 0.5mol/L 的 Ca^{2+} 作用下，悬浮物中铅、铜、锌可以解吸出来，这三种金属被钙离子交换的能力不同，其顺序为 Zn>Cu>Pb。

2）氧化还原条件的变化：在湖泊、河口及近岸沉积物中一般均有较多的耗氧物质，使一定深度以下沉积物中的氧化还原电位急剧降低，并将使铁、锰氧化物可部分或全部溶解，故被其吸附或与之共沉淀的重金属离子也同时释放出来。

3）降低 pH 值：pH 值降低，导致碳酸盐和氢氧化物的溶解，H^+ 的竞争作用增加了金属离子的解吸量。在一般情况下，沉积物中重金属的释放量随着反应体系 pH 值的升高而降低。其原因既有 H^+ 离子的竞争吸附作用，也有金属在低 pH 值条件下致使金属难溶盐类以及配合物的溶解等。因此，在受纳酸性废水排放的水体中，水中金属的浓度往往很高。

4）增加水中配合剂的含量：天然或合成的配合剂使用量增加，能和重金属形成可溶性配合物，有时这种配合物稳定度较大，可以溶解态形态存在，使重金属从固体颗粒上解吸下来。

除上述因素外，一些生物化学迁移过程也能引起金属的重新释放，从而引起重金属从沉积物中迁移到动、植物体内——可能沿着食物链进一步富集，或者直接进入水体，或者通过动植物残体的分解产物进入水体。

B 水中颗粒物的聚集

胶体颗粒的聚集亦可称为凝聚或絮凝。在讨论聚集的化学概念时，这两个名词时常交换使用。这里把由电介质促成的聚集称为凝聚，而由聚合物促成的聚集称为絮凝。胶体颗粒是长期处于分散状态还是相互作用聚集结合成为更粗粒子，将决定着水体中胶体颗粒及其上面的污染物的粒度分布变化规律，影响到其迁移输送和沉降归宿的距离和去向。

天然水环境和水处理过程中所遇到的颗粒聚集方式，大体可概括如下。

（1）压缩双电层凝聚：由于水中电解质浓度增大而离子强度升高，压缩扩散层，使颗粒相互吸引结合凝聚。

（2）专属吸附凝聚：胶体颗粒专属吸附异电的离子化合态，降低表面电位，即产生电中和现象，使颗粒脱稳而凝聚。这种凝聚可以出现超荷状况，使胶体颗粒改变电荷符号后，又趋于稳定分散状况。

（3）胶体相互凝聚：两种电荷符号相反的胶体相互中和而凝聚，或者其中一种荷电很低而相互凝聚，都属于异体凝聚。

（4）"边对面"絮凝：黏土矿物颗粒形状呈板状，其板面荷负电而边缘荷正电，各颗粒的边与面之间可由静电引力结合，这种聚集方式的结合力较弱，且具有可逆性，因而，往往生成松散的絮凝体，再加上"边对边""面对面"的结合，构成水中黏土颗粒自然絮凝的主要方式。

（5）第二极小值絮凝：在一般情况下，位能综合曲线上的第二极小值较微弱，不足以发生颗粒间的结合，但若颗粒较粗或在某一维方向上较长，就有可能产生较深的第二极小值，使颗粒相互聚集。这种聚集属于较远距离的接触，颗粒本身并未完全脱稳，因而比较松散，具有可逆性。这种絮凝在实际体系中有时是存在的。

（6）聚合物黏结架桥絮凝：胶体微粒吸附高分子电解质而凝聚，属于专属吸附类型，主要是异电中和作用。不过，即使负电胶体颗粒也可吸附非离子型高分子或弱阴离子型高分子，这也是异体凝聚作用。此外，聚合物具有链状分子，它也可以同时吸附在若干个胶体微粒上，在微粒之间架桥黏结，使它们聚集成团。这时，胶体颗粒可能并未完全脱稳，也是借助于第三者的絮凝现象。如果聚合物同时可发挥电中和及黏结架桥作用，就表现出较强的絮凝能力。

（7）无机高分子的絮凝：无机高分子化合物的尺度远低于有机高分子，它们除对胶体颗粒有专属吸附电中和作用外，也可结合起来在较近距离起黏结架桥作用，当然，它们要求颗粒在适当脱稳后才能黏结架桥。

（8）絮团卷扫絮凝：已经发生凝聚或絮凝的聚集体絮团物，在运动中以其巨大表面，吸附卷带胶体微粒，生成更大絮团，使体系失去稳定而沉降。

（9）颗粒层吸附絮凝：水溶液透过颗粒层过滤时，由于颗粒表面的吸附作用，使水中胶体颗粒相互接近而发生凝聚或絮凝。吸附作用强烈时，可对凝聚过程起强化作用，使在溶液中不能凝聚的颗粒得到凝聚。

（10）生物絮凝：藻类、细菌等微小生物在水中也具有胶体性质，带有电荷，可以发生凝聚。特别是它们往往可以分泌出某种高分子物质，发挥絮凝作用，或形成胶团状物质。

在实际水环境中，上述种种凝聚、絮凝方式并不是单独存在的，往往是数种方式同时发生，综合发挥聚集作用。悬浮沉积物是最复杂的综合絮凝体，其中的矿物微粒和黏土矿物水合金属氧化物和腐殖质、有机物等相互作用，几乎囊括了上述的十种聚集方式。

C 溶解和沉淀

溶解和沉淀是污染物在水环境中迁移的重要途径。一般金属化合物在水中迁移能力，直观地可以用溶解度来衡量。溶解度小者，迁移能力小。溶解度大者，迁移能力大。不过，溶解反应时常是一种多相化学反应，在固－液平衡体系中，一般需用溶度积来表征溶解度。天然水中各种矿物质的溶解度和沉淀作用也遵守溶度积原则。

在溶解和沉淀现象的研究中，平衡关系和反应速率两者都是重要的。知道平衡关系就可预测污染物溶解或沉淀作用的方向，并可以计算平衡时溶解或沉淀的量。但是经常发现用平衡计算所得结果与实际观测值相差甚远，造成这种差别的原因很多，但主要是自然环境中非均相沉淀溶解过程影响因素较为复杂所致。如（1）某些非均相平衡进行得缓慢，在动态环境下不易达到平衡。（2）根据热力学对于一组给定条件预测的稳定固相不一定就是所形成的相。例如，硅在生物作用下可沉淀为蛋白石，它可进一步转变为更稳定的石英，但是这种反应进行得十分缓慢且常需要高温。（3）可能存在过饱和现象，即出现物质的溶解量大于溶解度极限值的情况。（4）固体溶解所产生的离子可能在溶液中进一步进行反应。（5）引自不同文献的平衡常数有差异等。

金属氢氧化物沉淀有好几种形态，它们在水环境中的行为差别很大；金属硫化物是比氢氧化物溶度积更小的类难溶沉淀物，重金属硫化物在中性条件下实际上是不溶的，在盐酸中 Fe、Mn 和 Cd 的硫化物是可溶的，而 Ni 和 Co 的硫化物是难溶的，Cu、Hg、Pb 的硫化物只有在硝酸中才能溶解；在 Me^{2+}-H_2O-CO_2 体系中，碳酸盐作为固相时需要比氧化物、氢氧化物更稳定，而且与氢氧化物不同，它并不是由 OH^- 直接参与沉淀反应，同时 CO_2 还存在气相分压。因此，碳酸盐沉淀实际上是二元酸在三相中的平衡分布问题。在对待 Me^{2+}-CO_2-H_2O 体系的多相平衡时，主要区别两种情况：（1）对大气封闭的体系（只考虑固相和液相，把 $H_2CO_3^*$ 当做不挥发醇类处理（＊表示游离的））；（2）除固相和液相外还包括气相（含 CO_2）的体系。

D 氧化—还原

氧化—还原平衡对水环境中污染物的迁移转化具有重要意义。水体中氧化还原的类型、速率和平衡，在很大程度上决定了水中主要溶质的性质。例如，一个厌氧性湖泊，其湖下层的元素都将以还原形态存在：碳形成 CH_4；氮形成 NH_4^+；硫形成 H_2S；铁形成可溶性 Fe^{2+}。而表层水由于可以被大气中的氧饱和，成为相对氧化性介质，如果达到热力学平衡时，则上述元素将以氧化态存在：碳成为 CO_2；氮成为 NO_3^-；铁成为 $Fe(OH)_3$ 沉淀；硫成为 SO_4^{2-}。显然这种变化对水生生物和水质影响很大。

需要注意的是下面所介绍的体系都假定它们处于热力学平衡。实际上这种平衡在天然水或污水体系中是几乎不可能达到，这是因为许多氧化—还原反应非常缓慢，很少达到平衡状态，即使达到平衡，往往也是在局部区域内，如海洋或湖泊中，在接触大气中氧气的表层与沉积物的最深层之间，氧化—还原环境有着显著的差别。在二者之间有无数个局部的中间区域，它们是由于混合或扩散不充分以及各种生物活动造成的。所以，实际体系中存在的是几种不同的氧化—还原反应的混合行为。但这种平衡体系的设想，对于用一般方法去认识污染物在水体中发生化学变化趋向会有很大帮助，通过平衡计算，可提供体系必然发展趋向的边界条件。

还原剂和氧化剂可以定义为电子给予体和电子接受体，同样可以定义 pE 为：

$$pE = -\lg\alpha_e \tag{3-2}$$

式中　α_e——水溶液中电子的活度。

由于 α_{H^+} 可以在好几个数量级范围内变化，所以 pH 值可以很方便地用 α_{H^+} 来表示。同样，一个稳定的水系统的电子活度可以在 20 个数量级范围内变化，所以也可以很方便地用 pE 来表示 α_e。

pE 是平衡状态下（假想）的电子活度，它衡量溶液接收或迁移电子的相对趋势，在还原性很强的溶液中，其趋势是给出电子。从 pE 概念可知，pE 越小，电子浓度越高，体系提供电子的倾向就越强。反之，pE 越大，电子浓度越低，体系接受电子的倾向就越强。

在氧化还原体系中，往往有 H^+ 或 OH^- 离子参与转移，因此，pE 除了与氧化态和还原态浓度有关外，还受到体系 pH 值的影响，这种关系可以用 pE-pH 图来表示。该图显示了水中各形态的稳定范围及边界线。由于水中可能存在物类状态繁多，于是会使这种图变得非常复杂。天然水中含有许多无机及有机氧化剂和还原剂。水中主要的氧化剂有溶解氧、$Fe(Ⅲ)$、$Mn(Ⅳ)$ 和 $S(Ⅵ)$，其作用后本身依次转变为 H_2O、$Fe(Ⅱ)$、$Mn(Ⅱ)$ 和 S^{2-}。水中主要还原剂有种类繁多的有机化合物、$Fe(Ⅱ)$、$Mn(Ⅲ)$ 和 S^{2-}，在还原物质的过程中，有机物本身的氧化产物是非常复杂的。

由于天然水是一个复杂的氧化还原混合体系，其 pE 应是介于其中各个单体系的电位之间，而且接近于含量较高的单体系的电位。若某个单体系的含量比其他体系高得多，则此时该单体系电位几乎等于混合复杂体系的 pE，称之为"决定电位"。在一般天然水环境中，溶解氧是"决定电位"物质，而在有机物累积的厌氧环境中，有机物是"决定电位"物质，介于二者之间者，则其"决定电位"为溶解氧体系和有机物体系的结合。天然水的 pE 随水中溶解氧的减少而降低，因而表层水呈氧化性环境，深层水及底泥呈还原性环境，同时天然水的 pE 随其 pH 值减少而增大。

经过调查，各类天然水 pE 及 pH 值情况如图 3-1 所示。此图反映了不同水质区域的氧化还原特性，氧化性最强的是上方同大气接触的富氧区，这一区域代表大多数河流、湖泊和海洋水的表层情况，还原性最强富含有机物的缺氧区，这区域代表富含有机物的水体底泥和湖、海底层水情况。在这两个区域之间的是基本上不含氧、有机物比较丰富的沼泽水等。

（1）水中氮主要以 NH_4^+ 或 NO_3^- 形态存在，在某些条件下，也可以有中间氧化态 NO_2^-。像许多水中的氧化 - 还原反应那样，氮体系的转化反应是微生物的催化作用形成的。天然水中的铁主要以 $Fe(OH)_3(s)$ 或 Fe^{2+} 形态存在。

（2）铁在高 pE 水中将从低价氧化成高价态或较高价态，而在低的 pE 水中将被还原成低价态或与其中硫化氢反应形成难溶的硫化物。

（3）水中有机物可以通过微生物的作用，

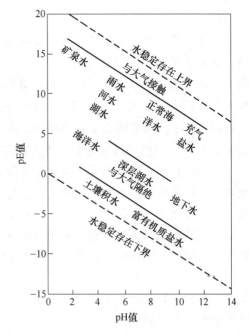

图 3-1　不同天然水在 pE-pH 图中的近似位置

而逐步降解转化为无机物。在有机物进入水体后，微生物利用水中的溶解氧对有机物进行有氧降解，转化成 CO_2 和水。如果进入水体有机物不多，其耗氧量没有超过水体中氧的补充量，则溶解氧始终保持在一定的水平上，这表明水体有自净能力，经过一段时间有机物分解后，水体可恢复至原有状态。如果进入水体有机物很多，溶解氧来不及补充，水体中溶解氧将迅速下降，甚至导致缺氧或无氧，有机物将变成缺氧分解。对于前者，有氧分解产物为 H_2O、CO_2、NO_3^-、SO_2^- 等，不会造成水质恶化，而对于后者，缺氧分解产物为 NH_3、H_2S、CH_4 等，将会使水质进一步恶化。

一般向天然水体中加入有机物后，将引起水体溶解氧发生变化，可得到一氧下垂曲线（见图 3-2），把河流分成相应的几个区段。

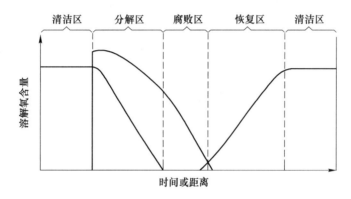

图 3-2 河流的氧下垂曲线

清洁区：表明未被污染，氧及时得到补充。

分解区：细菌对排入的有机物进行分解，其消耗的溶解氧量超过通过大气补充的氧量，因此，水体中溶解氧下降，此时细菌个数增加。

腐败区：溶解氧消耗殆尽，水体进行缺氧分解，当有机物被分解完后，腐败区即告结束，溶解氧又复上升。

恢复区：有机物降解接近完成，溶解氧上升并接近饱和。

清洁区：水体环境改善，又恢复至原始状态。

E 配合作用

污染物特别是重金属污染物，大部分以配合物形态存在于水体，其迁移、转化及毒性等均与配合作用有密切关系。例如迁移过程中，大部分重金属在水体中可溶态是配合形态，随环境条件改变而运动和变化。至于毒性，自由铜离子的毒性大于配合态铜，甲基汞的毒性大于无机汞已是众所周知的。此外，已发现一些有机金属配合物增加水生生物的毒性，而有的则减少其毒性，因此，配合作用的实质问题是哪一种污染物的结合态更能为生物所利用。天然水体中重要的无机配位体有 OH^-、Cl^-、CO_3^{2-}、HCO_3^-、F^-、S^{2-} 等。如 OH^- 在水溶液中将优先与某些作为中心离子的硬酸结合（如 Fe^{3+}、Mn^{3+} 等），形成羧基配合离子或氢氧化物沉淀，而 S^{2-} 离子则更易和重金属如 Hg^{2+}、Ag^+ 等形成多硫配离子或硫化物沉淀。按照这一规则，可以定性地判断某个金属离子在水体中的形态。有机配位体情况比较复杂，天然水体中包括动植物组织的天然降解产物，如氨基酸、糖、腐殖酸，以及生活废水中的洗涤剂、清洁剂、NTA、EDTA、农药和大分子环状化合物等。这些有机物相当一部分具有配合能力。

（1）羟基对重金属离子的配合作用。由于大多数重金属离子均能水解，其水解过程实际上就是羟基配合过程，它是影响一些重金属难溶盐溶解度的主要因素，因此，人们特别重视羟基对重金属的配合作用。

（2）氯离子对重金属的配合作用。水环境中氯离子与重金属的配合作用主要存在以下几种形态：

$$Me^{2+} + Cl^- \longrightarrow MeCl^+ \qquad (3-3)$$

$$Me^{2+} + 2Cl^- \longrightarrow MeCl_2 \qquad (3-4)$$

$$Me^{2+} + 3Cl^- \longrightarrow MeCl_3^- \qquad (3-5)$$

$$Me^{2+} + Cl^- \longrightarrow MeCl_4^{2-} \qquad (3-6)$$

氯离子与重金属的配合程度决定了 Cl^- 的浓度，也决定了重金属离子对 Cl^- 的亲和力，天然水中对水质影响最大的有机物是腐殖质，它是由生物体物质在土壤、水和沉积物中转化而成。腐殖质是有机高分子物质，相对分子质量在 300 到 30000 以上。腐殖质在结构上的显著特点是除含有大量苯环外，还含有大量羧基、醇基和酚基。富里酸单位重量含有的含氧官能团数量较多，因而亲水性也较强。许多研究表明：重金属在天然水体中主要以腐殖酸的配合物形式存在。

（3）腐殖质的配合作用。腐殖酸与金属配合作用对重金属在环境中的迁移转化有重要影响，特别表现在颗粒物吸附和难溶化合物溶解度方面。腐殖酸本身的吸附能力很强，这种吸附能力甚至不受其他配合作用的影响。国外有人研究，在腐殖质存在下，大大地改变了镉、铜和镍在水合氧化铁上的吸附，发现由于形成了溶解的铜－腐殖酸配合物的竞争控制着铜的吸附，这是由于腐殖酸也可以很容易吸附在天然颗粒物上，于是改变了颗粒物的表面性质。国内彭安等曾研究了天津蓟运河中腐殖酸对汞的迁移转化的影响，结果表明腐殖酸对底泥中汞有显著的溶出影响，并对河水中溶解态汞的吸附和沉淀有抑制作用。配合作用还可抑制金属以碳酸盐、硫化物、氢氧化物形式的沉淀产生。在 pH 值为 8.5 时，此影响对碳酸根及 S^{2-} 体系的影响特别明显。

腐殖酸对水体中重金属的配合作用还将影响重金属对水生生物的毒性。彭安等曾进行了蓟运河腐殖酸影响汞对藻类，浮游动物、鱼的毒性试验。在对藻类生长的实验中，腐殖酸可减弱汞对浮游植物的抑制作用，对浮游动物的效应同样是减轻了毒性，但不同生物富集汞的效应不同，腐殖酸增加了汞在鲤鱼和鲫鱼体内的富集，而降低了汞在软体动物棱螺体内的富集。与大多数聚羧酸一样，腐殖酸盐在有 Ca^{2+} 和 Mg^{2+} 存在时（浓度大于 10^{-3} mol/L）发生沉淀。

此外，从 1970 年以来，由于发现供应水中存在三卤甲烷，对腐殖质给予特别的注意。一般认为，在用氯化作用消毒原始饮用水过程中，腐殖质的存在，可以形成可疑的致癌物质——三卤甲烷（THMS）。因此，在早期氯化作用中，用尽可能除去腐殖质的方法，可以减少 THMS 生成。

现在人们开始注意腐殖酸与阴离子的作用，它可以和水体中 NO_3^-、SO_4^{2-}、PO_4^{3-} 和 NTA 等反应，这些构成了水体中各种阳离子、阴离子反应的复杂性。另外，腐殖酸对有机污染物的作用，诸如对其活性、行为和残留速度等影响已开始研究。它能键合水体中的有机物如 PCB、DDT 和 PAH，从而影响它们的迁移和分布，环境中的芳香胺能与腐殖酸共价键合，而另一类有机污染物如邻苯二甲酸二烷基酯能与腐殖酸形成水溶性配合物。

另外，水溶液中共存的金属离子和有机配位体经常生成金属配合物，这种配合物能够改变金属离子的特征，从而对重金属的迁移产生影响。废水中配体的存在可使管道和含有重金属沉积物中的重金属重新溶解，降低去除金属污染的效率。

3.1.2.2 有机污染物在水中的迁移转化

有机污染物在水环境中的迁移转化主要取决于有机污染物本身的性质以及水体的环境条件。有机污染物一般通过吸附作用、挥发作用、水解作用、光解作用、生物富集和生物降解作用等过程进行迁移转化，研究这些过程，将有助于阐明污染物的归趋和可能产生的危害。

近些年，国际上众多学者对有机化合物的吸附分配理论开展了广泛研究。这些研究结果均表明，颗粒物（沉积物或土壤）从水中吸着憎水有机物的量与颗粒物中有机质含量密切相关。

挥发作用是有机物质从溶解态转入气相的一种重要迁移过程。在自然环境中，需要考虑许多有毒物质的挥发作用。挥发速率依赖于有毒物质的性质和水体的特征。如果有毒物质具有"高挥发"性质，那么显然在影响有毒物质的迁移转化和归趋方面，挥发作用是一个重要的过程。然而，即使毒物的挥发较小时，挥发作用也不能忽视，这是由于毒物的归趋是多种过程的贡献。

水解作用是有机化合物与水之间最重要的反应。在反应中，化合物的官能团 X^- 和水中的 OH^- 发生交换，整个反应可表示为：

$$RX + H_2O \longrightarrow ROH + HX \tag{3-7}$$

反应步骤还可以包括一个或多个中间体的形成，有机物通过水解反应而改变了原化合物的化学结构。对于许多有机物来说，水解作用是其在环境中消失的重要途径。在环境条件下，可能发生水解的官能团类有烷基卤、酰胺、胺、氨基甲酸酯、羧酸酯、环氧化物、腈、膦酸酯、磷酸酯、磺酸酯、硫酸酯等。

光解作用是有机污染物真正的分解过程，因为它不可逆地改变了反应分子，强烈地影响水环境中某些污染物的归趋。一个有毒化合物的光化学分解的产物可能还是有毒的。例如，辐照 DDT 反应产生的 DDE，它在环境中滞留时间比 DDT 还长。污染物的光解速率依赖于许多的化学和环境因素。光的吸收性质和化合物的反应，天然水的光迁移特征以及阳光辐射强度均是影响环境光解作用的一些重要因素。光解过程可分为三类：第一类称为直接光解，这是化合物本身直接吸收了太阳能而进行分解反应；第二类称为敏化光解，水体中存在的天然物质（如腐殖质等）被阳光激发，又将其激发态的能量转移给化合物而导致的分解反应；第三类是氧化反应，天然物质被辐照而产生自由基或纯态氧（又称单一氧）等中间体，这些中间体又与化合物作用而生成转化的产物。第二类可以称是间接光解过程，第三类为氧化过程。

生物降解是引起有机污染物分解的最重要的环境过程之一。水环境中化合物的生物降解依赖于微生物通过酶催化反应分解有机物。当微生物代谢时，一些有机污染物作为食物源提供能量和提供细胞生长所需的碳；另一些有机物，不能作为微生物的唯一碳源和能源，必须由另外的化合物提供。因此，有机物生物降解存在两种代谢模式：生长代谢（growth metabolism）和共代谢（cometabolism）。影响生物降解的主要因素是有机化合物本身的化学结构和微生物的种类。此外，一些环境因素如温度、pH 值、反应体系的溶解氧等也能影响生物降解有机物的速率。

3.1.2.3 水体自净

水体具有消纳一定量的污染物而使水体恢复到受污染前的状态能力，通常被称为水体的自净。但水体的自净能力是有限度的。影响水体自净能力的因素很多，主要有：水体的地形和水文条件；水体中微生物的数量；水温和水中溶解氧的恢复状况；污染物的性质和浓度等。水体的自净过程十分复杂，包括物理过程、物理化学过程、生物和生物化学过程。起主要作用的自净作用是：废水在水体中的稀释和水体的生化自净。

A 污染物在水体中的稀释

污染物进入水体后存在两种运动形式：推流和扩散运动。

推流运动可以表示为：

$$Q_1 = vc \tag{3-8}$$

式中　Q_1——污染物推流量，$mg/(m^2 \cdot s)$；

　　　v——河流流速，m/s；

　　　c——污染物浓度，mg/m^3。

扩散运动表示为：

$$Q_2 = -k dc/dx \tag{3-9}$$

式中　Q_2——污染物扩散量，$mg/(m^2 \cdot s)$；

　　dc/dx——单位长度上浓度变化值，$mg/(m^3 \cdot m)$；

　　　c——污染物浓度，mg/m^3；

　　　x——扩散路程长度，m；

　　　k——扩散系数，m^2/s。

由于 x 增大时 c 值相应减小，故 dc/dx 为负值。扩散系数与河流的弯曲程度、河床底部粗糙程度以及流速、水源等因素有关。推流和扩散是两种同时存在而又相互影响的运动形式，其综合的结果是污染物浓度由排入河流是否完全混合。污染物浓度可用下式来计算：

$$c = \frac{c_1 q + c_2 \alpha Q}{\alpha Q + q} \tag{3-10}$$

式中　α——混合系数；

　　　q——废水流量，m^3/s；

　　　Q——河水总流量，m^3/s；

　　　c_1——废水中污染物浓度，mg/L；

　　　c_2——废水排放前河水中该污染物浓度，mg/L。

在实际工作中可根据具体的情况来确定混合系数 α 值，见表 3-2。当废水排放口设计良好，如采用分散排放口、将排放口伸入水体并设置多个排放口时，可取 $\alpha = 1$。

表 3-2　混合系数的经验取值

流速/m·s^{-1}	<0.2	0.2~0.3	>0.3
混合系数 α 值	0.3~0.6	0.7~0.8	0.9

B　水体的生化自净

有机物进入水体后在微生物的作用下氧化分解为无机物的过程，可以使有机污染物的浓度大大减少，这就是水体的生化自净作用。生化自净作用需要消耗氧，生化自净过程实际上包括氧的消耗和氧的补充两方面的作用。氧的消耗作用既取决于排入水体的有机污染物的数量，也要考虑排入水体中氨氮的数量以及废水中无机性还原物质的数量。氧的补充一般包括：大气中的氧向含氧不足的水体扩散，水生植物在阳光的照射下进行光合作用放出氧气。如图 3-3 表示有机物的生化降解过程。以一条受污染的小河为例：废水源是一小城市的下水道，废水排入河流的起点为 0。假定河流以 30.5m/h 的速度流动，废水排入河中立即与河水混合。水温 25℃。由图 3-3 可见 BOD$_5$ 的变化：未受污染的河水的 BOD$_5$ 为 3mg/L，说明水中消耗氧的有机物含量很低。在 0 点废水排入后，BOD$_5$ 突然增加到 20mg/L，随着排放的有机物逐渐被氧化，BOD$_5$ 值逐渐降低，并慢慢恢复到废水注入前水平。溶解氧（DO）的变化：废水未注入前 DO 的水平很高，废水注入后由于有机物耗氧，DO 逐渐下降，到 2.5 日时降到最低点，以后又逐渐回升，最后恢复到未注入废水的状态。这条曲线称为氧垂曲线，可间接表示河流的自净过程和溶解氧的含量变化。水体中细菌的衰亡也是一种重要的自净作用。如图 3-4 所示是污染负荷适当的河道内微生物沿程变化情况，由图可见，此类河道可分为 5 类区，1 区位于污水排放口的上游，水质清洁，溶解氧饱和，生物物种多，可发现鱼类；2 区位于污水排放口附近，水质浑浊，有污泥上浮或下沉现象溶解氢减少至饱和溶解氧量的 40%，鱼类和绿藻减少，蓝绿藻蔓生，底泥中出现颤蚓等蠕虫；3 区为污染严重区，水质变灰、发黑，出现浮渣，溶解氧急剧下降甚至为零，有腐蚀性气体如硫化氢产生，细菌大量繁殖，微生物种类减少，鱼虾死亡，蚊蝇到处滋生；4 区水质逐渐恢复，溶解氧逐渐回升，出现真菌、浮游动物，藻类增加，底栖生物种可见颤蚓、贻贝等介壳类以及昆虫的幼虫，般鱼类复生；5 区水质变清，生物物种恢复到污水排口上游的状态，表明水体对有机污染物的自净作用已完成。

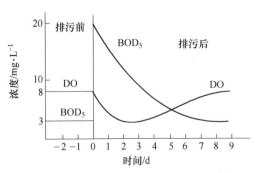

图 3-3　河流中的 BOD$_5$ 和 DO 的变化曲线

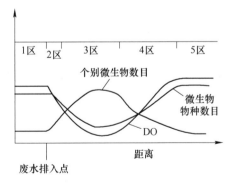

图 3-4　微生物物种和数量沿河道长度变化

水环境容量：一定水体所能容纳污染物的最大负荷。水环境容量按下式计算：

$$W = V(C_S - C_B) + C \tag{3-11}$$

式中　W——某地面水体对某污染物的水环境容量，kg；

　　　V——该地面水体的体积，m^3；

　　　C_S——地面水中某污染物的环境标准（水质目标），mg/L；

　　　C_B——地面水体中某物的环境背景值，mg/L；

　　　C——地面水体对该污染物的自净能力，kg。

如果持续不断地向某一水体排放高浓度上述废水，则很快超过水环境容量。即污染物的量太大，水体的自净过程根本无法消纳这些污染物，最终导致水体的严重污染。

3.1.3　水污染来源及其性质

3.1.3.1　生活污水

生活污水是人们日常生活中产生的污水，其成分主要取决于人们的生活习惯和生活水平。生活污水的特征是水质比较稳定、浑浊、深色、恶臭，呈微碱性，一般不含有毒物质，但常含植物营养物质，且具有大量细菌、病毒和寄生虫卵。表3-3是我国主要城市生活污水的水质分析结果。

表3-3　我国主要城市生活污水的水质分析

水质项目	北京	上海	西安	武汉	哈尔滨
pH 值	7.0~7.7	7.0~7.5	4.9~7.3	7.1~7.6	6.9~7.9
SS/mg·L^{-1}	100~320	300~350	—	60~330	110~450
BOD_5/mg·L^{-1}	80~180	350~370	—	320~340	80~250
氨氮/mg·L^{-1}	25~45	40~50	22~33	15~60	15~50
氯化物/mg·L^{-1}	124~128	140~150	80~105	—	—
磷/mg·L^{-1}	30~45	—	—	—	5~10
钾/mg·L^{-1}	18~22	—	—	—	—

3.1.3.2　工业废水

工业废水是工业生产过程中排放的各种废水，由于工业性质、生产工艺及管理水平的差异，工业废水的成分也各不相同。工业废水一般均含有大量的污染物，包括酸碱物质、重金属、需氧有机物等许多化学性污染物在内，废水成分非常复杂。某些工业废水中的主要有害物质见表3-4。有一类工业废水仅有极少的污染物，称为清净废水，这就是很多工厂都使用的冷却水，一般循环使用。

表3-4　某些工业废水中的主要有害物质

工厂名称	废水中的主要有害物质
焦化厂	酚类、苯类、氰化物、硫化物、焦油、吡啶、氨等
化肥厂	酚类、苯类、氰化物、铜、汞、氟、碱、氨等
电镀厂	氰化物、铬、锌、铜、镉、镍等
化工厂	汞、铅、氰化物、砷、萘、苯、硫化物、硝基化合物、酸、碱等

续表 3-4

工厂名称	废水中的主要有害物质
石油化工厂	油、氰化物、砷、吡啶、芳烃、酸、碱等
合成橡胶厂	氯丁二烯、二氯丁烯、丁间二烯、苯、二甲苯等
树脂厂	甲酚、甲醛、汞、苯乙烯、氯乙烯类
化纤厂	二硫化碳、胺类、酮类、丙烯腈、乙二醇等
纺织厂	硫化物、纤维素、洗涤剂等
皮革厂	硫化物、碱、铬、甲酸、醛、洗涤剂等
造纸厂	碱、木质素、硫化物、氰化物、汞、酚类等
农药厂	各种农药、苯、氯醛、氯苯、磷、砷、氟、铅、酸、碱等
油漆厂	酚、苯、甲醛、铅、锰、铬、钴等
钢铁厂	氰化物、酚、吡啶、酸等
有色冶金厂	氰化物、氟化物、硼、锰、锌、铜、铅、镉、锗及其他稀有金属

3.1.3.3 畜禽养殖业废水

畜禽养殖业废水主要指规模化畜禽养殖排放的废水，其中包括畜禽的排泄物和养殖场的冲洗水等。畜禽养殖业废水的特点是悬浮物、BOD_5 氨氨浓度均很高，表 3-5 为英国对畜禽养殖业废水与生活污水 BOD_5 的比较。

表 3-5　畜禽养殖业废水与生活污水的 BOD_5 比较（英国）

废水种类	$BOD_5/mg \cdot L^{-1}$	废水种类	$BOD_5/mg \cdot L^{-1}$
生化污水	200~400	猪粪水	16000~30000
牛粪水	10000~22000	饲料场排水	12000~85000

3.1.4　水污染控制技术

废水也是一种资源。由于我国人均水资源占有量只有世界人均占有量的 1/4，被列为世界上 13 个贫水国家之一，因此对废水的利用已成为必然趋势。废水处理的基本原则是从清洁生产的角度出发，改革落后工艺与设备，减少污染物排放总量，对所排废水进行优化治理，回收与综合利用其中的污染物，实现达标排放。

废水的处理方法，一般可分为物理处理法、化学处理法和生物处理法 3 大类。由于某些方法同时包括物理过程和化学过程，故又有物理化学处理法。此外，某些废水还应在处理前进行预处理。废水中污染物是多种多样，不能预期只用一种方法就能把所有的污染物去除。通常，根据废水的性质以及对废水排放的要求，应从众多的废水处理技术中选择相应的处理方法并组成一定的流程。根据不同的处理程度，废水处理流程可分为：一级处理、二级处理和三级处理。一级处理主要用物理法去除废水中悬浮态污染物，常采用的设备有格栅、沉砂池和沉淀池等，在某些工艺中还增加提升泵，将废水提升到一定高度，在后续单元废水依靠重力自流运行。一般来说，一级处理达不到规定的排放要求。二级处理指一级处理再加上生物处理的流程，可以除去废水中悬浮态的污染物和大部分溶解态的有机物，有时还可以除去一部分氮、磷营养物质。二级处理的出水通常可满足排放标准的要求，也可用于农田灌溉。三级处理又称深度处理，指在二级处理流程后再进一步去除水中残留的有机物、悬浮物、氮、磷等的处理流程，其处理目的是回用于工业或城市。如城市废水的三级处理系统如图3-5所示。

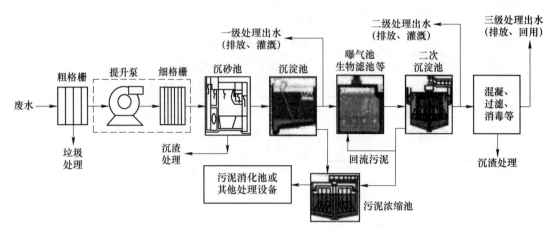

图3-5　城市废水的三级处理工艺流程示意图

污水处理工艺的选择主要依据废水的出路和水体的自净能力来考虑，如排放至天然水体，应考虑相应水体的类别，达标排放；如用于农田灌溉，生活污水至少经过沉淀处理，去除大部分悬浮物及虫卵后进行灌溉；工业废水占较大比例的城市生活废水，必须对废水水质严格控制，一般宜进行二级处理及无害化处理后才能用于灌溉；如回用于工业生产，则根据不同用途进行相应的处理。城市生活污水的处理通常是经过二级处理后排放或用作绿化喷洒及灌溉。二级处理后的城市污水，回用到要求不太高的企业，一般经过过滤和消毒，去除残余的悬浮物和细菌即可。过滤采用沙滤池或微滤机。消毒处理一般在过滤前进行，这样可以避免在滤层中滋生微生物。消毒处理最常用的方法是向废水中加氯气或含氯量为150~200mg/L的氯水。对于废水小规模深度处理常使用次氯酸钠发生器，电解食盐水产生次氯酸钠，现场通电制作，使用安全且不会对周围环境产生污染。此外，臭氧杀菌也是常用的方法。

发展多单元组合工艺是目前废水处理领域的热点，常用的有厌（缺）氧-好氧联用工艺（A/O工艺）和A-A/O工艺（见图3-6）等，这些工艺已在纺织印染废水及生物脱氮、除磷处理中得到应用。

3.1.4.1　缺氧-好氧法（Anoxic/Oxic）生物处理工艺

该工艺简称A/O工艺，污水先在好氧反应器中进行硝化，使含氮有机物被细菌分解为氨，然后在亚硝化细菌的作用下进一步转化为亚硝酸盐，再经硝化细菌作用而转化为硝酸盐。硝酸盐进入厌氧反应器后，经过反硝化作用，利用或部分利用污水中原有的有机物碳源为电子供体，以硝酸盐代替分子氧作电子受体，进行无氧呼吸，分解有机质，同时将硝酸盐还原成气态氮。此工艺可取得比较满意的脱氮效果，同时也可有效去除BOD和COD。

3.1.4.2　A-A/O工艺

此工艺为厌氧-缺氧/好氧组合工艺（Anaerobic-Anoxic/Oxic），它与单级的不同之处在于前端设置一厌氧反应器，通过厌氧过程去除废水中部分难降解的有机物，进而改善废水的可生化性，并为后续的缺氧段提供碳源，最终达到高效去除有机物和 N、P 的目的。

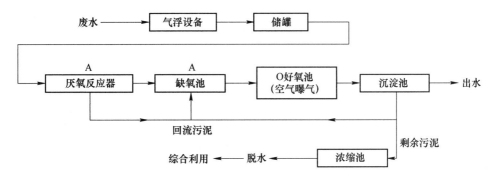

图 3-6　A-A/O 法生物脱氮、除磷处理流程

对于炼油厂废水处理，由于含有油、硫、碱及酚等有机物污染物，因此其处理流程中包括中和池、脱硫塔、隔油池、气浮池以及生物处理设施。对于其他工业废水处理，可选用不同的工艺流程，如图 3-7 所示。如维尼纶厂废水，由于含有硫酸及甲醛，且废水水量、水质变化较大，因此处理流程包括调节、中和、沉淀及生物处理。

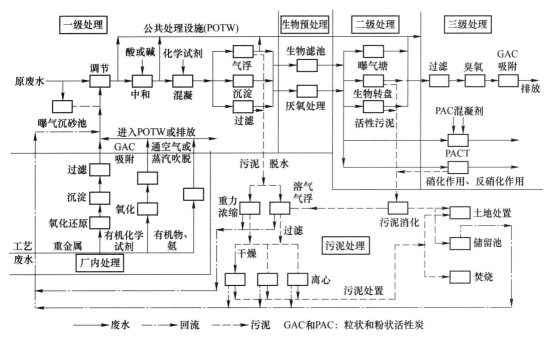

图 3-7　工业废水处理替代技术

废水处理过程中往往产生大量污泥，由于其中含有大量污染物，应对其妥善处理，以免对环境造成危害。污泥的特点是颗粒较细，相对密度接近 1，呈胶体结构。从初次沉淀池排出的污泥称生污泥或新鲜污泥，含水率在 95% 左右。从二次沉淀池或生物处理构筑物排出的污泥，主要由细菌胶团等微生物组成，呈凝胶态，称活性污泥，含水率为 96% ~

99%。以上两类污泥不易脱水，化学稳定性差，容易腐化发臭。污泥处理主要包括：污泥浓缩、稳定处理、脱水处理和最终处理。

3.2　大气污染原理及其防治

3.2.1　大气中污染物的迁移转化

按照国际标准化组织（ISO）的定义，大气污染（air pollution）通常是指由于人类活动和自然过程引起某种物质进入大气中，呈现出足够的浓度、达到足够的时间，并因此而危害了人群的舒适、健康和福利或危害了环境的现象。人为的污染物通常是集中、续排放，导致污染物局部浓度高而造成严重的危害，因此人们关注的是人为活动导致的大气污染。作为大气污染防治的主要对象，主要是工业生产活动。大气污染物是指排入大气的并对环境产生有害影响的物质。为保护人体健康，改善环境空气质量，防止生态破坏，我国国家环境保护总局 2012 年更新颁布了中华人民共和国国家标准《环境空气质量标准》（GB 3095—2012），该标准规定了十几种大气污染物的浓度限值及监测采样和分析方法。

大气中污染物的迁移过程只是使污染物在大气中的空间分布发生了变化，而它们的化学组成不变。污染物的转化是污染物在大气中经过化学反应，如光解、氧化还原、酸碱中和以及聚合等反应，转化成为无毒化合物，从而去除了污染，或者转化成为毒性更大的二次污染物，加重了污染。因此，研究污染物的转化对大气污染具有十分重要的意义。

3.2.1.1　光化学反应基础

A　光化学反应过程

分子、原子、自由基或离子吸收光子而发生的化学反应，称为光化学反应。化学物种吸收光量子后可产生光化学反应的初级过程和次级过程。

初级过程包括化学物种吸收光量子形成激发态物种，其基本步骤为：

$$A + h\nu \longrightarrow A^* \tag{3-12}$$

式中　A^*——物种 A 的激发态；

$h\nu$——光量子。

随后，激发态 A^* 可能发生如下几种反应：

$$A^* \longrightarrow A + h\nu \tag{3-13}$$

$$A^* + M \longrightarrow A + M \tag{3-14}$$

$$A^* \longrightarrow B_1 + B_2 + \cdots \tag{3-15}$$

$$A^* + C \longrightarrow D_1 + D_2 + \cdots \tag{3-16}$$

式（3-13）为辐射跃迁，即激发态物种通过辐射荧光或磷光而失活。式（3-14）为无辐射跃迁，亦即碰撞失活过程。激发态物种通过与其他分子 M 碰撞，将能量传递给 M，本身又回到基态。以上两种过程均为光物理过程。式（3-15）为光离解，即激发态物种离解成为两个或两个以上新物种。式（3-16）为 A^* 与其他分子反应生成新的物种。这两种过程均为光化学过程。对于环境化学而言，光化学过程更为重要。受激态物种会在什么条件下离解为新物种，以及与什么物种反应可产生新物种，对于描述大气污染物在光作用下的转化规律很有意义。

次级过程是指在初级过程中反应物、生成物之间进一步发生的反应。如大气中氯化氢的光化学反应过程：

$$HCl + h\nu \longrightarrow H + Cl \tag{3-17}$$

$$H + HCl \longrightarrow H_2 + Cl \tag{3-18}$$

$$Cl + Cl \xrightarrow{M} Cl_2 \tag{3-19}$$

式（3-17）为初级过程。式（3-18）为初级过程产生的 H 与 HCl 反应。式（3-19）为初级过程所产生的 Cl 之间的反应，该反应必须有其他物种如 O_2 或 N_2 等存在下才能发生，式中用 M 表示。式（3-18）和式（3-19）均属次级过程，这些过程大都是热反应。

大气中气体分子的光解往往可以引发许多大气化学反应。气态污染物通常可参与这些反应而发生转化。因而有必要对光离解过程给予更多的注意。根据光化学第一定律，首先，只有当激发态分子的能量足够使分子内的化学键断裂时，亦即光子的能量大于化学键能时，才能引起光离解反应。其次，为使分子产生有效的光化学反应，光还必须被所作用的分子吸收，即分子对某特定波长的光要有特征吸收光谱，才能产生光化学反应。光化学第二定律是说明分子吸收光的过程是单光子过程。这个定律的基础是电子激发态分子的寿命很短（$\leqslant 10^{-8}$s），在这样短的时间内，辐射强度比较弱的情况下，再吸收第二个光子的几率很小。当然若光很强，如高通量光子流的激光，即使在如此短的时间内，也可以产生多光子吸收现象，这时光化学第二定律就不适用了。对于大气污染化学而言，反应大都发生在对流层，只涉及太阳光，是符合光化学第二定律的。

下面讨论光量子能量与化学键之间的对应关系：

设光量子能量为 E，根据爱因斯坦（Einstein）公式：

$$E = h\nu = \frac{hc}{\lambda} \tag{3-20}$$

式中　λ——光量子波长；

　　　h——普朗克常数，6.626×10^{-34}J·s；

　　　c——光速，2.9979×10^{10}cm/s。

如果一个分子吸收一个光量子，则 1mol 分子吸收的总能量为：

$$E = N_0 h\nu = N_0 \frac{hc}{\lambda} \tag{3-21}$$

式中　N_0——阿伏伽德罗常数，6.022×10^{23}。

若 $\lambda = 400$nm，$E = 299.1$kJ/mol；$\lambda = 700$nm，$E = 170.9$kJ/mol。

由于通常化学键的键能大于 167.4kJ/mol，所以波长大于 700nm 的光就不能引起光化学离解。

B　量子产率

化学物种吸收光量子后，所产生的光物理过程或光化学过程相对效率可用量子产率来表示。

当分子吸收光时，其第 i 个光物理或光化学过程的初级量子产率（ϕ_i）可用下式表示：

$$\phi_i = \frac{i \text{ 过程所产生的激发态分子数目}}{\text{吸收光子数目}} \tag{3-22}$$

如果分子在吸收光子之后，光物理过程和光化学过程均有发生，那么：

$$\sum_i = \phi_i = 1$$

即所有初级过程量子产率之和必定等于1。单个初级过程的初级量子产率不会超过1，只能小于1或等于1。

对于光化学过程，除初级量子产率外，还要考虑总量子产率（Φ），或称表观量子产率。因为在实际光化学反应中，初级反应的产物，如分子、原子或自由基还可以继续发生热反应。

计算分子光化学离解的初级量子产率可以用丙酮光解的例子来说明。丙酮光解的初级过程为：

$$CH_3COCH_3 + h\nu \longrightarrow CO + 2CH_3$$

生成CO的初级量子产率为1，即在丙酮光解的初级过程中，每吸收一个光子便可离解生成一个CO分子。而且从各种数据得知，CO只是由初级过程而产生的。因此可以断定生成CO总量子产率 $\phi = \phi_{CO} = 1$。

又如，NO_2 光解的初级过程为：

$$NO_2 + h\nu \longrightarrow NO + O$$

计算该反应NO的初级量子产率为：

$$\phi_{NO} = \frac{d[NO]/dt}{I_a} = \frac{-d[NO_2]/dt}{I_a} \tag{3-23}$$

式中 I_a——单位时间、单位体积内 NO_2 吸收光量子数。

以上仅考虑了光化学反应中的一个初级反应。若 NO_2 光解体系中有 O_2 存在，则初级反应产物还会与 O_2 发生热反应：

$$O + O_2 \longrightarrow O_3$$
$$O_3 + NO \longrightarrow O_2 + NO_2$$

由此可看出，光解后生成的一部分NO还有可能被 O_3 氧化成 NO_2，最终观察到的结果，所生成的NO总量子产率要比上面计算出来的小，即：

$$\phi < \phi_{NO}$$

若光解体系是纯 NO_2，光解产生的O可与 NO_2 发生如下热反应：

$$NO_2 + O \longrightarrow NO + O_2$$

在这一光化学反应体系中，最终观察结果发现：

$$\phi = 2\phi_{NO}$$

NO的总量子产率是初级量子产率的2倍。远大于1的总量子产率存在于一种链反应机理中。如在253.7nm波长光的辐照下，O_3 消失的总量子产率为6。拟定的机理涉及 O_3 的链式分解，并伴随有高能的 O_2^* 和 O^*（＊表示激发态）生成：

$$O_3 + h\nu \longrightarrow O_2^* + O^*$$
$$O_2 + O_3 \longrightarrow 2O_2 + O$$
$$O^* + O_3 \longrightarrow O_2 + 2O$$
$$3O + 3O_3 \longrightarrow 6O_2$$

总反应： $6O_3 + h\nu \longrightarrow 6O_2$

光化学反应往往都比较复杂，大部分都包含一系列热反应。因此总量子产率变化很大，小的可接近于 0，大的可达 10^6。

C 大气中重要吸光物质的光离解

大气中的一些组分和某些污染物能够吸收不同波长的光，从而产生各种效应。下面介绍几种与大气污染有直接关系的重要的光化学过程。

（1）氧分子和氮分子的光离解：氧是空气的重要组分，键能为 493.8kJ/mol。如图 3-8 所示为氧分子在紫外波段的吸收光谱，图中 ε 为吸收系数。由图可见，氧分子刚好在与其化学键裂解能相应的波长（243nm）时开始吸收。在 200nm 处吸收依然微弱，但在这个波段上光谱是连续的。在 200nm 以下吸收光谱变得很强，且呈带状。这些吸收带随波长的减小更紧密地集合在一起。176nm 处吸收带转变成连续光谱。147nm 左右吸收达到最大。通常认为 240nm 以下的紫外光可引起 O_2 的光解：

$$O_2 + h\nu \longrightarrow O + O$$

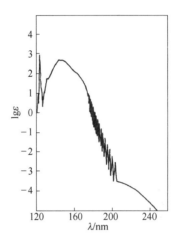

图 3-8 O_2 吸收光谱

氮分子的键能较大，为 939.4kJ/mol。对应的光波长为 127nm。它的光离解反应仅限于臭氧层以上。N_2 几乎不吸收 120nm 以上任何波长的光，只对低于 120nm 的光才有明显的吸收。在 60nm 和 100mm 之间其吸收光谱呈现出强的带状结构，在 60nm 以下呈连续谱。入射波长低于 79.6nm（1391kJ/mol）时，N_2 将电离成 N_2^+。波长低于 120nm 的紫外光在上层大气中被 N_2 吸收后，其离解的方式为：

$$N_2 + h\nu \longrightarrow N + N$$

（2）臭氧的光离解：臭氧是一个弯曲的分子，键能为 101.2kJ/mol。在低于 1000km 的大气中，由于气体分子密度比高空大得多，三个粒子碰撞的儿率较大，O_2 光解而产生的 O 可与 O_2 发生如下反应：

$$O + O_2 + M \longrightarrow O_3 + M$$

式中，M 是第三种物质。这一反应是平流层中 O_3 的主要来源，也是消除 O 的主要过程。它不仅吸收了来自太阳的紫外光而保护了地面的生物，同时也是上层大气能量的一个贮库。O_3 的离解能较低，相对应的光波长为 1180nm。O_3 在紫外光和可见光范围内均有吸收带，如图 3-9 所示。O_3 对光的吸收光谱由三个带组成，紫外区有两个吸收带，即 200~300nm 和 300~360nm，最强吸收在 254nm。O_3 吸收紫外光后发生如下离解反应：

$$O_3 + h\nu \longrightarrow O + O_2$$

应该注意的是，当波长大于 290nm，O_3 对光的吸收就相当弱了。因此，O_3 主要吸收的是来自太阳波长小于 290nm 的紫外光。而较长波长的紫外光则有可能透过臭氧层进入大气的对流层以至地面。从图中也可看出，O_3 在可见光范围内也有一个吸收带，波长为 440~850nm。这个吸收是很弱的，O_3 离解所产生的 O 和 O_2 的能量状态也是比较低的。

（3）NO_2 的光离解：NO_2 的键能为 300.5kJ/mol。它在大气中很活泼，可参与许多光化学反应。NO_2 是城市大气中重要的吸光物质。在低层大气中可以吸收全部来自太阳的紫外光和部分可见光。

从图 3-10 中可看出，NO_2 在 290～410nm 内有连续吸收光谱，它在对流层大气中具有实际意义。

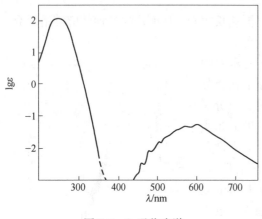

图 3-9　O_3 吸收光谱　　　　　　　图 3-10　NO_2 吸收光谱

NO_2 吸收小于 420nm 波长的光可发生离解：

$$NO_2 + h\nu \longrightarrow NO + O$$
$$O + O_2 + M \longrightarrow O_3 + M$$

据称这是大气中唯一已知的 O_3 的人为来源。

（4）亚硝酸和硝酸的光离解：亚硝酸 HO—NO 间的键能为 201.1kJ/mol，H—ONO 间的键能为 324.0kJ/mol。HNO_2 对 200～400nm 的光有吸收，吸光后发生光离解，一个初级过程为：

$$HNO_2 + h\nu \longrightarrow HO + NO$$

另一个初级过程为：

$$HNO_2 + h\nu \longrightarrow H + NO_2$$

次级过程为：

$$HO + NO \longrightarrow HNO_2$$
$$HO + HNO_2 \longrightarrow H_2O + NO_2$$
$$HO + NO_2 \longrightarrow HNO_3$$

由于 HNO_2 可以吸收 300nm 以上的光而离解，因而认为 HNO_2 的光解可能是大气中 HO 的重要来源之一。HNO_3 的 HO—NO_2 键能为 199.4kJ/mol。它对于波长 120～335nm 的辐射有不同程度的吸收。光解机理为：

$$HNO_3 + h\nu \longrightarrow HO + NO_2$$

若有 CO 存在：

$$HO + CO \longrightarrow CO_2 + H$$
$$H + O_2 + M \longrightarrow HO_2 + M$$
$$2HO_2 \longrightarrow H_2O_2 + O_2$$

（5）二氧化硫对光的吸收：SO_2 的键能为 545.1kJ/mol。在它的吸收光谱中呈现出三条吸收带。第一条为 340～400nm，于 370nm 处有一最强的吸收，但它有一个极弱的吸收区。第二条为 240~330nm，是一个较强的吸收区。第三条从 240nm 开始，随波长下降吸收变得很强，直到 180nm，它是一个很强的吸收区。如图 3-11 所示。由于 SO_2 的键能较大，240~400nm 的光不能使其离解，只能生成激发态：

$$SO_2 + h\nu \longrightarrow SO_2^*$$

SO_2^* 在污染大气中可参与许多光化学反应。

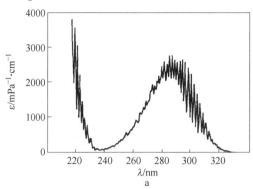
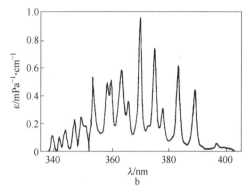

图 3-11 SO_2 吸收光谱

a—180~340nm；b—340~400nm

（6）甲醛的光离解：H—CHO 的键能为 356.5kJ/mol。它对 240~360nm 波长范围内的光有吸收。吸光后的初级过程有：

$$H_2CO + h\nu \longrightarrow H + HCO$$
$$H_2CO + h\nu \longrightarrow H_2 + CO$$

次级过程有：

$$H + HCO \longrightarrow H_2 + CO$$
$$2H + M \longrightarrow H_2 + M$$
$$2HCO \longrightarrow 2CO + H_2$$

在对流层中，由于 O_2 存在，可发生如下反应：

$$HO + CO \longrightarrow CO_2 + H$$
$$HCO + O_2 \longrightarrow HO_2 + CO$$

因此空气中甲醛光解可产生 HO_2 自由基。其他醛类的光解也可以同样方式生成 HO_2，如乙醛光解：

$$CH_3CHO + h\nu \longrightarrow H + CH_3CO$$
$$H + O_2 \longrightarrow HO_2$$

所以醛类的光解是大气中 HO_2 的重要来源之一。

（7）卤代烃的光离解：在卤代烃中以卤代甲烷的光解对大气污染化学作用最大。卤代甲烷光解的初级过程可概况如下：

1）卤代甲烷在近紫外光照射下，其离解方式为：

$$CH_3X + h\nu \longrightarrow CH_3 + X$$

式中　X——Cl、Br、I 或 F。

2）如果卤代甲烷中含有一种以上的卤素，则断裂的是最弱的键，其键强顺序为

$CH_3\text{-}F > CH_3\text{-}H > CH_3\text{-}Cl > CH_3\text{-}Br > CH_3\text{-}I$。例如，$CCl_3Br$ 光解首先生成 $CCl_3 + Br$ 而不是 CCl_2Br+Cl。

3）高能量的短波长紫外光照射，可能发生两个键断裂，应断两个最弱键。例如，CF_2Cl_2 离解成 CF_2+2Cl。当然，离解成 CF_2Cl+Cl 的过程也会同时存在。

4）即使是最短波长的光，如 147nm，三键断裂也不常见。$CFCl_3$（氟利昂-11），CF_2Cl_2（氟利昂-12）的光解：

$$CFCl_3 + h\nu \longrightarrow CFCl_2 + Cl$$
$$CFCl_3 + h\nu \longrightarrow CFCl + 2Cl$$
$$CF_2Cl_2 + h\nu \longrightarrow CF_2Cl + Cl$$
$$CF_2Cl_2 + h\nu \longrightarrow CF_2 + 2Cl$$

值得重视的是光解过程中会产生多种自由基。自由基是在其电子壳层的外层有一个不成对的电子，因而有很高的活性，具有强氧化作用。大气中存在的重要自由基有 HO、HO_2、R（烷基）、RO（烷氧基）和 RO_2（过氧烷基）等。其中以 HO 和 HO_2 更为重要。他们参与很多大气的污染物转化。

3.2.1.2　大气污染物的稀释扩散

污染物排入大气后，能否引起严重的大气污染，一方面取决于污染源的状况，另一方面则取决于污染物在大气中的扩散稀释速率。当一定数量的污染物排入大气后，如果在近地层大气中不易扩散而聚积，就可能造成严重的污染。可见，气象条件是影响大气污染物扩散的重要因素。与污染物扩散有关的气象动力因子主要指风和湍流，气象热力因子主要指大气的温度层结及大气稳定度等。

A　气象动力因子

气象动力因子主要包括风和湍流，风和湍流对污染物在大气中的扩散和稀释起决定作用。气象学上把空气水平方向的运动称为风，垂直方向的运动称为升降气流或对流。通常所说的风向、风速都是指安装于距地面 10~12m 高度上的测风仪所观测到的一定时间的平均值。也可根据需要观测瞬时风速和风向。风不仅对污染物起输送的作用，而且还起着扩散和稀释的作用。一般来说，污染物在大气中的浓度与污染物排放总量成正比，而与平均风速成反比。

边界层内的实际大气的运动既不是单纯的对流运动，也不是单纯的水平运动，而总是表现为湍流的形式。大气的湍流是指大气以不同尺度做无规则运动的流体状态。风速有大有小，具有阵发性，并在主导风向上出现上下左右无规则的阵发搅动，这种无规则阵发搅动的气流称为大气湍流。大气污染物的扩散，主要靠大气湍流的作用。

如果设想大气是作有规则的运动，那么污染源排放出的烟云受风的作用传送到下风向时，只有烟云本身的分子扩散，这时烟云几乎是一个粗细变化不大的一条烟管运动。然而，实际并非如此，因为烟云向下风向漂移时，除其本身的分子扩散外，还受大气湍流的作用从而使得烟团周界逐渐扩张，如图 3-12 所示。如图 3-12a 所示是当烟团尺寸处于比它小的大气湍流中的扩散状态。烟团在向下风向移动时，由于受到小尺度的涡团搅动，烟管的外侧不断地与周围的空气混合，并进行缓慢地扩散。如图 3-12b 所示是烟团处于比它尺寸大的大气湍流作用下的扩散状态。由于烟团被大尺度的大气涡团夹带，烟团本身截面尺度变化不大。除上述两种情况外，实际大气中同时存在不同尺度的湍流作用，扩散过程进行得也较快，如图 3-12c 所示。

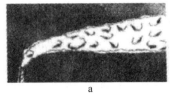 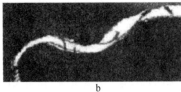 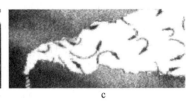
a   b   c

图 3-12 　大气湍流作用下的烟云扩散

a—小尺度湍流作用下的烟云扩散；b—大尺度湍流作用下的烟云扩散；

c—复合尺度湍流作用下的烟云扩散

B　气象热力因子

a　温度层结与逆温

气温是表示大气热力状况数量的度量。地面气温是指 1.25~2m 之间的气温。气温的变化是由于吸收或放出辐射能而获得或失去能量所致。辐射是指具有能量的物质光量子在空间传播的一种形态，传播时释放的能量为光量子。太阳表面的温度为 6000K，具有非常强的辐射能力。太阳的光通量为 $1340W/m^2$（$S_0 = 1340W/m^2$）。太阳辐射波谱按波长（由短到长）可分为紫外、可见和红外 3 个区，紫外区只占太阳总辐射的 7%，可见光区占 50%，红外区占 43%。太阳辐射是通过大气圈进入地球表面的，由于大气对太阳辐射有一定的吸收（主要是水汽、二氧化碳、臭氧等）、散射（空气分子、尘埃、云滴等质点）、反射（较大的尘埃、云）等作用，而使太阳辐射不能全部到达地面。到达地面的辐射有两部分，一是直接辐射，二是散射辐射，两者之和为总辐射。总辐射在地面上一部分被地面吸收，另一部分被反射。例如：新雪的反射率为 85%，潮湿的黑土仅为 8%，干黑土为 14%。地面和大气既吸收辐射，又向外放出长波辐射。地面向上空放出的辐射能大部分（75%~95%）被大气吸收，小部分进入宇宙空间。大气辐射既有向上也有向下辐射，向下辐射称为逆辐射，地面辐射减去大气逆辐射之差，称为地面有效辐射。辐射收入和支出的差额称为辐射平衡，在一天内，白天辐射平衡为正，夜晚为负。与大气的热量交换是气温升降的直接原因。空气与外界交换热量主要是由传导、辐射、对流、湍流以及蒸发凝结等因素决定的。气温有明显的日变化和年变化，这是由地球的自转和公转所致。

温度层结指在地球表面气温随高度变化的情况，通常用气温垂直递减率 γ 表示。垂直递减率定义为：$\gamma = -(dT/dz)$，整个对流层气温垂直递减率平均值为 0.65℃/100m。

某一空气块在地表附近做水平运动时，它和地表间的热量交换较大，其温度变化主要由热交换引起，称为非绝热变化。但当该空气块在大气中上升时，因周围气压降低而膨胀，一部分内能用于反抗外界压力而做膨胀功，因而它的温度降低；反之，它下降时，温度将升高。空气块在升降过程中因膨胀或压缩引起的温度变化，要比它和外界热交换引起的温度变化大得多，所以，一般将干空气块或没有相变的湿空气块的垂直运动近似当作绝热过程。对于一个干燥或未饱和的湿空气气块，在大气中绝热上升每 100m 降温约 0.98℃，如气块在大气中绝热下降每 100m 气温升高约 0.98℃，而这个现象与周围温度无关，被称为气温的干绝热递减率，用 γ_d 表示。

在对流层，近地面低层大气的气温变化如随高度的增加而增加，大气的温度分布与标准大气相反时称为温度逆增，简称逆温。具有逆温层的大气层是强稳定的大气层。某一高度上的逆温层像一个盖子一样阻挡着它下面污染物的扩散，因而可能造成严重的污染。逆温的形成有以下多种原因：

（1）辐射逆温：由于地面辐射冷却而形成的逆温，称为辐射逆温。在晴朗无云或少云、风速不大的夜间，地面很快辐射冷却，空气也自上而下降温，近地面气层降温快，而上层大气降温缓慢，因而形成自地面向上的辐射逆温。

（2）锋面逆温：对流层中，冷、暖两种气团相遇时，暖气团由于密度小而位于冷气团之上，两者之间形成了一个倾斜的锋面，形成锋面逆温。

（3）地形逆温（平流逆温）：这种逆温是由于局部地区的特殊地形所致。例如在盆地或山谷中，当日落时，由于山坡散温较快，坡面上大气温度较低，这种冷空气沿山坡下沉，使盆地或谷地中部温度较高的暖气团抬升，从而形成了上层气温较高的逆温。当冬季中纬度沿海地区海上暖气流流到大陆地面上时，下层空气受地面影响降温多，上层为暖气流，温度较高，由此形成逆温。

（4）下沉逆温：当高压区内某一空气发生下沉运动时，因气压增大以及气层向水平方向的辐散，其厚度减小。这样气层顶部要比气层底部下沉的距离大，因而顶部绝热增温比底部多而形成逆温。

（5）湍流逆温：这种逆温由低层空气的湍流混合而形成。下层空气如发生湍流混合，在混合过程中，上升空气的温度是按干绝热递减率变化的，空气上升到混合层上部时，它的温度比周围的空气温度低（$\gamma < \gamma_d$），混合的结果是使上层空气降温；下降的空气情况正好相反，会使下层空气增温，这样在混合层与上层空气之间的过渡层就出现了逆温层。

当大气边界层中出现上层逆温时，逆温层以下的不稳定或中性气层内能发生强烈的湍流混合，称为大气混合层，其高度称为混合层高度（厚度）。混合层高度是地面热空气上下对流时所能达到的高度，它指示了污染物在垂直方向能被热力湍流所扩散的范围。由于温度层结的昼夜变化，混合层厚度也随时改变，并随日出而增加，午后达最大。

b　大气稳定度

大气稳定度表示空气块在垂直方向上的稳定程度，即是否易于发生对流。假如有一空气块受到气流冲击力的作用，产生了上升或下降的运动，当外力除去后，可能出现 3 种情况：如气块减速并有返回原有高度的趋势，这时的气层对于该气块而言是稳定的；如气块离开原位就逐渐加速运动，并有远离原来高度的趋势，这时的气层对于气块而言是不稳定的；如气块被推到某一高度后，既不加速也不减速，这时的气层对于该气块而言是中性稳定的。

大气的污染状况与大气稳定度有密切的关系。为了能直观地说明大气稳定度对污染物扩散的影响，可以一个连续排放的高架烟云为例来说明。如图 3-13 所示，高架源排烟的烟云有以下 5 种典型的烟流状态：

（1）翻卷型（波浪型）。出现于全层不稳定的大气层中，烟流上下波动很大，在高架源近距离处会出现高浓度污染。晴朗的白天和午后易出现。

（2）锥型。出现在全层中性或弱稳定时，烟流扩散成圆锥型，最大浓度出现的地点比波浪型远。阴天常出现。

（3）长带型。全层强稳定时出现，烟流在垂直方向的扩散受到抑制，厚度较小，在

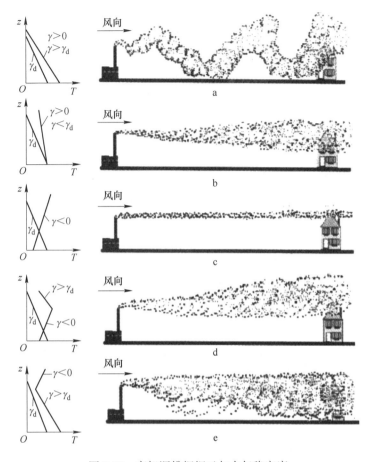

图 3-13 高架源排烟烟云与大气稳定度

a—翻卷型；b—锥型；c—长带型；d—屋脊型；e—熏烟型

空中俯视时烟流扩展成扇形。晴朗的夜间常出现。源高时，近处污染较轻；源低时，近处污染较重。

（4）屋脊型（上扬型）。大气为上层不稳定，下层稳定。烟流在逆温层之上扩展为屋脊型，向下的扩散受到抑制，地面浓度较低。常在日落前后形成。

（5）熏烟型（漫烟型）。大气为上层稳定，下层不稳定时出现。烟流向上扩散受到抑制，只能在地面至逆温层间扩散，造成极高浓度。早上 9～10 点辐射逆温层从烟流下界消退到上界过程中出现。

以上分析仅考虑了大气稳定度与烟流的关系。由于还有动力学因素和地面粗糙度的影响，实际的烟流状况要更加复杂多样。

3.2.2 典型的大气污染物

3.2.2.1 光化学烟雾及其控制

A 光化学烟雾现象

含有氮氧化物和碳氢化物等一次污染物的大气，在阳光照射下发生光化学反应而产生二次污染物，这种由一次污染物和二次污染物的混合物所形成的烟雾污染现象，称为光化学烟雾。1940年，在美国洛杉矶首次出现了这种污染现象。它的特征是烟雾呈蓝色，具有强氧化性，能使橡胶开裂，刺激人的眼睛，伤害植物的叶子，并使大气能见度降低。其刺激物浓度的高峰在中午和午后，污染区域往往在污染源的下风向几十到几百公里处。光化学烟雾的形成条件是大气中有氮氧化物和碳氢化物存在，大气温度较低，而且有强的阳光照射。这样在大气中就会发生一系列复杂的反应，生成一些二次污染物，如 O_3、醛、PAN、H_2O_2 等。这便形成了光化学污染，也称为光化学烟雾。继洛杉矶之后，光化学烟雾在世界各地不断出现，如日本的东京、大阪，英国的伦敦以及澳大利亚、德国等大城市。因而从50年代至今，对光化学烟雾的研究，包括发生源、发生条件、反应机制及模型，对生态系统的毒害，监测和控制等方面都开展了大量的研究工作，并取得了许多成果。

（1）光化学烟雾的日变化曲线：光化学烟雾在白天生成，傍晚消失。污染高峰出现在中午或稍后。如图3-14显示了污染区大气 NO、NO_2、烃、醛及 O_3 从早至晚的日变化曲线。由图可以看出，烃和 NO 的最大值发生在早晨交通繁忙时刻，这时 NO_2 浓度很低。随着太阳辐射的增强，NO_2、O_3 的浓度迅速增大，午时已达到较高浓度，它们的峰值通常比 NO 峰值晚出现 $4\sim5h$。由此可以推断 NO_2、O_3 和醛是在日光照射下由大气光化学反应而产生的，属于二次污染物。早晨由汽车排放出来的尾气是产生这些光化学反应的直接原因。傍晚交

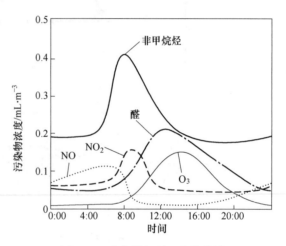

图3-14　光化学烟雾日变化曲线

通繁忙时刻，虽然仍有较多汽车尾气排放，但由于日光已较弱，不足以引起光化学反应，因而不能产生光化学烟雾现象。

（2）烟雾箱模拟曲线：为了弄清光化学烟雾中各物种的浓度随时间变化的机理，有关学者进行了烟雾箱实验研究。即在一个大的封闭容器中，通入反应气体，在模拟太阳光的人工光源照射下进行模拟大气光化学反应。在被照射的体系中，起始物质是丙烯、NO_x 和空气的混合物。研究结果示于图3-15中。从图中可看出如下三点：随着实验时间的增长，1）NO 向 NO_2 转化；2）由于氧化过程而使丙烯消耗；3）臭氧及其他二次污染物，如 PAN、H_2CO 等生成。其中关键性反应是：1）NO_2 的光解导致 O_3 的生成；2）丙烯氧化生成了具有活性的自由基，如 HO、HO_2、RO_2 等；3）HO_2 和 RO_2 等促进了 NO 向 NO_2 转化，提供了更多的生成 O_3 的 NO_2 源。

光化学烟雾是一个链反应，链引发反应主要是 NO_2 光解。另外，还有其他化合物，如甲醛在光的照射下生成的自由基，这些化合物均可引起链引发反应。

B　光化学烟雾形成的简化机制

光化学烟雾形成的反应机制可概括为如下12个反应来描述。

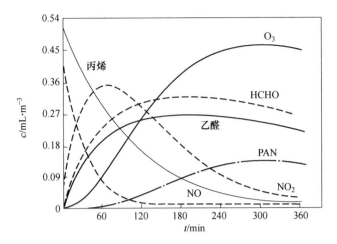

图 3-15 丙烯-NO$_x$-空气体系中一次及二次污染物的浓度变化曲线

引发反应：

$$NO_2 + h\nu \longrightarrow NO + O$$

$$O + O_2 + M \longrightarrow O_3 + M$$

$$NO + O_3 \longrightarrow NO_2 + O_2$$

自由基传递反应：

$$RH + HO \xrightarrow{\;O_2\;} RO_2 + H_2O$$

$$RCHO + HO \xrightarrow{\;O_2\;} RC(O)O_2 + H_2O$$

$$RCHO + h\nu \xrightarrow{\;2O_2\;} RO_2 + HO_2 + CO$$

$$HO_2 + NO \longrightarrow NO_2 + HO$$

$$RO_2 + NO \xrightarrow{\;O_2\;} NO_2 + R'CHO + HO_2$$

$$RC(O)O_2 + NO \xrightarrow{\;O_2\;} NO_2 + RO_2 + CO_2$$

终止反应：

$$HO + NO_2 \longrightarrow HNO_3$$

$$RC(O)O_2 + NO_2 \longrightarrow RC(O)O_2NO_2$$

$$RC(O)O_2NO_2 \longrightarrow RC(O)O_2 + NO_2$$

C 光化学烟雾的控制对策

（1）控制反应活性高的有机物的排放：有机物反应活性表示某有机物通过反应生成产物的能力。碳氢化合物是光化学烟雾形成过程中必不可少的重要组分。因此，控制那些反应活性高的有机物的排放，能有效地控制光化学烟雾的形成和扩散。描述有机物反应活性的因素有很多，如反应速率、产物产额以及在混合物中暴露的效应等。但很难找到一个能够全面反映各种因素的指标。

有人提出依据有机物与 HO 反应的速率来将有机物的反应活性进行分类。原因是大多数有机物均可与 HO 发生反应，并且在光化学反应中 HO 是消耗有机物的主要反应。对极

易与 O_3 反应的烯烃来说，在照射初期，与 HO 反应也同样起主要作用。因此，有机化合物与 HO 之间的反应速度常数大体上反映了碳氢化合物的反应活性。不管是采用哪种度量方法，反应活性大致有如下顺序：有内双键的烯烃>二烷基或三烷基芳烃和有外双键的烯烃>乙烯>单烷基芳烃> C_5 以上的烷烃 > $C_2 \sim C_5$ 的烷烃。

（2）控制臭氧的浓度：已知氮氧化物和碳氢化物初始浓度的大小会影响 O_3 的生成量和生成速度。对于不同的 $[RH]_0$ 和 $[NO_x]_0$ 都可以得到一个 O_3 生成的最大值。此最大值与 $[RH]_0$ 和 $[NO_x]_0$ 作图，可以绘出 O_3 最大值的等值线图，如图 3-16 所示。此曲线在美国已成为制定控制光化学烟雾污染对策的依据。采用等浓度曲线来制定对策服务的方法称为 EKMA（Empirical Kinetic Modeling Approach）方法。EKMA 方法是用一臭氧等浓度曲线模式（OZIPP）作出一系列臭氧等浓度曲线。这些等浓度曲线是由各种不同浓度 RH 和 NO_x 的混合物为初始条件，算出 O_3 产生的日最大值，然后绘制三维图而得出的。EKMA 图反映了在控制 O_3 生成上 RH 及 NO_x 的重要性，以及 $[RH]_0/[NO_x]_0$ 值对 O_3 生成的影响。这对于制订控制对策是很有用的。图也可以用来预测如何改变 RH 和 NO_x 的浓度达到控制 O_3 浓度的目的。由于每个城市情况不同，如阳光强度、扩散稀释速度以及 RH 中的各种反应物质之间的比值不同，EKMA 曲线的形状也会有所不同。各城市要根据本市具体情况做出适于本地区使用的曲线，再根据当地的 O_3 环境浓度和 RH、NO_x 的排放量，利用曲线找出为达标所要求降低的 NO_x 的量。

$$K = \frac{[RH]_0}{[NO_x]_0} \qquad\qquad (3\text{-}24)$$

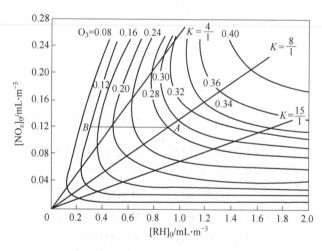

图 3-16　EKMA 方法中的 O_3 等浓度曲线

3.2.2.2　酸沉降及其污染控制

由污染源直接排放到大气中的主要硫氧化物是二氧化硫，人为污染源主要是含硫矿物燃料的燃烧过程。硫在燃料中可能以有机硫化物或元素硫的形式存在。通常煤的含硫量约为 0.5%～6%，石油约为 0.5%～3%。就全球范围而言，人为排放的 SO_2 中有 60% 来源于煤的燃烧。30% 左右来源于石油的燃烧和炼制过程。对于城市和工业区，由于 SO_2 排放量大，会造成大气污染，产生酸雨和硫酸烟雾型污染等。SO_2 的天然来源主要是火山喷发。

喷发物中所含的硫化物大部分以 SO_2 形式存在，少量为 H_2S。H_2S 在大气中很快被氧化成 SO_2。

A 二氧化硫的气相氧化

大气中 SO_2 的转化首先是 SO_2 氧化成 SO_3，随后 SO_3 被水吸收而生成硫酸，从而形成酸雨或硫酸烟雾。硫酸与大气中的 NH_4^+ 等阳离子结合生成硫酸盐气溶胶。

（1）SO_2 的直接光氧化：在低层大气中 SO_2 主要光化学反应过程是形成激发态 SO_2 分子，而不是直接离解。它吸收来自太阳的紫外光后进行两种电子允许跃迁，产生强弱吸收带，但不发生光离解：

$$SO_2 + h\nu(290 \sim 340nm) \longrightarrow {}^1SO_2(单重态)$$

$$SO_2 + h\nu(340 \sim 400nm) \longrightarrow {}^3SO_2(三重态)$$

能量较高的单重态分子可按以下过程跃迁到三重态或基态：

$$ {}^1SO_2 + M \longrightarrow {}^3SO_2 + M$$

$$ {}^1SO_2 + M \longrightarrow SO_2 + M$$

在环境大气条件下，激发态的 SO_2 主要以三重态的形式存在。单重态不稳定，很快按上述方式转变为三重态。

大气中 SO_2 直接氧化成 SO_3 的机制为：

$$ {}^3SO_2 + O_2 \longrightarrow SO_4 \longrightarrow SO_3 + O$$

或

$$SO_4 + SO_2 \longrightarrow 2SO_3$$

（2）SO_2 被自由基氧化：在污染大气中，由于各类有机污染物的光解及化学反应可生成各种自由基，如 HO、HO_2、RO、RO_2 和 $RC(O)O_2$ 等。这些自由基主要来源于大气中一次污染物 NO_x 的光解，以及光解产物与活性炭氢化物相互作用的过程。也来自光化学反应产物的光解过程，如醛、亚硝酸和过氧化氢等的光解均可产生自由基。这些自由基大多数都有较强的氧化作用。在这样光化学反应十分活跃的大气里，SO_2 很容易被这些自由基氧化，自由基对气相中 SO_2 损耗的贡献，见表 3-6。

表 3-6 自由基对气相中 SO_2 损耗的贡献

粒 种	粒种浓度/粒子数·cm^{-3}	k/cm^3·（粒子数·s）$^{-1}$	SO_2 损耗/%·h^{-1}
HO	10^7	1.1×10^{-12}	3.2
O	10^6	5.7×10^{-14}	2×10^{-3}
HO_2	10^9	$<1\times10^{-18}$	$<7\times10^{-4}$
CH_3O_2	10^9	$<1\times10^{-18}$	$<1\times10^{-3}$

从表 3-6 中可以看出，在各种活性粒子对 SO_2 的氧化中，以 HO 氧化 SO_2 的反应速率常数为最大，其次是 O。

B 二氧化硫的液相氧化

大气中存在着少量的水和颗粒物质。SO_2 可溶于大气中的水，也可被大气中的颗粒物吸附，并溶解在颗粒物表面所吸附的水中。于是 SO_2 便可发生液相反应。

（1）SO_2 的液相平衡：即 SO_2 被水吸收。可溶态硫（Ⅳ）的浓度和摩尔分数与溶液

pH 值的关系如图 3-17 所示。

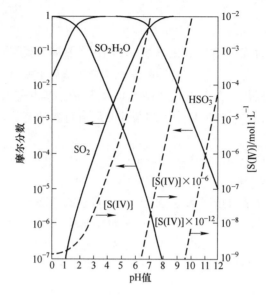

图 3-17　可溶态硫（Ⅳ）（$SO_2 \cdot H_2O$、HSO_3^- 和 SO_3^{2-}）的浓度和
摩尔分数与溶液 pH 值的关系
（$T=298K$，$p_{SO_2}=1.01 \times 10^{-6} Pa$）

图 3-17 为可溶态 SO_2、HSO_3^- 和 SO_3^{2-} 四价硫形态的浓度分数与 pH 值的关系。由图中可见，在高 pH 值范围 S（Ⅳ）以 SO_3^{2-} 为主，中间 pH 值以 HSO_3^- 为主，而低 pH 值时以 $SO \cdot H_2O$ 为主。实际上，由于 S（Ⅳ）在不同化学反应中存在着不同的形态，如液相反应中出现 HSO_3^- 或 SO_3^{2-} 时，那么其反应速度将依赖于 pH 值。

（2）O_3 对 SO_2 的氧化：在污染空气中 O_3 的浓度比清洁空气中要高，这是由于 NO_2 光解而致。O_3 可溶于大气的水中，将 SO_2 氧化。从 O_3 与三种不同形态 S（Ⅳ）的反应速率常数可以判断，O_3 与 SO_3^{2-} 反应最快，其次是 HSO_3^-，最慢的是 $SO_2 \cdot H_2O$。随 pH 值的变化，pH 值较低时，$SO_2 \cdot H_2O$ 与 O_3 反应较为重要，pH 值较高时 SO_3^{2-} 与 O_3 的反应占优势。

（3）H_2O_2 对 SO_2 的氧化：目前，H_2O_2 对 S（Ⅳ）氧化的研究工作进行的较深，报道的资料也较多。在 pH 值为 0~8 范围内均可发生氧化反应，通常氧化反应式可表示为：

$$HSO_3^- + H_2O_2 \longrightarrow SO_2OOH^- + H_2O$$

$$SO_2OOH^- + H^+ \longrightarrow H_2SO_4$$

过氧亚硫酸生成硫酸要与一个质子结合，因而随着介质酸性越强，反应就越快。

（4）金属离子对 SO_2 液相氧化的催化作用：在有某种过渡金属离子存在时，SO_2 的液相氧化反应速率可能会增大，但这种催化氧化过程比较复杂，步骤较多，反应速度表达式多为经验式。

SO_2 液相氧化途径的比较：由于各种液相反应的速率有很大的不确定性，因此精确地定量评估各反应对 S（Ⅳ）氧化的贡献是不可能的。但可以粗略地对 SO_2 液相氧化的各途径进行比较。图 3-18 显示了温度为 298K 时 S（Ⅳ）转化为 S（Ⅵ）各途径反应速率与 pH

值的关系。从图中可以看出，当 pH 值低于 4 或 5 时，H_2O_2 是使 S（Ⅳ）氧化为硫酸盐的重要途径。$pH \approx 5$ 或更大时，O_3 的氧化作用比 H_2O_2 快 10 倍。而在高 pH 值下，Fe 和 Mn 的催化氧化作用可能是主要的。在所研究的浓度范围内，HNO_2（NO_2^-）和 NO_2 在所有 pH 值条件下对 S（Ⅳ）的氧化作用都不重要。

C 硫酸烟雾型污染

硫酸烟雾也称为伦敦烟雾，最早发生在英国伦敦。它主要是由于燃煤而排放出来的 SO_2、颗粒物以及由 SO_2 氧化所形成的硫酸盐颗粒物所造成的大气污染现象。这种污染多发生在冬季，气温较低、湿度较高和日光较弱的气象条件下。如 1952 年 12 月在伦敦发生的一次硫酸烟雾型污染事件。当时伦敦上空受冷高压控制，高空中的云阻挡了来自太阳的光。地面温度迅速降低，相对湿度高达 80%，于是就形成了雾。由于地面温度

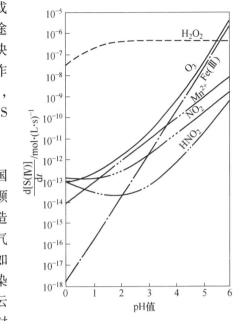

图 3-18 SO_2 液相氧化途径的比较

低，上空又形成了一逆温层。大量烟囱和工厂所排放出来的烟就积聚在低层大气中，难以扩散，这样在低层大气中就形成了很浓的黄色烟雾。在硫酸型烟雾的形成过程中，SO_2 转变为 SO_3 的氧化反应主要靠雾滴中锰、铁及氨的催化作用而加速完成。当然 SO_2 的氧化速度还会受到其他污染物、温度以及光强等的影响。

硫酸烟雾型污染物，从化学上看是属于还原性混合物，故称此烟雾为还原烟雾。而光化学烟雾是高浓度氧化剂的混合物，因此也称为氧化烟雾。这两种烟雾在许多方面具有相反的化学行为。它们发生污染的根源各有不同，伦敦烟雾主要由燃煤引起的，光化学烟雾则主要是由汽车排气引起的。表 3-7 给出了两种类型烟雾的区别。目前已发现两种类型烟雾污染可交替发生。例如，广州夏季是以光化学烟雾为主，而冬季则以硫酸烟雾为主。

表 3-7 伦敦型烟雾与洛杉矶烟雾的比较

项　　目	伦敦型	洛杉矶型
概况	发生较早（1873 年），至今已出现多次	发生较晚（1946 年），发生光化学烟雾
污染物	颗粒物、SO_2、硫酸雾等	碳氢化合物、NO_x、O_3、PAN、醛类等
燃料	煤	汽油、煤气、石油
气象条件		
季节	冬	夏、秋
气温	低（4℃以下）	高（24℃以上）
湿度	高	低
日光	弱	强

项　目	伦敦型	洛杉矶型
臭氧浓度	低	高
出现时间	白天夜间连续	白天
毒性	对呼吸道有刺激作用，严重时导致死亡	对眼和呼吸道有强刺激作用。O_3 等氧化剂有强氧化破坏作用，严重时可导致死亡

D　酸性降水

酸性降水是指通过降水，如雨、雪、雾、冰雹等将大气中的酸性物质迁移到地面的过程。最常见的就是酸雨。这种降水过程称为湿沉降。与其相对应的还有干沉降，这是指大气中的酸性物质在气流的作用下直接迁移到地面的过程。这两种过程共同称为酸沉降。酸性降水的研究始于酸雨问题出现之后。20 世纪 50 年代，英国的 R. A. Smith 最早观察到酸雨，并提出"酸雨"这个名词。之后发现降水酸性有增强的趋势，尤其当欧洲以及北美洲均发现酸雨对地表水、土壤、森林、植被等有严重的危害之后，酸雨问题受到了普遍重视，进而成为目前全球性的环境问题。自人们发现这一问题后，各国相继大力开展酸雨的研究工作，纷纷建立酸雨监测网站，制订长期研究计划，开展国际间合作。近年来这方面研究工作发展相当迅速。

我国酸雨研究工作始于 70 年代末期，在北京、上海、南京、重庆和贵阳等城市开展了局部研究，发现这些地区不同程度上存在着酸雨污染，以西南地区最为严重。1982~1984 年在国家环保局领导下开展了酸雨调查，为了弄清我国降水酸度及其化学组成的时空分布情况，1985~1986 年在全国范围内布设了 189 个监测站，523 个降水采样点，对降水数据进行了全面、系统的分析。结果表明，降水年平均 pH 值小于 5.6 的地区主要分布在秦岭淮河以南，而秦岭淮河以北仅有个别地区。降水年平均 pH 值小于 5.0 的地区主要在西南、华南以及东南沿海一带。我国酸雨的主要致酸物是硫化物，降水中 SO_4^{2-} 的含量普遍都很高。因此，酸雨污染问题在我国是值得注意的。国家很重视酸雨问题，在第七、八两个五年计划中均将酸雨列为攻关重点课题，其中酸沉降的化学过程也是重要研究内容。

a　降水的 pH 值

在未被污染的大气中，可溶于水且含量比较大的酸性气体是 CO_2。如果只把 CO_2 作为影响天然降水 pH 值的因素，根据 CO_2 的全球大气浓度 $330mL/m^3$ 与纯水的平衡：

$$CO_2(g) + H_2O \xrightarrow{K_H} CO_2 \cdot H_2O$$

$$CO_2 \cdot H_2O \xrightarrow{K_1} H^+ + HCO_3^-$$

$$HCO_3^- \xrightarrow{K_2} H^+ + CO_3^{2-}$$

式中　K_H——CO_2 水合平衡常数，即亨利系数，

K_1，K_2——分别为二元酸 $CO_2 \cdot H_2O$ 的一级和二级电离常数。

通过计算，结果得 pH=5.6。多年来国际上一直将此值看作未受污染的大气水 pH 值的背景值。把 pH 值为 5.6 作为判断酸雨的界限，即 pH 值小于 5.6 的降雨称为酸雨。

近年来通过对降水的多年观测，已经对 pH 值为 5.6 能否作为酸性降水的界限以及判别人为污染的界限提出异议。因为，实际上大气中除 CO_2 外，还存在着各种酸、碱性气态和气溶胶物质。它们的量虽少，但对降水的 pH 值也有贡献。即未被污染的大气降水的 pH 值不一定正好是 5.6。同时，作为对降水 pH 值影响较大的强酸，如硫酸和硝酸，也有其天然产生的来源，因而对雨水的 pH 值也有贡献。此外，有些地域大气中碱性尘粒或其他碱性气体，如 NH_3 含量较高，也会导致降水 pH 值上升。因此，pH 值为 5.6 不是一个判别降水是否受到酸化和人为污染的合理界限。于是有人提出了降水 pH 背景值问题。

b 降水 pH 的背景值

由于世界各地区自然条件不同，如地质、气象、水文等的差异，会造成各地区降水 pH 值的不同。表 3-8 列出了世界某些地区降水 pH 值的背景值，从中发现降水 pH 值均小于或等于 5.0。因而认为把 5.0 作为酸雨 pH 值的界限更符合实际情况。有人认为 pH 值大于 5.6 的降水也未必会受到酸性物质的人为干扰，因为即使有人为干扰，如果不是很强烈，由于这种雨水有足够的缓冲容量，不会使雨水呈酸性；而 pH 值在 5.0~5.6 之间的雨水有可能受到人为活动的影响，但没有超过天然本底硫的影响范围，或者说人为影响即使存在，也不超出天然缓冲作用的调节能力，因为雨水与天然本底硫平衡时的 pH 值即为 5.0。如果雨水 pH 值小于 5.0，就可以确信人为影响是存在的。所以提出以 5.0 作为酸雨 pH 值的界限更为确切。近年来，我国已开始重视降水 pH 背景值的问题。

表 3-8 世界某些降水背景点的 pH 值

国家和地区	样本数	pH 值平均值
中国丽江	280	5.00
Amsterdan（印度洋）	26	4.92
Porkflot（阿拉斯加）	16	4.94
Katherine（澳大利亚）	40	4.78
Sancarlos（委内瑞拉）	14	4.81
St. Georges（大西洋百慕大群岛）	67	4.79

c 降水的化学组成

酸雨现象是大气化学过程和大气物理过程的综合效应。酸雨中含有多种无机酸和有机酸，其中绝大部分是硫酸和硝酸，多数情况下以硫酸为主。从污染源排放出来的 SO_2 和 NO，是形成酸雨的主要起始物，经氧化后溶于水形成硫酸、硝酸和亚硝酸，这是造成降水 pH 值降低的主要原因。除此之外，还有许多气态或固态物质进入大气对降水的 pH 值也会有影响。大气颗粒物中 Mn、Cu、V 等是酸性气体氧化的催化剂。大气光化学反应生成的 O_3 和 HO_2 等又是使 SO_2 氧化的氧化剂。飞灰中的氧化钙，土壤中的碳酸钙，天然和人为来源的 NH_3 以及其他碱性物质都可使降水中的酸中和，对酸性降水起"缓冲作用"。当大气中酸性气体浓度高时，如果中和酸的碱性物质很多，即缓冲能力很强，降水就不会有很高的酸性，甚至可能成为碱性。在碱性土壤地区，如大气颗粒物浓度高时，往往会出现这种情况。相反，即使大气中 SO_2 和 NO_x 浓度不高，而碱性物质相对较少，则降水仍然会有较高的酸性。

因此，降水的酸度是酸和碱平衡的结果。如降水中酸量大于碱量，就会形成酸雨。所以，研究酸雨必须进行雨水样品的化学分析。

表 3-9 和表 3-10 列出了不同地区雨水离子的平均组成。

表 3-9　国外部分地区降水化学成分　　　　（μmol/L）

国家及地区	SO_4^{2-}	NO_3^-	Cl^-	NH_4^+	Ca^{2+}	Mg^{2+}	Na^+	K^+	H^+	pH 值
瑞典 Sjoangen 1973~1975 年	34.5	31	18	31	6.5	3.5	15	3	52	4.30
美国 Hubbard Brook 1973~1974 年	55	50	12	22	5	16	6	2	114	3.94
美国 Pasadena 1978~1979 年	19.5	31	28	21	3.5	3.5	24	2	39	4.41
加拿大 Ontario	45	19	10	21	11.5	5	—	—	11	4.96
日本神户	19.5	24	39	19	7.5	3	—	—	40	4.40

表 3-10　国内部分城市降水化学成分　　　　（μmol/L）

市　区	SO_4^{2-}	NO_3^-	Cl^-	NH_4^+	Ca^{2+}	Mg^{2+}	Na^+	K^+	H^+	pH 值
贵阳市区 1982~1984 年	205.5	21	8.2	8.2	115.6	28.3	10.1	26.4	84.5	4.07
重庆市区 1985~1986 年	164	29.9	25.2	25.2	135.2	11.4	14.7	7.87	51.4	4.29
广州市区 1985~1986 年	137.4	23.9	39.4	39.4	98.4	8.7	25.7	22.6	16.70	4.78
南宁市区 1985~1986 年	28.8	8.48	15.7	15.7	19.9	0.9	11.8	9.6	18.33	4.74
北京市区 1981 年	136.6	50.32	157.4	157.4	92	—	140.9	42.31	0.16	6.80
天津市区 1981 年	158.9	29.2	183.1	125.6	143.5	—	175.2	59.2	0.55	6.26

降水中 SO_4^{2-} 含量各地区有很大差别，大致为 1~20mg/L（10~210μmol/L）。降水中 SO_4^{2-} 更多的是来源于燃料燃烧排放出的颗粒物和 SO_2，因此在工业区和城市的降水中 SO_4^{2-} 含量一般较高，且冬季高于夏季。我国城市降水中 SO_4^{2-} 含量高于外国，这与我国燃煤污染严重有关。

降水中的含氮化合物存在形式是多种的，主要是 NO_3^-、NO_2^- 和 NH_4^+，含量小于 1~3mg/L，其中 NH_4^+ 含量高于 NO_3^-。NO_3^- 一部分来自人为污染源排放的 NO_x 和尘粒，有相当一部分可能来自空气放电产生的 NO_x。我国城市雨水中 NH_4^+ 含量很高，可能与人为有关。

从表 3-9 和表 3-10 中可见，降水中主要阴离子是 SO_4^{2-}，其次是 NO_3^- 和 Cl^-，主要的

阳离子是 NH_4^+、Ca^{2+} 和 H^+。在国外，硫酸和硝酸是降水酸度的主要贡献者，两者的比例大致是 2:1（见表 3-9）。在我国，酸雨一般是硫酸型的。SO_4^{2-} 含量约为 NO_3^- 的 3~10 倍（见表 3-10）。有迹象表明，在南方部分地区 SO_4^{2-} 与 NO_3^- 之比要比人们预料的小，说明 HNO_3 对降水的酸性贡献相对要大一些。此外，降水中 Ca^{2+} 也是一个不可忽视的离子，虽然国外降水中 Ca^{2+} 浓度较小（见表 3-9），但在我国，降水中 Ca^{2+} 却提供了相当大的中和能力见表 3-10。

下面根据我国实际测定的数据以及从酸雨和非酸雨的比较来探讨具有关键性影响的离子组分。表 3-11 中列出了我国北京和西南地区的一些降水化学实测数据。

表 3-11 我国部分地区降水酸度和主要离子含量 （μmol/L）

项　目	重庆	桂阳市区	贵阳郊区	北京市区
pH 值	4.1	4.0	4.7	6.8
H^+	73	94.9	18.6	0.16
SO_4^{2-}	142	173	41.7	137
NO_3^-	21.5	9.5	15.6	50.3
Cl^-	15.3	8.9	5.1	157
NH_4^+	81.4	63.3	26.1	141
Ca^{2+}	50.5	74.5	22.5	92
Na^+	17.1	9.8	8.2	141
K^+	14.8	9.5	4.9	40
Mg^{2+}	15.5	21.7	6.7	—

首先，根据 Cl^- 和 Na^+ 的浓度相近等情况，可以认为这两种离子主要来自海洋，对降水酸度不产生影响。在阴离子总量中 SO_4^{2-} 占绝对优势，在阳离子总量中 H^+、Ca^{2+}、NH_4^+ 占 80% 以上，这表明降水酸度主要是 SO_4^{2-}、Ca^{2+}、NH_4^+ 三种离子相互作用而决定的。比较酸雨区与非酸雨区的数据，发现阴离子（SO_4^{2-}、NO_3^-）浓度相差不大，而阳离子（Ca^{2+}、NH_4^+、K^+）浓度相差却较大。

综上所述，我国酸雨中关键性离子组分是 SO_4^{2-}、Ca^{2+} 和 NH_4^+。作为酸的指标 SO_4^{2-}，其来源主要是燃煤排放的 SO_2。作为碱的指标 Ca^{2+} 和 NH_4^+ 的来源较为复杂，既有人为来源也有天然来源，而且可能天然来源是主要的。如果天然来源为主，就会与各地的自然条件，尤其是土壤性质有很大关系。据此也可以在一定程度上解释我国酸雨分布的区域性原因。

E　影响酸雨形成的因素

（1）酸性污染物的排放及其转化条件：从现有的监测数据来看，降水酸度的时空分布与大气中 SO_2 和降水中 SO_4^{2-} 浓度的时空分布存在着一定的相关性。这就是说，某地 SO_2 污染严重，降水中 SO_4^{2-} 浓度就高，降水的 pH 值就低。

（2）大气中的氨：大气中的 NH_3 对酸雨形成是非常重要的。已有研究表明，降水 pH 值决定于硫酸、硝酸与 NH_3 以及碱性尘粒的相互关系。美国有人根据雨水的分布提出，酸雨严重的地区正是酸性气体排放量大并且大气中 NH_3 含量少的地区。大气中 NH_3 的来源主要是有机物分解和农田施用的含氮肥料的挥发。土壤中的 NH_3 挥发量随着土壤 pH 值的上升而增大。我国京津地区土壤 pH 值为 $7\sim8$，而重庆、贵阳地区一般为 $5\sim6$，这是大气中 NH_3 含量北高南低的重要原因之一。土壤偏酸性的地方，风沙扬尘的缓冲能力低。这两个因素合在一起，至少目前可以解释我国酸雨多发生在南方的分布状况。

（3）颗粒物酸度及其缓冲能力：酸雨不仅与大气的酸性和碱性气体有关，同时也与大气中颗粒物的性质有关。大气中颗粒物的组成很复杂，主要来源于土地飞起的扬尘。颗粒物对酸雨的形成有两方面的作用：一是所含的金属可催化 SO_2 氧化成硫酸；二是对酸起中和作用。但如果颗粒物本身是酸性的，就不能起中和作用，而且还会成为酸的来源之一。目前我国大气颗粒物浓度普遍很高，为国外的几倍至几十倍，在酸雨研究中自然是不能忽视的。研究结果表明了无酸雨地区颗粒物的 pH 值和缓冲能力均高于酸雨区。

（4）天气形势的影响：如果气象条件和地形有利于污染物的扩散，则大气中污染物浓度降低，酸雨就减弱，反之则加重。

3.2.2.3　大气颗粒物污染及其控制

大气是由各种固体或液体微粒均匀地分散在空气中形成的一个庞大的分散体系。它也可称为气溶胶体系。气溶胶体系中分散的各种粒子称为大气颗粒物。它们可以是无机物，也可以是有机物，或由二者共同组成；可以是无生命的，也可以是有生命的；可以是固态，也可以是液态。大气颗粒物是大气中一些污染物的载体或反应床，因而对大气中污染物的迁移转化过程有明显的影响。在清洁大气中，大气颗粒物很少，而且是无毒的。在污染大气中，大气颗粒物也属污染物之列，并且其中许多是有毒的。直接由污染源排放出来的称为一次颗粒物。大气中某些污染组分之间，或这些组分与大气成分之间发生反应而产生的颗粒物，称为二次颗粒物。

A　颗粒物的粒度及表面性质

（1）颗粒物的粒度分布：粒度是颗粒物粒子粒径的大小。粒径通常是指颗粒物的直径。但是，实际上大气中粒子的形状极不规则，把粒子看成球形是不确切的。因而对不规则形状的粒子，实际工作中往往用诸如当量直径或有效直径来表示。最常用的是空气动力学直径（D_p）。

大气颗粒物按其粒径大小可分为如下几类：

1）总悬浮颗粒物：用标准大容量颗粒采样器在滤膜上所收集到的颗粒物的总质量，通常称为总悬浮颗粒物，用 TSP 表示。其粒径多在 $100\mu m$ 以下，尤以 $10\mu m$ 以下的最多。

2）飘尘：可在大气中长期飘浮的悬浮物称为飘尘。其粒径主要是小于 $10\mu m$ 的颗粒物。

3）降尘：能用采样罐采集到的大气颗粒物。在总悬浮颗粒物中一般直径大于 $10\mu m$ 的粒子由于自身的重力作用会很快沉降下来。这部分颗粒物称为降尘。

4）可吸入粒子：易于通过呼吸过程而进入呼吸道的粒子。目前国际标准化组织（ISO）建议将其定为 $D_p \leqslant 10\mu m$。我国科学工作者已采用了这个建议。

5）细颗粒物：指环境空气中空气动力学当量直径小于等于 $2.5\mu m$ 的颗粒物。2013年 2 月，全国科学技术名词审定委员会将 $PM_{2.5}$ 的中文名称命名为细颗粒物。与较粗的大气颗粒物相比，$PM_{2.5}$ 粒径小，面积大，活性强，易附带有毒、有害物质（例如重金属、微生物等），且在大气中的停留时间长、输送距离远，因而对人体健康和大气环境质量的影响更大。细颗粒物的化学成分主要包括有机碳（OC）、元素碳（EC）、硝酸盐、硫酸盐、铵盐、钠盐（Na^+）等。

（2）大气颗粒物的表面性质：大气颗粒物有三种重要的表面性质，即成核作用、黏合和吸着。成核作用是指过饱和蒸汽在颗粒物表面上形成液滴的现象。雨滴的形成属成核作用。在被水蒸气饱和的大气中，虽然存在着阻止水分子简单聚集而形成微粒或液滴的强势垒，但是，如果已经存在凝聚物质，那么水蒸气分子就很容易在已有的微粒上凝聚。这种效应即使已有的微粒不是由水蒸气凝结的液滴，而是由覆盖了水蒸气吸附层的物质所组成的，凝结也同样会发生。粒子可以彼此相互紧紧地黏合或在固体表面上黏合。黏合或凝聚是小颗粒形成较大的凝聚体并最终达到很快沉降粒径的过程。相同组成的液滴在它们相互碰撞时可能凝聚，固体粒子相互黏合的可能性随粒径的降低而增加，颗粒物的黏合程度与颗粒物及表面的组成、电荷、表面膜组成（水膜或油膜）及表面的粗糙度有关。

如果气体或蒸汽溶解在微粒中，这种现象称为吸收。若吸附在颗粒物表面上，则称为吸着。涉及特殊的化学相互作用的吸着，称为化学吸附作用。如大气中 CO_2 与 $Ca(OH)_2$ 的颗粒反应：

$$Ca(OH)_2(s) + CO_2 \longrightarrow CaCO_3 + H_2O$$

化学吸着的其他例子如 SO_2 与氧化铝或氧化铁气溶胶的反应，硫酸气溶胶与 NH_3 的反应等。当离子在颗粒物表面上黏合时，可获得负电荷或正电荷，电荷的电量受空气的电击穿强度和颗粒物表面积限制。在大气颗粒物上的电荷可以是正的，也可以是负的。基于颗粒物带有电荷这一性质，可利用静电除尘法去除烟道气中的颗粒物。

B　大气颗粒物的化学组成

（1）无机颗粒物：无机颗粒物的成分是由颗粒物形成过程决定的。天然来源的无机颗粒物，如扬尘的成分主要是该地区的土壤粒子。火山爆发所喷出的火山灰，海洋溅沫所释放出来的颗粒物等。人为原因释放出来的无机颗粒物，如动力发电厂由于燃煤及石油而排放出来的颗粒物，其成分除大量的烟尘外，还含有铍、镍、钒等的化合物。市政焚烧炉会排放出砷、铍、镉、铬、铜、铁、汞等的化合物。汽车尾气中则含有大量的铅。一般来讲，粗粒子主要是土壤及污染源排放出来的尘粒，大多是一次颗粒物。这种粗粒子主要是由硅、铁、铝、钠、钙、镁、钛等 30 余种元素组成。细粒子主要是硫酸盐、硝酸盐、铵盐、痕量金属和炭黑等。

不同粒径的颗粒物其化学组成差异很大。如硫酸盐粒子，其粒径属于积聚模，为细粒子，主要是二次污染物。SO_2 氧化后溶于水生成的硫酸再与大气中的 NH_3 化合而生成 $(NH_4)_2SO_4$ 颗粒物。硫酸也可以与大气中其他金属离子化合生成各种硫酸盐颗粒物。硫酸盐粒子对光吸收和散射的能力较强，从而降低大气的能见度。对硫酸盐气溶胶的研究越来越受到重视。目前，人们对硝酸及硝酸盐颗粒物不如对硫酸盐颗粒物研究得深入。由于 HNO_3 比 H_2SO_4 更容易挥发，所以在通常情况下，在相对湿度不太大时，HNO_3 多以气态形式存在于大气中，除在硝酸污染源附近外，几乎不以 HNO_3 颗粒物形式存在。对于沿海城市，由于污染源排放的 NO_x 与从海洋中不断逸出的 NaCl 相遇，所以就会建立起一个由 NaCl、NO_x、水蒸气和空气构成的体系，因而其大气中的硝酸盐颗粒物就显得比较重要。同理，若城市同时还有 SO_2 排放，又可建立起一个由 NaCl、SO_2、水蒸气和空气构成的体系，所形成的硫酸盐颗粒物也是不可忽视的。

（2）有机颗粒物：有机颗粒物是指大气中的有机物质凝聚而形成的颗粒物，或有机物质吸附在其他颗粒物上面而形成的颗粒物。大气颗粒污染物主要是这些有毒或有害的有机颗粒物。

有机颗粒污染物种类繁多，结构也极其复杂。已检测到的主要有烷烃、烯烃、芳烃和多环芳烃等各种烃类。另外还有少量的亚硝胺、杂氮环化合物、环酮、醌类、酚类和有机酸等。这些有机颗粒物主要是由矿物燃料燃烧、废弃物焚化等各种高温燃烧过程所形成的。在各类燃烧过程中已鉴定出来的化合物有 300 多种。有机颗粒物多数是由气态一次污染物通过凝聚过程转化而来的。转化速率比 SO_2 转化为硫酸盐颗粒物的速率要小。一次污染物转化为二次污染物时，通常都含有—COOH、—CHO、—CH_2ONO、—C（O）SO_2、—C（O）OSO_2 等基团，这是由于转化反应过程中有 HO、HO_2 和 CH_3O 等自由基参与的结果。有机颗粒物的粒径一般都比较小。

在有机颗粒物所包含的各种有机化合物中，毒性较大的是 PAH。PAH 是由若干个苯环彼此稠合在一起或是若干个苯环和戊二烯稠合在一起的化合物。环少的易于以气态形式存在，环多的则在固相颗粒物中。大气颗粒物中含量较多，并已证实有较强致癌性的 PAH 为苯并[a]芘（BaP）。其他活化致癌的 PAH 有苯并(a)蒽、䓛、苯并(e)芘、苯并(e)芘、苯并(j)荧蒽和茚并（1,2,3-cd）芘等。PAH 大多出现在城市大气中，其中代表性的致癌 PAH 含量大约为 $20\mu g/m^3$，有些特殊的大气和废气中 PAH 含量更高。煤炉排放废气中 PAH 可超过 $1000\mu g/m^3$，香烟的烟气中也可达 $100\mu g/m^3$。

大气中的 PAH 是由存在于燃料或植物中较高级的烷烃在高温下分解而形成的。这些高级烃可裂解为较小的不稳定的分子和残渣，它们再进一步反应便可生成 PAH。PAH 几乎只在固相中出现。烟尘本身就是一种多环芳烃的高聚物，经 X 射线结构分析表明，烟尘微粒是由互相结合在一起的微晶构成的，而每一个微晶是由若干个石墨片晶组成，每个片晶又是由约 100 个缩合在一起的芳环构成。

另外，有机颗粒污染物能同大气中的臭氧、氮氧化物等相互作用而形成二次污染物。近年来，遗传毒理学研究进一步证明了这些二次污染物有直接致癌和致突变作用。因此，对他们的研究日益受到人们的重视。

大气颗粒物的去除与颗粒物的粒度、化学组成及性质密切相关。大气颗粒物的自然去除通常有两种清除方式：干沉降是指颗粒物在重力作用下的沉降；或与其他物体碰撞后发生的沉降；湿沉降是指通过降雨、降雪等使颗粒物从大气中去除的过程。通过湿沉降过程去除大气中颗粒物的量约占总量的 80% ~ 90%，而干沉降只有 10% ~ 20%。但是，不论雨除或冲刷，对半径为 $2\mu m$ 左右的颗粒物都没有明显的去除作用。它们可随气流被输送到几百公里甚至上千公里以外的地方去，造成大范围的污染。大气颗粒物的人工去除，尤其是一次大气颗粒污染物的去除，主要依靠各种排放源的除尘设备，目前工业上应用较多的是过滤式除尘器和电除尘器，它们对于较细的颗粒物也有较高的捕集效果。

3.2.2.4 温室气体和气候问题

来自太阳各种波长的辐射，一部分在到达地面之前被大气反射回外空间或者被大气吸收之后再辐射而返回外空间；一部分直接到达地面或者通过大气而散射到地面。到达地面的辐射有少量短波长的紫外光、大量的可见光和长波红外光。这些辐射在被地面吸收之后，最终都以长波辐射的形式又返回外空间，从而维持地球的热平衡。大气中许多组分对不同波长的辐射都有其特征吸收光谱，其中能够吸收长波长的主要有 CO_2 和水蒸气分子。水分子只能吸收波长为 700～850nm 和 1100～1400nm 的红外辐射，且吸收极弱，而对 850～1100nm 的辐射全无吸收。就是说水分子只能吸收一部分红外辐射，而且较弱。因而当地面吸收了来自太阳的辐射，转变成为热能，再以红外光向外辐射时，大气中的水分子只能截留一小部分红外光。大气中的 CO_2 虽然含量比水分子低得多，但它可强烈地吸收波长为 1200～1630nm 的红外辐射，因而它在大气中的存在对截留红外辐射能量影响较大。对于维持地球热平衡有重要的影响。CO_2 如温室的玻璃一样，它允许来自太阳的可见光射到地面，也能阻止地面重新辐射出来的红外光返回外空间。因此，CO_2 起着单向过滤器的作用。大气中的 CO_2 吸收了地面辐射出来的红外光，把能量截留于大气之中，从而使大气温度升高，这种现象称为温室效应。能够引起温室效应的气体，称为温室气体。如果大气中温室气体增多，便可有过多的能量保留在大气中而不能正常地向外空间辐射，这样就会使地表面和大气的平衡温度升高，对整个地球的生态平衡会有巨大的影响。

其实 CO_2 在一年内的周期变化呈现出夏季低而冬季高的现象。这是因夏季植物对 CO_2 吸收，而冬季 CO_2 排放量增大所致。但由于人们对矿物燃料利用量逐年增加，因而使大气中 CO_2 的浓度逐渐增高。另外，由于人类大量砍伐森林，毁坏草原，使地球表面的植被日趋减少，以致降低了植物对 CO_2 的吸收作用。目前全球 CO_2 的浓度逐年上升。

除了 CO_2 之外，大气中还有一些痕量气体也会产生温室效应，其中有些比 CO_2 的效应还要强。表 3-12 列出了大气中的一些温室气体。

表 3-12　大气中具有温室效应的气体

气　　体	大气中浓度/$\mu L \cdot m^{-3}$	年平均增长率/%
二氧化碳	344000	0.4
甲烷	1650	1.0
一氧化碳	304	0.25
二氯乙烷	0.13	7.0
臭氧	不定	—
CFC-11	0.23	5.0
CFC-12	0.4	5.0
四氯化碳	0.125	1.0

有学者预计到 2030 年左右，大气中温室气体的浓度相当于 CO_2 浓度增加 1 倍。因此，全球变暖问题除 CO_2 外，还应考虑具有温室效应的其他气体及颗粒物的作用。图 3-19 显示了几十年来各种温室气体浓度上升对气温的影响。通过对气温变暖现象的观察，已发现地表大气的平均温度在不断变化中也有上升的趋势。近 100 年来，平均气温上升为 0.3～0.7℃，特别是 1980 年记录了观测史上最高温度；海平面上升了 100～200nm，其原因可能是由于伴随海水温度上升而使海水膨胀以及陆地冰川融化等。尽管当前国际上对全球气温变暖问题尚未有一致的看法，但有关这方面的国际活动相当活跃，对全球气候变化的机制正在广泛的研究之中。

目前研究还表明，气温变暖在全球不同地域有明显的差异。例如，若全球平均气温升

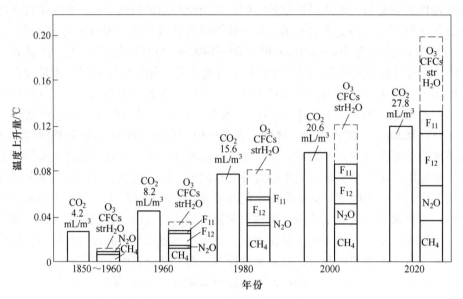

图 3-19　各种温室效应气体对气温上升的影响

CFCs—除氟利昂 11、12 之外的氟利昂气体；strH₂O—同温层水蒸气；

F₁₁—氟利昂 11；F₁₂—氟利昂 12

高 2℃赤道地区至多上升 1.5℃，而高纬度和极地地区竟能上升 6℃以上。这样高纬度和低纬度之间的温差将明显减小，使由温差而产生的大气环流运动状态发生变化。一般认为，温室效应对北半球影响更为严重。有人预测按现在发展趋势，35 年后北极平均温度可上升 2℃，而南极需 65 年才会产生这种结果。50 年后，欧亚和北美国家的平均温度要比目前提高 2℃，而南半球可能提高不到 1℃。由温室效应而导致的气温变暖，在北半球高纬度地带的冬季变化幅度最大。

如果任由温室效应发展，其后果是全球性的环境灾难，最悲观的预告是对环境的毁坏程度比任何灾难性的快速核战争更为巨大和不可逆转。由此带来的可能变化有气候变暖、海平面上升、水分平衡变化、打破原有的生态平衡、影响热带气旋、影响农业生产等。有关研究表明，由温室效应造成的升温使高纬度区增温大，低纬度区增温小；降水则是低纬度降水量增加，中纬度夏季降水量减少。包括我国北方在内的中纬度地区降水将减少，加上升温使蒸发加大，气候将趋于干旱化。海平面上升会破坏沿海生态系统，沿海沼泽地将消失。气候变化还可能引起一种可怕的后果——某些害虫和有害病菌的致病力加强。

温室效应不仅使全球变暖，还将造成全球大气环流调整，可能造成世界其他地区气候异常和一些灾害，例如低纬度台风强度将增强，台风源地将向北扩展等。厄尔尼诺（El Nino）是西班牙文"圣婴"的译音，是指热带太平洋东部和中部海温异常和持续地变暖。在 1997 年终至 1998 年初，当厄尔尼诺达成熟期时，此海区的海水温度比正常高了约 4~5℃。厄尔尼诺出现的周期并不规则，但平均来说，每 4 年 1 次。拉尼娜是西班牙文"小女孩"的译音，拉尼娜与厄尔尼诺相反，指的是热带太平洋中部和东部的海温异常和持续地变冷。自 1998 年 6 月以来，弱拉尼娜开始酝酿，到了 11 月，此海区的海水温度比正常低了约 1~2℃，这与年初厄尔尼诺成熟期时的海水温度形成很大对比。有些年份如

1973 年和 1998 年，厄尔尼诺在年初盛行，但余下时间则气候受拉尼娜影响。专家们在法国里昂的气候大会上警告说，如果我们什么都不做到 21 世纪末，不仅我们生活的地球要遭殃，而且世界国民生产总值将会损失 2%~3%。

全球气候变化问题引起了国际社会的普遍关注。针对气候变化的国际响应是随着联合国气候变化框架条约的发展而逐渐成型的。1979 年第一次世界气候大会呼吁保护气候；1992 年通过的《联合国气候变化框架公约》（UNFCCC）确立了发达国家与发展中国家"共同但有区别的责任"原则。阐明了其行动框架，力求把温室气体的大气浓度稳定在某一水平，从而防止人类活动对气候系统产生"负面影响"；1997 年通过的《京都议定书》（以下简称《议定书》）确定了发达国家 2008~2012 年的量化减排指标；2007 年 12 月达成的巴厘路线图，确定就加强 UNFCCC 和《议定书》的实施分头展开谈判，并将于 2009 年 12 月在哥本哈根举行缔约方会议。UNFCCC 已经收到来自 185 个国家的批准、接受、支持或添改文件，并成功地举行了 6 次有各缔约国参加的缔约方大会。尽管各缔约方还没有就气候变化问题综合治理所采取的措施达成共识。

尽管还存在一点不确定因素，但大多数科学家仍认为温室气体，尤其是二氧化碳的减排是气候变化预防措施必需的。我国作为体量大的发展中国家，2020 年 9 月 22 日，国家主席习近平在第七十五届联合国大会上宣布，中国力争 2030 年前二氧化碳排放达到峰值，努力争取 2060 年前实现碳中和目标，即"双碳"战略。"双碳"战略倡导绿色、环保、低碳的生活方式。加快降低碳排放步伐，有利于引导绿色技术创新，提高产业和经济的全球竞争力。中国持续推进产业结构和能源结构调整，大力发展可再生能源，在沙漠、戈壁、荒漠地区加快规划建设大型风电光伏基地项目，努力兼顾经济发展和绿色转型同步进行。

2021 年 5 月 26 日，碳达峰碳中和工作领导小组第一次全体会议在北京召开。2021 年 10 月 24 日，中共中央、国务院印发的《关于完整准确全面贯彻新发展理念做好碳达峰碳中和工作的意见》发布。作为碳达峰碳中和"1+N"政策体系中的"1"，意见为碳达峰碳中和这项重大工作进行系统谋划、总体部署。2021 年 10 月，《关于完整准确全面贯彻新发展理念做好碳达峰碳中和工作的意见》以及《2030 年前碳达峰行动方案》，这两个重要文件的相继出台，共同构建了中国碳达峰、碳中和"1+N"政策体系的顶层设计，而重点领域和行业的配套政策也将围绕以上意见及方案陆续出台。

3.2.2.5 臭氧层的形成与耗损

臭氧层存在于对流层上面的平流层中，主要分布在距地面 10~50km 范围内，浓度峰值在 20~25km 处，空气分子数密度的变化趋势为由下向上减少，而臭氧混合比是在 20~25km 处有一峰值，向上或向下浓度均降低。由于臭氧层能够吸收 99% 以上来自太阳的紫外辐射，从而保护了地球上的生物不受其伤害。臭氧层对地球上生命的出现、发展以及维持地球上的生态平衡起着重要作用。然而由于现代技术的发展，人们的活动范围已进入了平流层，如超音速飞机的出现，它向平流层中排放出水蒸气、氮氧化物等污染物。致冷剂、喷雾剂等惰性物质的广泛应用，会使这些物质长时间的滞留在对流层中，在一定条件下，会进入平流层而起到破坏臭氧层的作用。

A 臭氧层形成与耗损的化学反应

臭氧的消耗过程，其一为光解，主要是吸收波长为 210~290nm 的紫外光的光解：

$$O_3 + h\nu \longrightarrow O_2 + O$$

长波长的光也可使 O_3 光解，但其量子产额很低。这些过程就是臭氧层吸收了来自太阳的大部分紫外光，从而使地面生物不受其伤害的原因。

另一个消耗过程为：

$$O_3 + O \longrightarrow 2O_2$$

这是生成 O_3 的逆反应。

上述生成和耗损过程同时存在，正常情况下它们处于动态平衡，因而臭氧的浓度保持恒定。然而，由于水蒸气、氮氧化物、氟氯烃等污染物进入平流层，它们能加速臭氧耗损过程，破坏臭氧层的稳定状态。这些污染物在加速 O_3 耗损过程中可起催化作用。

导致臭氧层破坏的还有催化反应过程。假定可催化 O_3 分解的物质为 Y，它可使 O_3 转变成 O_2，而 Y 本身不变

$$Y + O_3 \longrightarrow YO + O_2$$
$$YO + O \longrightarrow Y + O_2$$

总反应　　　　　　　　　　$O_3 + O \longrightarrow 2O_2$

其中 O 也是 O_3 光解的产物。已知的 Y 物种有 NO_x（NO、NO_2）、HO_x（H、HO、HO_2）、ClO_x（Cl、ClO）。这些直接参加破坏 O_3 的物种称为活性物种或催化活性物种。

B　南极的臭氧洞现象

1985 年英国南极探险家 J. C. Farman 等首先提出南极出现了"臭氧空洞"。他发表了 1957 年以来哈雷湾考察站（南纬 76°，西经 27°）臭氧总量测定数据，说明自 1957 年以来每年冬末春初臭氧异乎寻常地减少。随后美国宇航局从人造卫星雨云 7 号的监测数据进一步证实了这一点。

关于南极"臭氧洞"成因近年来曾有过几种论点。美国宇航局弗吉尼亚州汉普顿芝利中心 Callis 等提出南极臭氧层的破坏与强烈的太阳活动有关的太阳活动学说。麻省理工学院 Tung 等人认为是南极存在独特的大气环境造成冬末春初臭氧耗竭，提出了大气动力学学说。此外，人们普遍认为大量氟氯烃化合物的使用和排放，是造成臭氧层破坏的主要原因。

由于臭氧层被破坏后，照射到地面的紫外线 B 段辐射（UV-B）将增强，UV-B 辐射会损坏人的免疫系统。使患呼吸道系统的传染病人增多；受到过多的 UV-B，还会增加皮肤癌和白内障的发病率。UV-B 的增加对水生生物系统也有潜在的危险，一般来说，紫外辐射使植物叶片变小，因而减少捕获阳光进行光合作用的有效面积，有时植物的种子也会受到影响。对大豆的研究表明，紫外辐射会使其更易受到杂草和病虫害的损害。臭氧层厚度减少 25%，可使大豆减产 20%～25%。此外，紫外辐射的增加还会使一些市区的烟雾加剧，使塑料老化、油漆退色、玻璃变黄、车顶脆裂。

保护臭氧层的措施包括制定国际公约以及研制和开发消耗臭氧层物质的替代品。1985 年，28 个国家通过了保护臭氧层的《维也纳公约》。1987 年，46 个国家联合签署了《关于消耗臭氧层物质的蒙特利尔议定书》，并在 1990 年、1992 年和 1995 年 3 次修改了议定书，规定到 2010 年所有国家停止使用 CFCS、哈龙（CFCB）、四氯化碳和甲基氯仿。但由于 CFCS 相当稳定，在环境中仍会停留较长的时间。随着议定书最后期限的到来，各国都加紧了氟利昂替代产品的研制，目前我国青岛、上海等地已开发出无氟冰箱。从可持续发

展的角度来看，开发生物圈中固有的、对环境无任何副作用的物质作为制冷剂，是制冷技术发展的方向。

3.3 土壤污染原理及其防治

3.3.1 污染物在土壤-植物体系中的迁移机制

众所周知，植物在生长、发育过程中所必需的一切养分均来自土壤，其中重金属元素（如 Cu、Zn、Mo、Fe、Mn 等）在植物体内主要作为酶催化剂。但是，如果在土壤中存在过量的重金属，就会限制植物的正常生长、发育和繁衍，以致改变植物的群落结构。如铜是植物生长必需的元素之一，但当土壤含铜量大于 $50\mu g/g$ 时，柑橘幼苗生长就受到阻碍；含铜量达到 $200\mu g/g$ 时，小麦会枯死；含铜量为 $250\mu g/g$，水稻也会枯死。近年来研究发现，在重金属含量较高的土壤中，有些植物呈现出较大的耐受性，从而形成耐性群落；或者一些原本不具有耐性的植物群落，由于长期生长在受污染的土壤中，而产生适应性，形成了耐性生态型（或称耐性品种）。且重金属在不同耐性植物品种的迁移行为及其机制是不同的。

3.3.2 重金属污染物在土壤-植物体系中的迁移及其防治

土壤中污染物主要是通过植物根系根毛细胞的作用积累于植物茎、叶和果实部分。由于该迁移过程受到多种因素的影响，污染物可能停留于细胞膜外或穿过细胞膜进入细胞质。污染物由土壤向植物体内迁移的方式主要包括被动转移和主动转移两种。土壤中重金属向植物体内转移的过程与重金属的种类、价态、存在形式以及土壤和植物的种类、特性有关。

（1）植物种类：不同植物种类或同种植物的不同植株从土壤中吸收转移重金属的能力是不同的，如日本的"矿毒不知"大麦品种可以在铜污染地区生长良好，而其他麦类则不能生长；水稻、小麦在土壤铜含量很高时，由于根部积累铜过多，新根不能生长，其他根根尖变硬，吸收水和养分困难而枯死。

（2）土壤种类：土壤的酸碱性和腐殖质的含量都可能影响重金属向植物体内的转移能力。如在冲积土壤、腐殖质火山灰土壤中加入 Cu、Zn、Cd、Hg、Pb 等元素后，观察对水稻生长的影响，结果表明，Cd 造成水稻严重的生育障碍；而 Pb 几乎无影响。在冲积土壤中，其障碍大小顺序为：Cd>Zn，Cu>Hg>Pb；而在腐殖质火山灰土壤中则为Cd>Hg>Zn>Cu>Pb，这是由于在腐殖质火山灰土壤中腐殖质与 Cu 结合而被固定，使 Cu 向水稻体内转移大大减弱，对水稻生长的影响也大大减弱。

（3）重金属形态：将含相同镉量的 $CdSO_4$、$Cd_3(PO_4)_2$、C_dS 加入无镉污染的土壤中进行水稻生长试验，结果证明，对水稻生长的抑制与镉盐的溶解度有关。土壤 pH 值、Eh 值的改变或有机物的分解都会引起难溶化合物溶解度发生变化，而改变重金属向植物体内转移的能力。

（4）重金属在植物体内的迁移能力：将 Zn、Cd 加入水稻田中，总的趋势是随着 Zn、Cd 的加入量增加，水稻各部分的 Zn，Cd 含量增加。但对 Zn 来说，添加量在250mg/kg以下，糙米中 Zn 的含量几乎不变。而 Cd 的添加量大于 1mg/kg 时，糙米中 Cd 的含量就急骤增加。说明 Cd 与 Zn 在水稻体内的迁移能力不同。

3.3.3　农药在土壤中的迁移及其防治

3.3.3.1　农药在土壤中的迁移机制

农药在土壤中的迁移主要是通过扩散和质体流动两个过程。在这两个过程中，农药的迁移运动可以蒸气的和非蒸气的形式进行。

A　扩散

扩散是由于分子热能引起分子的不规则运动而使物质分子发生转移的过程。不规则的分子运动使分子不均匀地分布在系统中，因而引起分子由浓度高的地方向浓度低的地方迁移运动。扩散既能以气态发生，也能以非气态发生。非气态扩散可以发生于溶液中、气-液或气-固界面上。

土壤系统的复杂性包括：（1）扩散物质通常可被土壤吸附；（2）扩散系数决定于土壤的特性，如矿物组成、有机质含量、水分含量、紧实度和温度；（3）有机农药通过土壤系统的扩散，可以蒸气和非蒸气的形式进行；（4）不能假设扩散系数与浓度无关，等等。Shearer 等根据农药在土壤系统扩散特性提出了农药在土壤中的扩散方程式。

$$\frac{\partial c}{\partial t} = D_{vs} \frac{\partial^2 c}{\partial x^2} \tag{3-24}$$

$$D_{vs} = \left[\frac{D_v P^{\frac{7}{3}}}{P_T^2(R+1)} + \frac{R}{R+1}\right] \times \frac{D_s + D_A K'\beta + \beta D_1 R'}{\beta K' + \theta + \beta R'} \tag{3-25}$$

式中　c——土壤中农药的浓度，g/g（土）；

D_v——空气中农药蒸气的扩散系数，cm^2/s；

P，P_T——分别为土壤的充气孔隙度和总孔隙度，cm^3/cm^3；

R——农药蒸气密度和土壤中农药浓度之间的平衡系数；

D_A——吸附在液-固界面分子的表观扩散系数，cm^2/s；

D_s——表观液相扩散系数，cm^2/s；

K'——溶液浓度和液-固界面的浓度之间的平衡系数，cm^3/g；

β——土壤容重（即紧实度），g/cm^3；

R'——溶液浓度和气-液界面浓度之间的平衡系数，cm^3/g；

D_1——吸附在液-气界面的分子表观扩散系数，cm^2/s；

θ——容积水重（即土壤水分含量），cm^3/cm^3；

D_{vs}——总表观扩散系数，cm^2/s。

由于扩散程度受许多土壤和农药特性的影响。其中一些特性能够计算，而另一些不能计算，如 D_A、D_1。所以目前对土壤中农药扩散的定量预测尚在积极探讨之中。影响农药在土壤中扩散的因素主要是土壤水分含量、吸附、土壤的紧实度、温度及农药本身的性质等。

土壤水分含量：Shearer 等曾对林丹在基拉粉砂壤土中的扩散作过详细的研究。测定了在不同水分含量条件下林丹的气态和非气态扩散情况，并计算了发生在溶液中和水-气与液-固界面的扩散量。结果显示：（1）农药在土壤中的扩散存在气态和非气态两种扩散形式。在水分含量为4%~20%之间气态扩散占50%以上；当水分含量超过30%以上，主要为非气态扩散。（2）在干燥土壤中没有发生扩散。（3）扩散随水分含量增加而变化。在水分含量为4%时，无论总扩散或非气态扩散都是最大的；在4%以下，随水分含量增大，两种扩散都增大；大于4%，总扩散则随水分含量增大而减少；非气态扩散，在4%~16%之间，随水分含量增加而减少；在16%以上，则随水分含量增加而增大。上述研究结果也被其他研究者所证实。

吸附：许多研究证明吸附对农药在土壤中的扩散是有影响的。Lind-strom 等研究了除草剂2,4-D在九种土壤中的吸附系数与扩散系数。结果证明，由于土壤对2,4-D的化学吸附，使其有效扩散系数降低了，并且两者呈负相关关系。Guenzi 和 Beard 也发现林丹和DDT的蒸气密度与四种土壤的表面积呈负相关关系，即随土壤的表面积的增大，林丹和DDT的蒸气密度降低。

土壤的紧实度：土壤紧实度是影响土壤孔隙率和界面特性的参数。增加土壤的紧实度的总影响是降低土壤对农药的扩散系数。这对于以蒸气形式进行扩散的化合物来说，增加紧实度就减少了土壤的充气孔隙率，扩散系数也就自然降低了。所以提高土壤的紧实度就是降低土壤的孔隙率，农药在土壤中的扩散系数也就随之降低。

温度：当土壤的温度增高时，农药的蒸气密度显著增大。温度增高的总效应是扩散系数增大。如林丹的表观扩散系数随温度增高而呈指数增大。即当温度由20℃提高到40℃时，林丹的总扩散系数增加10倍。

气流速度：气流速度可直接或间接地影响农药的挥发。如果空气的相对湿度不是100%，那么增加气流就促进土壤表面水分含量降低，可以使农药蒸气更快地离开土壤表面，同时使农药蒸气向土壤表面运动的速度加快。狄氏剂在含水量为1%（即1Pa的水吸力）的土壤中的挥发就是一个很好的例证。当土壤上空气的气流的相对湿度为100%，而且是垂直的，气流速度从2mL/s增加到8mL/s，狄氏剂的挥发量可以增加0.5~1倍（在20℃）。风速、湍流和相对湿度在造成农药田间的挥发损失中起着重要的作用。

农药本身的性质：不同农药的扩散行为不同。有机磷农药乐果和乙拌磷在 Broadbalk 粉砂壤土中的扩散行为是不同的，乐果的扩散随土壤水分含量增加而迅速增大。如在水分含量为10%时，其扩散系数为$3.31×10^{-8} cm^2/s$；水分含量为43%时，其扩散系数为$1.41×10^{-6} cm^2/s$；而乙拌磷在整个含水范围内扩散系数变化很小。乙拌磷主要以蒸气形式扩散，而乐果则主要在溶液中扩散。

B 质体流动

物质的质体流动是由水或土壤微粒或者两者共同作用引起的物质流动。所以质体流动的发生是由于外力作用的结果。土壤中的物质如农药，既能溶于水中，也能悬浮于水中，或者以气态存在，或者吸附于土壤固体物质上，或存在于土壤有机质中，而使它们能随水和土壤微粒一起发生质体流动（这里讨论的质体流动不包括机械耕作和地表径流引起的土壤表面侵蚀）。

预测在稳定的土壤-水流状况下，化学品通过多孔介质移动的一般方程为：

$$\frac{\partial c}{\partial t} = D' \frac{\partial^2 c}{\partial x^2} - v_0 \frac{\partial c}{\partial x} - \beta \frac{\partial S}{\theta \partial t} \qquad (3-26)$$

式中　D'——分散系数, cm^2/s;

　　　c——溶液中化学品的浓度, g/cm^3;

　　　v_0——平均孔隙水流速度, cm/s;

　　　β——土壤容重, g/cm^3;

　　　θ——容积水重, cm^3/cm^3;

　　　S——吸附在土壤上的化学品浓度, g/g。

虽然许多因素对农药在土壤中的质体流动转移有影响,但许多研究表明,最重要的是农药与土壤之间的吸附。下列几种农药在土壤中的移动距离大小顺序为:非草隆>灭草隆>敌草隆>草不隆,而它们的吸附系数大小顺序则相反,草不隆>敌草隆>灭草隆>非草隆。即吸附最强者移动最困难,反之亦然。土壤有机质含量增加,农药在土壤中渗透深度减小。另外,增加土壤中黏土矿物的含量,也可减少农药的渗透深度。

不同农药在土壤中通过质体流动转移的深度不同。测定林丹和 DDT 在四种不同土壤中的质体流动转移距离时发现,DDT 只能在土壤中移动 3cm,而林丹则比 DDT 移动的距离长。人们认为这是由于 DDT 的水溶性非常低的缘故。

3.3.3.2　典型农药的污染防治

A　有机氯农药

有机氯农药大部分是含有一个或几个苯环的氯的衍生物。其特点是化学性质稳定,残留期长,易溶于脂肪,并在其中积累。有机氯农药是目前造成污染的主要农药。美国已于 1973 年停止使用,我国也于 1984 年停止使用。其主要品种如表 3-13 所示。

表 3-13　几种主要的有机氯农药

商品名称	化学名称	分子结构
DDT	p, p'-二氯二苯基三氯乙烷	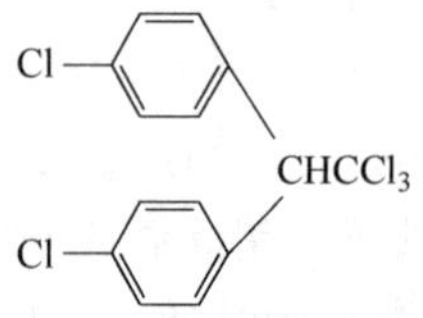
六六六 r-六六六(林丹)	六氯环己烷	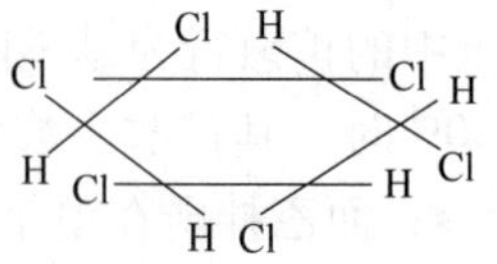
氯丹	八氯-六氢化-甲基茚	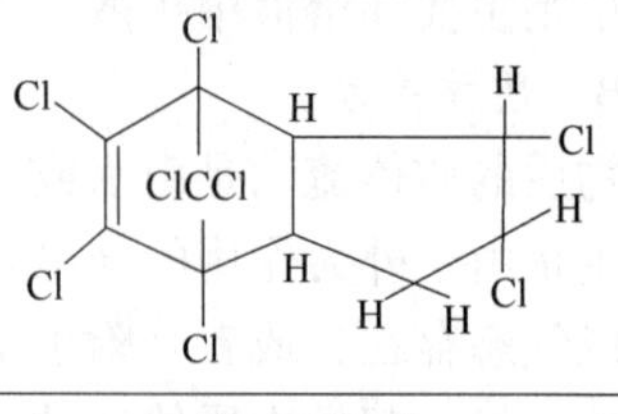
毒杀芬	八氯莰烯	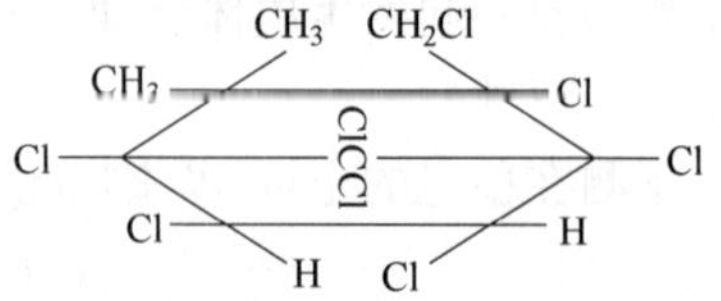

B 有机磷农药

有机磷农药大部分是磷酸的酯类或酰胺类化合物。按结构可分为磷酸酯、硫代磷酸酯、磷酸酯和硫代磷酸酯类、磷酰胺和硫代磷酰胺类。有机磷农药是为取代有机氯农药而发展起来的，目前已得到广泛应用，仅1982年有机磷农药一项全世界年产销量就达150×10^4t，品种超过150种。由于有机磷农药比有机氯农药容易降解，故它对自然环境的污染及对生态系统的危害和残留都没有有机氯农药那么普遍和突出。但有机磷农药毒性较高，大部分对生物体内胆碱酯酶有抑制作用。有机磷农药多为液体，除少数品种（如乐果、敌百虫）外，一般都难溶于水，而易溶于乙醇、丙酮、氯仿等有机溶剂中。不同的有机磷农药挥发性差别很大。如在20℃时，敌百虫在大气中蒸汽浓度为145mg/m^3；乐果则为0.107mg/m^3。

吸附催化水解是有机磷农药在土壤中非生物降解的主要途径。由于吸附催化作用，水解反应在有土壤存在的体系中比在无土壤存在的水体系中快。有机磷农药可发生光降解反应。如马拉硫磷在大气中可以逐步发生光化学分解，并在水和臭氧存在下加速分解。在有机磷的光降解过程中，有可能生成比其自身毒性更强的中间产物。如乐果在潮湿空气中可较快地发生光化学分解，但其第一步氧化产物-氧化乐果［即 (CH_3O)，$P(O)SCH_2C(O)NHCH_3$］比乐果本身对温血动物的毒性更大。有机磷农药在土壤中被微生物降解是它们转化的另一条重要途径。如马拉硫磷可被两种土壤微生物——绿色木霉和假单胞菌以不同的方式降解，马拉硫磷的羧酸衍生物是代谢产物的主要组成部分，能使马拉硫磷水解成为羧酸衍生物的可溶性酯酶，可从微生物中分离出来。某些绿色木霉的培养变种也有高效脱甲基作用。

为达到既高效又经济地把农药对土壤的污染降低到最低范围，目前多采用综合性防治措施。

（1）改进农业技术，加强病、虫害的预测、预报。具体做法包括：1）利用植物的抗虫性，选育丰产、抗虫并具备其他性状的良种是害虫防治的较为经济简单的方法；2）利用植物密度影响田间温湿度、通风透光等小气候条件，影响作物的生育期，从而影响害虫的生活条件；3）进行土壤翻耕对某些害虫特别是生活在土面或土中的害虫迅速改变其生活环境，或将害虫埋入深土，或将土内害虫翻至地面，使其暴露在不良的气候条件下或受天敌侵害或直接杀死害虫；4）改进用药方法，提高用药质量，用药应从品种、时间、方法及质量上全面考虑；5）适时排灌是迅速改变生活环境，抑制害虫的有效措施；6）通过对害虫生活习性的研究，做好预报、预测，以便及时防治。

（2）由于一方面诸多农药具有严重的污染，另一方面易产生抗药性，因此开发无毒或低毒的可降解杀虫剂和农药，用于代替有机氯和有机磷农药，一直是绿色化学研究的前沿领域之一。

（3）生物防治具有不污染环境、专一性强、对人畜无害、对植物安全等优点。生物防治害虫是指用寄生真菌、细菌和病毒，或某些生物体的代谢物或同类异性个体分泌的引诱激素等进行防治的方法。如：昆虫天敌法，即以虫治虫；微生物防治法；害虫不孕化法。

（4）加强土壤农药污染的监测，了解土壤农药污染的情况，是对土壤农药污染防治的必要措施之一，然而我国有关土壤农药污染的标准目前比较缺乏，因此尽快完善我国的土壤农药允许含量标准成为当务之急。苏联在这方面做了比较细致的工作，对农药在土壤及食品中的最大允许残留浓度进行了严格的限制，这对我们具有很大的参考价值。

习　题

3-1　天然水中存在哪几种颗粒物？

3-2　什么是电子活度，简述它和 pH 值的区别。

3-3　大气中有哪些主要的自由基？

3-4　说明酸雨形成的主要原因及其影响因素。

3-5　何谓温室效应，以及温室气体的主要类型是哪些？

3-6　土壤中重金属向植物体内转移的主要方式是什么？

3-7　影响农药在土壤中扩散和质体流动的因素有哪些？

4 绿色化学 12 条原则

在化学和分子科学各个分支的发展中，绿色化学的出现将利用完善的、基本的科学原则，实现经济和环境的目标。有效的环境友好策略，是社会可持续发展的主要推动力。绿色化学是化学的新发展，它利用完善的基本原则，以保护人类健康和环境，实现环境、经济和社会的和谐发展。这一承诺和意图对人们有着巨大的吸引力。因此，绿色化学一经提出，就受到学术界的高度重视，在全世界迅速掀起了绿色化学的浪潮。

1998 年 Anastas 和 Warner 等从源头上减少或消除化学污染的角度出发，明确了绿色化学的 12 条原则，这些原则带动了化学的各个层次，如学术研究、化工实践、化学教育、政府政策、公众的认知等的发展。它标志着绿色化学与技术研究已成为国际化学科学研究的前沿和重要发展方向。这 12 条原则是：

（1）防止污染优于污染治理，防止产生废弃物，从源头制止污染，而不是从末端治理污染；

（2）提高原子经济性，合成方法应具有"原子经济性"，即尽量使参加过程的原子都进入最终产物；

（3）无害（或少害）的化学合成，在合成中尽量不使用和产生对人类健康和环境有害的物质，不进行有危险的合成反应；

（4）设计安全化学品，设计具有高使用效益、低环境毒性的化学产品；

（5）采用安全的溶剂和助剂，尽量不用溶剂等辅助物质，不得已使用时它们必须是无害的；

（6）合理使用和节省能源，生产过程应该在温和的温度和压力下进行使能耗最低，高效率地使用能量；

（7）利用可再生的资源合成化学品，尽量采用可再生的原料特别是用生物质代替石油和煤等矿物原料；

（8）减少化合物不必要的衍生化步骤，尽量减少副产品；

（9）采用高选择性的催化剂；

（10）设计可降解化学品，化学品在使用完毕后应能降解成无害的物质并且能进入自然生态循环；

（11）防止污染的快速检测和控制，发展实时分析技术以便监控有害物质的形成；

（12）防止事故发生的固有安全化学，选择合适的物质及生产工艺，尽量减少发生意外事故的风险。

下面就经典的绿色化学 12 条原则进行详细的阐述。

4.1　防止污染优于污染治理

4.1.1　绿色化学和环境治理

化学的发展改变了客观世界和人类社会，它创造了物质财富，显著提高了人类的生活质量。但是近年来地球出现了一个严重的问题，即环境污染。发达国家出现一系列因水体、大气污染引发的公害事件，如日本水俣病事件、洛杉矶光化学烟雾事件、伦敦烟雾事件等（详见前面章节），严重恶化了当地的生态和生存环境，造成巨大的经济损失；而广大发展中国家也同时出现贫困型污染，如水土流失、土地荒漠、生态破坏、"三废"污染严重等，使贫困、资源、环境形成恶性循环。人类赖以生存的环境空间不断遭受破坏，导致人类自身的健康和生活质量受到严重影响。不论是农药 DDT 对生态的危害，还是造成畸形胎儿的药物，都使得人们对化学工业、化学品的疑虑越来越多。

环境意外污染事件促使公众为防治污染立法立规。据报道，1900~1960 年的 60 年间，在美国只有不到 20 个环境法被通过。而 1960~1995 年的 35 年间，有超过 120 项环境法规颁布，可见在 1960 年后环境保护引起了政府的高度重视。虽然环境法颁布了几十年，有害化学品仍源源不断地被排放到环境中，其原因在于 1990 年的污染防治法案所有国家的法律均允许用控制来处理环境问题。仅 1994 年，就有超过 90 万吨有害化学品被排放到空气、水、土壤中，但只有一部分有害化学品经过废物处理过程。运用补救的措施（即废物处理、控制和排除污染），而不是预防措施来解决环境问题所需费用，仅就美国的工业而言，估计为每年 1000 亿~1500 亿美元。许多化学公司在环保项目上的预算同他们在科研开发上的预算一样庞大。从这些事实可以看出，使用、生产有害化学品不仅是原材料的浪费，还要花费大量资金用于处置这些物质，由此导致化学及化学工业的发展和创新受到损害。

绿色化学正是在环境治理陷入困境的情形下兴起的。绿色化学从根本上来说是环境友好化学，它设计、生产、运用环境友好化学品，并且生产过程是环境友好过程，从而防止污染，降低环境和人类健康受到危害的风险。绿色化学是对传统化学思维方式的更新和新发展。它的目的是把现有化学和化工生产的技术路线从"先污染，后治理"改变为"源头上根除污染"，它从源头上避免和消除对生态环境有毒有害的原料、催化剂、溶剂和试剂的使用及产物、副产物等的产生，力求使化学反应具有原子经济性，实现废物的"零排放"。绿色化学与环境治理是两个不同的概念。环境治理是对已被污染的环境进行治理，使之恢复到被污染前的面目；而绿色化学则是从源头上阻止污染生成的新策略，即污染预防，如果没有污染物的使用、生成和排放，也就没有环境被污染的问题，所以说防止污染优于污染治理。

4.1.2　污染预防是解决环境污染与社会可持续发展矛盾的途径

目前，实现人口与经济、社会、环境、资源的可持续发展，已成为世界各国的基本国策。绿色化学是具有明确的社会需求和科学目标的交叉学科。从经济观点出发，它合理利用资源和能源、降低生产成本，符合经济可持续发展的要求；从环境观点出发，它从根本上解决生态环境日益恶化的问题，是生态可持续发展的关键。因此，只有通过绿色化学的途径，从科学研究着手发展环境友好的化学、化工技术，才能解决环境污染与可持续发展的矛盾，促进人与自然环境的协调与和谐发展。

4.2 提高原子经济性

4.2.1 原子经济性和 E-因子

20 世纪的有机化学，其特点不在于平衡化学方程式，而在于传统化学对一个合成过程的有效性的评价——产率。注重产率往往会忽略合成中使用的或产生的不必要的化学品。经常会有这种情况出现，即一个合成路线或一个合成步骤，可达到 100% 产率，但是会产生比目标产物更多的废物。因为产率的计算是由原料的物质的量与目标产物的物质的量相比较，1mol 原料生成 1mol 产品，产率即 100%。然而这个转化过程可能在生成 1mol 的产品时，产生 1mol 或更多的废物，而每摩尔废物的质量可能是产品的数倍。因此，由产率百分数计算看来很完美的反应有可能产生大量的废物。废物的产生在产率这一评价中不能体现。所以，现在对化学反应的评价有了新的要求。

4.2.1.1 原子经济性

美国著名有机化学家斯坦福大学的 Barry M. Trost 教授于 1991 年提出了原子经济性的概念，也因此获得 1998 年度的学术奖。传统上常用经济性衡量化学工艺是否可行，Trost 教授提出用一种新的标准评估化学反应过程——原子经济性的概念，即原料分子中有百分之几的原子转化成了产物，可用来估算不同工艺路线的原子利用度。理想的原子经济性反应，应该是原料分子中的原子百分之百地转化成产物，不生成副产物和废物，实现零排放，减少污染。Trost 认为，高效的有机合成反应应最大限度地利用原料分子的每一个原子，使之全部结合到目标分子中，达到零排放。原子经济性体现资源节约型发展模式和环境友好的实现，是可持续发展战略的具体化。

原子经济性可用原子利用率（atom utilization，AU）衡量，其定义式如下：

$$原子利用率 = \frac{预期产物的分子量}{反应物质的原子量总和} \times 100\% \tag{4-1}$$

针对目前条件，尚不可能将所有反应的原子经济性都提高到 100% 的现状，可从两方面努力，实现原子经济性：

（1）不断寻找新的反应途径来提高合成反应过程的原子利用率；

（2）或对传统的化学反应过程不断提高反应的选择性。

4.2.1.2 E-因子

1992 年荷兰有机化学家 Sheldon 提出了 E-因子的概念，E-因子是以化工产品生产过程中产生的废物量的多少来衡量合成反应对环境造成的影响，即用生产每千克产品所产生的废弃物的量来衡量化工流程的排废量：

$$E\text{-因子} = 废弃物的质量(\text{kg}) / 预期产物的质量(\text{kg}) \tag{4-2}$$

其中废弃物是指预期产物以外的所有副产物，包括反应后处理过程产生的无机盐等。无机盐如氯化钠、硫酸钠、硫酸镁是废弃物的重要来源，它们大多在反应进行后处理

（如酸碱中和）的过程中产生。因此，要减少废弃物，使 E-因子减小，其有效途径之一就是改变许多经典有机合成中以中和反应进行后处理的常规方法。

用原子经济性或 E-因子考察化工流程过于简化，对于合成过程或化工流程所产生的环境影响的更全面的评价还应考虑废弃物对环境的危害程度。此外产出率，即单位时间单位反应容器体积的产物质量，也是一个重要的因素。

总之，要消除废弃物的排放，只有通过实现原料分子中的原子百分之百地转变成产物才能达到不产生副产物或废物的目标，实现废物"零排放"，对于一个化学工艺过程不仅要考虑其产率，还要考虑其原子利用率，这样才能实现更"绿色化"和更有效的化学合成反应。

4.2.2 反应类型及其原子经济性

原子经济性是衡量所有反应物转变成最终产品的程度。如果所有反应物都被完全结合到产品中，则合成的原子经济性是 100%。通常的合成反应类型可由原子经济性来进行评价。下列这些反应类型是典型的原子经济性反应。

（1）分子重排反应。分子重排（rearrangements）反应是 100%原子经济性反应，因为它通过原子重整产生新的分子，所有反应原子都结合到产物中。

通式：$\qquad$ A $\longrightarrow$ B $\qquad$ (4-3)

如：beckmann 重排

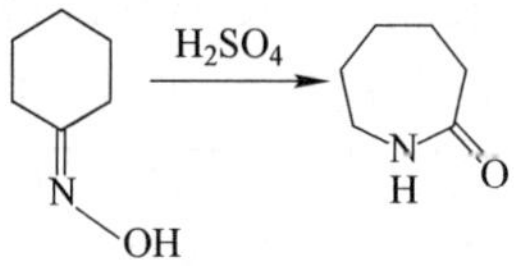

（2）加成反应。加成（addition）反应是原子经济性反应，如环加成、烯烃溴化等，将反应物加到底物上，充分利用原料中的原子。

通式：$\qquad$ A + B $\longrightarrow$ C $\qquad$ (4-4)

如：

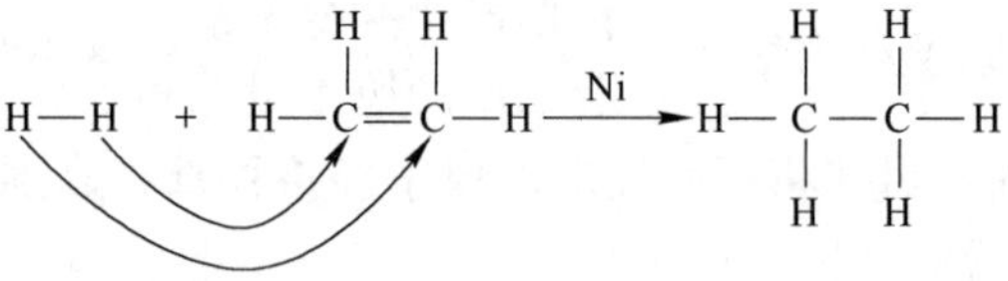

（3）取代反应。取代（substitution）反应中，离去基团是最终产物中不需要的废物，反应的原子经济性降低，而其非原子经济程度则视不同的试剂和底物而定。

通式：$\qquad$ A - B + C - D $\longrightarrow$ A - C + B - D $\qquad$ (4-5)

如：

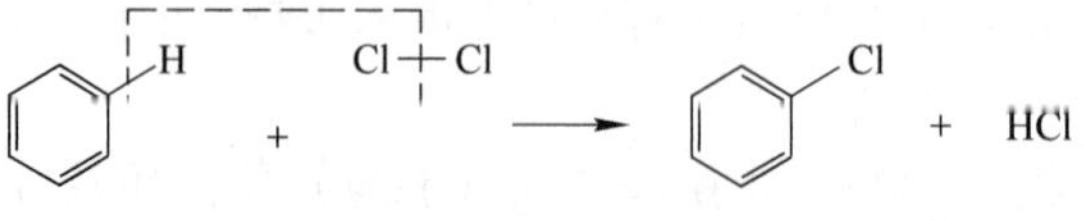

（4）消除反应。消除（elimination）反应是原子经济性最低的反应，所使用的任何未转化至产品的试剂和被消去的原子都成为废物。

通式：

$$-\overset{|}{\underset{\underset{\overset{\ulcorner}{A}\ \overset{}{B}\ }{|}}{C}}-\overset{|}{\underset{|}{C}}- \longrightarrow -\overset{|}{C}=\overset{|}{C}- + A-B \qquad (4\text{-}6)$$

如：

$$H-\overset{H}{\underset{\underset{\ulcorner H\ OH\lrcorner}{|}}{C}}-\overset{H}{\underset{|}{C}}-H \longrightarrow H-\overset{H}{\underset{|}{C}}=\overset{H}{\underset{|}{C}}-H + H_2O$$

绿色化学的核心是实现原子经济性反应，但在目前的条件下不可能将所有的化学反应的原子经济性提高到100%。因此，应不断寻找新的反应途径来提高合成反应过程的原子利用率；或对传统的化学反应进行改造，不断提高化学反应的选择性，达到提高原子利用率的目的。

对于大宗有机原料的生产来说，选择原子经济反应十分重要。如环氧乙烷的生产，由二步反应，改成采用一步的原子经济反应，原来是通过氯醇法二步制备的，发现银催化剂后，改为乙烯直接氧化成环氧乙烷的原子经济反应。用传统的氯醇法合成环氧乙烷，其原子利用率只有25%，而采用乙烯催化环氧化方法仅需一步反应，原子利用率达100%，产率99%。

传统方法：

$$CH_2=CH_2 \xrightarrow[(2)Ca(OH)_2]{(1)Cl_2} H_2C\underset{O}{\overset{}{\diagdown\diagup}}CH_2 + CaCl_2 + H_2O$$

乙烯催化环氧化法：

$$2CH_2=CH_2+O_2 \xrightarrow{cat} 2CH_2\underset{O}{\overset{}{\diagdown\diagup}}CH_2$$

在许多场合，要用单一反应来实现原子经济性十分困难，甚至不可能，但我们可以充分利用相关化学反应的集成，即把一个反应排出的废物作为另一个反应的原料，从而通过封闭循环实现化工生产的零排放。对于现有的一些合成反应，对其生产工艺可以进行改造，实现绿色化。

磷酸磷铵生产是化肥工业中的一个重要组成部分，但其生产过程中生成大量的废渣，每生产1t磷酸要排出5t磷石膏。科技人员将排除的"三废"作为生产过程的中间产品加以综合利用，实现了生产过程零排放的理想目标。

磷酸磷铵生产零排放处理方法：

（1）利用磷矿萃取工艺中产生的废气（HF）生产有用的化工原料 Na_2SiF_6，其原理为：

$$4HF + SiO_2 \rule[0.5ex]{2em}{0.4pt} SiF_4 + 2H_2O$$

$$3SiF_4 + 3H_2O \rule[0.5ex]{2em}{0.4pt} 2H_2SiF_6 + SiO_2 \cdot H_2O\downarrow$$

$$H_2SiF_6 + 2Na_2SO_4 \rule[0.5ex]{2em}{0.4pt} Na_2SiF_6\downarrow + H_2SO_4$$

（2）利用磷矿萃取工艺中产生的废渣生产氮、磷、钾三元复合肥料。氯化钾铵母液再与磷铵料浆混合即制得含氮、磷、钾三大营养元素的三元复合肥。

（3）湿法磷酸生产中的含磷酸性废水（主要含 H_2SO_4）重新导入磷矿萃取工艺中，实现废液的闭路循环，达到零排放的目标。

4.3 无害（或少害）的化学合成

绿色化学的根本在于设计化学品时，始终注重将毒害降至最低限度或消除毒害。过去保护环境往往认为要限制化学和化学品，甚至要消除化学和化学品，现在绿色化学则将化学作为一个解决问题的方法，而不是仅仅作为问题看待。绿色化学认识到只有通过化学家的技术、知识才能使现代科技的发展达到对人类健康、环境安全的地步。

4.3.1 理想的合成——绿色合成

为了保护环境，合成化学家要考虑反应的毒害问题。一般有两种途径降低毒害，一是减少暴露，二是降低危害。前者有许多形式，如防护衣、防护面具、控制接触等。但它也存在弊端：一方面，减少暴露往往伴随着生产成本的增加；另一方面，控制暴露有可能失败而面临更大的风险。因此，现在的合成化学主要考虑降低危害的途径，因为化学家能够运用所有的知识对合成进行改进，使化学反应的危害降低，同时从环境的角度看，无论是经济、法律还是社会前景，化学家要做到使危害减少到最小。

美国斯坦福大学 Wender 教授对理想的合成作了完整的定义：一种理想的（最终是实效的）合成是指用简单的、安全的、环境友好的、资源有效的操作，快速、定量地把价廉、易得的起始原料转化为天然或设计的目标分子。这些标准的提出实际上已在大方向上指出了实现绿色合成的主要途径。目前，化学工作者的种种努力只是初步的，在一条合成路线中绿色可能只是局部的。绿色化学的真正发展需要对传统的、常规的合成化学的方方面面进行全面的诸如从观念上、理论上和合成技术上的发展和创新。这种需求，既是对合成化学的挑战，更是为合成化学革命性的发展提供了前所未有的机会。

4.3.2 采用无毒无害的原料

通常情况，反应初始原料的选择决定了反应类型或合成路线的许多特征。一旦原料决定下来，其他的选择就相应改变。原料的选择很重要，它不仅对合成路线的效率有影响，而且反应过程对环境、人类健康的作用也受原料选择的影响。原料的选择决定了生产者在制造化学品的操作中面临的危害、原料提供者生产时的危害以及运输的风险，所以，原料的选择是绿色化学的决定性部分。现在 98% 的有机化合物是从石油中得到的，石油精炼消耗了整个能源的 15%，而且能量的消耗正在逐年增加，因为低质量的原油其精炼需要更多能量。石油转变为有用的有机化学品通常要经过氧化反应，而这一氧化步骤是一个由来已久的环境污染步骤，因而减少石油产品的使用是很必要的。

总的来说，农业和生物物质可以成为最好的原料。因为这种原料大部分已经高度氧化，用它们替代石油原料可以避免会造成污染的氧化步骤，同时在完成合成的过程中毒害也大大低于以石油为原料的合成方法。

（1）农业废弃物。已有研究表明，大量农业产品可以转化为消费品，如谷物、马铃薯、大豆可以经过一系列过程转化为纺织品、尼龙等。农业废弃物作原料的典型例子，如图 4-1 所示，这方面工作大有可为。

（2）生物物质。生物资源作为原料的开发不仅仅局限于农业产品、农业废弃物，与

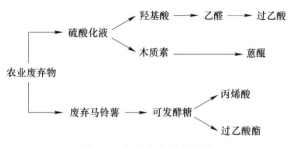

图 4-1　农业废弃物的转化

食品无关的生物产品——通常是由一些木质纤维素类物质组成，也可以成为原料。随着生物技术、生物催化、生物合成等技术的进步，生物物质原料已是一些化学过程中石油原料的替代品。Frost 证明了一系列以葡萄糖为起始原料的合成反应。运用生物技术采取莽草酸路线可以合成大量化学品，如氢醌（对苯二酚）、己二酸等。

关于生物物质这种可再生的资源我们会在绿色化学第 7 条原则中详细介绍。

4.4　设计安全化学品

4.4.1　设计安全化学品的原理

4.4.1.1　设计安全化学品的定义

设计安全化学品是指运用构效关系和分子改造的手段，使化学品的毒理效力和其功用达到最适当的平衡。因为化学品往往很难达到完全无毒或达到最强的功效，所以，两个目标的权衡是设计安全化学品的关键。以此为依据，在对新化合物进行结构设计时，对已存在的有毒的化学品进行结构修饰、重新设计也是化学家研究的内容。

设计安全化学品的观念早在 20 世纪 80 年代就已被提及。Ariens 就曾提出药物化学家应从合成、分子毒理及药理三方面进行联合考虑，以使化学更好地为人类服务。但长久以来，化学家多关注化学以及运用化学取代、分子改造来改善其物化性质，使其达到期望的工业性能。设计安全化学品使化学家在设计时有了新的考虑角度，即发展和应用对人和环境无毒、无危险性的试剂、溶剂及其他实用化学品。什么才算安全或绿色化学品呢？这要从一个化学产品的整个生命周期来看，如果可能，该产品的起始原料应来自可再生的原料，然后产品本身必须不会引起环境或健康问题，最后当产品使用后，应能再循环或易于在环境中降解为无害物质。

4.4.1.2　设计安全化学品的原则

设计化学品时希望其最好不能进入生物有机体，或者即使进入生物体也不会对生物体的生化和生理过程产生不利的影响。然而考虑到形形色色、千差万别的、复杂的、动态的生物有机体实现这种期望面临着艰巨的挑战。化学家必须掌握设计安全化学品的知识，建立判别化学结构与生物效果的理论体系。他们必须能从分子水平避免不利的生物效果，同时还必须考虑化学品在环境中可能发生的结构变化、降解，其在空气、水、土壤中的扩散以及潜在的危害。所以，不仅要顾及化学品对生物的直接影响，还要警惕间接的、长远的影响如酸雨、臭氧层破坏等。设计安全化学品一般遵循以下两个原则。

（1）"外部"效应原则。即通过分子设计，改善分子在环境中的分布、人和其他生物机体对它的吸收性质等重要物理化学性质，减少有害生物效应。例如，通过分子结构设计，增大物质降解速度、降低物质的挥发性、减少分子在环境中的残留时间、减少物质在环境中转变为具有有害生物效应物质的可能性等；通过分子设计，降低或阻止人类、动物或水生生物对物质的吸收。

（2）"内部"效应原则。即通过分子设计，增大生物解毒性，避免物质的直接毒性，避免间接生物致毒性或生物活化。

4.4.2　设计安全化学品的实施基础

要将安全化学品设计在全球范围内进行实践，必须具备以下基本条件：

（1）提高设计安全化学品的意识；

（2）确定安全化学品的科技和经济可行性；

（3）对化学品的全面评价；

（4）注重毒理和化合物构效关系的研究；

（5）化学教育的改革；

（6）化学工业的参与。

传统化学往往注重检测化学品能否有所设计期望的性质，而对其起毒性作用的分子则难以辨别。现在通过物质在人体、环境中所造成毒性的机理，化学家能对化合物进行修饰以减小其毒性，而且，对化学品结构的修饰也可使其功能有所保持。当然，仍有许多毒性机理不为人知的化合物，那么通过化学结构中某些官能团与毒性的关系，设计时可以尽量避免有毒基团。同时将有毒物质的生物利用率降至最低也是设计途径之一。当一个有毒物质不能达到目标器官，其毒性就无从体现。化学家可以利用改变分子物理化学性质如水溶性、极性的知识控制分子，使其难于或不能被生物膜和组织吸收，消除吸收和生物利用，毒性也降低。所以，设计安全化学品是可行的。现在已经有很多成功的经验。例如，将致癌的芳胺经分子修饰以利于排泄或阻止生物活化；将分子中的碳原子以硅原子替代来降低毒性；一些典型的有毒物质如DDT，可以经重新设计，既保持原有功效，又能在生理条件下快速分解为无毒、易代谢排出的物质。在美国总统绿色化学挑战奖中就设有设计安全化学品奖。绿色化学的进步证明设计安全化学品是有效的，也是有益的。它需要公众的意识，化学家、毒理学家的合作，化学教育的支持和化工行业的实践。

4.5　采用安全的溶剂和助剂

4.5.1　溶剂和助剂的应用及其危害

在化学品的生产、加工、使用过程中，每一步都会用到辅助性物质。这些辅助性物质一般作为溶剂、萃取剂、分散剂、反应促进剂、清洗剂等。目前，使用量最大、最常见的溶剂主要有石油醚、芳香烃、醇、酮、卤代烃等。由于它们良好的溶解性，其应用相当广泛，尤其在传统的有机反应中，这些有机溶剂是最常用的反应介质。而助剂的使用主要是为了克服在合成中的一些障碍，比如分离用助剂，为将产品与副产品、杂质分开，通常用量大且浪费多。助剂应用非常广泛，以至于很少人评价它们到底是不是必需。但是通常用的溶剂中，含卤原子的溶剂如二氯甲烷、氯仿、四氯化碳等都被疑为致癌剂，芳香烃也致癌。人类每年向大气排放的这些挥发性有机化合物（VOCs）超过 $2000×10^4 t$。挥发性有机物曾作为 20 世纪大气污染公害事件的前驱体为全球所知。这些挥发性有机物在阳光照射下，在地面附近形成光化学烟雾，导致并加剧肺气肿、支气管炎等症状，目前，光化学烟雾是很多城市面临的典型的污染现象之一。除了对人类健康的影响，溶剂和助剂的应用对环境的危害也日渐突出。20 世纪，氟利昂作为清洁溶剂、推进剂、发泡剂被广泛应用，它对人、野生生物的直接毒性并不大，它不易燃、不易爆炸，其意外危害度低，但是它破坏臭氧层。所以，采用无毒无害的溶剂和助剂将成为发展清洁合成的重要途径。

随着保护环境的呼声日益高涨，各国纷纷制订各种限制或减少挥发性有机溶剂的排放的措施，以期减轻对环境的危害。化学家在设计化学品的制备和使用过程时必须考虑到尽可能不使用辅助性物质，如果必须使用也应是无害的。研究开发无毒、无害的溶剂去取代易挥发的、有毒、有害的溶剂，减少环境污染，也是绿色化学化工的一项重要内容。对于有毒、有害溶剂的替代品选择，通用指导性原则包括以下几点：（1）低危害性。由于溶剂用量很大，因此在研制溶剂时必须考虑安全性。选择溶剂时首先要考虑的是其爆炸性或可燃性，另外要考虑大量使用溶剂对人体健康和环境的影响。（2）对人体健康无害。挥发性溶剂很容易通过呼吸进入人体，一些卤代试剂可能有致癌的作用，而其他有些试剂则对神经系统有毒害作用。（3）环境友好。要考虑溶剂的使用可能引起的区域性和全球性的环境问题。目前，代替传统溶剂的途径包括使用水溶液、超临界流体、高分子或固定化溶剂、离子液体、无溶剂系统及毒性小的有机溶剂等。

4.5.2 超临界流体

4.5.2.1 超临界流体的性质

超临界流体是指处于超临界温度及超临界压力下的流体，是一种介于气态与液态之间的流体状态。其密度接近于液体（比气体约大 3 个数量级），而黏度接近于气态（扩散系数比液体大 100 倍左右）。这一流体具有可变性，其性质随着温度、压力的变化而变化。

4.5.2.2 超临界流体的应用

由于超临界流体的性质，它在萃取、色谱分离、重结晶以及有机反应等方面表现出特有的优越性，从而在化学化工中获得实际应用。其中小分子如二氧化碳在压力 7.38MPa、温度 31.06℃时就可达到临界点。超临界 CO_2 流体作为溶剂有特殊的优势：（1）非极性或轻微极性的化合物易溶；（2）对低分子量化合物的溶解性能高，溶解性能随着分子量的增大而降低；（3）对于中分子量的含氧有机化合物具有很高的亲和性；（4）对游离脂肪酸及其甘油酯的溶解度低；（5）色素颜料等基本不溶；（6）温度在 100℃ 以下时，对于水的溶解度很低（<0.5%，质量分数）；（7）蛋白质、多肽、多糖、蔗糖和矿物盐类几乎不溶于超临界 CO_2 流体；（8）适用于分离低挥发性、高分子量、高极性的化合物。超临界 CO_2 流体以其适中的临界压力和温度、来源广泛、价廉无毒等诸多优点而得到广泛应用。超临界二氧化碳是目前技术最成熟、使用最多的一种超临界流体。超临界二氧化碳作为溶剂主要有三种用途：一是作为抽提剂，用于食品、医药行业的香料和药用有效成分的提取；二是作为反应介质；三是作为化学品应用过程中的稀释剂。如在医药工业中，可用

于中草药有效成分的提取，热敏性生物制品药物的精制及脂质类混合物的分离；在食品工业中，用于啤酒花的提取，色素的提取等；在香料工业中，用于天然及合成香料的精制；在化学工业中，用于混合物的分离等。同时在分析化学等方面也得到了应用。此外，超临界二氧化碳在烃类的烷基化反应、异构化反应、氢化反应、氧化反应中都具有重要作用。在超临界流体中，由于溶解度增大，可减少多核芳香族化合物在催化剂表面的结焦，从而减缓催化剂的失活；又由于扩散能力的增强，反应物易到达催化剂活性中心，产物易从活性中心脱离，从而减少副反应，提高了反应的选择性。

超临界流体还有其他一些类型，如超临界水，水处于临界点（374℃、22.1MPa）以上的状态时被称为超临界水。在超临界条件下水的介电常数、离子积、黏度等性质与常压下有很大差别。对于那些在通常条件下无法进行的酸催化反应，由于在高温高压下氢离子浓度增加了，从而可加速这类化学反应（如消除反应、重排反应、水解反应等）。另外，利用超临界水氧化技术可以将有机废弃物完全转化成二氧化碳、氮气、水及盐类等无毒小分子化合物。

对于超临界流体的具体类型、原理及应用，我们将在第 5 章绿色化学技术中详细阐述。

4.5.3 无溶剂体系

传统的观点是化学物质要在液态下或溶液中才起反应，而由于溶剂会污染环境及产品，无溶剂系统才是最佳选择。目前许多生产日用化学品的工业过程是在气相中非均相催化剂作用下进行的。无溶剂系统常常可以简化反应操作，提高产率和选择性。但这些无溶剂反应的后处理都需使用溶剂。无溶剂反应是减少溶剂和助剂使用的最佳方法，也是绿色化学的研究方向之一，不仅对人类健康与环境安全方面具有显著的益处，而且也有利于降低反应成本。

目前已经开发出几种途径来实现无溶剂反应。在无溶剂存在下进行的反应可分为三类：反应物同时起溶剂作用的反应；反应物在熔融态反应，以获得好的混合性及最佳的反应效果；固体表面反应。其中固态化学反应能在源头上阻止污染物，具有节省能源、无爆燃性等优点，且产率高、工艺过程简单，对它的研究吸引了无机、有机材料及理论化学等多学科研究人员的关注，某些固态反应已用于工业生产。固态化学反应实际上是在无溶剂化作用的化学环境下进行的反应，有时可比溶液反应更为有效并达到更好的选择性。

如旋光性 2,2′-二羟基-1,1′-联萘酚是一个重要的手性配体，一般通过外消旋体的拆分得到。消旋的联萘酚（见图 4-2）通常由萘酚（见图 4-3）在等物质的量三氯化铁或三（2,4-戊二酮基）合锰作用下在液相氧化偶联制得，用三氯化铁氧化有时会产生副产物醌，而锰盐又价格太高不适于大量制备。Toda 发现以 $FeCl_3 \cdot 6H_2O$ 为氧化剂在固相反应更快更有效，只需在 50℃下反应 2h，稀盐酸洗后就能够以 95% 产率得到联萘酚。

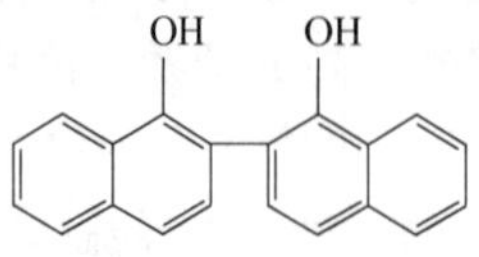

图 4-2 联萘酚结构图 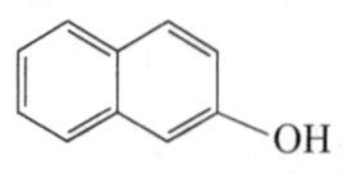   图 4-3 萘酚结构图

再如，将等物质的量粉末状的二苯甲醇和对甲苯磺酸混合物室温下放置 10min 后，用乙醚萃取反应混合物，蒸馏得到醚，产率为 94%。

$$Ph—\underset{\underset{OH}{|}}{CH}—Ph \xrightarrow{TsOH} Ph—\underset{\underset{Ph}{|}}{CH}—O—\underset{\underset{Ph}{|}}{CH}—Ph +H_2O \qquad (4\text{-}7)$$

随着科技的进步，在微波炉、超声波反应器出现之后，无溶剂反应也更容易实现。

4.5.4 以水为溶剂的反应

长期以来，由于大多数有机化合物在水中的溶解性差，而且许多试剂在水中会分解，因此，通常避免用水作反应介质。但水作为地球上广泛存在的一种天然资源，价廉、无毒、无害，如果可以用水来代替挥发性有机溶剂无疑是一条化工生产最可行的途径。研究表明，有些合成反应不仅可以在水相中进行，而且具有很高的选择性。最典型的例子就是环戊二烯与甲基乙烯酮发生的 D-A 环加成反应，在水中进行的速率比在异辛烷中快 700倍。另外，也有一些关于水中镧系化合物催化的有机合成的研究报道。利用水与大多数有机溶剂不互溶，可设计一些在液/液（水）两相中进行的相转移催化反应。另外，也可采用水溶性的过渡金属配合物在水相中起催化作用，其优点在于催化剂在水相中易于回收利用。此外，水溶剂特有的疏水效应对一些重要有机转化是十分有益的，有时可提高反应速率和选择性，尤其值得注意的是一些生命体内的有机化学反应，它们大多反应条件温和，甚至在水环境中进行，可以给有机化工反应带来一定的灵感。

4.5.5 固定化溶剂

如前所述，我们发现挥发性有机溶剂对人类健康与环境的影响主要来自其挥发性。解决这一问题的方法之一就是寻找固定化溶剂。所谓固定化溶剂，就是在保持其溶解性能的同时，不再具有挥发性，从而避免其对人体健康的危害和对环境的污染。例如，可以把溶剂分子固定在固体载体上，或者使溶剂分子与高聚物的骨架链接。事实上有些新的高分子化合物本身就有溶解性，可作为溶剂，比如以传统的溶剂为基础进行聚合反应得到聚合衍生物，它们在化学合成、分离和清洁等过程中具有传统溶剂的溶剂化作用，但却不会挥发到空气中和释放到水介质中造成污染。这类溶剂可单独使用，也可用高级烃类稀释后使用，且可以通过过滤等方法分离回收。目前这方面的工作已有初步成效。麻省理工学院的研究人员开发了一类聚合物溶剂，这类溶剂与常规用于化工过程的溶剂有类似的溶剂化性能。这类溶剂可用作反应或分离的介质。这种聚合物溶剂可通过机械分离方法（例如用超滤法）回收而不需要蒸馏过程。

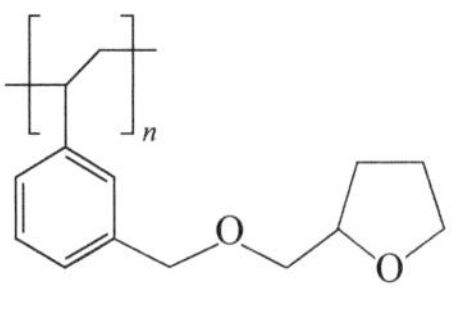

下面的用于聚合反应的溶剂，如图 4-4 所示，就是将四氢呋喃键合在聚合物链上得到的。

图 4-4 固定化溶剂结构图

4.5.6 离子液体

离子液体是由有机阳离子和无机阴离子组成的有机盐。因其离子具有高度不对称性而难以密堆积，阻碍其结晶，因此熔点较低，常温下为液体，故又称为室温离子液体

（room temperature ionic liquids）。形成离子液体的有机阳离子母体主要为四类：咪唑盐类、吡啶盐类、季铵盐类、季磷盐类。无机阴离子则主要有 $[AlCl_4]^-$、$[BF_4]^-$、$[PF_6]^-$、$[CF_3SO_3]^-$等。离子液体的特性是其性质可以通过适当地选择阴离子、阳离子及其取代基而改变，即可以按需要设计离子液体。与其他溶剂相比，离子液体具有如下特点：

（1）几乎没有可检测到的蒸气压，不挥发，更具有环保价值。

（2）具有较大的稳定温度范围（$-96\sim300℃$）、较好的化学稳定性及较宽的电化学稳定电势窗口。

（3）通过阴、阳离子的设计可调节离子液体的极性、亲水性、黏度、密度、酸性及对其他物质的溶解性等性质。

（4）许多离子液体本身还表现出 Brönsted、Lewis、Franklin 酸性及超强酸性质。这就表明了它们不但可以作为溶剂使用，而且可以作为某些反应的催化剂，避免使用额外的可能有毒的催化剂或产生大量废弃物。

离子液体的应用十分广泛。离子液体在分离过程中作为气体吸收剂和萃取剂；在电化学中作为电解质；在化学反应中作为反应介质，或同时作为催化剂。离子液体在环境友好烷基化、酰化、加氢还原、选择性氧化、异构化、D-A 加成、羰基化和酯化等反应中的应用都有报道。中国石油天然气股份有限公司采用基于三氯化铝的离子液体催化剂，先将丁烯二聚为异辛烯，再氢化为异辛烷，工业规模为年产 65000t 异辛烷。巴斯夫公司利用纤维素溶解在 1-乙基-3-甲基咪唑鎓乙酸盐和其他离子液体中纺成纤维这种方法，成功制备了纤维素—聚合物的混合物。近期，通过引入不同的官能团可实现对离子液体特定功能化的设计，如含质子酸的离子液体、含手性中心的离子液体和具有配体性质的离子液体等。

4.6　合理使用和节省能源

4.6.1　化学反应中的能量需求

化学化工反应在将物质转变为能量及将能源转变为对社会有用的形式中均扮演了主要角色。化学反应通常是原料和试剂一起在溶剂中加热回流，直到反应完全。但对一个反应到底需要多少热能或其他能量却没有分析过。所以，过程工程师要考虑能量的需求因素，以让化学过程更为有效。

化学反应中有需要通过热加速的反应，这类反应需要的能量通常被用来满足活化能。而化工过程中的分离、提纯是一个相当消耗能量的步骤，通常的分离步骤如蒸馏、重结晶、萃取等都需要能量的投入。相反，若一个反应是强放热的，则需要冷却以移走热量来控制反应。在化工生产中有时也需要利用冷却来降低反应速率以避免反应失控导致严重的生产事故。无论是加热还是冷却，均需花费一定经济成本和产生一定环境影响。因此，化学家在设计反应过程时，应将分离步骤所需的能量，不管是热能、电能还是其他形式的能量降至最低，这也是能量需求对环境、经济影响的要求。另外值得考虑的是，在化工过程中应用催化剂有一个很大的能源优势，即降低活化能，使反应完全的热能需求降至最低。

4.6.2　可利用的能量

能量是人类赖以生存的重要物质基础，能量的存储和使用与经济发展、社会状况及生态环境直接相关。化学反应或化学过程的每一步都涉及能量的转变和传递。化学原料的获取、化学反应的发生、反应速率的控制、反应产物的分离和纯化等各个环节均伴随着能量的产生和消耗。化学工业中所利用的能量主要有热能、电能和光能。热能是常见的能量形式，但主要产生热能的化石能源是一种天然的碳氢化合物或其衍生物，包括煤、石油和天然气，属于不可再生的一次能源。随着人类对化石能源的大规模持续开采，化石能源的枯竭是不可避免的。除了传统的热能外，还有许多形式的能量在化学反应中得到应用。如电能是化学工业中利用的主要的能量形式，除物质传递、加热降温、反应控制等外，电化学过程也是一种清洁技术，电化学合成也是一种新型绿色化学合成方法；光能是潜力最大的一种能源，如何用清洁、廉价的光化学反应代替传统的化学过程，特别是那些有毒、有害的过程，是绿色化学研究的重要目标之一。

4.6.2.1 电能

电能是运用得较多的一种。电化学过程是清洁技术的重要组成部分，由于电解一般无需使用危险或有毒试剂，通常在常温常压下进行，在清洁合成中具有独特的魅力。自由基反应是有机合成中一类非常重要的碳—碳键形成反应，实现自由基环化的常规方法是使用过量的三丁基锡。这样的过程不仅原子使用效率低，而且使用和产生有毒的难以除去的锡试剂。这两方面的问题用维生素 B_{12} 催化的电还原方法可完全避免。利用天然、无毒、手性的维生素 B_{12} 为催化剂的电催化反应可产生自由基类中间体从而实现在温和中性条件下的自由基环化反应：

$$(4-8)$$

4.6.2.2 光能

运用环境友好的光化学反应，尤其是光催化反应，来替代一些需用有毒试剂的化学反应是近年来研究较多的课题。Epling 等人就致力于寻找二硫烷、苄基醚氧化的替代反应。例如，可见光条件下的二硫代保护基团的感光裂解：

$$(4-9)$$

光照射的共轭多烯电环化反应不仅是一个原子经济性反应，而且是一个高度立体专一性反应。如（1E，3Z，5E）-2,4,6-辛三烯光照射电环化反应得到反-5,6-二甲基-1,3-环己二烯：

$$(4-10)$$

传统的 Friedel-Crafts 反应会产生有污染的副产物，而用光化学反应替代由醌和醛反应可以衍生出一系列的环系产物。这一方法避免了使用路易斯酸催化剂（$AlCl_3$、$SnCl_4$ 等）和硝基苯、四氯化碳、二硫化碳等溶剂。

4.6.2.3　微波

微波的使用是一种进行快速化学转化（常常是在固态下）的技术，而传统上这些反应是在液态下完成的。在许多情况下，微波技术的明显优点表现在进行某一反应不需要长时间的加热，同时，在固态下反应也避免了对所用辅助物质额外加热的需求，而在溶液中进行该反应时这种额外的加热是必需的。微波加热化学反应也有极高的反应速率，甚至比热反应的速率提高 1000 倍，因此，反应时间短。

如下列类型的反应用微波加热都大幅度缩减了反应时间：

$$\text{（图）} \xrightarrow[\text{6min}]{\text{DMF}} \text{（图）} \qquad (4-11)$$

$$\text{（图）} \xrightarrow[\text{2min}]{} \text{（图）} \qquad (4-12)$$

微波加热反应可以在溶液中进行，也可以无溶剂，固相反应也有很高的收率。而且在固体状态下的微波反应避免了在有溶剂的反应中溶剂所需的额外的热量需求状况。微波协助萃取在环境样品的有机氯化合物的检测中也显示了其优越性。在微波条件下的萃取，不需热能，萃取时间短且萃取效果更完全。

4.6.2.4　声波

按频率分类，频率低于 20Hz 的声波称为次声波；频率 20Hz～20kHz 的声波称为可听波；频率 20kHz～1GHz 的声波称为超声波；频率大于 1GHz 的声波称为特超声或微波超声。超声波应用于化学反应形成的交叉学科称为声化学，是一种绿色合成技术。超声波能对一些类型的转化反应（如环化加成、电环化加成）起催化作用。通过利用这种技术，使反应物分子周边的反应条件充分改变以促进化学转化。同其他任何形式的能源一样，需要对每一个反应进行评估，预测合成目标分子时采用超声波是否更有效。

超声波已广泛应用到氧化、还原、加成、取代、缩合、水解等各类有机反应中。一些反应如环加成、周环反应可采用超声波的能量来催化进行。声化学反应速率快，反应物转换率高。例如，在传统反应条件下，芳卤难以用过渡金属还原，但在超声波作用下，六甲基膦酰胺（HMPA）作溶剂，氯代苯很容易被还原，产率接近 100%。

$$\text{（图）}—Cl \xrightarrow[\text{HMPA, NaI, 60℃}]{\text{Zn/H}_2\text{O/NiCl}_2} \text{（图）} \qquad (4-13)$$

超声波可以加速烯酮化合物选择性还原成羰基化合物。催化剂雷尼镍可以循环使用.

$$C_6H_5—CH=CH—\overset{O}{\overset{\|}{C}}—C_6H_5 + H_2 \xrightarrow[\text{2.5min}]{Ni} C_6H_5CH_2CH_2COC_6H_5 \text{（95%）} \qquad (4-14)$$

当一个合成路线可行时，化学家往往要去优化它，即提高产率或转化率，而能量的需要却被忽视了。过程工程师的职责之一就是要衡量化学反应能量的需求。化学家不仅要对一个反应路线产生的有害物质负责，而且对反应或生产过程中的能量消耗负责，通过设计反应体系，能量需求可以改变很多。所以，化学家应将反应过程中的每一步能量需求也作为设计对象去不断优化它，使该过程的能耗最低。

目前，除了从化学反应本身来消除环境污染、充分利用资源、减少能源消耗外，还可以通过化工过程强化，实现化工过程的高效、安全、环境友好及集约的生产。化工过程强化是指在生产和加工过程中运用新技术和新设备，最大限度地减小设备体积或者增大设备生产能力，显著地提高能量效率，大量地减少废物排放。化工过程强化能充分利用能量，生产效率高，能量消耗显著降低。

4.7 利用可再生的资源合成化学品

4.7.1 可再生资源的定义

自然资源是人类赖以生存和发展的物质基础，是人类生产资料和生活资料的基本来源，是维护环境和生态平衡的核心。节约与合理利用自然资源是保护环境及实施可持续发展战略的重要环节。为了研究自然资源的可持续利用问题，根据能否再生，可将自然资源分为可再生资源和不可再生资源。可再生资源是指被人类开发利用一次后，在一定时间（一年内或数十年内）通过天然或人工活动可以循环地自然生成、生长、繁衍，有的还可不断增加储量的物质资源，它包括地表水、土壤、植物、动物、水生生物、微生物、空气、阳光（太阳能）、气候资源和海洋资源等。但其中的动物、植物、水生生物、微生物的生长和繁衍受人类造成的环境影响的制约。

可再生资源与消耗性资源的差别可以归结为形成的时间不同，两者是相对而言的概念。可再生资源随着地球形成及其运动而存在，基本上是持续稳定产生的。而消耗性原料如化石能源：石油、煤、天然气，它虽然能够自然形成，但其形成周期需要几百万年甚至更长的时间，因此，化石能源被视为不可再生资源。可再生资源通常指以生物、植物为基础的原料，消耗后在一定时间范围内可产生的物质，准确地说，即指在人类的生存周期的时间范围内容易再生的物质，例如二氧化碳、甲烷都可称为可再生资源。太阳能、风能、森林、各种野生动植物都可以称之为可再生资源，而石油、天然气、煤和金属矿产都属于不可再生资源，一旦用尽，无法再生。如果我们现在还不断消耗那些难以再生的资源，就违背了可持续发展的目标。

4.7.2 不可再生资源的利用对环境的影响

20世纪后期，化石能源是化工行业的主要原料，石油作为一种传统资源，在使用过程中会产生大量的温室气体及其他含硫、含氮等有害气体，在加工生产后，还会产生燃料废弃物和原料废弃物，这些废弃物中含有大量的重金属，从而污染土壤及地下水，使人类的健康和环境付出了沉重的代价。如今，全国每年工业废气排放总量达 $6200×10^8 m^3$，每年工业废弃物排放量达 $7.4×10^8 t$，污染空气、破坏环境造成生态环境的恶化和自然生态的失衡。石油是目前人类应用最多的不可再生资源，它作为重要的战略资源，为全球经济的飞速发展起到了催化剂的作用，被称为"工业的血液""黑金"。但研究表明石油的生成至少需要 200 万年的时间，且分布极端不平衡，中东波斯湾沿岸原油储量占世界总储量的 2/3。

近年来，化石资源渐趋枯竭的坏消息频传，以 2005 年的数据为基准，中国煤炭、石油和天然气的储产比分别为 52、14 和 45。也就是说，若无重大矿藏资源被发现，不计算能源的进口量的话，中国的煤炭、石油、天然气分别只够再用 52 年、14 年和 45 年。如果以 2010 年的数据为基准，那就更加令人寝食不安。当原料枯竭时，其供求关系将造成价格的增长，如涨价的石油就会被用于生产更高价值的产品而不是作为燃料被烧掉。这势必会导致全球的经济压力和动荡。除了作为燃料，石油化工是很多国家的重点支柱行业，在国民经济中起着举足轻重的作用，石油化工是以石油为原料而进行的物理和化学的反应工业，可以将生成的产品作为很多产业中的基本原料。众所周知，石油化工生产中产生的有害物质的量很大，危害人类生活和环境。例如无论石油的开采还是石油加工，都需要大量的水。在开采石油的时候需要水，石油加工的时候更需要水对装置的冲洗，所以，此过程间接造成了水污染；石油的提炼生产过程中由于需要大量的热量，从而造成能源消耗；再如，由它产生的一系列化工产品、化工原料往往经过氧化过程，而这一氧化过程带来了极大的污染，如重金属氧化剂的使用导致人类健康和环境受到严重影响。

4.7.3　利用可再生资源合成化学品

煤、石油和天然气等化石资源不可再生，又易造成严重的环境污染，迫使人们寻找新的可再生资源。目前生物质资源被认为是替代化石资源的最佳选择可再生资源。以生物质替代石油和煤炭资源发展化学工业是人类可持续发展的必经之路，越来越多的国家已经开始重视这方面的研究。生物多样性决定了生物质的多样性，任何一种生物都可能为人类提供一种或多种生物质，例如，水稻和木薯可提供淀粉，多糖及单糖；树木可以提供纤维素、松脂、木质素、植物油脂等。

将生物质资源作为燃料和化工原料的方法有物理法、化学法、生物化学转化法等。其中化学或生物化学法应用较多。化学法是通过热裂解、分馏、氧化还原降解、水解和酸解等方法将纤维素、木质素等大分子生物质降解成相对分子质量较小的碳氢化合物（可燃气体和液体），直接作为能源或经处理后作为化工原料。生物法是将生物质降解为葡萄糖，然后转化为各种化学品，在各种转化过程中酶起关键作用。找到合适的高效酶或含酶微生物，是生物质高效、清洁、经济地转化为有用化学品的关键。世界各国已经有很多这方面的应用实例。如目前，用乙醇部分替代汽油作为机动车燃料已得到极大的应用，并且可以取得长期和明显的环境效益。但传统的以谷物为原料的发酵工艺，原料成本高，能耗大，乙醇生产成本较高。而以廉价的纤维素为原料，采用纤维素酶直接水解发酵生产乙醇，可以明显地降低成本。Dow 化学公司在巴西建设一个以甘蔗为原料，并用乙醇来生产乙烯和聚乙烯的项目。又如，利用生物技术还可以将生物质转化成其他各种化学品，如将谷物中葡萄糖或甘油通过生物催化制备 1,3-丙二醇，它被用于制备聚对苯二甲酸丙二醇酯（PTT）。以农业废物（如小麦秆等）为原料合成乳酸，将稻草、甘蔗渣等农业废物处理后得到酸、醇、酮等化工产品。

另外，生物质中的植物油、动物脂肪也是一类重要的可再生资源。例如 2011 年公开了由美国环球油品公司开发的"一种用于从可再生原料如植物油和动物脂肪和油制备航空燃料的方法"的专利。植物油、动物脂肪主要来源于大豆、棕榈、油菜籽、牛脂、猪油等。仅 1998 年全球就产有 $1.01×10^8$ t 油脂，其中大部分作为人类的食品，只有 $1400×10^4$ t 用于油化学，这个数量正在逐年增长。值得注意的是，椰子油和棕榈果油中的十二和十四碳链的脂肪酸含量高，可以进一步作为洗涤剂、化妆品中的表面活性剂。而大豆、油菜籽、牛脂等中主要含长链脂肪酸如十八碳的饱和或不饱和脂肪酸，可作为聚合物、润滑油的原料。表面活性剂长期以来是石油化工产品，近几年由可再生原料生产的趋势已日渐明显（见图4-5）。

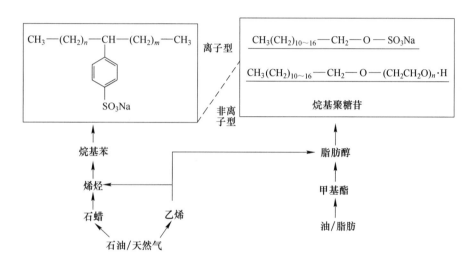

图 4-5　表面活性剂及其他化学品的产生

油脂在聚合物化学中的应用已有一段历史了。亚麻籽油、大豆油可作为聚合物质的干性油，环氧化的大豆油可作聚合物添加剂中的增塑剂，硬脂酸盐可作稳定剂，同时油脂的二羧酸可作为聚合物的分子构件（见图4-6）。每年大约有 $10×10^4$ t 由油脂转化的二羧酸用于聚合物的形成，占整个二羧酸市场的 0.5%，而邻苯二甲酸和对苯二甲酸占 78%。

由脂肪酸（单、二羧酸）和醇（单、多羟基）衍生的脂肪酸酯不仅可作"生物柴油"，同时在取代矿物油方面也显示了其可生物降解的优越性。并且脂肪酸酯还显示了特殊的润滑性能，可成为矿物油产品的环境友好替代物。早在 1997 年就有 $4×10^4$ t 可生物降解润滑剂销往德国（占整个市场的 4.5%）。

可以预见，可再生资源的应用前景十分光明。用生物质作为可再生资源来生产化学品的研究受到人们的普遍重视，也是保护环境和实现可持续发展的要求。现在正在研究生物原料的运用以及其向高价值化学中间体的转化，这无疑是对环境友好的。但是从经济的角度出发，生物可再生原料的使用也有其局限性。局限之一即季节性供应，生物基础原料因干旱或作物生长失败等因素会造成经济上的顾虑。这类原料提供不仅需要时间、不能连续供应，而且不稳定因素多，可能造成化工生产的停顿。局限之二是用农业产品代替工业产品作原料需要使用大量的土地。传统作物既需要土地又需要能量，在作为原料方面有不切

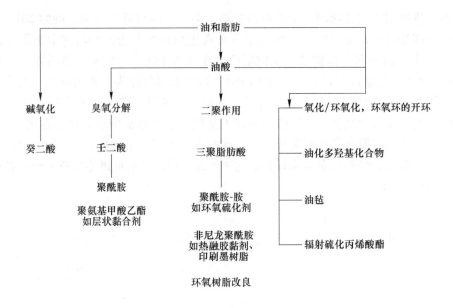

图 4-6　来源于自然油脂的聚合物的分子结构单元

实际的一面，所以越来越多的非传统生物制品被开发作可再生原料。例如，各种固体废弃物的综合利用，生活垃圾用于生产水泥和肥料等。生态环境化学品正是从其设计阶段就考虑到原料的再生循环利用，如何定量地评价化学品寿命周期中的环境负荷并进而减少它，如何在使用后尽可能完全地对原料和物质进行再利用和再生循环利用，以便使化学品的生产、使用过程和地球生态圈达到尽可能协调的程度，从而根本上解决资源日益短缺，大量废弃物造成生态环境日益恶化等问题。生物质资源的详细内容已在第 3 章中进行了具体讨论。

4.8　减少化合物不必要的衍生化步骤

随着化学合成，特别是有机合成的技术和科学变得更加复杂，其要解决的问题也越来越具有挑战性。有时为了使一个特别的反应发生，通常需要对反应分子进行修饰，使其衍生为其他物质。控制和选择系统中的衍生作用、简化反应历程，这是绿色化学设计的基本方法。

化工合成的衍生化步骤一般包括以下三种。

4.8.1　保护与去保护

现在合成的技巧愈趋复杂，合成方法愈趋多样化。为了获得期望的立体控制，为了使含不稳定基团的分子进一步反应，为了改变化合物的性能，化合物得到不断的衍生。其中化学中最常用的技巧就是使用保护基团，它使可能在某反应条件下发生反应的基团不参与反应。这一方法在精细化学品、药物、杀虫剂、染料等的制备工艺中极为常见。现在已有许多基团的保护方法，如羟基的保护、羰基的保护、氨基的保护、羧基的保护及碳氢键的保护等。一个典型的例子是用苄基保护醇的羟基。当要使某分子的某部分发生氧化反应时，该分子上的羟基也会同时被氧化。可以通过向反应物中加入苄基氯，使苄基氯和羟基作用生成苄基醚来保护醇的羟基。此时再进行氧化反应，该分子的另一个部位被氧化而醚键不会被氧化。当氧化反应完成后，再使苄基醚键断裂而使羟基再生。在上述过程中，使用了有害物质苄基氯，它在去保护时成为废弃物。因此，采用保护基团的办法不仅消耗了额外的试剂，而且产生需要处理的废弃物。而这种衍生化在药物、染料的合成中非常普遍。控制和选择系统中的衍生作用、简化反应历程，这是绿色化学设计的基本方法。

4.8.2 暂时改性

在反应过程中为便于加工处理，需要加入一种物质与系统混合，改变某些物质的宏观性质或功能，这些性质包括黏度、分散度、蒸气压、极性和水溶性等，以满足各种处理方法的要求。当功能完成时，如不再需要保护基团，其母体化合物可以很容易地再生分离。但为改性而加入的辅助材料，或改性过程中生成的盐类便成为废弃物。这种操作成为暂时改性或成盐。例如，在制备羧酸时，经常在溶液中使其成盐析出，以进行纯化。而在最后步骤，无机盐又释放出，成为废弃物。又例如，在化学工艺中为完成某一操作过程，可利用沉淀、萃取、分离、相转移等技术使反应过程中的中间物种和产物形成盐，在完成这一操作后再把它转变成原来的物种，这一分离手段在化工生产过程中被普遍采用。在聚合物加工过程中，为了降低其黏度，增加流动性，需要将聚合物溶解于某种溶剂中，加工成型后再利用溶剂的可挥发性通过蒸发分离等方法去除所加入的溶剂，最后得到所需的聚合物材料。在该过程中，溶剂的使用只是为了加工成型的需要，它最终成为废弃物，既消耗了资源，又对人类健康和生活环境造成了危害。

4.8.3 加入被取代的官能团提高反应选择性

在合成中因为化合物分子往往有多个反应点，这时为了提高反应选择性，使反应按预期进行，可以使反应点先衍生化，使它更容易进行反应，提供更好的离去基团。这样反应就可以优先发生在所要求的位置上。但这种方法需要消耗试剂来生产衍生物，而该试剂最终也成为废弃物。如在亲核取代反应中，通常使用卤代衍生物，因为卤原子使与之连接的碳原子更具正电性，而且卤原子是一个好的离去基团。这样含卤的废弃物由此产生。

当某反应物分子内同时存在几个可以发生反应的部位时，除使用保护基团措施外，还可以设计适当方法以使反应发生在所需要的位置，即先在该位置引入一个易于同反应物反应的衍生基团，而该基团又易于离去。例如，在亲核取代反应过程中引入卤素衍生物，卤素的存在使得该目标反应位置带更多的正电荷，更易于发生亲核取代反应，反应后卤素原子又是易于离去的基团，不可避免地产生了含卤素的废弃物。

这三种衍生化方法在合成化学中普遍应用，在复杂的合成化学中，为得到目标产物，对分子进行修饰、衍生是必要的，而且必然产生废弃物，有时所需的试剂或产生的废弃物本身还具有毒性。但我们有必要反省：是否每一个反应、每一个衍生化步骤都是必要的，在有机合成中应尽可能避免或减少不必要的衍生步骤，减少衍生物，以降低原料的消耗及对人类健康与环境的影响。

4.9 采用高选择性的催化剂

4.9.1 催化是实现高原子经济性反应的重要途径

催化剂的使用是化学工艺的基础，是使许多化学反应实现工业应用的关键。目前大多数化工产品的生产，均采用了催化反应技术，可以说，现代化学工业中，最重要的成就都是与催化剂的应用密切相关。所谓催化剂，就是指凡能显著改变化学反应的速率，而在反应前后自身的组成、数量和化学性质基本不变的物质。其中，能加快反应速率的称为正催化剂；能减慢反应速率的称为负催化剂。通常所说的催化剂一般是指正催化剂。例如，合成氨生产中使用的铁催化剂、硫酸生产中使用的 V_2O_5 以及促进生物体化学反应的各种酶（如淀粉酶、蛋白酶、脂肪酶等）均属正催化剂。催化剂是通过参加化学反应来改变反应速率的，由于催化剂与反应物之间形成一种势能较低的活化配合物，而改变了反应的历程，降低了反应所需的活化能。使用合适的催化剂不仅可以降低能耗，还可以增加反应物的原子经济性和目的产物的选择性，使分离的难度大大降低。尤其在精细化学品、专用化学品和药用化学品及其相关材料的制备领域，绿色催化在提高原子效率和简化生产工艺方面可起到关键作用。例如，用传统的氯醇法合成环氧乙烷，其原子利用率只有 25%［见式（4-15）］，而采用乙烯催化环氧化方法仅需一步反应，原子利用率达到 100%，产率99%［见式（4-16）］。Hoffmann-LaRoche 公司发展抗帕金森药物 lazabemide 提供了一个显示催化羰基化反应魅力的极好例子。第一条合成路线［见式（4-17）］采用传统的多步骤合成，从 2-甲基-5-乙基吡啶出发，历经 8 步合成，总产率只有 8%；而用钯催化羰基化反应，从 2.5-二氯吡啶出发，仅用一步合成了 lazabemide，原子利用率达 100%，且可达到 $3×10^6$kg 的生产规模［见式（4-18）］。

$$CH_2{=}CH_2 \xrightarrow{Cl_2 , Ca(OH)_2} \triangle\!\!\!\!O \ + \ CaCl_2 \ + \ H_2O \tag{4-15}$$

$$2CH_2{=}CH_2 \ + \ O_2 \xrightarrow{催化剂} 2\ \triangle\!\!\!\!O \tag{4-16}$$

$$\text{8步，总产率8\%} \tag{4-17}$$

lazabemide

$$\xrightarrow[\text{65\%}]{\text{Pd催化剂}} \tag{4-18}$$

在复杂分子的合成中，均相催化可达到很高的原子经济性。例如，在钯催化剂促进下，化合物 A 与 1,6-烯炔反应可同时建立维生素 D_3 的 A 环及与 CD 环的对接，得到 α-钙化醇［见式（4-19）］。这样的过程还有可能扩展到 1,7-烯炔，从而用于下一代维生素 D 类似物的合成。

$$(4\text{-}19)$$

其中，dba 为二亚苯基丙酮，R 为 SitBuPh$_2$，R′为 SitBuMe$_2$

4.9.2 环境友好催化过程

4.9.2.1 环境友好催化剂

由于催化科学的迅速发展以及人类环境保护的意识和要求日益强化，促使科学家研究和探索采用一类可回收和可重复使用的固体催化剂来逐步取代传统催化剂用于有机化学反应。科学家将这类固体催化剂亲切地称为"环境友好催化剂"（environmentally friendly catalysts）。例如，工业上生产羧酸酯的传统方法是以浓硫酸之类的无机酸或 FeCl$_3$ 之类的路易斯酸作催化剂，通过有机羧酸与醇类的直接酯化反应法。由于该方法属于均相催化反应，因此存在下述弊端：副反应多、选择性低，且催化剂无法回收和重复使用，从而导致资源的浪费；反应完成后不能得到清洁的液体反应产物，这使产物的后处理和精制操作繁杂，而如果用环境友好催化剂来催化酯化等有机反应的话，能够避免和克服由于传统催化剂的使用而导致的上述弊端。

由于环境友好催化剂，例如沸石分子筛等，不溶于反应体系，属于多相催化反应，反应完成后通过简单的过滤就可将催化剂回收和得到清洁的液体反应产物，可使产物的后处理及精制操作大大地简化，而且无废液污染环境。另一方面，回收所得的固体催化剂可直接再用于或经适当处理后即可重新用于同一有机反应，可促使成本的降低。环境友好催化剂的使用还可避免副反应，获得高选择性的目的产物，且不存在对设备和化工管道的腐蚀性。显然，环境友好催化剂的众多优越性的综合效应——既使产品的成本降低、经济效益更好，又避免了环境污染。沸石分子筛是典型的环境友好催化剂，它是一种无机硅铝酸盐化合物，含硅、铝活性中心，不溶于有机反应体系，突出的优点是处理简单，易于分离、耐高温，不腐蚀设备，能够重复使用和回收再生。

酶也是前景可观的环境友好催化剂。纽约布鲁克林技术大学（Polytechnic University）的 Richard A. Gross 从活体组织中分离出脂肪酶，已经被应用于聚合物的体外催化合成。由于 Richard A. Gross 开发的脂肪酶降低了聚合反应活化能，故减少了能量消耗。Richard A. Gross 对聚合反应的基础研究还表明，脂肪酶在以下 4 个方面能力非凡：能催化高分子链之间的酯交换反应，而通常其需要在高温熔融状态下进行；能使用非正常的亲核试剂代替水，如糖类、平均分子量为 19000 的单羟基聚丁二烯等；能以不需要链终止反应而获得预期分子量的控制方式，催化开环聚合的发生；其催化的逐步缩聚反应选择性，能使产物分子量分布好，分散度小于 2。

4.9.2.2 催化过程的环境友好介质

绿色化学的一个重要研究领域是绿色溶剂技术或替代反应条件。催化反应及产物分离过程中也广泛使用溶剂。而大量易挥发有毒有机化合物作为溶剂的使用带来了严重的环境污染和对人的危害。因此，绿色化学溶剂作为环境友好介质对于对实现绿色化学催化反应及过程是十分重要的。4.5 小节中我们讨论的各种绿色溶剂常被用于绿色催化介质。

水是绿色化学的首选溶剂之一，但水与很多有机底物不混溶，这就意味着要在液-液两相体系中进行相转移催化。另一个选择则是运用水溶性的过渡金属配合物在水相中催化反应，只要底物在水中稍溶。这种两相的金属有机催化的优势在于：在水相中的催化剂可经析相作用循环再使用。

一个典型的工业化应用的两相金属有机催化过程是丙烯经羰基化（醛化）作用得到丁醛。反应中使用了可溶于水的三磺化三苯基膦（tppts）的铑（Ⅰ）配合物作催化剂。

$$\diagdown\diagup \quad + \quad CO \quad + \quad H_2 \quad \xrightarrow[H_2O]{Rh(I)/tppts} \quad \diagdown\diagup\diagup CHO \tag{4-20}$$

选择率 95%

这一观念被应用到许多过渡金属催化的过程，例如不饱和醛的选择加氢：

转化率 100% 选择率 99%

转化率 90% 选择率 95%

$$(4\text{-}21)$$

而水溶性的 Pd（O）配合物 Pd（tppts）$_3$ 能在酸性水介质中选择性地使苄基醇羰基化。同样的催化剂也被用于两相的苄基卤的羰基化、烯烃的加氢羧化。

转化率 83%，选择率 82%

$$(4\text{-}22)$$

超临界 CO_2 也可作为催化过程如氢化的溶剂。此外，离子液体被认为是清洁工艺和绿色化学中很有前景的一类反应介质。尤其是可替代那些工业上大量使用的挥发性的有机溶剂。离子液体不易挥发，因此，对空气不会造成污染。近些年来，在离子液体中进行有机反应成为化学研究的一个重要领域。由于离子液体自身特殊的物理特性（低挥发，不燃，液态）和极好的溶解力，其已在许多反应中被用作溶剂或催化剂。如咪唑鎓盐和 $AlCl_3$ 衍生的离子液体被证实是 Friedel-Crafts 酰化反应的非常好的介质（和催化剂）。到目前为止，多种类型的均相和多相催化反应过程已经在室温离子液体介质中得到了研究，反应类型包括加氢、氧化、还原、聚合等。

4.10　设计可降解化学品

4.10.1　现状

目前，有些化学品在环境中以原来的形式长期存在或被动、植物吸收，因为这些化学品在设计时并没有考虑到它对人类健康和环境的影响，所以，它们的持久存在成为遗留已久的问题。其中最引人注意的就是塑料和农药。

石油化工生产的塑料废物污染是世界环境难题。大部分塑料一次性消费使用后即被丢弃。白色污染（white pollution）是对废塑料污染环境现象的一种形象称谓，是指用聚苯乙烯、聚丙烯、聚氯乙烯等高分子化合物制成的包装袋、农用地膜、一次性餐具、塑料瓶等塑料制品使用后被弃置成为固体废物，它们在环境中难于降解处理，给生态环境和景观造成的污染。迄今为止学术界认为，塑料产品由于物理化学结构稳定，在自然环境中可能数十至数百年不会被分解。

2008 年 1 月 8 日，国务院办公厅下发《关于限制生产销售使用塑料购物袋的通知》，从 6 月 1 日起，在全国范围内禁止生产销售使用超薄塑料袋，并实行塑料袋有偿使用制度。一些发达国家先后制定了限制或禁止某些场合使用非降解塑料，要求使用可降解塑料的规定。为此各国政府及塑料工业界在着手制定处理和回收废弃塑料的有力措施的同时，十分重视研究开发可降解塑料，在政府的协调和支持下，使可降解塑料成为国际塑料工业界的一个研究热点。国外开发可环境降解的塑料始于 70 年代，当时主要开发光降解塑料，目的在于解决塑料废弃物，尤其是一次性塑料包装制品带来的环境污染问题，至 80 年代，开发研究转向以生物降解塑料为主，而且，也出现了不用石油而用可再生资源，如植物淀粉和纤维素，动物甲壳质等为原料生产的生物降解塑料。另外，也开发了用微生物发酵生产的生物降解塑料。一类早已临床应用的能为生体降解的医用塑料，如聚乳酸也引起了人们的注意，希望能用它来解决塑料的环境污染问题，但是，对于这类塑料是否归类为环境降解塑料尚有不同见解，日本降解塑料研究会的意见认为不能归入环境降解塑料。但从降解塑料是一类新型塑料的角度考虑，应也可包括生体降解塑料，并不妨将降解塑料从用途分类，分为环境（自然）降解塑料和生体（环境）降解塑料。后者已在医学上用于手术缝合线，人造骨骼等。中国降解塑料的开发研究基本与世界同步。但是，中国降解塑料的研究开发始于农用地膜。中国是一个农业大国，地膜的消费量占世界第一位，为解决累积在农田的残留地膜对植物根系发育造成的危害而影响作物产量，以及残膜对农机机耕操作的妨碍问题，70 年代即开始了光降解塑料地膜的研制，1990 年前后，出现了淀粉填充于通用塑料的生物降解塑料，同时，在光降解塑料的基础上，开发同时填充淀粉的兼具光降解和生物降解功能的地膜。各类降解地膜正在发展中，尚处于应用示范推广阶段。随着中国人民生活水平的提高，一次性塑料包装制品带来的环境污染问题日趋严重，为此，也正在积极开发用于包装，主要是一次性包装的降解塑料制品，如垃圾袋，购物袋，餐盒等。

持久性有机污染物，POPs（persistent organic pollutants）是近些年最受重视的持久危害性化学品，它们多具有长期残留性、生物累积性、半挥发性和高毒性，并通过各种环境介质（大气、水、生物等）能够长距离迁移，对人类健康和环境具有严重危害的天然的或人工合成的有机污染物。根据 POPs 的定义，国际上公认 POPs 具有下列四个重要的特性：

（1）能够在环境中持久地存在。由于 POPs 物质对生物降解、光解、化学分解作用有较高的抵抗能力，一旦被排放到环境中，它们难于被分解。

（2）能蓄积在食物链中，对有较高营养等级的生物造成影响。由于 POPs 具有低水溶性、高脂溶性的特点，导致 POPs 从周围媒介中富集到生物体内，并通过食物链的生物放大作用达到中毒浓度。

（3）能够经过长距离迁移到达偏远的极低地区。POPs 所具有的半挥发性使得它们能够以蒸气形式存在或者吸附在大气颗粒上，便于在大气环境中做远距离的迁移，同时这一适度挥发性又使得它们不会永久停留在大气中，能够重新沉降到地球上。

（4）在一定的浓度下会对接触该物质的生物造成有害或有毒影响。POPs 大都具有"三致（致癌、致畸、致突变）"效应。

判断一种物质是否是 POPs 应当建立科学的判断基准，ICCA（化学品协会国际理事会）推荐的判断基准包括：

（1）持久性基准：用半衰期（$t_{1/2}$）来判断，在水体中为 180d，在底泥和土壤中为 360d；

（2）生物蓄积性基准：用生物富集系数来判断，BCF>5000；

（3）关于远距离迁移并返回到地球上的基准：半衰期 2d（空气中）以及蒸汽压在 0.01~1kPa；

（4）判断在偏远的极低地区一种物质是否存在的基准：该物质在水体中质量浓度大于 10ng/L。

POPs 公约是在联合国环境规划署（UNEP）主持下，为了推动 POPs 的淘汰和削减、保护人类健康和环境免受 POPs 的危害，国际社会于 2001 年 5 月 23 日在瑞典首都共同缔结的专门环境公约，其全称是《关于持久性有机污染物的斯德哥尔摩公约》。此公约的成功签署，被认为是继《巴塞尔公约》《鹿特丹公约》之后，国际社会在有毒化学品管理控制方面迈出的极为重要的一大步。

首批列入公约控制的 POPs 共有 12 种（类）。其中不仅有环保经典名著《寂静的春天》所针对的导致"万鸟齐喑"景象的滴滴涕等有机氯农药（具体包括：艾氏剂：有机氯农药，用于防治地下害虫和某些大田、饲料、蔬菜、果实作物害虫，是一种极为有效的触杀和胃毒剂；狄氏剂：有机氯农药，用于控制白蚁、纺织品类害虫、森林害虫、棉作物害虫和地下害虫，以及防治热带蚊蝇传播疾病；异狄氏剂：有机氯农药，用于棉花和谷物等大田作物；DDT：有机氯农药，曾用于防治棉田后期害虫、果树和蔬菜害虫，具有触杀、胃毒作用，目前主要用于防治蚊蝇传播疾病；六氯苯：用于种子杀菌、防治麦类黑穗病和土壤消毒；也用作有机合成的中间体；同时也是某些化工生产中的中间体或副产品；七氯：有机氯农药，用于防治地下害虫、棉花后期害虫及禾本科作物及牧草害虫；具有杀灭白蚁、火蚁、蝗虫的功效；氯丹：有机氯农药，用于防治高粱、玉米、小麦、大豆及林业苗圃等地下害虫，是一种具有触杀、胃毒及熏蒸作用的广谱杀虫剂；同时因具有杀灭白蚁、火蚁的功效，也用于建筑基础防腐；灭蚁灵：有机氯农药，具胃毒作用，广泛用于防治白蚁、火蚁等多种蚁虫；毒杀芬：有机氯农药，用于棉花、谷物、坚果、蔬菜、林木以及牲畜体外寄生虫的防治，具有触杀、胃毒作用。）；有 20 世纪 60~70 年代在日本和中国台湾省两度造成重大环境公害——"日本米糠油事件"和"中国台湾油症事件"的元凶多氯联苯；还有在 1999 年曾在欧洲引起鸡肉污染事件轩然大波、直接导致比利时内阁集体下台的二噁英类。第二批新增物质包括：3 种杀虫剂副产物（α-六氯环己烷、β 六氯环己烷、林丹）、3 种阻燃剂（六溴联苯醚和七溴联苯醚、四溴联苯醚和五溴联苯醚、六溴联苯）、十氯酮、五氯苯以及 PFOs 类物质（全氟辛磺酸、全氟辛磺酸盐和全氟辛基磺酰氟）。第三批增列（第五次缔约方大会）：硫丹。

目前，POPs 的巨大危害和淘汰、削减的必要性已成为国际社会共识。截至 2006 年 6 月底，已有 151 个国家或区域组织签署了 POPs 公约，其中 126 个已正式批准该公约，公约已于 2004 年 5 月 17 日正式在全球生效。中国是 POPs 公约的正式缔约方，是 2001 年 5 月 23 日首批签署公约的国家之一。2004 年 11 月 11 日，公约已正式对中国生效。中国政府已建立了以国家环保总局牵头、11 个相关部委参与的国家 POPs 履约协调机制，并已在机构建设、能力加强、技术示范、公众意识加强等方面开展了一系列扎实有效的履约工作。国家环保总局斯德哥尔摩公约履约办公室为该协调机制的日常办事机构。总统绿色化学挑战奖的获奖名单上经常会看到可降解农药杀虫剂的身影。而在设计化学品时，能否降解必须作为其性能的评价标准之一。

4.10.2　以能降解为出发点设计化合物

绿色化学认为，设计化学品时必须注意当化学品功能用尽时它们能降解为无害的物质或在环境中不能长期存在。现在可生物降解的化学品已成为化学家的首选。不过在设计这类化学品时，同时也要考虑母体化合物生物降解后的存在形式，在设计分子时，引入一些易于水解、光解或其他裂解的功能团，是化合物生物降解的保障。降解前后的化合物的毒性和危害都应作评价，因为如果降解后的化合物增加了危害的风险，也就失去了绿色化学的意义。

4.11　防止污染的快速检测和控制

分析化学家能够检测到大多数环境问题，但现在分析工作者需要在防止和减少化学过程中有害物质的产生方面发展新的方法和技术。过程分析化学家要能够在化学合成中进行同步检测，以随时改变反应条件。当一个污染物在反应初期以微量形成，而当反应温度、压强增加时，污染物也大量产生，这时，过程分析化学家如果能够连续地检测到污染物的浓度变化，就能够在污染物达到不可接受的浓度前迅速改变反应的条件。现在已有相当多的研究转移到过程分析化学这一领域中。

为了实现绿色化学的目标，分析技术要在生产过程中和快速这两方面不断发展。只有做到快速监测过程，才能控制有害副产物的产生，抑制副反应；另一方面，过程分析化学家在监测反应过程时可以判断反应是否完全。有的化学反应需要不断加入试剂，以使反应完全，这时如果能快速检测到反应完全，就不必加入多余的试剂，从而减少了废弃物的产生。所以过程分析化学具有重要的现实意义。

4.12　防止事故发生的固有安全化学

化学化工中防止意外事故的发生是极其重要的，因为许多化学意外严重影响了人们的健康，恶化了当地的生态环境，造成巨大的经济损失。因此，在化学过程中应注意将发生化学意外（包括泄漏、爆炸、火灾等）的可能降到最低。当然在防止污染、减少废弃物产生的过程中有可能增加了意外的风险，所以，化学过程必须在防止污染和防止意外之间获得平衡。达到安全化学过程的途径之一是慎重选择物质及物质状态，包括使用固体或具低蒸气压物质替代易挥发液体或气体，避免大量使用卤素分子，而用带卤原子的试剂替代。

总之，我们应在遵循绿色化学的十二条原则的基础上，以体现当代最新科学技术的物理、化学、生物手段和方法，从源头上根除污染，以实现化学与生态协调发展为宗旨，来研究环境友好的新反应、新过程、新产品，这是国际化学化工研究前沿的发展趋势和我国可持续发展战略的要求，也是我们化学工作者的职责。

随着人们对绿色化学研究和认识的不断深入，Anastas 等顺应绿色化学不断向前发展的新形势，围绕无毒无害原料、催化剂和溶剂的使用以及原子经济性反应生产安全化学品的绿色化学理想，又对其最早提出的 12 条绿色化学原则进行了适当的完善，提出了绿色化学的 12 条补充原则，分别是：（1）尽可能利用能量而避免使用物质实现转换；（2）通过使用可见光有效地实现水的分解；（3）采用的溶剂体系可有效地进行热量和质量传递的同时还可催化反应，并有助于产物分离；（4）开发既具有原子经济性又对人类健康和环境友好的合成方法"工具箱"；（5）不使用添加剂，设计无毒无害、可降解的塑料与高分子产品；（6）设计可回收并能反复使用的物质；（7）开展"预防毒物学"研究，使得有关对生物与环境方面的影响机理的认识可不断地结合到化学产品的设计中；（8）设计不需要消耗大量能源的有效光电单元； （9）开发非燃烧、非消耗大量物质的能源；（10）开发大量 CO_2 和其他温室效应气体的使用或固定化的增值过程；（11）实现不使用保护基团的方法进行含有敏感基团的化学反应；（12）开发可长久使用、无需涂布和清洁的表面或物质。

这些原则涉及了光解水、新能源开发和温室效应等经济和社会发展过程中亟待解决的热点问题，是对其最早提出绿色化学 12 条原则的深化和发展。

前面提到的绿色化学原则及其随后衍生的绿色工程原则着眼于产品、过程和系统的各个环节对人体健康和环境的影响，从源头上减少或防止污染物的形成，因而，较好地反映了产品及其制备过程的绿色化问题，从理论上提出了降低、甚至避免化学过程负面作用的方法和举措，预示着化学及其相关学科新的发展阶段的到来。然而，上述原则主要是直觉和常识的结晶，并没有清晰地反映出绿色化学的概念目标和相关研究领域的内在联系，这说明绿色化学作为一门新兴学科，已提出的绿色化学原则尚难以满足可持续发展对化学的要求，其内容仍处在发展和凝练阶段，今后还有许多问题需要审慎的考虑并对待。

习　题

4-1　原子经济性概念及评价指标是什么？如何用原子经济性评价常规的四种反映类型（重排、加成、取代及消去反应)？

4-2　概述溶剂的作用及危害，绿色溶剂和助剂有哪些?

4-3　化学工业中有哪些方面的能量需求？

4-4　设计安全化学品常用的方法有哪些?

4-5　自选一条目前使用的有机化学合成路线，用绿色化学原理对其进行评价并设计一条更佳的新路线。

5 绿色化学技术

5.1 绿色合成技术

5.1.1 无溶剂合成

在自然科学的发展过程中，有机合成起着巨大的推动作用，它对人类的生产和生活具有不可估量的意义。药物、化肥、人造纤维、洗涤剂、杀虫剂、保鲜剂、染料以及具有各种性能的现代材料等，无一不是有机合成的产物。可以说当今国计民生的各个方面、科学研究的不同领域都离不开有机合成的产品。一直以来，人们已经形成了一种固定的思维模式，认为有机反应总是在溶液中进行，因为有机溶剂能很好地溶解有机物，保证物料混合均匀、能量交换稳定。但是，有机溶剂的毒性和不可回收已成了环境污染的主要源头，使人类社会的可持续发展受到极大的威胁，这就使化学家面临新的挑战，要去探索、研究对人类健康和环境较少或没有危害的绿色化学。于是各国政府、学术界纷纷呼吁采取措施从根本上预防和控制污染。有机合成作为化学合成的重要组成部分，在绿色化学中居于举足轻重的地位，在绿色化学及其理念指导下，最终要实现绿色合成。

无溶剂有机合成就是绿色有机合成的重要组成部分。因为它不使用溶剂，而且在反应速度、产率、选择性方面，均优于溶液反应。无溶剂有机合成反应因其不使用溶剂，因而彻底避免了反应过程中溶剂对环境的污染，同时又降低了生产成本；另外，由于没有溶剂的介入，它有着与传统溶液反应不同的新的分子环境，在固态时，反应物分子构象相对稳定，可利用形成包结物、混晶、分子晶体等手段控制反应物的分子构型，尤其是通过与光学活性的主体化合物形成包结物控制反应物的分子构型，实现对映选择性的不对称合成，因而有可能使反应的速率、选择性和转化率得到提高；同时还可使产物的分离提纯变得较为简单；另外这类反应可通过室温研磨、微波辐射、超声波辐射、振荡和光照等简捷技术就可以实现。基于以上诸多优点，无溶剂有机合成反应近年来得到了合成化学家的重视，已成为实现"绿色有机合成"的一个重要途径。

无溶剂反应机理与溶液中的反应一样，反应的发生起源于两个反应物分子的扩散接触，接着发生反应，生成产物分子。此时生成的产物分子作为一种杂质和缺陷分散在母体反应物中，当产物分子聚集到一定大小，出现产物的晶核，从而完成成核过程，随着晶核的长大，出现产物的独立晶相。

目前已经开发出几种途径来实现无溶剂反应：反应物同时起溶剂作用的反应；反应物在熔融态反应，以获得好的混合性及最佳的反应效果；固体表面反应。其中固态化学反应能在源头上阻止污染物，具有节省能源、无爆燃性等优点，且产率高、工艺过程简单，对它的研究吸引了无机、有机材料及理论化学等多学科研究人员的关注，某些固态反应已用于工业生产。无溶剂反应主要采用如下方法：

（1）室温下，用研钵粉碎、混合、研磨固体反应原料即可反应。

（2）将固体原料搅拌混合均匀之后或加热或静置即可，加热时既可采用常规加热亦可用微波加热的方法。

（3）用球磨机或高速振动粉碎等强力机械方法以及超声波的方法。

（4）主-客体方法，以反应底物为客体，以一定比例的另一种适当分子为主体形成包结化合物，然后再设法使底物发生反应，这时反应的定位选择性或光学选择性等都会因主体的作用而有所改变或改善，甚至变成只有一种选择。

利用上述方法反应之后，再根据原料及产物的溶解性能，选择适当的溶剂，将产物从混合物中提取出来或将未反应完原料除去，即可得较纯净产品。所用溶剂为无毒或毒性较低的水、乙醇、丙酮、乙酸乙酯等。显然，上述方法中，室温下的反应能耗最少，最为简单。其次是加热方法，能耗较高的是机械方法。

然而，无溶剂有机合成特别是对以往使用有机溶剂较为普遍的固体物质参与的反应，会存在如下一些问题。

（1）反应能否进行，并非所有有机反应都能在无溶剂条件下进行，因为固体反应物粉末混合时，异种分子间难以接近到一个小距离（如< 1nm），碰撞几率降低；需要进一步研究采用什么方法促进反应的进行。

（2）散热问题：有些无溶剂反应在固体状态下进行，反应系统无流动性，反应放出的热量难以散失，大规模的生产比较困难。

（3）分离问题：如果反应不是定量完成，仍有分离问题，又有可能使用有机溶剂。

目前，解决无溶剂有机合成的反应方法有：

（1）用球磨法反应，在圆筒形金属制反应器中加入金属球和要进行反应的物质，使反应器旋转，进行研磨以实现反应。

如为除去环境污染物中的有害有机氯化物：DDT(双对氯苯基三氯乙烷($ClC_6H_4)_2CH(CCl_3)$)、PCB（多氯化联（二）苯）、氯苯、二噁英等，把污染物与 Mg、或 Ca、CaO 等混合用球磨法研磨 6h 可脱氯。

（2）用高速振动粉碎法反应，是比球磨法更强的机械作用方法，在密封的不锈钢制反应器中加入不锈钢球，反应器以 3500r/min 的转速旋转，使加入的物质发生反应。

如 C_{60} 的 （2+2）加成生成二聚体 C_{120} 的反应，是将 C_{60} 与 KCN 或 KOAc、K_2CO_3 及微量的 Li 或 Na、K 等碱金属一起进行高速振动粉碎条件下的反应，无机物是作触媒的，反应 30min 达到平衡，二聚体含量为 30%。

（3）用离子液体催化反应，如以离子液体（BMIM）$AlCl_4$ 为催化剂（BMIM：1-丁基-3-甲基咪唑阳离子），进行醇或酚的四氢吡喃化反应，四氢吡喃化是多步有机合成中最常用的保护与去保护方法。

（4）应用主体-客体包接化合物的方法，如使用有光学活性的主体进行固相不对称还原反应。光学活性的 7 或 8 作为主体与酮 9 （客体）的包接化合物结晶粉末，与硼烷乙二胺 （$2BH_3 \cdot NH_2CH_2CH_2NH_2$）的配合物粉末混合，反应可得到光学活性的醇 R-(+)-10：

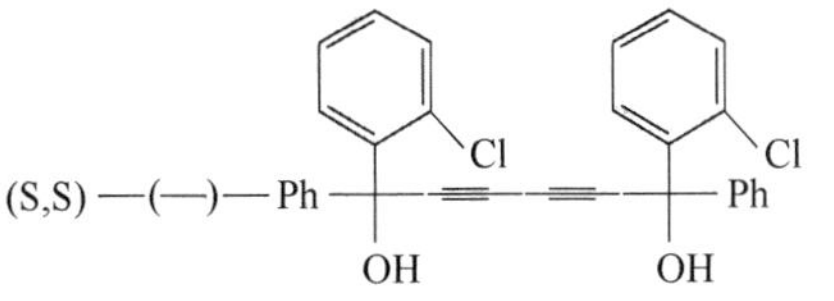

（5）用研钵研磨反应，如二苯乙二酮（21）与 2 倍量的 KOH 用研钵混合研磨，在 80℃反应 12min 后，混合物用稀酸洗净，得酸 22，产率 90%。苯环上有吸电子基时反应加快，有供电子基时反应变慢。

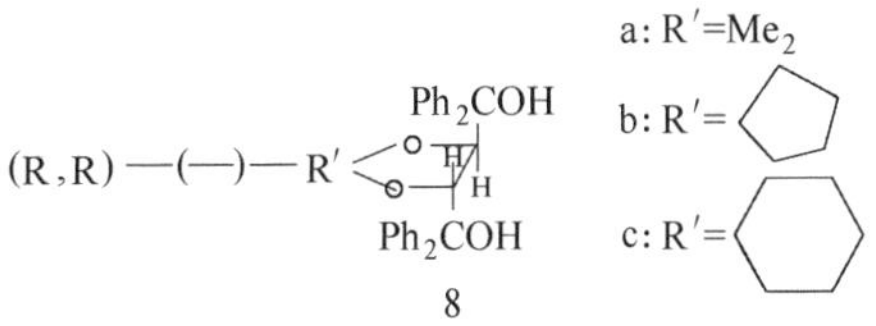

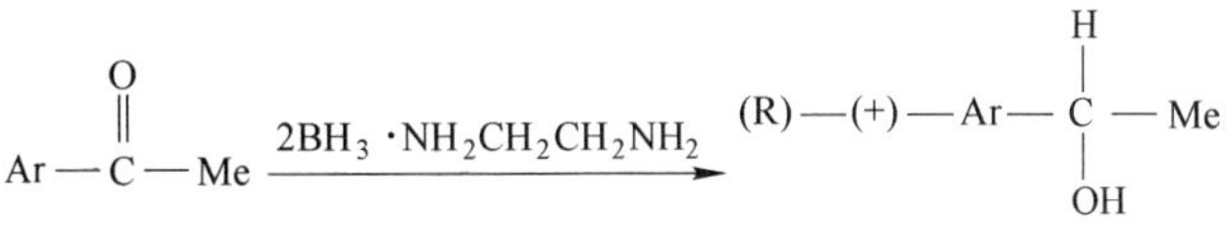

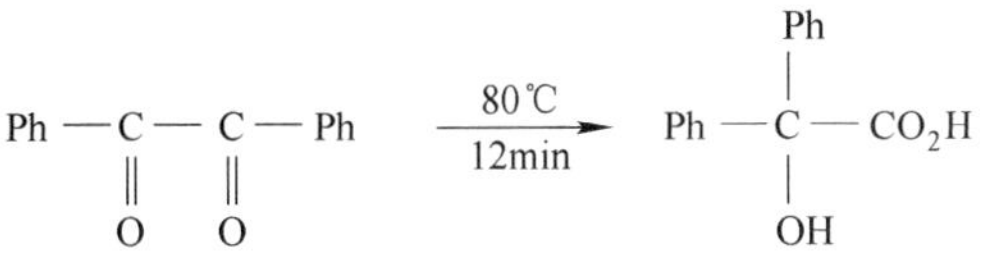

（6）其他能量形式，如光能、微波等促进反应，文献报道用 Al_2O_3 担载的醋酸钾 KAc 与 1-溴辛烷反应，用超声波照射，反应时间 2min，醋酸酯的产率达 99%。

另外，开发无溶剂反应或纯反应，使得反应及整个生产过程在无溶剂的条件下进行。如熔融态反应、等离子气体反应和纯固体支撑反应，随着转化方法及整个无溶剂合成途径的发展，还需要开发无溶剂的产品分离与净化方法以使整体效益最大。

5.1.2　催化合成

催化是化学工业的支柱，现代化学工业 80% 以上的化工过程是催化反应，但是传统的催化过程往往单纯注重生产的经济性而对其环境效益和生态效应注意不够，所以目前使用的催化剂多数都在一定程度上对环境带来危害。随着人们对绿色化学、清洁工艺的日益关注，研究和开发对环境友好的绿色催化技术也就成为十分重要的课题。

催化剂旧称触媒。根据国际纯粹化学与应用化学联合会（IUPAC）于 1981 年提出的定义，催化剂是一种物质，它能够改变反应的速率而不改变该反应的标准 Gibbs 自由焓变化。这种作用称为催化作用。涉及催化剂的反应为催化反应。

5.1.2.1　固载化均相催化剂

A　均相催化剂

催化剂和反应物同处于一相，没有相界面存在而进行的反应，称为均相催化反应。能起均相催化作用的催化剂为均相催化剂，均相催化剂包括液体酸、碱催化剂，可溶性过渡金属化合物（盐类和络合物等）。均相催化剂以分子或离子独立起作用，活性中心均一，具有高活性和高选择性。

均相催化剂尽管有这些优点，但要广泛使用时也有不少问题，除了一般碰到的腐蚀性问题之外，主要是均相催化剂难以从液相反应产物中分离出来。特别在以贵金属的络合物作催化剂时，更要注意分离问题，否则既不经济又要污染产品，影响下一步反应。为了使均相催化剂能更广泛地使用，许多学者进行了大量的研究，普遍采用均相催化剂的固载化方法来解决这个问题。

B　均相催化剂的固载化

均相催化剂的固载化，就是把均相催化剂通过物理或化学方法使其与固体载体相结合形成一种特殊的催化剂。在这种固载催化剂中的活性组分往往与均相催化剂具有同样的性质和结构，因而保存了均相催化剂高活性和高选择性的优点，同时又因结合在固体上，使其具有了多相催化剂的优点：易与产品分离并回收。而且，由于这类催化剂是在分子水平上进行研究和制备的，能够使人们对催化作用机理有更进一步的认识，研制一些性能更优异的催化剂。由于均相催化剂被固定在固体上，其浓度不受溶解度限制。因此可以提高催化剂的浓度，并使用较小的反应容器，可以进一步降低生产费用。

固载化催化剂所采用的载体一般为有机高分子化合物和无机氧化物。无机氧化物，如SiO_2、Al_2O_3、MCM-41、MCM-48 等，其机械强度、热稳定性、化学稳定性等性质都比高分子载体更具有优势。

C　均相催化剂的固载化方法

（1）离子交换。金属离子可以通过离子交换（ion exchange）固载于分子筛和酸性黏土上，如图 5-1 所示。例如钼和钨可交换到类水滑石阴离子黏土上。但主要的缺点是金属配合物容易流失到溶液中。

（2）密封。将金属配合物密封于固体基质中（encapsulation）这也是均相催化剂固载化的方法之一。例如，瓶中造船方法（ship-in-a-bottle）（从较小部分原位组装金属配合物），配合物形成后被截留在分子筛笼中，如图 5-2 所示。常用于固载酞菁、联吡啶和 Schiff 碱类配体。但未配合的金属、不含金属的配合物和目标配合物的碎片可能阻塞反应物或产物的扩散通道。

（3）接枝。接枝配合物到固体表面，通过形成共价键实现金属配合物在固体表面的引入，如图 5-3 所示。接枝的方法可以是直接引入金属配合物，例如浸渍或溶胶凝胶法。也可以是通过接枝过渡物质使载体表面功能化后引入金属配合物。

无机载体表面的活性基团一般为烃基，常采用含有二甲氧基或二乙氧基等活性基团的有机硅化合物作为接枝过渡物质，利用烷氧基与烃基易发生缩合反应而放出醇的性质，实现配合物的引入（见图 5-4）。这种载体表面功能化后接枝金属配合物得到的催化剂具有结构性能稳定的优点，可用于催化 Diels-Alder 双烯合成、碳基化、Friedel-Crafts 反应、Heck 反应、酯化、烯丙基胺化、加氢、氧化和各种缩合反应。

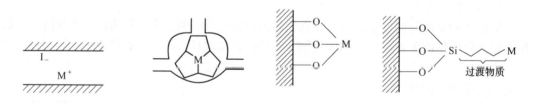

图 5-1　离子交换固载法　　　　图 5-2　密封固载法　　　　图 5-3　接枝固载法

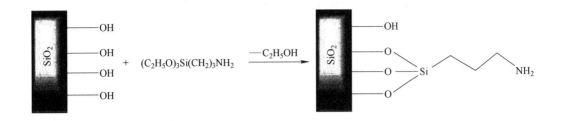

图 5-4　利用有机硅的接枝过程

还有报道以杂多酸例如磷钨酸（PTA）作为接枝过渡物质，将 Rh 均相配合物连接在 Al_2O_3 载体上。

D　影响固载催化剂活性的因素

一般来说，固载化后的催化剂常与相应的均相催化剂具有相近的活性，相同的反应机理。但也有活性变高和变低的情况。影响固载催化剂活性的因素主要如下。

（1）载体的影响。均相催化剂固载化后，载体的表面积、孔径分布对催化剂的活性有很大影响。

如图 5-5 所示将天然脯氨酸衍生物的含氮配体固载于硅胶（孔径 63~200μm）和修饰的 USY 分子筛（Ultrastable Y zsolite，孔径 12~30μm）上，然后再作为 Rh 催化剂的载体，用于乙酰胺基肉桂酸乙酯（a）或苯甲酰胺基肉桂酸乙酯（b）的不对称加氢，反应式如图 5-6 所示。

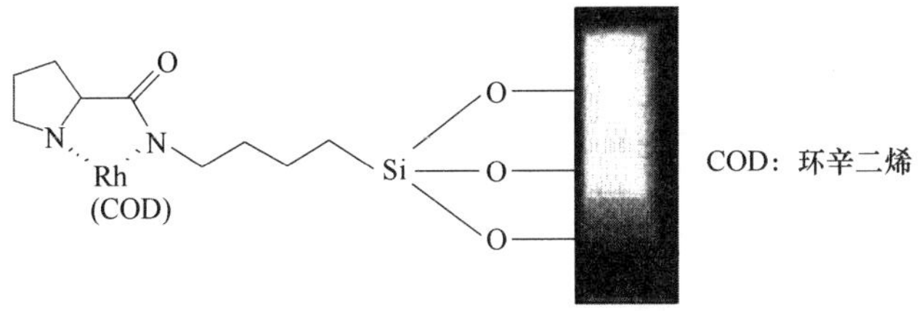

COD：环辛二烯

图 5-5　固载化的脯氨酸衍生物的含氮配体催化剂

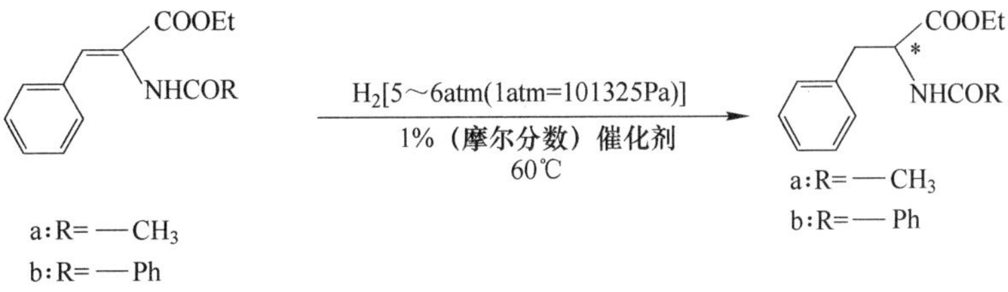

$$H_2[5\sim6atm(1atm=101325Pa)]$$
1%（摩尔分数）催化剂
60℃

a：R＝—CH₃
b：R＝—Ph

a：R＝—CH₃
b：R＝—Ph

图 5-6　乙(苯甲)酰胺基肉桂酸乙酯的不对称加氢过程

反应结果见表 5-1。

表 5-1   乙(苯甲)酰胺基肉桂酸乙酯的不对称加氢

底　物	对映体选择性 ee[①]/%		
	均相	硅胶	USY 分子筛
a	84.1	88.0	97.9
b	90.3	93.5	96.8

①对映体过量值。

　　从表 5-1 可以看出，USY 分子筛固载的配合物上的对映体选择性要高于硅胶固载或均相催化剂，而且分子筛固载的催化剂多次重复使用后无活性降低或 Rh 组分的流失。这是由于载体孔径的几何约束而导致配合物构象柔韧性受限制，从而防止配合物聚集，对催化剂的性能产生正影响。在以孔径较小的 USY 分子筛为载体时，以体积小的 a 为底物时所获得的对映体选择性要高于 b 为底物时。这是因为载体孔径小时，分子比较大的底物不易进入固体催化剂的孔内，不能接触固定在孔内的催化剂活性组分，所以活性降低。

　　另外，载体也会影响产物的构型。例如以中孔分子筛 MCM-41（孔径 25～10nm）为载体，将二茂铁基双膦配体（a）与氨丙基硅烷作用后（b），再与 PdCl$_2$ 反应，制得硅烷化的 Pd 配合物（c）固载于 MCM-41 上，其过程如图 5-7 所示。

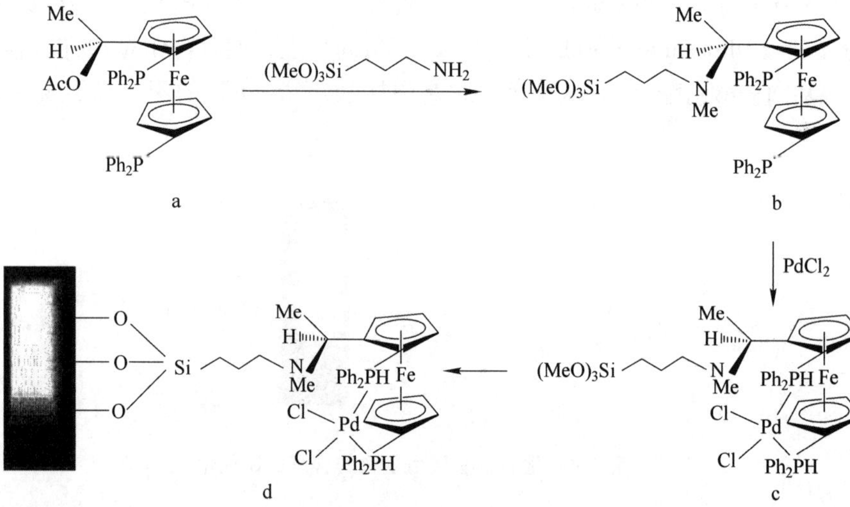

图 5-7   硅烷化的 Pd 配合物的固载化过程

将此固载催化剂（d）用于催化哌嗪甲酸乙酯的合成反应，见图 5-8。

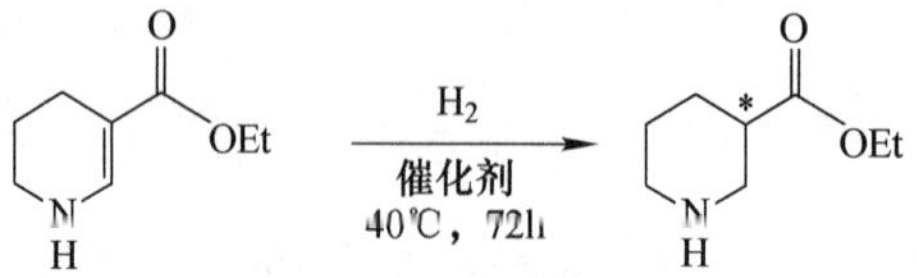

图 5-8   固载催化剂（d）催化哌嗪甲酸乙酯的合成过程

可以得到对映体选择性 17%ee，转化数 291 的反应结果，并且没有催化剂活性组分的流失。而应用均相催化剂（c）时，产物为外消旋体，转化数 98.0。尽管固载催化剂得到的对映体选择性还不是很理想，但其避免了外消旋产物拆分的过程。

（2）接枝过渡物质接枝长度的影响。以 SiO$_2$ 上固载 Rh 催化剂催化 α-乙酰胺基肉桂酸不对称加氢合成（R)-乙酰苯丙氨酸的反应为例来讨论接枝长度对催化反应的影响。

首先，甲硅烷基化的手性单膦被锚定在硅胶上，得到催化剂 A 系列（n=1~3），然后将得到的膦化的载体与 $[RhCl(C_2H_4)_2]_2$ 反应，这就是固载化的催化剂 B 系列（n=1~3），见图 5-9。

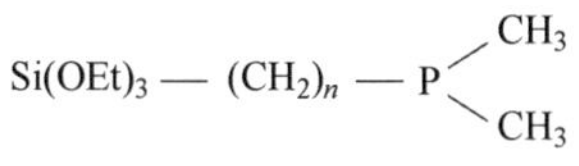

$$Si(OEt)_3 — (CH_2)_n — P\begin{cases} CH_3 \\ CH_3 \end{cases}$$

A系列催化剂（n=1，2，3）

$$SiO_2 \begin{cases} O \\ O \\ O \end{cases} Si —(CH_2)_n—PH \text{---} RhCl(C_2H_4)_2 \begin{cases} CH_3 \\ CH_3 \end{cases}$$

B系列催化剂（n=1，2，3）

图 5-9　硅烷化的 Pd 配合物的固载化过程

用以上的催化剂分别催化了 α-乙酰胺基肉桂酸的不对称加氢合成反应，见图 5-10。

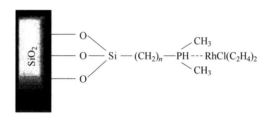

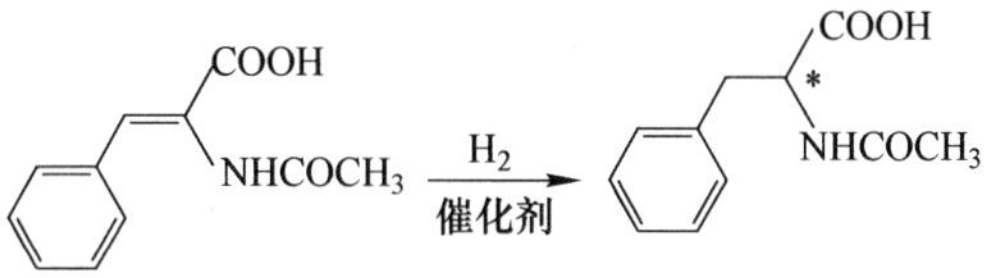

图 5-10　不同接枝长度的催化剂

表 5-2 列出了催化剂不同接枝长度对反应结果的影响。

表 5-2　不同接枝长度的催化反应结果

接枝长度（n 值）	A 催化剂		B 催化剂	
	反应时间/h	对映体过量值 ee/%	反应时间/h	对映体过量值 ee/%
1	23	54	14.5	67
2	9.5	80	5	80
3	—	—	3	87

　　从表 5-2 可以得出：对于 α-乙酰胺基肉桂酸的不对称加氢反应来说，固载的 Rh 配合物（B 系列）所显示的稳定性和产物选择性均优于相应的均相催化剂（A 系列），这是由于"活性位分离"（site isolation）的原因。由于固载化使活性位彼此分开，防止了相互作用而失活。

　　另外，接枝长度对催化剂的选择性和催化剂流失都有影响。当接枝长度增加时，对映体选择性增加，ee 值（对映体过量值）从 A（$n=1$）为催化剂时的 67% 增加到 B（$n=5$）的 87%；而催化剂流失减少，催化剂二次重复使用后，对于 A（$n=1$），Rh 的流失量为 90%，B（$n=5$）为催化剂时，这个值仅为 38%。这是因为接枝过渡烷基相对越长，则链越柔韧，Rh 配合物容易在表面形成二齿配位形式。

　　此外，均相催化剂的固载浓度，金属原子的电子性质，反应介质（或溶剂）等都会对催化活性产生影响。

　　E　几种常见的固载化均相催化剂

　　（1）固载化的酸催化剂。固载的酸催化剂被有效地应用于催化缩醛、缩酮、酯化、成醚、傅氏烷基化等反应，比均相的酸催化剂具有更高的稳定性和催化效率，并能重复使用。目前固载化的酸催化剂主要有吡啶盐、聚异丙基丙烯酰胺、二氧基乙烯酮缩醛等。固载的吡啶盐对醚化反应和醛、酮与乙二醇的缩合反应是一种较好的催化剂。聚异丙基丙烯酰胺树脂特有的温敏性，在催化缩醛脱保护时能方便地回收和分离。聚合物固载的二氰基乙烯酮缩醛不但是缩醛脱保护催化剂，而且还是 C—C 键联催化剂。

　　（2）固载化的碱催化剂。固载化的碱催化剂的研究报道相对来说较少。主要以 4,4-二甲基氨基吡啶（DMAP）为主。例如聚胺类聚合物固载的 DMAP 催化剂用来催化对硝基苯酯水解的反应，其活性比均相的 DMAP 要高。又如以交联聚苯乙烯为载体通过甲胺化反应固载 DMAP，能够有效地催化脂肪酸甲酯化反应，并且此催化剂能方便地回收，重复使用其催化活性降低较小。

　　（3）固载化的金属催化剂。由于有机金属化学的快速发展，出现了许多均相金属催化剂，用于烯烃加氢、烯的醛化等催化反应。但它们在空气和水中很不稳定，反应后催化剂不能回收再用，既污染环境、腐蚀设备，又造成许多昂贵的金属催化剂流失。因此人们就把均相金属催化剂键联到有配位基团的载体上制成固载金属催化剂。在催化反应中，其反应条件温和、稳定性高、腐蚀性小、有着很高的催化活性和选择性、昂贵的金属催化剂可回收再用。

　　固载的金属催化剂在有机合成中能催化烯烃加氢、醛化、硅氢加成、聚合、氧化反应、卤烃的双族基化反应等。例如硅胶固载的钴催化剂用于催化丁二烯聚合反应，动力学数据显示聚合速度与催化剂及单体的浓度均呈一阶关系，表明非均相的聚合机理和均相的机理是一样的。固载的钴催化剂的活性远高于相应的未固载的钴均相催化体系，其催化活性大大提高。又如通过聚 4 硫杂-6-二苯膦己基硅氧烷配体和氯化钯合成的硅胶固载的聚 4 硫杂-6-二苯膦己基硅氧烷钯配合物，这种固载化的钯催化剂对芳基卤化物的 Heck 羰基化反应在常压下都有较高的反应活性，产率可达 89%，并且催化剂具有良好的回收再用性能。

　　载体还可以同时固载两种金属，或两种及多种催化剂同时固载在同一载体上。例如用溶剂化金属原子浸渍技术制备的高分散树脂固载 Co-Ag 双金属催化剂，这种催化剂在用于二丙酮醇加氢反应和燃料电池电极反应时，具有更高的分散性和金属的还原度，并且随着金属含量的增加催化活性增大。

固载化的均相催化剂大大促进了催化反应技术的发展。但也存在一些普遍性问题，如固载量较低，回收催化剂活性降低等。需要不断改进和创新，开发高固载量、低失活的固载催化剂，促进绿色化学工业的健康发展。

5.1.2.2 生物酶催化剂

酶是存在于生物细胞中的特殊蛋白质，生物体内的一切化学反应几乎都是在酶催化下进行的。植物资源的利用需要将组成植物体的淀粉、纤维素、半纤维素、木质素等大分子物质转化为葡萄糖等低分子物质，以便作为燃料和合机化工原料使用。酶可以说是打开生物质资源宝库的钥匙。美国总统绿色化学挑战奖中就有多项关于酶催化剂的研究，见表5-3。

表 5-3　美国总统绿色化学挑战奖中关于酶催化剂的研究

年份	成　果
2000	Scriptps 研究所的 Chihuey Wong 教授开发了不可逆的酶催化的酯转化反应应用于药品生产
2001	Novozymes 公司利用果胶裂解酶开发了棉纤维润湿脱脂生物制备工艺，纺织厂节水 30%~50%
2003	Richard A. Gross 教授以"温和、选择性聚合的新选择，脂肪酶催化聚合"而获奖
2004	Buckman 实验室国际股份有限公司开发新型促进纸张循环利用的 OptimyzeR 酶技术
2005	Archer Daniels Midland 和 Novozymes 公司利用一种脂肪酶 LipozymeR 以酶法酯交换反应，从植物油制取低反式脂肪和油脂含量的制品
2005	Metabolix，Inc. 公司"利用生物技术将整个酶催化反应引入到某些细菌中，以细菌作为微型反应器制造天然塑料聚羟基烷酸酯（PHA）
2006	Codexis 公司采用先进的基因技术开发了一种酶基过程，改善用于合成 Lipitor R 的关键构件分子的生产过程

A　酶的化学本质

酶是生物体产生的具有特定催化功能的生物分子。根据酶的组成，酶可分成两类：单纯酶和结合酶。单纯酶水解后只获得氨基酸。也就是说单纯酶是由若干种氨基酸按照特定的序列，通过肽键（肽键是一种氨基酸的氨基与另一种氨基酸的羧基缩合失水而形成的键）结合而成的。结合酶是由蛋白质部分（酶蛋白）和非蛋白质部分（辅酶）结合而成的。辅酶可以是有机物（大多是 B 族维生素的衍生物），也可以是金属离子。单独的酶蛋白和辅酶都没有催化功能，只有当它们结合起来之后才具有催化功能。

酶催化剂除具有一般催化剂的共性外，还有如下一些特性。

（1）催化效率高。酶催化反应比一般的非催化反应快 $10^8 \sim 10^{20}$ 倍，比一般的催化反应快 $10^7 \sim 10^{13}$ 倍。

（2）高专一性。一种酶只对一种物质或一类物质起催化作用，原则上没有副反应。关于专一性的机制，有不同的学法，但它们的差别只在深层的问题上。一般地说酶分子和底物分子或其一部分，在立体结构上有一定的互补性，它们可以紧密地镶嵌在一起，如果底物分子中某一个链因紧密镶嵌而被削弱，就会导致底物分子发生特定的生化反应，由此可见，酶催化的专一性来自它特定的立体构象。

（3）温和的反应条件。例如反应是在常温、常压下进行，强酸、强碱、有机溶剂、重金属、光辐射等，凡是能够破坏蛋白质的都会使酶失活。

（4）酶的活力可以调节和控制。酶的催化活性与底物（原料、反应物）的立体结构有关，如果底物中有抑制剂就可以降低酶的活性。抑制剂有两类，一类是它的结构与底物相似，因而在一定程度上占据了酶分子结构中的活性中心；另一类是它与酶的非活动中心结合，改变了酶的立体结构，从而降低了酶的活性。

B　酶的分类

根据酶所进行的催化反应，可以分为氧化还原酶、转移酶、水解酶、裂合酶、异构酶和连接酶六大类。每一大类分为若干个亚类，每一亚类又分若干个酶，每一个酶都有一个由四个数字组成的编号，并在编号前冠以 EC 为字样，例如乳酸脱氢酶的分类号为 EC1. 1. 1. 27。EC 为 Enzyme Commission（酶委员会）的缩写，每一个酶的编号前加上 EC，表示是按照酶委员会所指定的方法进行的编号。

在酶的四个数字编号中，第一个数字表明该酶属于六大类中的哪一类；第二个数字表示该酶属于哪一个亚类；第三个数字表示该酶属于哪一个亚—亚类；第四个数字表示该酶在一定亚—亚类中的位置。一切新发现的酶都能按此系统得到适当的编号。这种国际编号方法比较明确，但在一般使用上并不方便。

（1）氧化还原酶（oxidoreductases）。氧化还原酶对氧化还原反应有催化作用。

典型反应：

脱氢　　　　　　　　　$A \cdot 2H + B \xrightleftharpoons{脱氢酶} A + B \cdot 2H$

氧化　　　　　　　　　$A \cdot 2H + O_2 \longrightarrow A + H_2O_2$

葡萄糖在有氧的条件下进行的氧化还原反应：

$$CH_2OH(CHOH)_4CHO + O_2 \xrightarrow{葡萄糖氧化酶} COOH(CHOH)_4CHO + H_2O$$
　　　　　葡萄糖　　　　　　　　　　　　　　　　　　葡萄糖酸

（2）转移酶（transferases）。转移酶的功能是转移基团，如转移甲基、甲酰基、糖苷基、氨基等基团等。

（3）水解酶（hydrolases）。水解酶对底物的水解反应起催化作用，如淀粉水解成糖、蛋白质水解成氨基酸、脂肪水解成脂肪酸等。

典型反应：

$$AB + C \xrightleftharpoons{转移酶} A + BC$$

丙氨酸与谷氨酸之间的氨转移：

$$\underset{丙氨酸}{\overset{NH_2}{CH_3CHC-OH}} + \underset{\alpha\text{-酮戊二酸}}{HO-C(CH_2)_2CHC-OH} \xrightarrow{谷丙转氨酶} \underset{丙酮酸}{CH_3C-CO} + \underset{谷氨酸}{HO-C(CH_2)_2CHC-OH}$$

（4）裂合酶（lyases）。裂合酶能促进使底物移去一个基团而留下一个双键的反应或逆反应，如脱羧酶（其逆反应称作羧化酶）、脱氨酶、水化酶等，均属此类。

典型反应：

$$AB \xrightleftharpoons{\text{裂合酶}} A + B$$

氨基酸脱去羧酸：

$$\underset{\underset{NH_2}{|}}{\overset{\overset{H}{|}}{R-C-COOH}} \xrightarrow{\text{脱羧酶}} R-CH_2 + CO_2 \atop NH_2$$

（5）异构酶（isomerases）。异构酶能促使同分异构物相互转变，例如将甜度为74%（以蔗糖的甜度为100%）的D-葡萄糖转化为173%的D-果糖。

典型反应：

$$A \xrightleftharpoons{\text{异构酶}} I$$

D-葡萄糖、D-果糖之间的异构：

$$\text{D-葡萄糖} \xrightleftharpoons{\text{异构酶}} \text{D-果糖}$$

（6）连接酶（ligases）。连接酶可以促进两种物质分子在ATP的参与下合成一种新物质的反应。连接酶也称合成酶。

典型反应：

$$A + B + ATP \xrightleftharpoons{\text{异构酶}} A-B + ADP(\text{或}AMP) + Pi(\text{或}PPi)$$

丙酮酸和二氧化碳合成草酰乙酸：

$$\text{丙酮酸} + H_2O + CO_2 + ATP \xrightleftharpoons{\text{异构酶}} \text{草酰乙酸} + AMP + Pi$$

C 酶的命名

（1）系统命名法。1961年国际生化会议酶委员会提出了酶的系统命名法原则。系统名的组成包括：正确的底物名称、类型、反应性质和一个酶字。例如D-葡萄糖酸-δ-内酯水解酶。若底物为两种，则需列出两个底物的名称，两者之间用冒号（:）分开，例如L-谷氨酸：α-酮戊二酸转氨酶。氧化还原酶类的命名是在供体、受体后面加"氧化还原酶"一词作词尾。如醇：NAD氧化还原酶。

（2）习惯命名法。习惯命名法是用底物加反应（或逆反应）类型来命名。如乳酸脱氢酶、谷丙转氨酶、葡萄糖异构酶等。对于水解酶可省略水解两字而只标明底物，如蛋白酶、淀粉酶、脂肪酶等。必要时还可以将酶的来源置于底物名称之前如胃蛋白酶、唾液淀粉酶等。

D 酶的固（态）化

酶是一种水溶性催化剂，如以溶液形态使用，在反应完成、产物被分离出来以后，作为催化剂的酶将随废水一起排放，不仅造成浪费，而且污染环境，如果将酶固（态）化，就可以避免上述不良后果。

酶的固（态）化主要有载体结合、包埋及交联三种方法。

载体结合法：载体结合就是将酶沉积、附着并结合在某种粒状固体载体上。用载体结合的酶，其活性较稳定，使用寿命也较长，可以连续而较长期地用于固定床或流化床反应器上。对于全混流反应器，也可在反应完成后，通过过滤或离心分离将其回收并重复使用。

　　包埋法：包埋法是三种固（态）化方法中应用最广的一种，因为在包埋过程中酶不会受到损伤。包埋法不仅可应用于酶，也可应用于产酶细菌的固（态）化。包埋法把酶或产酶的细菌包裹在有限的空间中。这个空间可以是凝胶，也可以是聚合物构成的半透膜胶囊。酶或细菌不会透过半透膜，而溶于水中的底物（反应物）和产物可以透过。包埋法更常用于固（态）化产生酶的细菌，因为这一方法可以省掉分离酶的过程，因而可以降低制作成本。因为包埋的酶在细胞内是自然状况，具有较高的活性，而且被包埋的细菌如处于生存状态，仍可发育繁殖。因此包埋法是工业发酵的一个新的发展方向。用于固（态）化的包埋材料通常有海藻酸、聚丙烯酰胺凝胶、琼脂、卡拉胶等。

　　交联法：交联法是采用双功能或多功能试剂，使酶分子之间或酶分子与载体之间或酶分子与惰性蛋白之间交联聚合成"网状"结构的固定化方法。戊二醛是最常用的双功能试剂。

　　其中载体结合法和包埋法最常用。

　　E　酶的应用

　　酶的应用甚广，发展十分迅速。几个酶产量较大的国家年产量都以万吨计。目前应用最多的是蛋白酶，其中用量最大的是作为添加剂用于生产可以有效去除蛋白质污渍的洗涤剂；其次是在皮革工业中用于脱毛、软化；在纺织业中用于生丝的脱胶、软化；在食品工业中用于嫩化肉类、软化肠衣、提高面团延伸性等。近年来蛋白酶在医药方面也有较多的应用，如用于治疗动脉硬化、高血压、血栓性静脉炎、蛇毒伤以及消炎、止血、退肿等。用量次于蛋白酶的是以糖类为底物的水解酶，如糖化酶、淀粉酶、葡萄糖异构酶、纤维素酶等。

　　（1）乙醇的发酵生产。乙醇是重要的溶剂和化工原料。乙醇的生产有两种路线：一是以碳水化合物为原料，通过发酵生产乙醇，二是以石油产品为原料通过有机合成生产乙醇。当石油产品价廉时，用合成法比较经济，但这种方法生产的乙醇含有甲醇、高级醇和其他杂质，这些杂质对人体有害，不能用于生产饮料、食品、医药、香料以及其他与人体接触的产品。生产食品必须采用发酵法生产的乙醇。另外从资源的角度看，发酵法的主要原料，如糖蜜（生产蔗糖时残留的母液）、淀粉、玉米、薯干、高粱等，都是可再生资源，又不受地域限制，因此有广阔的发展前景。植物纤维素也是糖类，而且资源最为丰富、廉价，应该说是最有发展前途的原料。只是目前可用的纤维素酶还不能快速而深度地降解小树枝、枯枝、杂草、谷壳等含木质素较多的纤维素废物，未能成为技术经济上可行的主要原料，但是随着基因工程的高速发展，解决这一问题不是遥远的梦想。用发酵法生产乙醇的原料主要是淀粉和糖蜜。

　　用淀粉作原料主要经过预处理，使之成为葡萄糖，其生产流程如图 5-11 所示。将原料（玉米、甘薯、高粱等）粉碎后蒸煮，在 120～150℃ 温度下使淀粉细胞破裂，淀粉游离、溶解而糊化。糊化的淀粉在催化剂的催化作用下成为葡萄糖。糖化剂有三种：麦芽、酶制剂、曲，我国多使用曲，制曲常用曲霉菌如米曲霉、黑曲霉。用固体表面培养的曲称作麸曲；用液体深层通风培养的曲称作液体曲。作为糖化剂的曲含有液化型淀粉酶（α 淀粉酶）和糖化剂淀粉酶（糖化酶）。

　　α-淀粉酶破坏淀粉分子的网状结构成为糊精，糖化酶使糊精水解成葡萄糖。淀粉经糖化以后，加入酵母使之发酵。其反应过程为：

$$(C_6H_{10}O_5)n + nH_2O \longrightarrow nC_6H_{12}O_6$$

$$0.5C_6H_{12}O_6 + H_3PO_4 \xrightarrow[ADP \to ATP]{NAD \to NADH_2} CH_3COCOOH$$

淀粉 → 蒸煮 → 糖化 → 发酵 → 蒸馏 → 乙醇

曲　　　　酵母

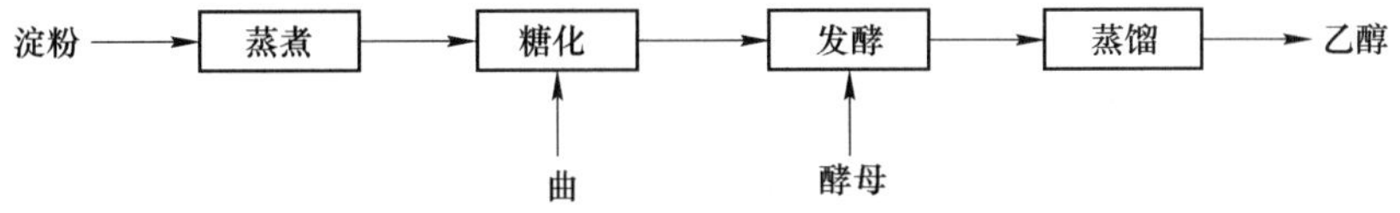

图 5-11　乙醇生产流程

丙酮酸在丙酮酸脱羧酶的作用下生成乙醛：

$$CH_3COCOOH \xrightarrow{\text{丙酮酸脱羧酶}} CH_3CHO + CO_2$$

乙醛则在乙醇脱氢酶及辅酶的作用下，还原成乙醇：

$$CH_3CHO \xrightarrow[NADH_2 \to NAD]{\text{乙醇脱氢酶}} CH_3CH_2OH$$

发酵后的固、液混合物称作醪，用过滤法分离出固体后，可通过蒸馏法获得乙醇。

近年来细菌固（态）化技术在乙醇生产中有所发展。此法先将酵母菌固（态）化，将制好的固（态）化酵母菌小粒用作反应塔的固定床填料。这样，一个反应塔的生产能力相当于几个发酵罐，发酵时间也能从传统的 30h 缩短到 3h 以下，乙醇的生产能力为 $20\sim50kg/(m^3 \cdot h)$，比传统的发酵罐的生产能力 $[2kg/(m^3 \cdot h)]$ 大很多倍。

（2）氨基酸—味精的发酵生产。氨基酸广泛应用于食品（味精）、饲料添加剂、药物、化妆品和甜味剂（天冬氨酸），除此以外也可作为表面活性剂。过去氨基酸是从蛋白质水解而来。自从 20 世纪 50 年代开始用发酵法生产谷氨酸（味精）以后，绝大多数氨基酸都是用发酵法或酶法生产。

在氨基酸生产中，产量最大的是谷氨酸，其化学名称为 α-氨基戊二酸。谷氨酸的结构式为 $COOHCH(NH_2)CH_2CH_2COOH$，谷氨酸的钠盐就是味精。我国年生产味精超过 $1.5 \times 10^5 t$，占世界总产量的 50%。

味精的生产过程有以下 4 步。

1）淀粉水解成葡萄糖：

$$(C_6H_{10}O_5)n + nH_2O \longrightarrow nC_6H_{12}O_6$$

2）糖液发酵生产谷氨酸。葡萄糖经过酵解生成丙酮酸之后，丙酮酸一部分脱羧成乙酰辅酶 A，另一部分则将脱羧过程所产生的 CO_2 予以固定生成草酰乙酸 $COOHCH_2COCOOH$，草酰乙酸与乙酰辅酶 A 在柠檬酸合成酶的催化作用下缩合成柠檬酸 $COOHCH_2C(OH)(COOH)CH_2COOH$，再在辅酶 NAD、脱羧和氨的作用下生成谷氨酸。

淀粉经糖化以后，加入酵母使之发酵生成丙酮酸：

$$0.5C_6H_{12}O_6 + H_3PO_4 \xrightarrow[ADP \to ATP]{NAD \to NADH_2} CH_3COCOOH$$

一部分丙酮酸在丙酮酸脱羧酶的作用下生成乙醛：

$$CH_3COCOOH \xrightarrow{\text{丙酮酸脱羧酶}} CH_3CHO + CO_2$$

另一部分丙酮酸将二氧化碳固定生成草酰乙酸：

$$\text{丙酮酸} + H_2O + CO_2 + ATP \xrightleftharpoons[]{\text{异构酶}} \text{草酰乙酸} + AMP + Pi + PPi$$

总反应方程式为：

$$CH_2OH(CHOH)_4CHO + NH_3 + 1.5O_2 \longrightarrow C_5H_9O_4N + CO_2 + 3H_2O$$

葡萄糖   谷氨酸

生产谷氨酸的菌种主要是棒杆菌属、短杆菌属、微杆菌属及节杆菌属的细菌。谷氨酸在细胞体内合成，然后通过细胞膜扩散到培养基中。

谷氨酸以及其他许多氨基酸的发酵产率受环境条件影响甚大。环境可以改变代谢途径得到不同产物，见表5-4。

表 5-4　环境因素对谷氨酸发酵产物的影响

环境因素（少 $\rightleftharpoons$ 多）	产物 $\rightleftharpoons$ 产物
氧	乳酸或琥珀酸 $\rightleftharpoons$ 谷氨酸
NH_4^+	α-酮戊二酸 $\rightleftharpoons$ 谷氨酸 $\rightleftharpoons$ 谷氨酰胺
生物素	谷基酸 $\rightleftharpoons$ 乳酸或琥珀酸
H^+	谷氨酰胺 $\rightleftharpoons$ 谷氨酸
磷酸	谷氨酸 $\rightleftharpoons$ 缬氨酸

3）谷氨酸的提取。目前应用最多的谷氨酸提取方法是等电点与离子交换相结合的方法。谷氨酸与其他氨基酸都是两性化合物，都有等电点。谷氨酸的等电点为 pH = 3.2。在等电点时，氨基与羧基附近的正、负静电荷等于零，此时氨基酸在水中的溶解度最小。另外，降低温度也可降低氨基酸的溶解度。为了获得颗粒较大、纯度较高的谷氨酸，必须防止溶液过度的过饱和。具体措施是在缓和搅拌的条件下缓慢地降低 pH 值和温度，当pH 值降到 4.2~4.8，温度降低到 24~26℃时，谷氨酸已处于轻度过饱和，手触和目视可发现晶核出现。这时停止加酸和降温并投加纯度高的晶种继续搅拌 2h，让晶核长大成晶体，然后继续缓慢地加酸和降温使晶体长大。当 pH 值达到 3.2，温度降到 3℃左右，继续搅拌 8h，然后静置 5h，使晶体完成长大过程。最后用伞式高速离心机（立式转鼓，鼓内设多层倒锥形分离板）进行固液分离。谷氨酸晶体回收率可达到 78%~80%。分离出晶体的母液含谷氨酸的质量分数约为 1.8%，可用离子交换法进一步回收。谷氨酸提取流程，如图 5-12 所示。

当母液与前流液混合，并加酸使 pH 值降至 1.5，当经过阳离子交换柱时，其中的谷氨酸即被树脂截获，其他则作为废水排出。当树脂吸饱谷氨酸后，改用 pH 值为 9.5 的洗脱液使谷氨酸洗脱，先洗出的液体 pH 值较低，后洗出的较高。按其 pH 值可分成三段：第一段 pH 值为 1.5~2.2，即为前流液，可与离心机分离出的母液混合，再重新进行离子交换；第二段 pH 值为 2.2~5.2，含谷氨酸浓度较高称作高流液，可返回与发酵液混合配成等电点溶液，冷却和离心分离以获得谷氨酸；第三段称作后流液，pH 值为 6.0~8.8，可加氨配成 pH 值为 9.5 的洗脱液，用于离子交换柱的洗脱。味精是谷氨酸的单钠盐，带

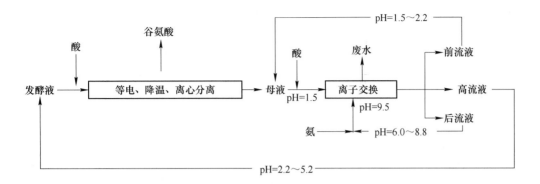

图 5-12 谷氨酸提取流程

有一个分子的结晶水，化学名称叫 α-氨基戊二酸—钠，其生产过程如图 5-13 所示。整个生产过程包括许多操作步骤，但其目的主要是中和、除杂和分离。

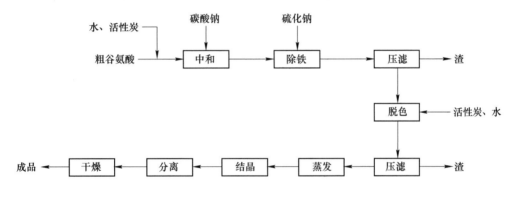

图 5-13 味精的生产过程

目前，合成用催化剂和试剂一般只能完成一个转换（如氧化、还原、甲基化等），而生物体系往往可以用一种试剂完成几种变换。这些变换包括活化、结构调整、一个或多个转换或衍生。根据天然酶的结构和催化原理，从天然酶中挑选出起主导作用的一些因素，设计合成既能表现酶功能，又比酶简单的非蛋白质分子（人工酶），模拟酶对反应底物的催化作用，利用生物模拟设计催化剂和试剂，使所设计的化学品拥有生物体系一样令人羡慕的特性，称为仿酶催化技术。仿酶催化剂代替传统的工业催化剂，提高反应的选择性，加快反应的速度，使反应条件变温和，减轻对环境的污染。

5.1.2.3　高效化学催化剂

有机反应一般速率较慢，产率较低，因此大多数（85%）有机合成反应过程需要借助催化剂来提高反应过程的效率，因此选择性能优良的催化剂对于有机合成过程具有关键的促进作用。

A　固体酸催化有机合成

a　固体超强酸催化剂

（1）概述。固体超强酸是指比 100% 硫酸的酸强度还高的固体酸。酸强度常用 Hammet 指示剂的酸度函数 H_0 表示，$H_0 = pK_a$（所用指示剂的 pK_a 值）。已测得 100% 硫酸

的 $H_0 = -11.93$。因此，可将 $H_0 < -11.93$ 的固体酸看成固体超强酸。H_0 值越小，酸强度越大。固体超强酸可分为以下三种类型。

1）金属氧化物负载硫酸根型的固体超强酸 SO_4^{2-}/M_xO_y，如 SO_4^{2-}/TiO_2 和 SO_4^{2-}/Al_2O_3 等，还包括采用复合氧化物载体的类型，如 $SO_4^{2-}/TiO_2\text{-}Al_2O_3$。此类催化剂具有催化活性高、不腐蚀设备、耐高温及可重复使用的特点，适用于所有需强酸催化的反应。

2）强 Lewis 酸负载型固体超强酸，主要是指将 BF_3、$AlCl_3$ 及 SbF_5 等组分负载于多孔氧化物、石墨及高分子载体上所形成的固体酸，如 $AlCl_3$/离子交换树脂、BF_3/石墨等。这类催化剂中 Lewis 酸与载体之间主要通过物理和化学吸附作用进行结合。此类催化剂存在活性组分溶脱和其中的卤离子对设备有较强的腐蚀作用等问题，并且不适合于在较高温度条件下使用。

3）其他类型固体超强酸，如杂多酸型、分子筛型及高分子树脂型等。这些催化剂种类都会在本节后续章节做详细介绍。

SO_4^{2-}/M_xO_y 型固体超强酸酸性中心的形成主要源于 SO_4^{2-} 在固体氧化物表面上的配体吸附，使 M—O 键上的电子云强烈偏移，产生强 Lewis 酸中心，该中心吸附水分子后，对水分子中的电子产生强吸引作用，从而使其发生解离而产生质子酸中心。

固体超强酸按照碳正离子机理进行催化反应。一般来说，影响催化剂活性（用转化率或选择性来表示）的因素包括反应温度、压力、反应物配比、空速、催化剂粒度和反应器形式等。另外，催化剂自身的物理化学性质（比表面积、孔容积、孔径及活性组分分布等）也是决定催化剂活性的先决条件。

影响 SO_4^{2-}/M_xO_y 型催化剂活性的主要因素为金属化合物种类、沉淀剂、金属氢氧化物的晶型、溶剂、SO_4^{2-} 引入方式及其浓度。

（2）SO_4^{2-}/M_xO_y 的常用制备方法。

1）沉淀浸渍法。沉淀浸渍法是目前使用最广泛的制备 SO_4^{2-}/M_xO_y 的方法，该法具有工艺简单、操作容易及原料价格低等优点。它包括直接沉淀法、均匀沉淀法和共沉淀法。沉淀浸渍法是将合适的金属盐溶液与碱进行复分解反应生成氢氧化物沉淀，然后经过滤、洗涤、干燥和焙烧得到金属氧化物，再经 H_2SO_4 溶液浸渍、过滤和焙烧获得固体超强酸。所采用的沉淀剂为碱或羟胺，pH = 9~11。例如 SO_4^{2-}/TiO_2 催化剂的制备是将 $TiCl_4$ 与稀氨水反应生成白色的 $Ti(OH)_4$ 沉淀，经抽滤、洗涤、干燥及粉碎得到 TiO_2，再用 0.5mol/L 的 H_2SO_4 溶液浸渍 12h，在 500℃下活化 3h，得到 SO_4^{2-}/TiO_2 固体超强酸催化剂。

2）溶胶-凝胶法。溶胶-凝胶法是将有机金属盐（或无机盐）分散在溶液中，经水解后生成活性单体，活性单体经聚合成为溶胶，溶胶经陈化后生成具有一定结构的凝胶，最后经干燥、焙烧制得金属氧化物，再经 H_2SO_4 溶液浸渍、焙烧制得固体超强酸。该法的特点是制得的催化剂的比表面积大，催化剂颗粒均匀。但该法的制备周期较长，一般需要几天或几十天才能完成一次操作过程，且催化剂的制备成本高。例如 SO_4^{2-}/ZrO_2 催化剂的制备是以锆酸四丙酯（$Zr(OCH_2CH_2CH_3)_4$）为原料，少量硝酸为催化剂，向锆酸四丙酯的丙醇溶液中滴加异丙醇的水溶液，使有机锆水解得到 $Zr(OH)_4$ 溶胶，此溶胶在 150℃下缓慢干燥一定时间得到凝胶，凝胶经在 420℃下干燥、粉碎、H_2SO_4 溶液浸渍及 550℃ 焙烧后制得 SO_4^{2-}/ZrO_2 固体超强酸。其比表面积为 188m^2/g，比沉淀浸渍法制备样品的比表面积大 50%。

在溶胶-凝胶法中，若结合超临界流体干燥技术，所获得的催化剂将具有更好的性能。

3）固相合成法。固相合成法是将金属盐和金属氢氧化物按一定比例混合，然后进行焙烧得到相应的金属氧化物的固体超强酸。该法具有设备和工艺简单、反应条件容易控制、产率高、成本低等优点。但产品粒度不均一且易团聚，从而影响催化剂的酸度分布与活性。Hino 利用固相合成法制备了含 Pt 的 SO_4^{2-}/ZrO_2 固体超强酸。其制备过程如下：把干的 $Zr(OH)_4$ 粉末浸于 H_2PtCl_6 溶液中，在 200K 下干燥，再与 $(NH)_2SO_4^{2-}$ 粉末混合研磨，在 600℃下焙烧 3h 后得到含 Pt 的 SO_4^{2-}/ZrO_2。活性评价实验表明负载 Pt 后可使催化剂的活性稳定性有很大的提高。

（3）固体超强酸催化剂的应用。

1）烷基化反应。烷基化是制备表面活性剂原料烷基苯、抗氧剂、叠合汽油及其他芳香烃类物质的重要反应过程，这些反应均属于强酸催化过程，传统上主要使用 H_2SO_4、HF 和 $AlCl_3$ 为催化剂，目前固体超强酸已用于烷基化反应过程。如以 SO_4^{2-}/ZrO_2 为催化剂，由异丁烷和丁烯烷基化制备叠合汽油的反应中，丁烯的转化率可达 100%，产物中 C_8 的含量达到 80%以上。

2）酯化反应。固体超强酸已成功地用于酯化反应过程来合成各种酯、增塑剂、表面活性剂、防腐剂及香料等。例如，在 PEGMS 非离子表面活性剂合成过程中，以 SO_4^{2-}/ZrO_2 为催化剂，当硬脂酸与聚乙二醇（PEG400）的物质的量比为 1:2，催化剂用量为每摩尔酸 15g，反应温度为 125℃，反应时间为 6h 时，所得酯化粗产物中单酯为 44.8%，双酯为 1%。提纯后单酯含量达 97%，硬脂酸的转化率在 90%以上。此法反应条件温和，产物单酯含量高。

3）酰基化反应。酰基化反应是制备许多精细化工中间体及产品的重要反应过程，也属于强酸催化反应过程。在甲苯与苯甲酰氯的酰基化反应过程中，以 $SO_4^{2-}/ZrO_2\text{-}Al_2O_3$ 为催化剂，反应温度为 110℃，反应时间为 12h，转化率达 100%。

4）低聚反应。低聚反应主要是指几个到几十个含双键单体的聚合过程，用于由低碳数的烯烃制备高碳数的烯烃。该类反应主要由 Brönsted 酸催化。由于固体超强酸具有 Brönsted 酸，因此固体超强酸也被用于低聚反应过程。例如，SO_4^{2-}/TiO_2 已用作乙烯、丙烯、1-丁烯等低聚反应的催化剂，SO_4^{2-}/ZrO_2 用于萘低聚反应。

5）缩醛和缩酮反应。缩醛（酮）反应是合成精细化工中间体、香料、表面活性剂等的重要反应，固体超强酸催化剂对此类反应表现出较高的活性。例如，以 $SO_4^{2-}/TiO_2\text{-}WO_3$ 为催化剂，当催化剂用量为反应物总质量的 0.25%，酮与醇的物质的量比为 1:2，环己烷为带水剂，反应 1h 后，产物的产率达 84.2%。另外，以 SO_4^{2-}/ZrO_2 为催化剂合成绿色表面活性剂烷基葡萄糖苷（APG），当催化剂质量为葡萄糖质量的 10.5%，无机酸与有机酸的质量比为 5:1，反应时间为 5h 时，葡萄糖的转化率接近 100%。

6）异构化反应。异构化反应是典型的超强酸催化反应，主要用于由直链烷烃制备异构烷烃，再经脱氢制备异构烯烃及从轻石油制取高辛烷值汽油等。利用 SO_4^{2-}/ZrO_2 为催化剂，在 20~50℃下进行正丁烷的异构化反应，主要产物为异丁烷，选择性达 97.9%。而含有 Pt 的 SO_4^{2-}/ZrO_2 催化剂在此异构化反应过程中则表现出非常好的催化活性及稳定性，使用 1000h 后仍无失活现象。

该类催化剂还被用于醚化、F-T 合成、水合（或脱水）及环化等反应过程。

b　分子筛催化剂

（1）概述。分子筛是指能在分子水平上筛分物质的多孔的无机硅铝酸盐的聚合物，它包括天然沸石和人工合成分子筛两类。天然沸石共有 50 多种，代表物为丝光沸石和天然层柱状硅铝酸盐（蒙脱土）。人工合成分子筛目前已有 170 种以上，工业上应用的有 MCM-2、ZSM-5、SAPO、镁碱沸石、RH、SAPO-34 等，正在开发的有磷锡沸石分子筛、钒铝沸石分子筛、纳米分子筛、介孔及大孔分子筛等。这些分子筛绝大部分可用作固体催化剂，用于石油炼制、精细化工、气体净化及吸附分离、特种功能材料制备等过程。人工合成分子筛已成为现代化工中应用最为广泛的催化剂。

（2）沸石分子筛的分类和结构特征。近年来国际上的分类方法是将沸石分子筛分成十个族：方沸石族、钠沸石族、片沸石族、钙十字沸石族、丝光沸石族、菱沸石族、八面沸石族、浊沸石族、Pentasil 族（ZSM-5 和 ZSM-11）和笼形物族（ZSM-39）。我国学者根据沸石分子筛骨架的特征及所属的晶系将分子筛分为五族：第一族为含有四元环和六元环，具有立方构型的沸石骨架；第二族具有六重轴或三重反轴对称性的沸石骨架，属六方或三方晶系；第三族是由五元环构成的骨架，一般为正交或单斜晶系的晶体；第四族是由四元环或八元环组成的骨架；第五族是不具备上述四类特征的沸石，目前只有浊沸石一种。

构成沸石分子筛骨架的最基本结构单元为由中心原子 T（T 为 Si、Al、Ti、Fe、V、B、Ga、Be、Ge 等）所组成的四面体。常见的中心原子为 Si、Al、Ti，中心原子与周围的 4 个氧原子以 sp^3 杂化轨道成键。结构单元四面体的立方结构和平面结构如图 5-14 所示。

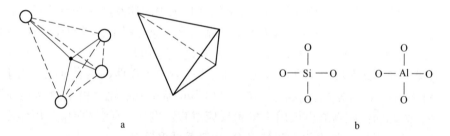

图 5-14　沸石分子筛中四面体间的连接方式
a—基本单元的立体结构；b—基本结构单元的平面

沸石分子筛是由多个 TO_4 四面体连接而成的，连接物为四面体的顶点氧原子（也称氧桥），其连接方式如图 5-15 所示。

在连接的过程中两个铝氧四面体不能相邻，通过氧桥相互连接的四面体形成了具有不同环结构的二级结构单元。一种或多种二级结构单元构成了复杂分子筛的骨架结构。二级结构单元通过氧桥进一步连接形成笼结构。笼结构是构成各种沸石分子筛的主要结构单元，二级结构单元在组合过程中围成新的更大的孔笼，孔笼又通过多元环窗口与其他孔笼相通，这样在沸石晶体内部孔笼之间形成了许多通道，称为孔道。沸石的孔径是指沸石主孔笼的最大多元环窗口尺寸。不同沸石分子筛的孔道结构数据见表 5-5。不同的沸石的孔口几何形状是不相同的。按孔径大小，可将沸石分为小孔、中孔、大孔和超大孔四种。

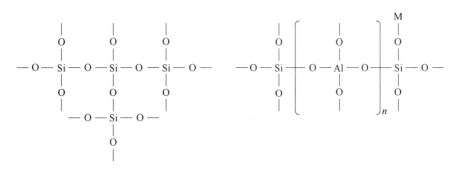

图 5-15 沸石分子筛中四面体间的连接方式

表 5-5 多元环的最大直径

环	四元环	五元环	六元环	八元环	十元环	十二元环
最大直径/nm	1.15	1.60	2.80	4.50	6.30	8.00

除了孔道形状和大小的差异，不同沸石分子筛的孔道分布（维数）也是不同的，在 n 个坐标轴上孔道相通，就称为 n 维，有三维（A 型、八面沸石、ZSM-5）、二维（丝光沸石、镁碱沸石）和一维（ZSM-48）。

（3）沸石分子筛催化剂的特点。

1）沸石分子筛的特征孔尺寸使得它对反应物能够选择性地吸附。一般而言，动力学直径比沸石孔径大 0.1nm 以内或小于孔径的分子可进入沸石分子筛的孔内。因而沸石分子筛作为催化剂具有优异的反应选择性。

2）沸石分子筛的特定的孔道结构直接影响着反应系统物质的扩散行为，小孔和大孔沸石分子筛由于对产物扩散的限制而易于失活，中孔沸石分子筛则不容易结焦失活。

3）沸石分子筛具有酸性。研究表明，沸石分子筛具有 Lewis 酸或 Bronsted 酸中心，可用于酸催化的反应。

4）沸石分子筛具有高的热稳定性和水热稳定性。

5）催化剂无毒，对环境无害，对设备无腐蚀。因此，沸石分子筛是一种符合绿色化学要求的固体酸催化剂。

（4）沸石分子筛酸中心的产生途径及催化作用原理。

沸石分子筛酸中心的产生有以下三种途径：1）沸石分子筛脱阳离子形成酸中心；2）沸石分子筛与多价阳离子交换形成酸中心；3）沸石分子筛中的质子、阳离子及骨架氧均可移动，沸石表面上的氧离子和阳离子的表面扩散导致 O—H 解离，使沸石分子筛的酸性增强。

沸石分子筛经阳离子交换后产生的 Brönsted 酸中心，或是再经脱水产生的 Lewis 酸中心，均可作用于反应物形成碳正离子，并按碳正离子机理进行催化转化。

（5）沸石分子筛催化剂的制备方法。

1）溶胶-凝胶法。这是最原始的合成方法，将可溶性铝盐、可溶性硅盐在强碱作用下形成活性凝胶，凝胶在加热的条件下陈化可得到沸石结构。进一步的改进是使用季铵盐类模板剂来调控沸石的孔结构。其反应原理为：

$$NaAlO_2 + NaSiO_3 + NaOH + R_4N^+OH^- \longrightarrow 硅胶 \xrightarrow{100℃,\ 6h} 沸石$$

2）水热合成法。水热合成法是使用最广泛的合成沸石分子筛的方法。水热法合成沸石分子筛包括两个基本过程：硅铝酸盐水合凝胶的生成和水合凝胶的晶化。晶化过程一般包括以下四个步骤：① 聚硅酸盐和铝酸盐的再聚合；② 沸石的成核；③ 核的生长；④ 沸石晶体的生长及引起的二次成核。

影响沸石分子筛合成过程的因素较多，目前主要是研究反应条件对合成过程的影响，如反应物的组成、反应物的类型与性质、陈化条件、晶化温度和时间、pH 值。

合成沸石分子筛的主要原料为含铝化合物、含硅化合物、碱、水和模板剂，其组成通常表示为 $xM_2O \cdot Al_2O_3 \cdot ySiO_2 \cdot zH_2O$。合成沸石分子筛常用的原料见表 5-6。

表 5-6 合成沸石分子筛常用的原料

原料种类	具体物质名称
含铝化合物	活性氧化铝、氢氧化铝、偏铝酸钠及其他铝的无机盐
含硅化合物	硅胶、硅溶胶、硅酸钠、硅酸酯、粉状 SiO_2 和石英玻璃
碱	氢氧化钠、氢氧化钾、氟化物
模板剂	季铵盐、胺、二胺、醇胺、醇、二醇、季膦碱
水	去离子水

水热法合成沸石分子筛的一般过程为：

$$反应物 \xrightarrow{混合} 凝胶 \xrightarrow[晶化]{100\sim450℃} 沸石晶体 \xrightarrow[干燥]{过滤,\ 洗涤} 沸石晶体粉末$$

向内衬塑料或不锈钢反应釜中加入事先按照一定比例配好的反应物，在 100~450℃下进行晶化反应一段时间，待晶化完成后，沉淀物经过滤、洗涤及干燥等处理工序可获得尺寸为 1~10μm 的沸石粉末。合成高硅沸石时晶化温度应为 150℃以上，合成一般沸石时晶化温度为 100℃；洗涤 pH 值为 9~10；干燥温度为 110℃。用无机碱可获得低硅铝比的沸石分子筛，用有机碱可获得高硅铝比的沸石分子筛。

3）气相转移法。首先将合成的原料制成凝胶，再将凝胶置于反应器的中部，同时在釜底加入一定量的有机胺和水作为液相部分，反应过程中凝胶在有机胺和水蒸气的作用下转化为沸石分子筛。

4）干胶法（DG 法）。干胶法是在气相转移法基础上衍生出来的制备分子筛的方法。首先将分子筛的合成原料与有机模板剂一起配制成干胶，然后使干胶在水蒸气的作用下形成沸石分子筛。该法可用于常规分子筛的合成，还可用于制备分子筛膜及分子筛成型体。目前应用干胶法已合成磷酸铝（$AlPO_4$）系列、SAPO 系列及纳米分子筛等。

（6）沸石分子筛的制备工艺和条件。

1）A 型分子筛。A 型分子筛的化学组成通式为 $Na_2O \cdot Al_2O_3 \cdot 2SiO_2 \cdot 5H_2O$，它的合成原料是水玻璃，铝酸钠，NaOH 和水。其合成过程如下：首先按照 Na_2O、Al_2O_3、SiO_2、H_2O 的物质的量之比为 3：1：2：185 制成混合物的溶液，相应的各组分的浓度分别为 Na_2O 0.9mol/L、Al_2O_3 0.3mol/L 和 SiO_2 0.6mol/L 将各溶液分别送入各计量罐中进行计量，然后将铝酸钠溶液、NaOH 溶液及水加入混胶釜中，在搅拌下将釜内溶液预热到 30℃

左右，再将水玻璃快速地投入釜内，继续搅拌30min左右，形成均匀的凝胶。在搅拌下加热，在20~40min内升温到（100±2）℃后停止搅拌，并维持此温度进行静态晶化5h。产品晶化完全后沉于反应釜的下部，此时可从采样口取样并用显度进行静态晶化。产品晶化完全后沉于反应釜的下部，此时可从采样口取样并用显微镜观察晶形，当完全为清晰的正方形晶体时，可结束合成过程。将釜中上部的母液引入母液储槽中，下部的分子筛产品放入储料罐，经沉淀后进一步回收母液。向储料罐中加入搅拌器，然后通过板框过滤机进行过滤，并将产品用水洗到滤液的pH值为9~10时为止，将产品从板框过滤机上卸出，在110℃下干燥可得到A型分子筛的晶体粉末。母液为稀NaOH溶液，可循环利用。合成工艺流程如图5-16所示。

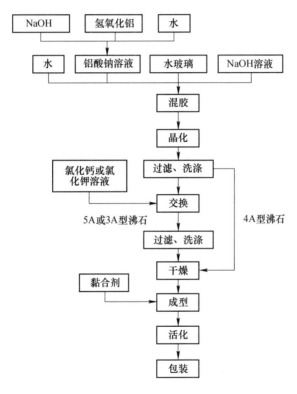

图5-16　A型分子筛的合成流程示意图

2）β型分子筛。β型分子筛是一种热稳定性好、酸性强的重要分子筛品种，广泛用于石油化工和化学工业领域。其合成过程如下：用四乙基氢氧化铵（TEAOH）、NaCl、KCl、SiO_2、NaOH、铝酸钠等为原料，Na_2O、K_2O、TEAOH、Al_2O_3、SiO_2、H_2O、HCl的物质的量之比为1.97∶1∶12.5∶1∶50∶750∶2.9，向衬有聚四氟乙烯的不锈钢釜中加入89.6g TEAOH、0.53g NaCl、1.44g KCl和59.4g水，搅拌使之全部溶解后，加入29.54g SiO_2，再加入由0.33g NaOH、1.79g铝酸钠和20.0g水组成的水溶液，搅拌10min后成稠状物。然后在（135±1）℃下晶化15~20h。用冷水将反应釜降至室温，所得的产物用高速分离机进行分离，同时将产物用水洗至pH值为9，在70~80℃下干燥过夜，得到目标产物，粒径为0.1~0.3μm，其组成为$Na_{0.9}K_{0.62}(TEA)_{7.6}[Al_{4.53}Si_{59.47}O_{128}]$。

3）ZSM-5 分子筛。ZSM-5 是高硅分子筛的代表，它具有高的热稳定性、强酸性、水热稳定性和憎水亲油的性质。它的孔尺寸（0.5~0.6nm）适当，使得这种分子筛催化剂具有良好的选择性，是目前石油加工、煤化及精细化工等领域最重要的催化剂。

其合成过程如下：用 NaOH、20% 的四丙基氢氧化铵（TPAOH）溶液、硅酸、铝酸钠为原料，按 Na_2O、Al_2O_3、SiO_2、H_2O 的物质的量之比为 3.25∶1∶30∶958 配制混合物溶液。先将按比例定量的水、NaOH 与 TPAOH 混合搅拌溶解，再按比例加入硅酸，在室温下充分振荡 1h 后，在 100℃ 下陈化 16h，得到胶态晶种。然后将铝酸钠、NaOH 和水按比例混合溶解，充分搅拌下加入定量的硅酸并在室温下强烈振荡 1h，最后加入一定量的胶态晶种，振荡 1h 后将物料置于不锈钢反应釜中，在 180℃ 下晶化 40h 后过滤，充分洗涤、干燥，得到均匀的产物。产物的粒径约 6μm，硅与铝的物质的量之比为（12~13.5）∶1。

4）磷铝分子筛。磷铝分子筛属杂原子分子筛，它利用性质类似硅的元素磷部分取代沸石骨架中的硅，构成沸石骨架所形成的微孔分子筛。它是由铝氧四面体和磷氧四面体构成的，一般表示为 $(AlPO_4)_n$；组成表示为 $xRAl_2O_3 \cdot (1.0\pm0.2)P_2O_5 \cdot yH_2O$（R 代表模板剂），孔径 0.5~1.0nm。目前已合成出 60 多种磷铝分子筛。

磷铝分子筛采用水热晶化法合成。先将等物质的量的活性水合 Al_2O_3 和磷酸在水中混合生成磷酸铝凝胶，然后加入有机胺或季铵盐类模板剂，搅拌均匀放入衬有聚四氟乙烯的高压釜中，在 125~200℃ 下静置晶化得到分子筛晶体，该晶体在 400~600℃ 下焙烧得到磷铝分子筛。

另外还有硅磷酸铝分子筛和磷钛铝分子筛（TAPO），它们均可由水热晶化法制得。

5）钒铝沸石分子筛。它是指用钒取代沸石骨架中的硅所形成的分子筛。钒铝沸石分子筛的合成也是采用水热合成法，以正硅酸乙酯（TEOS）为硅源、NH_4VO_3 为钒源、TBAOH 为模板剂合成 VS-2 分子筛，原料混合物的配比为 $nTEOS∶nTBAOH∶nNH_4VO_3∶nH_2O=1∶(0.3~0.45)∶(0.01~0.03)∶30$。在 18.0g TEOS 溶液中加入 22.0g 10% 的 TBAOH 溶液及 8mL 异丙醇，搅拌 30min 后，滴加含有 8mL 异丙醇和 22.0g TBAOH 的 NH_4VO_3 溶液。搅拌 10min 后，升温到 60~80℃，加入剩余的 TBAOH，搅拌老化 5~20h，把所得到的透明、均一溶液转入衬有聚四氟乙烯的不锈钢高压釜中，在 170℃ 下晶化 2~4 天，然后用水将反应系统快速冷却到室温，分离出结晶产物，用水洗涤后，在 120℃ 下干燥 6h，500℃ 下焙烧 10h 得到产品。

6）介孔分子筛。根据 IUPAC 定义，将具有有序介孔孔道结构、孔径在 2~50nm 范围内的多孔材料称为介孔分子筛。介孔分子筛具有较大的孔径，且孔径可调，比表面积（可达 $1000m^2/g$）大，孔隙率高，表面富含不饱和基团，并且具有较高的热稳定性和水热稳定性，已成为一种新的重要的催化材料。

介孔分子筛按结构分为六类：六方相的 MCM-41、立方相的 MCM-48、层状的 MCM-50、六方相的 SBA-1、六维立方结构的 SBA-2 和无序排列的六方结构 MSU-n。

介孔硅基分子筛的合成也采用水热合成法，还可使用溶剂热合成法。首先将表面活性剂、酸或碱加入水中形成混合溶液，然后向其中加入硅源或其他物质源，所得的反应产物经水热处理或室温陈化后，进行洗涤、过滤等，最后经焙烧或化学处理除去有机物得到介孔分子筛。

7）纳米分子筛。纳米分子筛是指粒度小于 100nm 的分子筛。纳米分子筛具有更大的比表面积，更多暴露的晶胞使表面活性位及反应物接触面积增大；短而规整的孔道更利于扩散和催化反应；具有更多易接近的活性位；骨架结构更加规整，活性位的分布更均匀；易于通过离子交换、骨架调度、表面改性及负载其他组分等方法进行结构调节，使其催化性能更佳。

合成纳米分子筛的关键是实现分子筛的超细化，主要通过调节晶化条件和向系统中加入晶种或晶化导向剂两个途径。由此衍生出了下面两种纳米分子筛的合成方法。

① 自发成核法。按照设定的配比将硅源、铝源、NaOH 和去离子水在 25℃ 下搅拌混合均匀，然后在相同温度下陈化 8~60h，向陈化后的溶胶中加入 H_2SO_4 溶液来调节最终的硅铝比，然后在 108℃ 下水热合成 20~35h，可得纳米分子筛晶粒（NaY 纳米分子筛）。

② 非自发成核法。向初期制备的无定形硅铝酸中加入一定的晶种或向已经陈化一定时间的硅铝溶胶中加入晶化导向剂，再进行水热合成。

（7）分子筛催化剂的应用。

1）石油加工中酸催化反应。酸催化反应是分子筛催化剂最主要的应用领域，已广泛应用于烃类的裂解、异构化、烷基化、歧化、水合、脱水、加氢及脱氢等反应中。

2）氧化反应。氧化反应是制备多种精细化学品的重要反应，目前主要使用氧或双氧水为氧化剂。当以双氧水为氧化剂时，采用 TS-1 分子筛或 β-沸石为催化剂可生产一系列的精细化学品，其中以 TS-1 分子筛为催化剂，苯酚直接羟化制取对苯二酚和邻苯二酚在意大利已实现了工业化，反应的选择性以苯酚计算为 90%。

3）烷基化反应。目前许多烷基化反应均使用 $AlCl_3$ 或其他 Lewis 酸为催化剂，这些过程均存在催化剂对设备及环境污染较严重的问题，而用分子筛催化剂来代替 Lewis 酸催化剂可以较好地解决这些问题。如在乙苯的生产中，原来使用 $AlCl_3$ 的配合物为催化剂，现在使用分子筛为催化剂的苯与乙烯的气相烷基化工艺已实现了工业化。

4）羟烷基化、酰基化反应。环氧烷烃与芳香烃的羟烷基化反应是制备医药中间体和芳香烃衍生物的重要反应。目前 Mobil 公司已成功地利用 β-沸石为催化剂，由环氧丙烷与异丁苯制备 2-(4-异丁基苯) 丙醇。

酰基化反应通常以酰氯为原料，但在反应中生成副产物 HCl，若以分子筛为催化剂，可以乙酸酐为原料，不会产生有害的副产物 HCl。目前以氢型沸石或氢型 β-沸石为催化剂，苯甲醚与乙酸酐酰化制取对甲氧基乙酰苯的气固反应过程已实现了工业化。

5）N-烷基化和 O-烷基化反应。通过 N-烷基化和 O-烷基化可制备许多重要的精细化工产品。目前主要采用硫酸二甲酯或卤代烃为烷基化剂，这两类烷基化剂在使用过程中均会产生较严重的环境问题。以分子筛为催化剂、甲醇或碳酸二甲酯为烷基化剂可产生一系列物质的环境友好生产工艺过程。以氢型沸石为催化剂、甲醇为烷基化剂，由甲基咪唑制备药物中间体二甲基咪唑的绿色合成工艺如下：

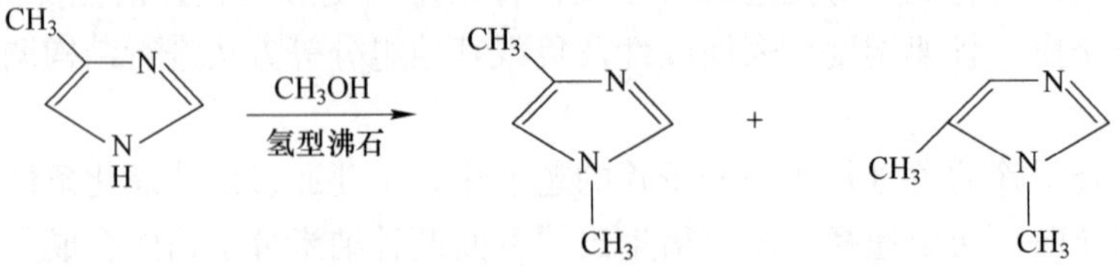

Rhone-Poulenc 公司开发的以邻苯二酚为原料制备香兰醛的新工艺中采用了丝光沸石为催化剂，新工艺的反应过程如下：

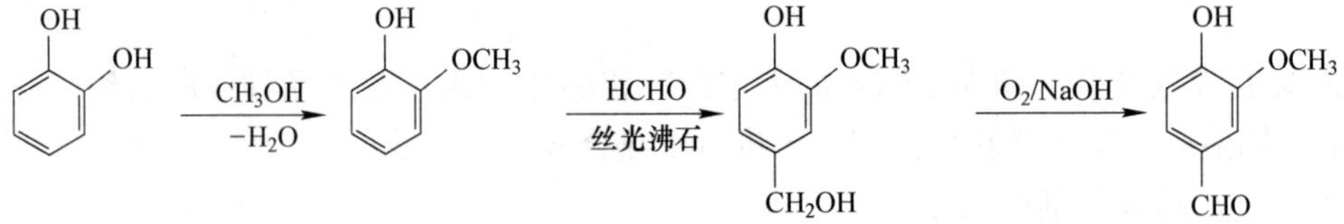

6）芳香烃硝化反应。传统的硝化反应使用 HNO_3 和 H_2SO_4 混酸为硝化剂，这种过程对环境的污染大，属于淘汰的工艺。目前已开发出利用脱铝丝光沸石由苯和 65% 硝酸进行气相催化硝化的新工艺。这种工艺不仅实现了生产工艺的环境友好化而且硝化产物结构可控。

7）氨化反应。传统的苯胺生产方法为硝基苯催化加氢，最近开发出了苯酚直接催化氨化制苯胺的新工艺，以及由间苯二酚在分子筛催化下直接氨化制药物中间体氨基苯酚的环境友好生产工艺。

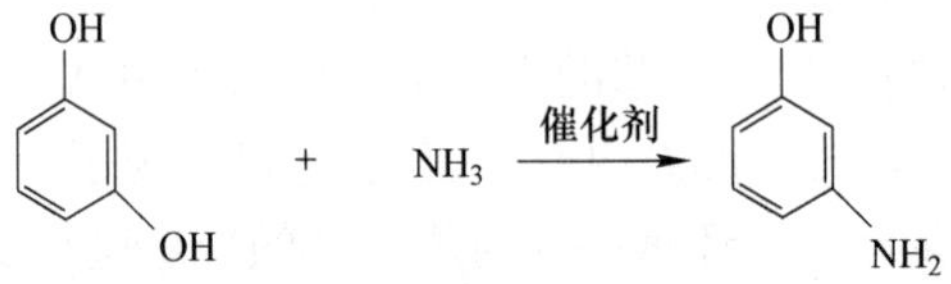

8）氮杂环化反应。随着医药及相关行业的快速发展，对吡啶及其烷基取代衍生物的需求不断增加，人们成功开发了由醛类经分子筛催化氨化制取吡啶类化合物的新方法。如以乙醛（或甲醛）为原料，以 HZSM-5 为催化剂来合成吡啶和 3-甲基吡啶。其反应式为：

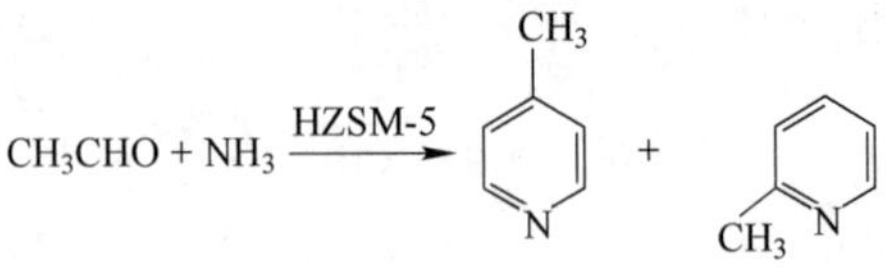

c 杂多化合物催化剂

（1）概述。杂多化合物（HPC）是杂多酸及其盐类的统称。杂多酸是指由两种或两种以上无机含氧酸缩合而成的复杂多元酸。在杂多化合物中，其杂原子（P、Si、Fe、Co等）与配位原子（Mo、W、V、Nb、Ta 等）按一定的结构通过氧原子配位桥链组成一类含氧多元酸。杂多酸盐是指杂多酸中的氢部分或全部被金属离子或有机胺类化合物取代所生成的物质。固态的杂多化合物是由杂多阴离子、阳离子和结晶水等组成的三维结构（也称二级结构），其中杂多阴离子是由中心原子和配位原子通过氧桥连接的多核配位结构（也称一级结构）。

目前杂多化合物大致可分为以下五类：1）Keggin 结构，如 $H_3PW_{12}O_{40}$；2）Anderson 结构，如［$TeMo_6O_{24}$］$^{6-}$；3）Silverton 结构，如［$CeMo_{12}O_{42}$］$^{8-}$；4）Wangh 结构，如 $(NH_4)_6MnMo_9O_{32}$；5）Dawson 结构，如 $K_6P_2W_{18}O_{62}$ 用作催化剂的杂多化合物主要是指具有 Keggin 结构的物质。Keggin 结构是指由 12 个 Mo_6（M＝Mo、W）八面体围绕一个 PO_4 四面体连接形成的笼状大分子，具有类似于沸石的笼状结构。

（2）杂多化合物催化剂的种类及主要性质。

杂多化合物催化剂主要包括杂多酸、杂多酸盐及它们的负载型。杂多化合物一般具有高的相对分子质量，杂多酸及金属离子小的盐在水及其他极性溶剂中易溶解，含有大量阳离子（Cs^+、Ag^+、NH_4^+）的盐不溶或微溶。杂多化合物在低 pH 值的水溶液和有机介质中稳定，但在高 pH 值的溶液中易于解离，其游离酸是酸性很强的酸。杂多化合物一般在 350℃ 以下具有良好的热稳定性。由于存在着变价金属元素，杂多化合物具有氧化还原性，因此杂多化合物是可作为酸性催化剂和氧化还原催化剂的双功能催化材料。

杂多化合物作为催化剂的主要性质如下：

1）杂多化合物具有强的 Brönsted 酸性。其酸性强于与其组成元素相同氧化态的简单酸（如 $H_3PW_{12}O_{40}$，$H_0 = -13.2$），但腐蚀性远小于常用的无机酸。

2）杂多化合物极易溶于水和一般的有机溶剂，这使得杂多酸易于与反应混合物形成均相系统，因而利于反应的进行。

3）杂多化合物的酸性可通过改变阴离子组成元素、成盐及负载化等方式进行设计和调控，因此可根据反应自身的特点，要求设计所需的催化剂。

4）杂多化合物具有良好的化学和热稳定性。在一般的酸、碱介质中，杂多化合物都能保持其结构，其耐热温度可达 350℃，因此可适用于大多数的反应环境。

5）杂多化合物适用于均相或非均相反应系统。对于非极性分子仅在表面反应，而对于极性分子则还可扩散进入晶格间的体相中进行反应（称为"假液相"行为），这种行为使得反应既发生在固体的表面，又发生在固相内部，表现出极高的催化活性。

为解决固体杂多化合物的比表面积小、成本高与产物分离难等问题，同时提高催化剂活性组分的利用率，人们提出了制备负载杂多化合物用作催化剂的设想。所谓负载杂多化合物，是指将杂多化合物负载到适宜的惰性孔结构的载体（如 SiO_2、活性炭、离子交换树脂及分子筛等）上所形成的负载物，通过负载可大大减少反应过程中催化剂的用量，有利于催化剂与反应系统中液相的分离，可使杂多化合物适用于气-固催化系统。但杂多化合物被负载后在酸度方面会发生变化，仍存在着催化剂活性组分溶脱等问题。

（3）杂多化合物催化剂的制备方法。

1）杂多酸催化剂。早在 1826 年，J. J. Berzelius 采用酸化钼酸盐和磷酸盐的混合液，制得了磷钼多酸。随着对制备方法的改进，已经形成了一些较成熟的制备杂多酸的方法。

① 酸化法。将杂原子含氧酸与多原子含氧酸或多原子氧化物按一定的比例混合均匀，加热回流 1～12h 后，将混合液酸化，再用乙醚萃取或结晶析出可制得杂多酸。$H_4PMo_{11}VO_{40}$ 的合成过程如下：将 3.58g $Na_2HPO_4 \cdot 12H_2O$ 溶于 50mL 蒸馏水中，同时将 26.65g $Na_2MO_4 \cdot 12H_2O$ 溶于 60mL 蒸馏水中，将此两种溶液混合，加热至沸腾，反应 30min；然后将 0.91g V_2O_5 溶于 10mL Na_2CO_3 溶液中，并将该溶液在搅拌下加入上述混合液，在 90℃ 下反应 30min，停止加热；边搅拌边加入一定量 1：1 的 H_2SO_4，静置后溶液

分为三层，中层鲜红色油状物为杂多酸的醚合物，取此醚合物除去乙醚，加少量蒸馏水置于真空干燥器中，直到晶体完全析出，经重结晶、干燥即得产品。

② 离子交换法。以杂多酸盐为原料，将杂多酸盐的水溶液通过强酸性阳离子交换树脂，使盐中的金属离子与氢离子发生交换，所流出的溶液就是杂多酸溶液，再经乙醚萃取或蒸发结晶制得结晶或粉末状的纯杂多酸。

③ 降解法。通过控制杂多酸溶液的 pH 值，使杂多阴离子发生部分降解，从而获得含有较少多原子的杂多酸。

④ 电渗透法。电渗透法是新发展的杂多酸的制备方法之一，在由阳离子交换树脂膜隔开的阳极箱和阴极箱构成的电渗透器中，将原料 H_3PO_4 和 Na_2WO_4 溶液循环通过阳极箱，碱液循环通过阴极箱。当电流通过时，阳离子透过半渗透膜进入阴极电解液，而阳极电解液则被酸化，电渗透器中发生如下反应：

$$Na_2WO_4 + H_3PO_4 \xrightarrow{-Na^+} H_3PW_{12}O_{40}$$

在脱除阳离子后，蒸发阳离子电解液，使杂多酸结晶。此工艺中杂多酸的产率可达99%以上，电流效率为 15%~30%。

2）杂多酸盐的制备方法主要有以下两种：

① 杂多酸部分中和法。向杂多酸的饱和溶液中滴加碱金属或碱土金属离子的饱和溶液，可直接得到杂多酸盐。

② 研磨固相反应法。目前杂多化合物的合成绝大多数还采用液相法。利用固相反应不使用溶剂的优点可进行纳米杂多酸盐的合成，这里以磷钼酸铵的合成为例予以说明。该反应过程的方程式如下：

$$MO_3 \cdot H_2O + H_3PO_4 \longrightarrow H_3PM_{12}O_{40} \cdot xH_2O$$
$$H_3PM_{12}O_{40} \cdot xH_2O + (NH_4)_2C_2O_4 \cdot H_2O \longrightarrow (NH_4)_3PM_{12}O_{40} \cdot yH_2O + H_2C_2O_4 \cdot 2H_2O$$

具体的制备过程如下：分别称取钼酸 48.6g（0.3mol）、磷酸 7.0g（0.06mol），置于玛瑙研钵中充分研磨，再加入草酸铵 5.1g（0.036mol）继续充分研磨，开始为黏稠状，随后逐渐变干，研磨 40min 后，将所得的混合物粉末用无水乙醇洗涤并离心分离，如此重复4~5 次，然后在 50~60℃下真空干燥 24h，得磷钼酸铵粉末约 48.0g。

3）负载型杂多化合物催化剂。负载型杂多化合物催化剂的制备方法主要有浸渍法、溶胶-凝胶法和水热分散法，常用的方法是浸渍法。负载过程采用的载体主要有活性炭、SiO_2、MCM-41、离子交换树脂及炭化树脂等。

① 浸渍法。将定量的载体浸入已知浓度的杂多酸溶液，加热回流一定时间后，经过滤、水洗和烘干，再于一定温度下活化即可制得负载型催化剂。通过改变杂多酸溶液的浓度和回流时间，可获得不同负载量的催化剂。

② 溶胶-凝胶法。正硅酸乙酯在酸性条件下和杂多酸存在下水解形成 SiO_2 溶胶，SiO_2 溶胶经凝胶化和干燥形成负载型杂多酸催化剂。具体的制备过程如下：将正硅酸乙酯、正丁醇、12-钨磷酸、去离子水按一定的质量比混合，搅拌均匀后加热回流 2h，使正硅酸乙酯水解形成透明溶胶；将溶胶转入塑料模具中，于 80℃恒温水浴中放置 2h 形成透明凝胶，再在 100℃下干燥，经研磨可获得相应的催化剂。由此种方法制得的催化剂中杂多酸的负载比较牢固，但其酸度低于由浸渍法获得的催化剂。

③ 水热分散法。水热分散法指将载体与已知浓度的杂多酸溶液按一定比例混合，加入不锈钢热压釜中，于 90~110℃ 下处理一定时间（24h），将所得的湿润固体物质迅速除去水分，研磨均匀后在 110~120℃ 下干燥，再在给定温度下焙烧 4h，得到催化剂。

（4）杂多化合物催化剂的应用。

1）烷基化反应。杂多化合物催化剂在烷基化反应中代替传统的无机强酸已取得了令人满意的结果。直链十二烷基苯是生产阴离子洗涤剂的重要原料，目前已将中孔分子筛负载硅钨酸、MCM-41、SiO_2 和活性炭负载硅酸等催化剂应用于十二烷基苯的合成。在异丁烷与丁烯烷基化制清洁汽油的反应中，采用 $Cs_{2.5}H_{0.5}PW_{12}O_{40}$ 做催化剂，产物产率和选择性分别达到 79.4% 和 73.3%；当采用 40% HPW/SiO_2 做催化剂时，丁烯的转化率为98.8%，C8 烷烃占液体产物的 59.5%，反应过程中未发现活性组分流失。

2）酯化反应。酯类产品在香料、溶剂、增塑剂、化妆品、食品添加剂、医药、染料等工业中具有重要的应用价值。杂多酸作为环境友好的低温高活性酯化催化剂已获得了广泛的应用。

3）缩合反应。研究表明，杂多化合物对缩合反应具有良好的催化活性。二甲苯—甲醛树脂是生产油漆和新型聚酯等的重要原料，传统的制备过程中采用硫酸做催化剂，反应过程需要进行有机相与水相分离、蒸馏等工艺，存在着过程复杂、对环境产生污染及产品质量不稳定等问题。当以不饱和硅钼钨混合型杂多化合物为催化剂，催化剂用量为原料总量的 0.8%~10.0%，反应温度为 160℃ 时，产率达到 95%。另外催化剂可重复使用，整个过程基本上对环境无污染，工艺过程得到极大简化。

4）硝化反应。杂多酸及其盐在苯的气相硝化中显示出良好的催化活性，在 270℃ 时，$H_3PW_{12}O_{40}/SiO_2$-Al_2O_3 可催化苯与 NO_2 的气相硝化反应，产物中没有二硝基苯生成，且反应速率随 $H_3PW_{12}O_{40}$ 负载量的增加而增大，当磷钨酸含量达 30% 时，硝基苯的产率达 56%。

5）水合反应。杂多化合物是水合反应的高效催化剂，硅钨酸、磷钨酸、硼钨酸、磷钼酸和硅钼酸均可用作乙烯、丙烯和丁烯均相水合制醇的催化剂，在反应温度为 170~350℃，压力为 10~50MPa，催化剂浓度为 10^{-5}~10^{-3} mol/L 的条件下，选择性可达 95%~99%。

6）聚合反应。由四氢呋喃经阳离子开环聚合制得的四氢呋喃均聚醚（PTMEG）是生产聚氨酯及弹性体的重要原料。研究表明，磷钨杂多酸和钼钨杂多酸是此聚合过程的高效催化剂，并已成功地应用在万吨级工业装置上。

d　高分子酸性催化剂

（1）概述。高分子酸性催化剂是指在交联结构高分子上带有磺酸基的离子交换树脂，可简单地表述为 RSO_3H（R 为高分子基体），如强酸性阳离子交换树脂和全氟磺酸树脂。与传统的酸性催化剂相比，该类树脂作为催化剂具有以下特点：1）通过简单的过滤分离就可实现催化剂和反应物的完全分离，使工艺和设备大大简化；2）酸性树脂催化剂的选择性高；3）所催化的化学反应易于实现连续化生产；4）腐蚀性小，对设备材质的要求不高；5）反应过程中生成的"三废"少。

（2）高分子酸性催化剂的主要性质。

1）交换量。强酸性阳离子交换树脂的交换量是表征树脂酸性强弱的重要指标，它是指单位质量或体积的阳离子交换树脂中全部磺酸基团的数量，以 mmol/g 或 mmol/mL 表示，测定方法如下。

当氢型阳离子交换树脂浸泡在氯化钙溶液中时，只有强酸基团（磺酸基）才能发生反应，通过滴定置换出来的氢离子（H^+），计算阳离子交换树脂强酸基团的交换容量。其反应式为：

$$2RSO_3H + CaCl_2 \longrightarrow (RSO_3)_2Ca + 2HCl$$

阳离子交换树脂湿基强酸基团交换容量按下式计算：

$$Q'_s = \frac{4(V - V_0)c_{NaOH}}{m} \tag{5-1}$$

式中，Q'_s 为阳离子交换树脂湿基强酸基团交换容量，mmol/g；c_{NaOH} 为 NaOH 标准溶液的浓度，mol/L；V 为滴定浸泡液消耗的 NaOH 标准溶液的体积，mL；V_0 为空白溶液消耗 NaOH 标准溶液的体积，mL；m 为树脂样品的质量，g。

2）粒度。离子交换树脂一般为球状颗粒，粒径为 0.30～1.20mm。树脂的粒度常以标准筛目数表示，美国标准筛目数和毫米数可用以下经验式换算：

$$粒径(mm) = 16/ 筛目数 \tag{5-2}$$

3）孔结构。离子交换树脂的孔分两类：一是凝胶孔，它是指树脂中大分子链间的距离，而不是真正的孔，同时还随外界条件的变化而变化，所以用一般物理方法难以测定；二是大孔，这是真正的毛细孔，可用低温氮气吸附的方法测定。

4）稳定性。离子交换树脂的稳定性是指其在外力、热和化学作用下变化的情况，主要包括机械强度、耐热性和化学稳定性，直接与树脂使用寿命有关。机械强度是指树脂抵抗各种机械力作用发生变形的能力。耐热性是指树脂在使用过程中不发生热分解的温度范围。研究表明，离子交换树脂的耐热性与结构有密切的关系，普通凝胶型强酸性树脂的最高使用温度为 100℃，大孔型树脂可达 130℃。化学稳定性是指其能耐受化学药品和氧化剂作用的能力。

当用离子交换树脂做催化剂时，树脂的组成、孔结构、交联程度、交换基团的性质和反离子的性质对反应都有影响。

（3）高分子酸性催化剂的制备方法。

1）强酸性阳离子交换树脂的制备方法。强酸性阳离子交换树脂的制备主要包括悬浮聚合反应过程和磺化反应过程。

① 悬浮聚合法合成苯乙烯-二乙烯苯共聚物微球。用苯乙烯为单体，二乙烯苯作为交联剂在引发剂存在下，在含有分散剂和致孔剂的水介质中，经搅拌、加热进行悬浮共聚合后即得聚合物。常用的引发剂是单体质量 0.5%～1.0%的过氧化苯甲酰或（和）偶氮二异丁腈，分散剂一般是 0.1%～0.5%的水解度约为 88%的聚乙烯醇溶液或（和）0.5%～1.0%的照相明胶的氯化钠水溶液。水相与单体的质量比为（2～4）∶1。磷酸镁、碳酸镁、磷酸钙等用作分散剂。聚合反应式如下：

② 共聚物微球的磺化反应。上述通过二乙烯苯交联的聚苯乙烯高聚物结构稳定，可以利用其所带苯环上的氢原子的反应活性进行磺化反应，制备出强酸性阳离子树脂。磺化反应式如下：

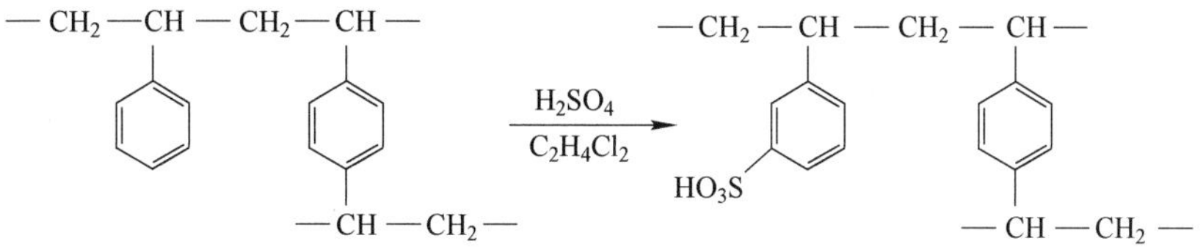

2）全氟磺酸树脂（Nafion-H）的制备方法。Nafion-H 是现在已知的最强的固体酸，它的化学结构及主要制备方法如下：

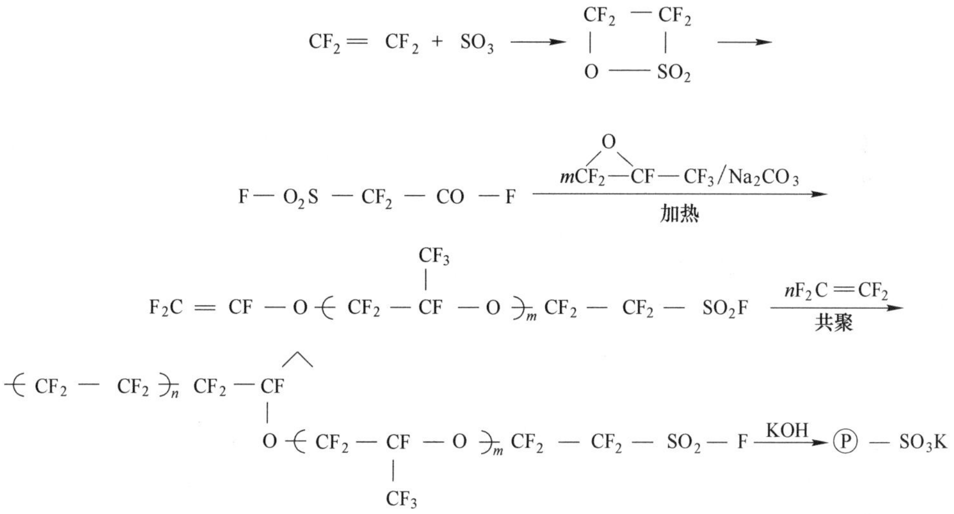

由于 Nafion-H 的制备工艺比较复杂，实验室中一般直接由市售的 Nafion-K 树脂经离子交换制得。例如，将 50g Nafion-K 树脂先用 150mL 去离子水煮沸 2h，过滤，然后加入 200mL 20%~25%HNO$_3$ 溶液，室温下搅拌 4~5h，过滤，再用 20%~25% HNO$_3$ 溶液处理，如此重复 3~4 次。最后用水洗至中性，过滤，在 105℃下真空干燥 24h 以上。

（4）高分子酸性催化剂的主要应用。

1）烷基化反应 Nafion 可催化烷基化反应，该反应可在气相、液相中进行。利用苯与丙烯的烷基化反应来比较与其他离子交换树脂的相对催化活性：在 100℃ 下反应，Amberlyst 15、Nafion-H 及 Nafion-H/SiO$_2$ 的反应速率（转化率）分别为 0.6（10.7%）、2.0（2.2%）和 87.5（16.2%）。

2）酰基化反应。酰基化一般要求反应温度较高，催化剂的酸强度也较高。大孔聚苯乙烯型磺酸树脂只能催化活性高的芳环的酰基化。各种离子交换树脂催化剂对苯甲醚与乙酸酐的反应均有较好的活性，产物的选择性 100%，其中 Amberlyst 36 的催化效果最好。

3）缩合反应。甲基异丁基酮是一种重要溶剂，用强酸性阳离子交换树脂 Amberlyst IR-120 为催化剂，丙酮经缩合、脱水、加氢生成甲基异丁基酮，该工艺已实现工业化。

4）环化和开环反应。用 Nafion 和 Amberlyst 15 可有效催化三甲基对苯二酚与异叶绿醇反应合成维生素 E，产率超过 90%，此反应中先发生烷基化，随后分子间脱水成环得到产物。

B 固体碱催化的有机合成

a 概述

固体碱（非均相碱）催化剂越来越受到重视，在氧化、氨化、氢化、还原、加成等典型的有机反应中得到了广泛应用。随着绿色化学的发展，人们也越来越重视环境友好的新催化工艺过程。固体碱由于具有活性高、选择性高、反应条件温和、产物易于分离、可循环使用等诸多优点，在精细化学品合成方面发挥着越来越重要的作用，可望成为新一代环境友好的催化材料。

固体碱是指能使酸性指示剂改变颜色或者能化学吸附酸性物质的固体。按照 Brönsted 和 Lewis 的定义，固体碱是指具有接受质子或给出电子对能力的固体物质。目前固体碱主要包括有机固体碱、有机/无机复合固体碱和无机固体碱三大类。有机固体碱主要是指端基为叔胺或叔膦基团的碱性树脂类物质，如端基为三苯基膦的苯乙烯和对苯乙烯共聚物。有机/无机复合固体碱主要是指负载有机胺或季铵碱的分子筛。负载有机胺分子筛的碱活性位主要是能提供孤对电子的氮原子，而负载季铵碱分子筛的碱活性位主要是氢氧根离子。由于这类固体碱的活性位是以化学键和分子筛连接的有机碱，所以反应过程中活性组分不流失，且碱强度均匀，但不适用于高温反应。无机固体碱具有制备简单、碱强度分布范围宽、热稳定性好等优点，已成为固体碱催化剂的主要品种。

无机固体碱包括金属氧化物、金属氢氧化物、水滑石类、碱性离子交换树脂和负载型固体碱等。

（1）金属氧化物型无机固体碱。金属氧化物型无机固体碱主要指碱金属和碱土金属氧化物。这一类金属氧化物的碱活性位主要来源于表面吸附水后产生的羟基和带负电的晶格氧。如 MgO，低温处理时其表面的碱活性位主要为弱碱性的羟基；而高温处理时其表面产生面、线、点等缺陷，使得原来六配位的 Mg 变成五配位、四配位或三配位，增加了氧原子的电荷密度，从而使 MgO 表面带上不同程度的强碱活性位。一般而言，碱金属和碱土金属氧化物催化剂的碱性强度随碱金属和碱土金属的原子序数的增加而增加，其顺序为 $Cs_2O>Rb_2O>K_2O>Na_2O$，$BaO>SrO>CaO>MgO$。另外，煅烧温度和先驱物的种类也显著影响碱金属及碱土金属氧化物的碱强度，通常煅烧温度高有利于强的碱活性位的形成，不同先驱物煅烧所得碱土金属氧化物的碱强度顺序为碳酸盐>氢氧化物>乙酸盐。总之，通过改变制备条件或选择不同的先驱物，可以制备出具有强碱活性位甚至超强碱活性位的碱金属及碱土金属氧化物，但是这些固体碱均为粉状，机械强度低，不易从产物中分离，而且其比表面积（除 MgO 外均小于 $70m^2/g$）小，其比表面积随碱活性位增强而显著降低。

（2）水滑石类无机固体碱。水滑石类材料是层状双氢氧化物，其结构式为 $\left[M_1^{2+}\,M_2^{3+}\,(OH)_2\right]^{x+1}\left(A_{1/m}^{m-}\right)\cdot mH_2O$，其中 M_1 为 Mg、Zn 或 Ni，M_2 为 Al、Cr 或 Fe，A^{m-} 可以是 Cl^-、CO_3^{2-} 等。通常以 M_1^{2+} 和 M_2^{3+} 为中心的 $M(OH)_6$ 八面体单元通过共边形成带有正电荷的层板，而 A^{m-} 和 H_2O 分别是位于层板间的各种阴离子和水分子，A^{m-} 起平衡层板正电荷的作用。当 M_1 为 Mg、M_2 为 Al 时，这种水滑石类催化剂表面同时具有酸、碱活性位，适当地改变镁铝比及起中和作用的阴离子可以改变层板氧原子的电荷密度，从而调节这类催化剂表面酸、碱活性位的比例。

（3）负载型无机固体碱。目前制备负载型无机固体碱常用的载体主要有三氧化二铝和分子筛两种，也可用活性炭、氧化镁、氧化钙、二氧化锆、二氧化钛等。负载的先驱物主要为碱金属、碱金属氢氧化物、碳酸盐、氟化物、硝酸盐、乙酸盐、氨化物或叠氮化物。由于碱土金属的氢氧化物和碳酸盐均为难溶物，而其硝酸盐分解温度普遍较高，所以也有少量报道用碱土金属乙酸盐作为先驱物的。负载型无机固体碱的活性位主要是碱金属或碱土金属氧化物、氢氧化物和碳酸盐，以及碱金属，也有先驱物经高温燃烧后与载体反应生成的活性位。

b 固体碱的主要制备方法

固体碱催化剂的制备有以下几种方法：浸渍法、共沉淀法、水热处理法、离子交换法等。下面以水滑石类和负载型无机固体碱催化剂的制备为例，来说明典型固体碱的制备过程。

（1）水滑石类无机固体碱。水滑石类物质（layered double hydroxides，LDHs），又称为层状双羟基结构的阴离子黏土，是近年来发展极为迅速的一类新型无机功能材料。为了制备纯的水滑石类化合物，首先要正确选取阳离子和阴离子的配比，要求引入 LDHs 中的阴离子必须在溶剂中以较高浓度存在，且与 LDHs 层板有较强的亲和力，同时还要注意避免金属盐的阴离子进入层间而污染样品。在制备非碳酸根阴离子的 LDHs 时，大气中的二氧化碳很容易进入反应系统，所以常采用离子交换法或者在氮气保护下来制备。文献报道的用于制备 LDHs 的方法有共沉淀法、水热处理法、离子交换法、焙烧复原法和成核/晶化隔离法。

LDHs 通常采用共沉淀法合成，这种方法的优点如下：1）几乎所有的 M_1^{2+} 和 M_2^{3+} 都可形成相应的 LDHs，应用范围广；2）调整 M_1^{2+} 和 M_2^{3+} 的原料配比，可制得一系列不同 M^{2+}/M^{3+} 的 LDHs，产品品种较多；3）可使不同阴离子存在于层板间。具体的制备过程为：在含有金属盐类的溶液中加入沉淀剂，通过复分解反应生成难溶的金属水合氢氧化物或凝胶，并在沉淀条件下进行晶化，然后过滤、洗涤、干燥，即得到 LDHs。

（2）负载型无机固体碱。负载型无机固体碱的制备方法主要包括共沉淀法和混合法。共沉淀法是将催化剂中的两种或多种组分的先驱物在溶液中生成共沉淀，然后经过一定的处理制得催化剂载体。它的特点是几个组分间可达到分子级的均匀混合，热处理（焙烧）时可加速组分间的固相反应。混合法是将两种氧化物机械混合，再经过热处理制得载体的方法，它受氧化物的颗粒度和研磨时间影响较大。它的特点是设备简单，操作方便，可用于制备高含量的多组分催化剂，尤其是混合氧化物催化剂。但此法分散度较低。下面以负载磺化酞菁钴（CoPcS）为例，具体介绍负载型无机固体碱催化剂的制备过程。

1）共沉淀法制备 Mg(Al)O 固体碱载体。称取一定量的固体 Na$_2$CO$_3$ 和 NaOH，溶于水后倒入三口烧瓶中，然后将 Mg(NO$_3$)$_2$、Al(NO$_3$)$_3$ 的水溶液定时滴入三口烧瓶，并剧烈搅拌，反应结束后将三口烧瓶内溶液加热至（60±5）℃保持 1h。产品冷却至室温，将沉淀物滤出，用去离子水洗涤，反复多次，再将产品在 100℃下烘 16h，450℃焙烧 12h，破碎，选取 12～30 目的颗粒作为 Mg(Al)O 固体碱载体。

2）混合法制备 MgO/Al$_2$O$_3$ 固体碱载体。准确称取一定量的粉末状 MgO 和 Al$_2$O$_3$，在研钵中混合并研磨均匀，加入适量蒸馏水后挤压成条状，然后在 100℃下烘 8h，200℃焙烧 8h，破碎，选取 12～30 目的颗粒作为 MgO/Al$_2$O$_3$ 固体碱载体。

3）活性组分 CoPcS 的负载。采用浸渍法负载活性组分 CoPcS。将一定量的 CoPcS 溶解在无水甲醇中，浸渍 Mg-Al 复合氧化物固体碱载体 24h 后，真空下脱去甲醇，得到 Mg(Al)O-CoPcS 或 MgO/Al$_2$O$_3$-CoPcS 固体碱催化剂。

c　固体碱的主要应用

（1）烷基化反应。含有 MO（M 为 Zn、Cu、Ca、Ba、Mn、Co）和 FeO 的混合物是优良的催化剂，用于苯酚与甲醇的甲基化，生成邻甲苯酚和 2,6-二甲苯酚。

甲苯和甲醇在碱金属交换沸石 MX（Na$^+$、K$^+$、Rb$^+$、Cs$^+$交换的 X 型沸石）上可进行侧链烷基化。

甲苯与甲醇的侧链烷基化能在载有碱金属氧化物的活性炭上进行。

（2）聚合反应。载体或纯碱金属在 420～470K 及 7.0MPa 下，很易催化丙烯二聚为 2-甲基戊烯混合物；载体上含有 0.1mol 分散的碱金属，在 423K、10MPa 下，主要产物是 4-甲基-1-戊烯。

$$2CH_2\!=\!CHCH_3 \longrightarrow CH_2\!=\!CHCH_2CH(CH_3)_2$$

（3）脱氢反应。工业上苯乙烯由乙苯脱氢制得。

在水蒸气存在下，采用含 Fe 氧化物（Fe-Cr-K、Fe-Ce-Mo、Fe-Mg-K 氧化物）的催化剂，碱的促进效果按 Cs、K、Na、Li 依次降低。K 的主要作用是与氧化铁反应生成 K$_2$Fe$_2$O$_3$ 碱性活性相。此外，K 还可降低催化剂表面炭沉积并加速产物解吸。Ce 对促进脱氢反应是有效的。Mo 的作用是适度调节活性从而抑制副产物苯和甲苯的生成。Mg 增加活性中心数，且 Mg 在 Fe$_3$O$_4$ 中形成固溶体而提高热稳定性。

（4）醇醛缩合反应。醇醛缩合包括醛和酮的自身缩合（二聚）或交叉缩合以生成 β-羟基醛或 β-羟基酮的反应。其反应通式如下：

$$R_1 \diagdown C=O + R_4 \diagdown CH-C=O \longrightarrow R_1-\overset{OHR_4 R_2}{\underset{R_2 R_5}{C}}-\overset{}{C}-\overset{}{C}=I$$

最常用的碱性催化剂是 $Ba(OH)_2$，还有碱金属和碱土金属氧化物。强碱性离子交换树脂对醛和酮的自身缩合反应也有活性。水滑石 $Mg_6Al_2(OH)_{16}CO_3 \cdot 4H_2O$ 对于甲醛和丙酮的交叉缩合生成甲基乙烯酮的反应有高活性。

C 离子液体催化剂

a 概述

离子液体（ionic liquid）是指由有机阳离子和无机阴离子构成的、在室温或近室温下呈液态的盐类化合物，也称为室温熔融盐或室温离子液体。它具有以下特点：（1）无色、无臭、不挥发和低蒸气压；（2）有较长的稳定温度范围；（3）有较好的化学稳定性和较宽的电势范围；（4）对有机物、无机物和聚合物具有良好的溶解性；（5）通过结构的调整和设计，可具有酸性或碱性。因此，离子液体既可作为清洁的反应介质，又可作为反应的催化剂。

离子液体是由阳离子和阴离子共同组成的。它的阳离子主要包括以下四类：（1）烷基季铵离子 $[NR_xH_{4-x}]^+$；（2）烷基季磷离子 $[PR_xH_{4-x}]^+$；（3）1,3-二烷基取代的咪唑离子或 N,N′-二烷基取代的咪唑离子 $[R_1R_3im]^+$ 或 $[R_{10}R_2R_3im]^+$；（4）3N-烷基取代的吡啶离子 $[RP_y]^+$。阴离子主要为卤化盐，如 $AlCl_3$、$AlBr_3$，此类阴离子组成的离子液体的酸碱性与组成有关，对于 $[C_4mim](AlCl_3)_{1-x}$，当 $x = 0.5$ 时，此离子液体呈中性；当 $x<0.5$ 时，呈酸性；当 $x>0.5$ 时，呈碱性。此类离子液体对水极为敏感，易于分解，必须在无水的环境中使用。与 BF_4^-、PF_6^- 组成离子液体的阳离子主要为取代的咪唑离子 $[R_1R_3im]$，该类离子液体对水和空气介质稳定还有 CF_3^-、SO_3^{2-}、CF_3COO^-、$C_3F_7COO^-$、SbF_6^-、AsF_6^- 等阴离子可用于合成离子液体。

b 离子液体的制备方法

（1）一步合成法。一步合成法包括酸碱中和法和季铵化法，它们具有操作经济简便、产品易纯化及无副产物等优点。酸碱中和法是指碱和酸进行中和，再经提纯处理得到产物的方法。如硝基乙胺离子液体的制备就是首先将计量的乙胺水溶液和硝酸进行中和反应，反应完成后经真空脱水除去系统中的水，将所得到的离子液体产物于乙腈或四氢呋喃中溶解，经活性炭脱色，真空除去有机溶剂后得到离子液体。季铵化反应是指卤代烃与甲基咪唑的反应。如制备 $[C_4mim]Cl$，将纯化的氯代正丁烷与甲基咪唑回流反应数十小时，得到 $[C_4mim]Cl$ 的粗品，再将粗品用乙酸乙酯洗涤数次，经真空旋转蒸发除去溶剂后得到离子液体。

（2）两步合成法。若不能通过一步合成法制得离子液体，就可采用两步合成法。首先通过季铵化反应制得含有目标阳离子的卤盐（[阳离子] X），然后用目标阴离子 Y-置换出 X-或加入 Lewis 酸 MXy 制得目标离子液体。有关的反应式如下：

$$C_2Cl + mim \longrightarrow [C_2mim]Cl$$

$$[C_2mim]Cl + AgBF_4 \longrightarrow AgCl + [C_2mim]BF_4$$

或

$$[C_2mim]Cl + NH_4BF_4 \longrightarrow NH_4Cl + [C_2mim]BF_4$$
$$[C_2mim]Cl + HBF_4(aq) \longrightarrow [C_2mim]BF_4 + HCl$$

通过上述方法还可以合成具有手性特征的手性离子液体。

c　离子液体的表征方法

离子液体作为一种重要的溶剂和催化剂，在有机合成中起到越来越重要的作用。因此，确定离子液体的组成和催化性质是离子液体应用的关键。

（1）阴离子的结构鉴定。采用快速轰击质谱仪（FAB）来测定离子液体的阴离子，如图5-17所示为 $AlCl_3$ 与 $[C_4mim]Cl$ 形成的离子液体的 FAB 图谱。

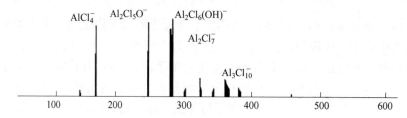

图5-17　$AlCl_3$ 与 $[C_4mim]Cl$ 形成的离子液体的 FAB 图谱

（2）阳离子的结构测定。采用核磁共振仪（^{1}H NMR），以 D_2O 和 DMSO-δ_6 为溶剂进行离子液体阳离子的结构测定 $[C_4mim]BF_4$ 的核磁共振数据见表5-7。

表5-7　　$[C_4mim]BF_4$ 的核磁共振数据

咪唑阳离子的碳号	$[C_4mim]Cl$ δ	$[C_4mim]BF_4$ δ
1H，s，2号碳的氢	8.69	8.68
1H，m，4号碳的氢	7.46	7.46
1H，m，5号碳的氢	7.41	7.42
2H，t，6号碳的氢	4.18	4.19
3H，s，10号碳的氢	3.88	3.88
2H，m，7号碳的氢	1.84	1.84
2H，m，8号碳的氢	1.31	1.31
3H，s，9号碳的氢	0.91	0.92

（3）紫外光谱（UV）法测定。以甲醇为溶剂制成 2.5×10^{-4} mol/L 的三种离子液体溶液，得20℃下其紫外吸收光谱（见图5-18）。

（4）红外光谱法测定离子液体的结构。通过离子液体的红外光谱的特征峰判断其主要官能团。离子液体的红外光谱的主要特征吸收峰值见表5-8及图5-19。

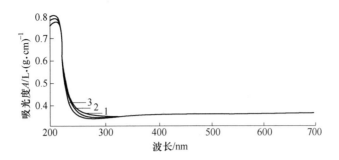

图 5-18 离子液体 UV 谱图

1—$[C_4mim]Cl$；2—$[C_4mim]BF_4$；3—$[C_4mim]PF_6$

表 5-8 离子液体的红外光谱数据

ν_{max}/cm^{-1}	谱带的归属	ν_{max}/cm^{-1}	谱带的归属
3168，3120	芳香族的 C—H 伸缩	1170	芳环 C—H 面内变形振动
2966，2912，2878	脂肪族的 C—H 伸缩	1059	BF-4 的 B—F 振动
1577，1456	芳环骨架摆动	838	PF-6 的 P—F 振动
1467，1385	MeC—H 变形振动		

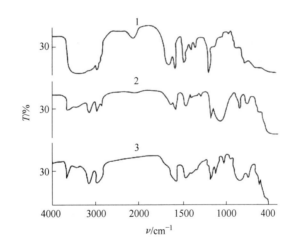

图 5-19 几种离子液体的红外谱图

1—$[C_4mim]Cl$；2—$[C_4mim]BF_4$；3—$[C_4mim]PF_6$

（5）离子液体的酸性。测定离子液体的酸性的方法主要有以下两种：Hammett 指示剂法和红外光谱探针法。红外光谱探针法是使离子液体与碱性物质（吡啶、乙腈）反应后，将生成的产物进行红外光谱分析，通过红外谱图特征峰数据了解离子液体的酸中心的种类及强度等。当用吡啶做探针分子时，$1450cm^{-1}$ 和 $1540cm^{-1}$ 左右的峰分别代表离子液体的 Lewis 和 Brönsted 酸性。当用乙腈做探针分子时，$2330cm^{-1}$ 附近的峰为 Lewis 酸的特征吸收峰，随着酸性的增加，此峰向高数值方向位移。以乙腈为探针的红外光谱探针法还可测定离子液体的酸强度。

d 离子液体在有机合成中的应用

（1）Friedel-Crafts 反应。异丁烷与丁烯烷基化是合成高辛烷值环保汽油的主要方法。利用 Cu^{2+} 改性的 $AlCl_3$ 型离子液体为催化剂，进行上述反应，产物中 C_8 组分达 75%以上，已接近或达到工业硫酸法烷基化的水平，且催化剂可多次重复使用。

（2）氧化反应。离子液体在氧化反应中主要用作反应介质。在六氟磷酸-1-甲基-3-烷基咪唑离子液体与水构成的两相系统中，以双氧水为氧化剂，对于甲基戊烯酮的环氧化反应，在适宜的反应条件下原料的转化率为 100%，环氧化产物的选择性为 98%，催化剂重复使用 8 次后仍保持原活性。

（3）酯化反应。传统的酯化反应中产物的分离比较困难，而采用离子液体为催化剂和溶剂，由于离子液体和酯不互溶，可以自动相互分开，另外离子液体在较高的温度下经脱水后可重复使用。一些实验研究结果表明，离子液体在酯化反应中具有良好的催化效果。

（4）还原反应。在还原反应中离子液体主要用作反应的溶剂，使产物易于分离；也可作为纳米催化粒子的稳定剂。以 Ir 纳米粒子为催化剂，$[C_4mim]PF_6$ 离子液体为反应介质，脂肪类烯烃和芳香烃进行加氢反应，在温和的条件下，脂肪类烯烃的转化率大于99%。反应结束后利用产物在离子液体中溶解度低的特点，产物容易从反应系统中分离，过程的后处理与传统工艺相比得到很大的简化。

（5）羰基合成。羰基合成是指由烯烃与合成气（$CO+H_2$）反应生成醛的过程，是工业上生产醛类的主要方法。$C_2 \sim C_5$ 的羰基化过程一般是在水/有机两相系统中进行；更高碳原子数的烯烃由于在水中的溶解度极低，已不能采用水/有机两相反应系统，以离子液体为反应介质则可很容易地解决上述问题。

5.1.3 其他绿色合成技术

5.1.3.1 膜技术

膜技术是一门涉及多学科的高新技术，近 30 年来发展迅速。膜技术主要用于分离过程，是新型的分离、浓缩、提纯、净化技术。早期膜分离技术用于脱盐，现在则在化工、医药、环保、电子等领域应用。它成为一种重要的化工单元操作，与其他常规分离方法比较，具有效率高、能耗低、过程简单、不污染环境等优点，因此是发展中的绿色技术。

A 膜分离技术

膜分离是以选择透过膜为分离介质，在外力推动下对混合物进行分离、提纯、浓缩的过程。推动力主要为压力差、电位差、浓度差。作为分离介质的膜可以是固体或液体，可以是均相或非均相的，对称的或非对称的，中性的或带电的；膜的厚度从几微米到几毫米。膜的分离作用有的是利用物理性质不同；有的是利用物质通过膜的速度不同，这种速度上的差异取决于物质溶解和扩散能力。

膜可分均质膜和非对称膜，均质膜的任何一部分形态和化学组成都相同，非对称膜由两层组成，表面一层称皮层，下面一层称支撑层。非对称膜是使用最广泛的分离膜。

在实际应用时要将膜以某形式组装在基本单元设备内，成为膜分离器或膜组件。膜组件可以有板框式、圆管式、中空纤维式，已经工业应用的膜分离技术有微滤、超滤、反渗透、电渗析、气体膜分离和渗透汽化。

（1）微滤。通常采用特种纤维树脂膜，孔径范围$0.1\sim10\mu m$，主要用于从溶液中脱去粒子，是筛分过程，透过的组分是溶液或气体，截留组分是$0.02\sim10\mu m$的粒子。

（2）超滤。膜材料除醋酸纤维外还有聚砜、聚丙烯腈、聚酰亚胺等，主要用于从溶液中脱去大分子或大分子溶液中脱去小分子，也是筛分过程，透过组分为小分子溶液，截留组分为$1\sim20nm$的大分子粒子。

（3）反渗透。反渗透是利用膜的选择性只能透过溶剂而截留溶质粒子（$0.1\sim1nm$），膜材料为醋酸纤维、芳香族聚酰胺、中空纤维等。反渗透主要用于海水、苦咸水的淡化、超纯水制备。

（4）电渗析。电渗析使用离子交换膜，阳离子交换膜和阴离子交换膜交替排列在正负电极之间。在直流电场作用下，阴阳离子选择性的通过膜，从而达到分离目的，电渗析主要用于水处理。

（5）渗透汽化。液体混合物在膜的一侧与膜接触，其中易渗透的组分较多地溶解在膜上，并通过膜扩散，在膜的一侧汽化而被抽出。用于共沸物或相近沸点物溶液体系的分离，如乙醇脱水。耗能仅为常规恒沸精馏的$1/3\sim1/2$，不适用苯类带水剂。

（6）气体膜分离。根据混合气体中各组分在压力推动下透过膜的速度不同而达到分离目的，可用于提氢、富氧、富氮、脱湿、回收有机蒸气等。

B 膜反应器

近年来，膜技术已不再局限于分离过程，开始向反应过程发展。将反应过程与分离过程组合在一起，膜技术发挥了它的优越性。与一般反应器相比，它不仅可以加速反应，更重要的是突破化学平衡的限制，使化学平衡移动，大大提高转化率，有可能将产物分离、净化等单元操作在一个反应器内完成，节约投资。

膜反应器主要有惰性膜反应器和催化膜反应器。惰性膜反应器用的膜本身是惰性的，只起分离效果。催化膜反应器所用的膜，同时具有分离和催化双重功能。虽然两类膜反应器结构基本相同，但工作原理不尽相同。惰性膜反应器是利用膜反应过程中对产物的选择透过性，不断从反应区移走产物，从而达到移动化学平衡并且分离产物的目的。至于催化膜反应器则是让反应从膜一侧进入或从膜两侧进入反应器。

膜生物反应器是使用生物催化或转化反应，如将产青霉素酰化酶的大肠杆菌细胞固定在中空纤维膜组件的纤维外腔中，将酶反应底物青霉素G钾盐的缓冲液从中空纤维的内腔输出，底物通过膜渗透进入中空纤维内腔，在酶的作用下进行水解反应，产物6-氨基青霉烷酸（6-APA）和苯乙酸透过膜再进入中空纤维外腔，流出膜反应器，采用反应物反复循环通过膜反应器的方式，可使反应转化率接近100%。膜反应器可连续使用半年以上。膜反应器用于β-半乳糖甘酶水解乳糖、淀粉酶水解淀粉产生葡萄糖、葡萄糖异构酶产生高果糖糖浆等，均取得较好的效果。另外，膜生物反应器也可用于植物细胞培养，以产生有关产品。

膜生物反应器的操作简便，可连续化，可在无菌条件下运转，适用范围广，有较好的应用前景，目前个别的膜生物反应器已达到实用化和工业化水平。

5.1.3.2 光催化

光催化技术是一项新的环境能源技术，它具有能耗低、操作简便、反应条件温和、可减少二次污染、可连续工作等优点，日益得到人们的重视。光催化技术的研究开始于20

世纪 50 年代，当时是为了解决由于无机化合物导致的光分解反应即由染料导致的涂料老化问题展开的。在 20 世纪 60~70 年代，科研人员在研究与开发复印、传真等光电新技术时，对具有光的刺激应答功能的半导体氧化物材料进行了一系列的探索研究。1972 年藤岛昭等人在实验中偶然发现用 TiO_2 单晶半导体为电极，在光照下能将水电解为氧和氢。同时，他们还发现水中的一些微量有机物也被电解掉了，取得了光催化技术研究的重大突破。之后，他们将 TiO_2 负载于金属载体上制成微电池，在水中也同样证实了 TiO_2 具有光催化反应功能。此后 20 多年，藤岛昭等人在日本领衔从事纳米 TiO_2 的研究和技术开发工作。对 TiO_2 光催化氧化技术的研究与开发、推广与应用，被称为"光洁净的革命"。各国科学家们也纷纷研究光催化现象，但是光催化技术在建筑环境与设备工程中的应用研究还是近 10 年的事情。在建筑环境和设备领域中，利用光催化技术改善室内空气质量，光催化技术的杀菌作用，光催化材料对玻璃幕墙和建筑装饰表面的自清洁和防雾功能，纳米技术强化空调与制冷设备的传热性是目前国内外研究和开发的热点。

发展趋势：在基础研究方面，光催化技术要解决的问题是中间产物和活性组分，解释固液界面的光催化机理，半导体表面的能级结构与表面态密度的关系，担载金属或金属氧化物的作用机理、光生载流子的移动和再结合的规律，多电子反应的活化、有机物反应的活性与其分子结构的关系等。

在应用研究方面，和其他催化研究一样，光催化研究的核心是寻找性能优良的光催化剂，所以高效光催化剂筛选及制备是光催化研究的核心课题。另外，光催化技术所面临的问题是在机理和实际废水催化氧化动力学研究的基础上对光催化反应器进行最优化设计，并对催化过程实行最优操作，因此，高效多功能集成式实用光催化反应器的开发，将会成为一种新型有效的水处理手段，特别是在低浓度难降解有机废水的处理及饮用水中"三致"物质的去除方面发挥着重要作用，该技术具有结构简单、操作条件容易控制、氧化能力强、无二次污染、节能、设备少等优点，具有一定的工业化应用前景。

5.1.3.3　电化学合成

1834 年，Faraday 首先使用电化学法进行了有机物的合成和降解反应研究。后来，Kolbe 在 Faraday 工作的基础上，创立了有机电化学合成的基本理论。1960 年，美国 Monsanto 公司电解丙烯酸二聚体生产己二腈获得了成功，并建成年产量 $1.45 \times 10^4 t$ 的己二腈生产装置，这是有机电化学合成走向大规模工业化的重要转折点。从此，有机化合物的电化学性质和有机电化学反应机理的研究得到了快速发展。

有机电化学合成最基本的研究对象是各类电化学反应在电极/溶液界面上的热力学与动力学性质。有机电化学合成的主要研究内容是电极过程动力学、电极材料、离子交换膜和电化学反应器等对有机电化学合成的影响。

有机电化学合成具有以下优点：（1）洁净，以电子的得失完成氧化还原反应，不需要外加氧化剂和还原剂；（2）条件温和，在常温常压下即可完成有机合成，对不稳定的、分子结构复杂的有机物的合成尤为有利；（3）副产物少；（4）节能，一方面体现在综合能耗上，另一方面是由于极间电压低（2~5V），可接近热力学的要求值；（5）易控，反应速率完全可以通过调节电流来实现，为自动化连续操作奠定了基础；（6）规模效应小，对精细化学品的生产尤为有利。

由于具有以上优点，有机电化学合成基本符合原子经济性的要求，具有很强的生命力和广阔的发展前景，主要应用在以下领域：（1）α-氨基酸、二茂铁、乙醛酸、环氧化合物、染料中间体等一系列有机化合物的合成；（2）新能源，如燃料电池、生物电池、光化学电池、高能有机电池、全塑电池等方面；（3）合成特殊高分子材料，如高能锂离子电池用的有机电解质、导电有机高聚物；（4）合成农药、医药、信息产品、食品添加剂等精细有机化学品；（5）仿生合成；（6）处理环境污染等。

有机电化学合成通常有以下两种分类方法：

（1）有机电化学合成按电极表面发生的有机反应的类型分为阳极氧化过程和阴极还原过程。阳极氧化过程包括电化学环氧化反应、电化学卤化反应、苯环及苯环上侧链基团的阳极氧化反应、杂环化合物的阳极氧化反应、含氮硫化物的阳极氧化反应。阴极还原过程包括阴极二聚和交联反应、有机卤化物的电还原反应、羰基化合物的电还原反应、硝基化合物的电还原反应、腈基化合物的电还原反应。

（2）按电极反应在整个有机合成过程中的地位和作用，可将有机电化学合成分为两类：直接有机电化学合成反应和间接有机电化学合成反应。直接有机电化学合成反应是指有机合成反应直接在电极表面完成；间接有机电化学合成反应是指有机物的氧化（还原）反应采用传统化学方法进行，但氧化剂（还原剂）反应后以电化学方法再生以后循环使用。间接电化学合成法可以两种方式操作：槽内式和槽外式。槽内式间接电化学合成法是在同一装置中进行化学合成反应和电解反应，因此这一装置既是反应器，又是电解槽。槽外式间接电化学合成法是在电解槽中进行媒质的电解，电解后的媒质从电解槽转移到反应器中，在此处进行有机反应物化学合成反应。

有机电化学合成是利用电解来合成有机化合物的过程。电解时发生的合成反应通过在电极上发生的电子得失来完成，因此须具备三个基本条件：1）持续稳定的直流电源；2）满足"电子转移"的电极；3）可完成电子移动的介质。为了满足各种工艺的需要，往往还需要增加一些辅助设备，如隔膜、断电器等。而对于有机电化学合成来讲最重要的是电极，它是实施电子转移的场所。

有机电化学合成反应的场所在电极的表面及其临近区域，统称电极界面。电极界面最简单的模型之一是"三层结构理论"。离电极最近的一层称为"电荷转移层"（一般认为只有 $0.1 \sim 2.0 nm$），在该层内有极大的电势梯度，电解液中的离子和分子（主要指极性分子，强电场下有时非极性分子也能参加）由于静电力的作用而被吸附取向。一般情况下，分子结构复杂的有机分子在吸附取向时常受到极性效应及立体效应的影响。第二层是指在电荷转移层外侧的"扩散双电层"，在该层中，离子和被极化的"双极子"具有较弱的取向，与无机电解不尽相同。第三层即最外层，是指由于浓度梯度而造成的扩散层，在此层内反应物和生成物的扩散是控制电化学合成反应的主要因素。减小此层的厚度有利于减小回路电阻，减少能耗。

有机电化学合成反应是由电化学过程、化学过程和物理过程等组合起来的。典型的有机电化学合成过程如下：1）电解液中的反应物（R）通过扩散到达电极表面（物理过程）；2）R 在双电层或电荷转移层通过脱溶剂、解离等化学反应而变成中间体（I）（化学过程）；3）I 在电极上吸附形成吸附中间体（Iad，1）（吸附活化过程）；4）Iad，1 在电极上放电发生电子转移而形成新的吸附中间体（Iad，2）（电子得失的电化学过程）；5）Iad，2 在电极表面发生反应而变成生成物（Iad），吸附在电极表面；6）Iad 脱附后再通过物理扩散成为生成物（P）。

从以上过程可以看出，有机电化学合成不同于一般的催化反应，它不需要另外引入催化剂、氧化剂或还原剂，因此后续处理简单，基本无"三废"。

5.1.3.4 电化学合成的典型工艺

自从 20 世纪 60 年代电解生产己二腈大规模工业化及四乙基铅电化学合成的投产成功，近几十年来，有机电化学合成工业化的实例越来越多。目前，世界上采用有机电化学合成生产产品的有数十种之多。我国在有机电化学合成方面的研究虽然起步较晚，但发展很快。

（1）L-半胱氨酸的直接电化学合成。L-半胱氨酸是我国最早实现工业化的有机电化学合成产品，它的工业生产原料是从毛发等畜类产品中提取的胱氨酸，通过电解还原在阴极直接电化学合成 L-半胱氨酸。

$$
\begin{array}{l}
S-CH_2-CH(NH_2)-COOH \\
\mid \qquad\qquad\qquad\qquad\qquad\qquad\quad +2H^+ +2e^- \longrightarrow 2L\text{-}HS-CH_2-CH(NH_2)-COOH \\
S-CH_2-CH(NH_2)-COOH
\end{array}
$$

这一有机电化学合成技术在我国的许多地方得到推广，年产能力已经超过 600t，成为生产 L-半胱氨酸的主要方法。L-半胱氨酸也成为一种出口创汇的龙头产品。

（2）对氟苯甲醛的间接电化学合成。对氟苯甲醛是一种非常重要的化工原料，是合成许多重要化学品的中间体，用途极其广泛。目前国内仅用化学合成法，即以芳香烃为原料，经氟化后再用浓硫酸水解而制得对氟苯甲醛。氟化过程易产生异构体，影响纯度，同时产生大量的有机废液。用锰盐为媒质间接电氧化对氟甲苯制对氟苯甲醛是一种较理想的办法。

电化学合成的工艺过程主要反应分两步：

电解反应 $Mn^{2+} \longrightarrow Mn^{3+} + e^-$

合成反应 $p\text{-}FC_6H_4CH_3 + 4Mn^{3+} + H_2O \longrightarrow p\text{-}FC_6H_4CHO + 4Mn^{2+} + 4H^+$

反应后的母液经过净化处理后可循环使用，对环境不造成污染。采用电化学合成对氟苯甲醛，产品纯度高，基本无"三废"排放，且工艺简单，投资少。用一套设备不仅可以生产对氟苯甲醛，而且可以生产邻氟苯甲醛、间氟苯甲醛等多种氟代芳烃醛，所以用电化学法研制氟代芳烃醛有着广阔的前景。

（3）维生素 K_3 的间接电化学合成。以 β-甲基萘、铬酐为原料相转移合成 2-甲基-1,4 萘醌（维生素 K_3）的工艺过程中产生大量的铬废液（$w_{(Cr^{6+})} = 4\% \sim 5\%$），如果作为废物排掉，无论是从经济角度还是从环保角度都是不允许的。经过大量研究发现，采用槽外式间接电化学合成维生素 K_3 工艺可使 Cr^{3+} 氧化为 Cr^{6+}，从而实现铬废液的循环利用。

其工艺过程主要反应式如下：

阳极氧化反应 $2Cr^{3+} + 7H_2O \longrightarrow Cr_2O_7^{2-} + 14H^+ + 6e^-$

合成反应 $C_{11}H_{10} + H_2Cr_2O_7 + 3H_2SO_4 \longrightarrow C_{11}H_8O_2 + Cr_2(SO_4)_3 + 5H_2O$

该工艺已经实现工业化，并且取得了很好的经济效益。从上述工业化实例分析可以看出，采用有机电化学合成路线较为复杂的产品，或者对环境污染较大的产品具有很大的优势，尤其是附加值很高的精细化学品，还有一些特殊用途的新材料、高分子聚合物等，都具有很好的效果和经济效益。

（4）草酸电解还原制备乙醛酸。乙醛酸是兼具醛和羧酸性质的最简单醛酸，在香料、医药、造纸、食品添加剂、生物化学及有机合成等众多领域有着广泛应用。草酸电解还原法具有工艺简单、原料廉价、符合有机电化学绿色化工发展趋势等优点，被认为是最具竞争力的乙醛酸合成工艺。国内外对草酸电解还原法理论和实验研究较多，但由于极板表面的流动特性与实际应用存在差别，技术不成熟，实现工业化仍有困难。

草酸电解还原制备乙醛酸（见图 5-20）的反应式如下：

阳极

$$H_2O \longrightarrow \frac{1}{2}O_2 + 2H^+ + 2e^-$$

阴极

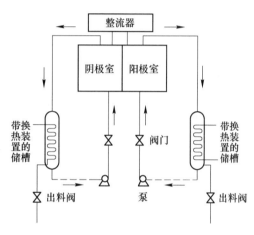

$$\begin{array}{c} COOH \\ | \\ COOH \end{array} + 2H^+ + 2e^- \longrightarrow \begin{array}{c} COOH \\ | \\ CHO \end{array} + H_2O$$

$$2H^+ + 2e^- \longrightarrow H_2 \uparrow$$

$$\begin{array}{c} COOH \\ | \\ COOH \end{array} + 4H^+ + 4e^- \longrightarrow \begin{array}{c} COOH \\ | \\ CH_2OH \end{array} + H_2O$$

向电解槽的阴极室加入饱和草酸溶液，阳极室加入一定浓度的 H_2SO_4 溶液，通过泵进行循环，由泵出口处的阀门控制流量，阴极液和阳极液采用相同的流量采用 DH1716 系列直流稳压稳流器按设定的工艺

图 5-20 草酸电解合成乙醛酸的实验流程图

条件控制恒电流电解，当反应终止时，从储槽的出料阀出料，其间定期取样分析草酸和乙醛酸的含量。

5.2 绿色催化技术

5.2.1 绿色固相催化

固相化学合成反应是指固体与固体反应物直接接触发生化学反应，生成新的物质。固相化学合成反应是研究固体物质的制备、结构、性质及应用的一门新型化学合成反应科学。固相化学合成反应不使用溶剂，具有高选择性、高产率、工艺过程简单等优点，已成为制备新型固体材料的主要手段之一。固相化学自 20 世纪初被确定为一门学科以来，它被广泛应用于新型功能材料的合成，20 世纪 50 年代高纯单晶半导体的固相成功制备，引发了电子工业的彻底革命；所有石油裂化都使用以硅铝酸盐作基础的催化剂，其中对催化领域有很大影响的 ZSM-5 分子筛在自然界中尚未找到天然存在形式，可采用固相化学反应来合成；在磷酸盐中最具影响的 VPI-5 也是用固相化学反应合成的。如今的新型高温陶瓷超导材料以及新型光、电、磁材料也成功地采用固相合成方法来制备，这些材料的成功开发有望引起一场计算机、化学制造业等相关领域的技术革命。固相化学合成反应按反应的温度高低可以分为高温固相反应和低热固相反应。

5.2.1.1　高温固相合成反应

A　高温固相反应的机理和特点

高温固相反应是高温合成反应中一类很重要的合成方法，从热力学上讲，某些固体物质混合后反应生成新的物质，必须具备一定的反应条件，一般在常温下或较高的反应温度下固体物质也能发生反应，但反应可能需要数天才能完成，高温下固相反应的时间可以大大缩短，提高了生产效率。高温固相反应通常反应温度范围是在200℃以上。

高温固相反应的第一阶段是在晶粒界面上或界面邻近的反应物晶格中生成晶核，成核反应需要通过反应物界面结构的重新排列，其中包括结构中阴、阳离子键的断裂和重新结合，反应物晶格中的离子脱出、扩散和进入缺位，高温下有利于晶核的生成。第二阶段是进一步实现晶核的晶体生长，需要横跨两个界面的扩散才有可能发生晶体生长反应，并使原料界面间的产物层加厚。因此决定反应的控制步骤应该是反应物晶格中离子的扩散，高温下有利于晶格中离子扩散，另外，随着反应物层厚度的增加，反应速率会随之减慢。

从高温固相反应的机理和特点可以得出影响高温固相反应速率的主要因素有三个：(1) 反应物固体的表面积和反应物间的接触面积；(2) 生成物相的成核速度；(3) 相界面间特别是通过生成物相层的离子扩散速度，这与反应物和生成物的结构有重要的关系。研究高温固相反应规律和特点，将有利于对高温固相合成反应的控制和新反应的研究开发。

B　高温固相反应合成中的几个问题

反应物固体的表面积和接触面积。反应物固体的表面积和反应物间的接触面积是影响高温固相反应速率的一个重要因素。通过反应物料的物理破碎或各种化学途径获得粒度细、比表面积大、表面活性高的反应物原料，再通过加压成片，甚至热压成型使反应物颗粒充分均匀接触或通过化学方法使反应物组分事先共沉淀或通过化学反应制成反应物先驱物。采用这些方法改变反应物固体的表面积和接触面积将非常有利于进一步高温固相合成反应，提高固相反应速率，降低反应温度。如尖晶石型 $ZnFe_2O_4$ 的固相反应"先驱物"的制备，以 $Fe_2[(COO)_2]_3$ 和 $Zn(COO)_2$ 为原料，按1∶1溶于水中充分搅拌混匀，加热并蒸去混合溶液的水分。$Fe_2[(COO)_2]_3$ 和 $Zn(COO)_2$ 逐渐共沉淀下来，产物几乎为 Fe^{3+} 与 Zn^{2+} 均匀分布的固溶体型草酸盐混合物。产物沉淀经过过滤、灼烧即成为很好的固相反应原料"先驱物"。用"先驱物"原料进行 $ZnFe_2O_4$ 的固相合成，固相反应的温度可比常规的大为降低。

反应物固体原料的反应性。生成物相的成核速度也是影响高温固相反应速率的一个重要因素。反应物固体的结构与生成物结构相似，则结构重排较方便，成核较易，有利于进一步高温固相合成反应。如果反应中固体反应物和生成物结构中离子排列结构相似，则易在固体反应物界面上或界面邻近的格内通过局部规正反应（topotactic reaction）或取向规正反应（epitactic reaction）生成产物晶核或进一步使晶体生长。反应物的反应性还与反应物的来源和制备条件、存在状态特别是其表面的结构情况有密切关系。反应物一般均为多晶粉末，且晶体不完整，当多晶不完整时，晶粒表面同时出现不同晶面，晶体不同部分的表面具有不同的结构，因而具有不同的反应性。其次，固体的反应性和晶体中缺陷的存在也有相当大的关系。从制备方法、反应条件和反应物来源的选取等方面应着眼于原料反应性的提高，对促进固相反应的进行是非常有作用的。例如在固相反应以前制取具有高反应性的原料如粒度细、高比表面积的、非晶态或介稳相；新沉淀、新分解、新氧化还原或新相变的新生态反应原料，这些反应物往往由于结构的不稳定性而呈现很高的反应活性。对于有金属氧化物为固体原料参与的高温固相合成反应，有时可以以其氢氧化物代替为原料，在固相反应中氢氧化物分解而生成新相金属氧化物，反应所需的温度可远低于直接使用金属氧化物为固体原料的固相合成反应。

固相反应产物的性质由于固相反应是复相反应，反应主要在界面间进行，反应的控制步骤为离子的相间扩散，因而此类反应生成物的组成和结构往往呈现非计量性和非均匀性。在一定温度下反应产物是组成为生成物和中间产物的固溶体，或者至少可以说在该温度下在固相反应的初级阶段生成产物的组成在一定范围是可变的。这造成了组成和结构的非均匀性。如继续进行反应，即使持续很长时间也难于使其组成趋向生成物的计量比。这种现象几乎普遍地存在于高温固相反应的产物中。

晶格中和相间的离子扩散是影响固相反应的一个重要因素。有时甚至是固相反应的控制步骤。在固相反应中由于反应物结构和生成物结构的特点，要进一步细致研究其中离子的扩散规律是较为困难的。因而这将是研究高温固相合成反应一个重要方向。

5.2.1.2　低热固相反应

相对于高温固相合成反应而言，低热固相反应的研究受重视程度要少得多，几乎处在刚起步的阶段，许多工作有待进一步开展。Toda 等的研究表明，能在室温或近室温下进行的固相有机反应绝大多数高产率、高选择性地进行；忻新泉及其小组近十年来对室温或近室温下的固相配位化学反应进行了较系统的探索，探讨了低热温度固—固反应的机理，提出并用实验证实了固相反应经历四个阶段，即扩散—反应—成核—生长，每一步都有可能是反应速率的决定步骤，总结了固相反应遵循的特有规律，利用固相化学反应原理，合成了一系列具有优越的三阶北线性光学性质的 Mo(W)-Cu(Ag)-S 原子簇化合物，合成了一类用其他方法不能得到的介稳化合物——固配化合物，合成了一些有特殊用途的材料，如纳米材料等。

A　低热固相化学反应机理

与液相反应一样，固相反应的发生起始于两个反应物分子的扩散接触，接着发生化学作用，生成产物分子。此时生成的产物分子分散在母体反应物中，只能当作一种杂质或缺陷的分散存在，只有当产物分子集积到一定大小，才能出现产物的晶核，从而完成成核过程。随着晶核的长大，并达到一定的大小后开始出现产物的独立晶相。可见，固相反应经历四个阶段，即扩散—反应—成核—生长，但由于各阶段进行的速率在不同的反应体系或同一反应体系不同的反应条件下不尽相同，使得各个阶段的特征并非清晰可辨，当然，在具体的固相反应体系中，这四个阶段是相互牵连、连续进行的。固相反应的每个阶段都有可能成为整个反应的速控步，总反应特征只表现为反应的决速步的特征。长期以来，一直认为高温固相反应的决速步是扩散和成核生长。原因就是在很高的反应温度下化学反应这一步速率极快，无法成为整个固相反应的决速步。在低热条件下，化学反应这一步则可能是速率的控制步。

根据低热固相化学反应机理可知低热固相化学反应有以下四种不同的速率控制步：（1）产物晶体成核速率为速控步；（2）产物晶核生长速率为速控步；（3）化学反应速率为速控步；（4）反应物的扩散速率为速控步。

　　B　低热固相化学反应的特有规律

　　低热固相化学反应与溶液反应一样，种类繁多，按照参加反应的物种数可将固相反应体系分为单组分固相反应和多组分固相反应。到目前为止，已经研究的多组分固相反应有如下十五类：（1）中和反应；（2）氧化还原反应；（3）配位反应；（4）分解反应；（5）离子交换反应；（6）成簇反应；（7）嵌入反应；（8）催化反应；（9）取代反应；（10）加成反应；（11）异构化反应；（12）有机重排反应；（13）偶联反应；（14）缩合或聚合反应；（15）主客体包合反应。从上述各类反应的研究中，可以发现低热固相化学与溶液化学有许多不同，遵循其独有的规律：潜伏期、无化学平衡、拓扑化学控制原理、分步反应和嵌入反应。

5.2.2　绿色液相催化

　　液相合成法主要是指在制备的过程中，通过化学溶液作为媒介传递能量的合成方法。传统液相法大致可分为溶剂—凝胶法、沉淀法、水解法、水热/溶剂热法、微乳液法等。从这个概念不难看出，一般我们把通过化学溶液作为反应媒介的化学反应方法都称作液相法，也就是水热/溶剂热等都属于液相法。

　　液相合成应用较为广泛，例如：环糊精在合适的液相有机反应体系中具有良好的反应底物选择性和催化性能，在进行开环反应、氧化反应、脱保护反应时，环糊精作为催化剂或反应载体一般具有低污染、反应条件温和、常温容易分离等优点，并且其产物的产率和选择性通常要高于传统的有机合成方法。

5.2.3　生物催化技术

　　酶是存在于生物体内具有催化功能的蛋白质。与化学催化剂相比，酶催化的典型特征是催化活性高，在温和的反应条件下反应速率快，对底物和反应方式有高度选择性，没有副产物形成。大多数酶具有高度的专一性，能迅速专一地催化某一基团或某一特定位置的反应。近几十年来，酶催化聚合反应（酶促聚合反应）作为高分子科学的新趋势，其重要性逐渐提高，为聚合物的合成提供了一个新的合成策略。

　　在使用非石化可再生资源做功能性聚合材料的起始底物方面，酶催化聚合反应具有重要的优势。在酶催化聚合反应中，聚合产物能够在温和的条件下获得，且不使用有毒的试剂。因此，酶催化聚合反应在聚合物材料的环境友好合成方面有很大的应用潜力，为实现绿色高分子合成提供了很好的手段。目前酶催化聚合技术的研究主要集中在开环聚合和缩聚反应两个方面。开环聚合用于聚碳酸酯的合成、脂肪内酯的合成等。缩聚反应用于多糖的合成、聚苯胺及其衍生物的合成、聚苯醚及其衍生物的合成等。

5.2.3.1　酶催化开环聚合

　　聚碳酸酯的合成。六元、七元环碳酸酯的酶催化开环聚合最早是以脂肪酶为催化剂的。1997 年 Matsumura 等首先报道了脂肪酶催化聚合环碳酸酯的反应，研究了多种酶在不同条件下的反应。结果发现，在 60～100℃下，环碳酸酯容易聚合，聚合物相对分子质量最高可达 169000。无酶空白样在 24h 后，三亚甲基碳酸酯（TMC）没有变化，在 NMR 中 3.4×10^{-6} 处未发现醚基（—CH_2—O—CH_2—）特征三重峰，可见没有发生 CO_2 消除反应，从而证明聚合是由酶引起的。采用 Novozym-435 酶为催化剂，获得了数均相对分子质量达

15000 的聚三亚甲基碳酸酯（PTMC）。

温度由 55℃升高到 85℃，转化率几乎不变而聚合物相对分子质量下降；当水含量减少时，聚合速率下降但相对分子质量上升。

通过分析小分子产物，脂肪酶催化 TMC 开环聚合机理描述如下：

（1）引发反应。

$$E\text{-}OH + TMC \rightleftharpoons E\text{-}OCH_2CH_2CH_2OCOOH(EAM)$$

$$\xrightarrow{H_2O} HOCH_2CH_2CH_2OH + CO_2 + E\text{-}OH$$

（2）二聚体的生成。

（3）多聚体的生成。

$$n\,HO(CH_2)_3OCOO\,(CH_2)_3OH \xrightarrow{EAM} HO(CH_2)_3OCOO(CH_2)_3O_nH$$

5.2.3.2 酶催化缩聚反应

A 聚苯胺及其衍生物的合成

聚苯胺（PANI）及其衍生物是一类重要的导电材料。由于聚苯胺拥有极佳的热稳定性和极具开发潜力的电子特性，其合成、应用研究受到了广泛关注。普通的化学聚合方法使用甲醛等有毒物质，对环境不利，采用酶催化聚合技术克服了这一缺点。聚苯胺及其衍生物的酶催化聚合通常以辣根过氧化物酶（HRP）为催化剂。在 H_2O_2 存在下，HRP 能催化氧化一系列芳胺和酚。

其催化机理可以简述为：

$$HRP + H_2O_2 \longrightarrow HRP\ \text{I}$$

$$HRP\ \text{I} + RH \longrightarrow R\cdot + HRP\ \text{II}$$

$$HRP\ \text{II} + RH \longrightarrow R\cdot + HRP$$

HRP 由 H_2O_2 氧化成二价的中间体 HRP I，HRP I 进而氧化底物 RH，得到部分氧化的中间体 HRP II，HRP II 再次氧化底物 RH。经过两步单电子反应，辣根过氧化物酶回到初始形态。反应中得到的自由基 R· 相互反应形成二聚体，继续发生氧化链增长反应，最终得到聚合物。

由于形成的聚合物在水溶液中会立即沉淀，所以酶催化聚合合成聚苯胺及其衍生物的主要缺点是得到的聚合物的相对分子质量较低。

B 聚苯醚及其衍生物的合成

聚苯醚（PPO）是一种高性能的工程塑料，有优良的热稳定性和化学稳定性。1996 年首次发现室温下，氧化还原酶能引发 3,5-二甲氧基对羟基苯甲酸，在水溶性有机溶剂中生成 PPO，且具有较高的产率。

室温下在丙酮—乙酸缓冲溶液（pH=5）中，以漆酶（laccase）催化聚合反应，聚合过程中有粉末状物质生成，24h后最终得到相对分子质量为4200的聚合物。

在与水可混溶的有机溶剂和缓冲溶液的混合液中，2,6-二甲氧基苯酚可发生酶催化聚合，得到相对分子质量为几千的聚合物。尽管相对分子质量不高，但所得的聚合物可溶于常见的有机溶剂，因此，应用较广，如制备PPO端基封闭的大分子及嵌段共聚物。研究发现，漆酶、HRP、大豆过氧化物酶（SBP）都有较好的催化作用，聚合行为取决于溶剂组成、酶的类型。

酶催化聚合是一个多学科交叉的研究领域，为高分子化学、有机化学和生物化学的沟通架起了桥梁。目前酶催化聚合的研究还处于探索阶段，对各种反应机理并未完全弄清，在反应条件控制、酶的优化筛选等方面仍有很多工作要做。然而，作为一种新兴的聚合方法，酶催化聚合为高分子的合成开辟了一条全新的、环境友好的途径，是高效合成新型功能高分子材料的有效方法，在医药、环保乃至国防等方面都有着广泛的应用前景。随着研究的深入，酶催化聚合必将实现聚合技术上的突破，成为聚合物绿色化制备合成的主要方法之一。

目前，应用酶的特异性催化功能并通过工程化为人类生产有用的产品，提供有益服务的技术称之为酶工程。它是现代生物工程的重要组成部分。酶工程的主要内容是：酶的生产、酶的固定化，酶的应用，酶反应器、酶反应动力学的研究。

5.3 绿色物料的使用

5.3.1 生物质资源

5.3.1.1 生物质的自然状况

地球上种类繁多的植物组成巨型化工厂，它们利用太阳光的能量不断地把水和二氧化碳等无机物合成为各种有机物，为人类提供了丰富而且可以再生的生物质资源。在已知的24万种维管植物中，约有25%是可食用的，世界上的食物来源于约100个物种，其中约3/4的食物来自小麦、水稻、玉米、马铃薯、大麦、甘薯和木薯等作物。通过光合作用，植物每年将约2.0×10^{11}t的CO_2转化为碳水化合物，并储存了约3.1×10^{13}J的太阳能。其储存的能量是目前世界能源消耗总量的10~20倍，但目前的利用率不到3%。目前以生物质资源生产的化学品数量还不足化学品年生产量的2%，如果能够有效利用生物质资源的利用技术，其开发潜力将十分巨大。

中国幅员辽阔，拥有充足的可发展生物质资源，除农作物耕地外，还包括各种荒地、荒草地、盐碱地、沼泽地等。我国生物质资源来源广泛、数量巨大，为生物质的开发利用提供了丰富的原料。我国农业生物质资源农作物秸秆的分布格局与农作物种植的分布相一致。我国作物秸秆主要分布在东部地区，华北平原和东北平原是我国农作物秸秆的主要分布区。河北、内蒙古、辽宁、吉林、黑龙江和江苏等粮食主产区为秸秆产出的主要省区。单位国土面积秸秆资源量高的省份依次为山东、河南、江苏、安徽、河北、上海、吉林等省市。农产品加工业副产品主要包括稻壳、玉米芯、甘蔗渣等，多来源于粮食加工厂、食品加工厂、制糖厂和酿酒厂等，数量巨大，产地相对集中，易于收集处理。其中，稻壳主要产于东北地区，以及湖南、四川、江苏和湖北等省；玉米芯主要产于东北地区和河北、河南、山东与四川等省；甘蔗渣主要产于广东、广西、福建、云南和四川等省区。我国林业生物质资源的主要类型有森林中成熟或过熟林的采伐剩余物、死木清理，以及近成熟林的抚育修枝和中龄林的抚育间伐等。根据第六次全国森林资源清查结果，东北及内蒙古林区、华北和中原地区、南方林区和华南热带地区是林业生物质资源集中分布的地区。总之我国生物质资源来源广泛、数量巨大，为生物质的开发利用提供了丰富的原料。

5.3.1.2　生物质的利用现状

作为新世纪的可替代能源之一，生物质能占到全世界总能耗的15%，数量相当巨大，是21世纪能源供应中最具潜力的能源。因它来自自然界，无污染，同时又是可再生能源而引起各国的重视。根据EL Insights于2010年9月发布的报告，从2010年到2015年，全球生物制造市场预计将从5729亿美元增加至6937亿美元，相当于在此期间的复合年增长率（CAGR）为3.9%。在今后几年，生物质在生物发电、生物燃料和生物产品部门应用领域将大幅增长，生物质发电的市场价值将从2010年450亿美元增加到2020年530亿美元。

世界各国纷纷加快了对生物质资源的研究和利用。

欧盟：2010年生物质能源达到总能源消耗的7%。

美国：2010年生物质能源达到总能源消耗的4%，2020年达到5%（现在已经达到3%）。

澳大利亚：2010年生物质能源达到总能源消耗的5%。

巴西：生物质能源已达到总能源消耗的1/3，近50%汽油被乙醇替代，2020年生物油柴油掺和比达到20%。凭借生物能源这张王牌，巴西政府表示有信心实现到2020年减排36%的目标。

丹麦正准备在全国前5大城市，逐步减少并淘汰燃煤发电站，要求发电站进行技术改造，使用生物燃料替代煤和燃油，作为城市生产和生活的主要能源来源。

印度于2004年开始了石油和农业领域的"无声革命"，制定了2011年全国运输燃料中必须添加10%乙醇的法令。

5.3.1.3　生物质概念及分类

生物质是指利用大气、水、土地等通过光合作用而产生的各种有机体，即一切有生命的可以生长的有机物质统称为生物质。它包括植物、动物和微生物。狭义上，生物质主要是指农林业生产过程中除粮食、果实以外的秸秆、树木等木质纤维素，农产品加工业下脚料，农林废弃物及畜牧业生产过程中的畜禽粪和废弃物等物质。生物质的主要组成元素为C、H和O，而化石资源的主要组成为C、H。典型的生物质资源主要有纤维素、半纤维素、木质素、油脂、淀粉、甲壳素等。本书将着重介绍前四种最常见的生物质资源。

A　纤维素

纤维素是自然界中储量最大、分布最广的天然有机物。地球上每年由生物合成的纤维素有5.0×10^{11} t，其中用于化学改性的纤维素仅7.0×10^{6} t，它是由葡萄糖结构单元通过β-1,4-糖苷键连接而成的大分子。

B　半纤维素

在植物细胞壁中与纤维素共生、可溶于碱溶液，遇酸后比纤维素更易于水解的那部分植物多糖即为半纤维素。半纤维素是由几种不同类型的单糖构成的异质多聚体，这些糖是五碳糖和六碳糖，包括木糖、阿拉伯糖和半乳糖等。

C　木质素

木质素就总量而言，仅低于纤维素，全球每年可产生 $1.5×10^{11}$ t 木质素。每年我国仅农作物秸秆中就含有木质素 $7.0×10^8$ t。木质素作为造纸工业的副产物，没有被充分利用，且污染环境。木质素具有含活泼氢的羟基和双键，可以引入各种亲水基团制备各种化学产品，其基本结构单元如下：

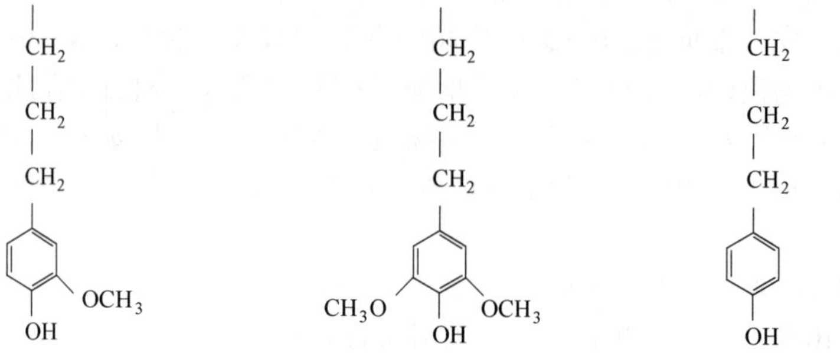

愈创木基型　　　　　　　　紫丁香基型　　　　　　　　对羟基基型

D　油脂

油脂是油和脂的总称，是一种取自动植物的物质，主要成分是甘油三脂肪酸酯，简称甘油三酸酯。一般而言，"油"是指常温下呈液态状态的，而"脂"是指常温下呈半固体或固体状态的，习惯上"油"和"脂"不做区分。

从图 5-21 结构上看，甘油三酸酯可以认为是由一个甘油分子与三个脂肪酸分子缩合而成的。若三个脂肪酸相同，生成物为同酸甘油三酸酯；否则，生成异酸甘油三酸酯。天然油脂大多数是混合酸的甘油三酸酯，另外，油脂中还含有少量磷脂、蜡、甾醇、维生素、碳氢化合物、脂肪醇、游离脂肪酸、色素，以及产生气味的挥发性的脂肪酸、醛和酮等。

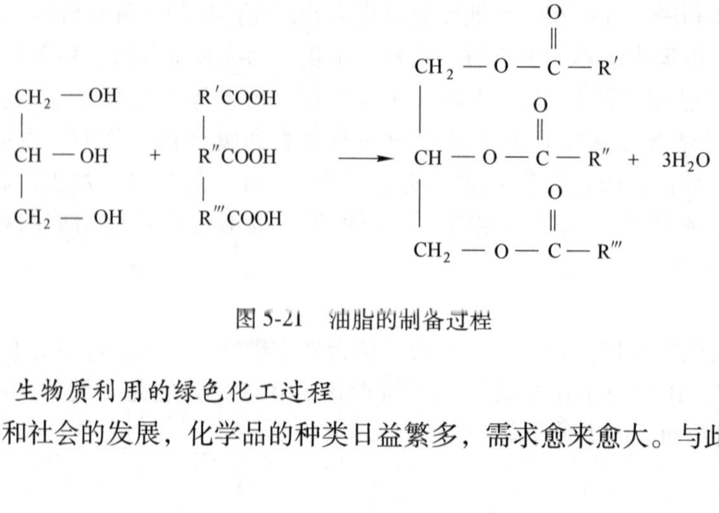

图 5-21　油脂的制备过程

5.3.1.4　生物质利用的绿色化工过程

随着经济和社会的发展，化学品的种类日益繁多，需求愈来愈大。与此同时，也大大加快了一次性资源（如煤炭、石油等）的消耗速度，资源问题已经成为全人类共同关注的焦点。巨大的可再生资源中只要其中的一部分被用于生产平台化合物（指那些来源广泛、价格低廉、用途众多的一类化合物），所产生的经济效益及社会效益是难以估量的。迄今为止，数量庞大的植物纤维只有极少部分被用于造纸原料、饲料和制备化学品，其利用率还相当低。如果能够将可再生资源转化成用途广泛的基本化学品，对解决当前的资源和能源两大问题，实现可持续发展战略，无疑具有重大而深远的意义。

生物质的种类繁多，各有不同的属性和特点，应用方式也趋于多样，可能远比化石燃料的利用更复杂。生物质利用方法总结如图 5-22 所示。目前应用较多的化学方法是通过将生物质化学降解，进而生产其他化学品的过程。

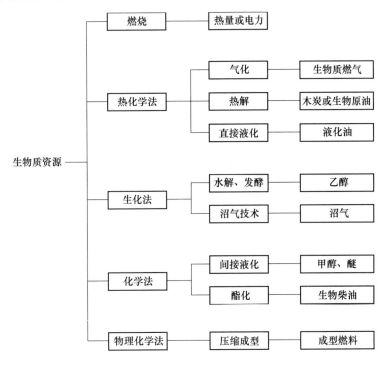

图 5-22　生物质资源利用方法

A　生物质制乙醇

乙醇是重要的化工原料，主要用作溶剂、化工原料、燃料、防腐剂。用粮食发酵酿酒是制备乙醇的传统方法。现代化学工业一般以石油裂解制得的乙烯为原料，用水合法制乙醇。20 世纪 70 年代以来，以燃料乙醇为代表性产品的生物燃料工业飞速发展，特别是以甘蔗、玉米为原料的第一代燃料乙醇产业已形成规模，2009 年世界各国燃料乙醇的总产量约为 $5.86 \times 10^7 t$，比 2008 年增加了 12.7%，其中美国占 54.1%。预计到 2030 年，生物燃料产量将达到 $1.2 \times 10^8 t$，占运输燃料总用量的 5%。然而以粮食为原料生产燃料乙醇，面临着"与人争粮，与粮争地"的矛盾和原料供应不稳定等问题。2007 年中国发展和改革委员会宣布禁止使用粮食生产燃料乙醇，现有的几家以玉米为原料生产乙醇的企业被要求逐步采用替代原料。

利用木质纤维素类生物质为原料制备的燃料乙醇是第二代生物质能源，常称为生物乙醇，凭借其洁净、安全和环保等优点逐渐成为最具潜力的新能源，是近年来生物质利用研究的重点。利用木质生物质生产乙醇不仅可以缓解粮食和能源紧张，从根本上解决燃料乙醇的生产原料问题，而且可减少温室气体排放。制备原理是将生物质转化为可发酵的糖，利用微生物通过发酵过程将糖转化为乙醇。基本工艺可以分为预处理、水解、发酵和纯化四部分。目前，开发了多种预处理方法，各具特点。水解过程是利用酸或酶水解聚合物，使之成为可溶性的单糖。酶水解以其较高的转化率（接近理论值），被认为是最具商业前景的水解方法。发酵过程是对水解产物（五碳糖和六碳糖）进行发酵，获得乙醇。纯化处理则是通过蒸馏、过滤等手段，获得纯净的乙醇。生物乙醇制备过程的发酵与传统以淀粉或糖为原料的乙醇发酵的不同之处在于：生物质水解液中常含有对发酵微生物有害的组分，水解液中五碳糖的含量也较高，发酵抑制物的去除和五碳糖的利用是生物乙醇工业化发展需要解决的关键问题。

2009 年，中国科学院生物质资源领域战略研究组制定了《中国至 2050 年生物质资源科技发展路线图》，指出了中国发展生物质资源的六个战略路径。战略路径的目标之一就是利用生物质资源—纤维素制备生物乙醇。预处理是生物质制备乙醇商业化的关键步骤，是整个制备过程中最昂贵的步骤之一，对其之前的原料尺寸处理和之后的酶水解与发酵过程都有很大的影响。如预处理效果好，水解过程中的酶的用量就少，并且无须使用价格较高的酶。预处理的目的是去除阻碍糖化和发酵的生物质内在结构，粉碎木质素对纤维素的保护，瓦解纤维素的晶体结构，使之与生物酶充分接触，取得良好的水解效果。评价预处理方法有效性的标准如下：（1）预处理工艺前无须对原料进行深入的粉碎处理；（2）可以保留半纤维素中的戊糖结构；（3）有效限制对发酵过程具有抑制作用的物质产生；（4）能源消耗低等。

制备生物乙醇的常用预处理方法有四类：物理法、化学法、物理化学法和生物法。物理法主要是机械粉碎法，具有能耗大、成本高、生产效率低的缺点。化学法主要指以酸、碱、有机溶剂作为预处理剂，破坏木质素与半纤维素的共价键连接，打破纤维素的晶体结构，促进纤维素溶解。物理化学法主要有蒸汽爆破法、氨纤维爆破法和酸性气体爆破法。生物法是利用降解木质素的微生物和其他细菌等，这些微生物在培养过程中可以产生分解木质素的酶类，从而可以专一性地降解木质素。但是由于目前存在微生物种类较少、木质素分解酶类的酶活性低、作用周期长等未解决的关键技术问题，发展较慢。

B　生物柴油

由天然油脂经化学转化得到脂肪酸甲酯，也称为生物柴油。生物柴油是备受人们关注的生物燃料，是优质的石油柴油代替品和清洁的可再生能源。随着石油资源的短缺，生物柴油生产技术的研究与应用已经成为世界各国政府优先考虑发展的方向。生物柴油的性质与普通柴油的十分相近，可供柴油机使用，而且在浊点、闪点、十六烷值、硫含量、氧含量及生物可降解性等方面要优于普通柴油。由于它来源于天然植物油，因此具有可再生、环保清洁、安全性好、燃烧效率高等特点，对于推进能源替代、减轻环境压力、降低大气污染等都具有重大的战略意义，是一种真正的"绿色能源"。与脂肪酸等原料相比，以脂肪酸甲酯制备精细化学品具有反应条件更温和、产品性能更佳等优点，主要产品有脂肪酸聚氧乙烯酯、脂肪醇聚氧乙烯醚、脂肪醇聚氧乙烯醚硫酸盐、脂肪酸甲酯 α-磺酸盐、脂肪酸蔗糖酯、脂肪酸二（单）乙醇酰胺、脂肪醇等，是生产可生物降解的高附加值精细化工产品的重要原料。

近十几年我国很多大学都在该技术领域进行机理实验研究和分析，但尚无大规模的推广应用报道。"十五"期间，科技部将野生油料植物开发和生物柴油技术发展列入国家"863"计划和科技攻关计划，包括麻风树、牛耳枫、黄连木等油料植物的良种培育和大面积造林技术研究，建立了种质培育基地；开发了酶法生物柴油生产新工艺，建成中试研究装置；开发出一步法废油化学催化生物柴油新工艺；目前生产技术逐步完善成熟，已建立了数个利用食用废油的生物柴油的工业示范工程，年生产能力达 $5.0×10^4$t 左右。"十五"期间，我国还开展了生物质热解液化技术的研究，主要实验装置类型为下降管式裂解反应器和旋转锥裂解反应器，均达到中试阶段，并进一步完善工艺，开展液体产物的处理应用的研究。此外，中国正在与德国相关部门合作开展大规模种植麻风树生产生物柴油计划，已完成生物柴油工艺技术研究，建立了原料和产品分析方法、质量控制标准。寻找非粮资源成为脂肪酸甲酯在我国的产业化发展的主要瓶颈之一，而这些不宜食用的生物油脂也为我们提供了廉价、合适的原料。除此之外，绿色工艺也是脂肪酸甲酯产业化发展的重要问题，且绿色工艺的解决是利用非粮资源的前提。生物柴油可由植物油、动物脂肪经化学方法制取。制取生物柴油的方法有酯交换法、直接混合稀释法、微乳液法及热裂解等方法。酯交换法是指在催化剂的作用下，使短链醇类——甲醇与油脂中的甘油三酯发生酯交换反应，生成脂肪酸甲酯的过程。将甘油三酯断裂为三个长链脂肪酸甲酯，从而缩短链的长度，降低燃料的黏度，改善油料的流动性和汽化性能，达到作为燃料油的使用要求。酯交换法可用碱性或酸性和生物催化剂，根据反应体系的不同分为均相催化和多相催化。生产流程主要包括预处理、反应和后处理 3 个工序。预处理包括原料油沉淀除杂、水蒸气蒸煮脱臭、真空脱水等，后处理即粗生物柴油的精制。碱性物质催化的酯交换法是不可逆反应，在低温下可获得较高产率，反应速率快、醇用量少，在工业上已经成功应用。国内外对制取生物柴油的原料、方法及其过程进行了大量的研究。例如：R. Alcantara 等用碱催化酯交换法处理大豆油、废油及牛油制取生物柴油；Hak Joo Kima 等人研究了不同碱性催化剂的酯交换过程；Galen J. Suppes 等研究了沸石和金属做催化剂的酯交换过程；陈和等研究了强碱催化的酯交换反应动力学；郑利等对脂肪酶催化合成生物柴油过程进行了研究。在采用酯交换法制备生物柴油时，关键是提高原料的转化率和产品生物柴油的纯度。

C 生物质制丁醇与丙酮

丙酮、丁醇发酵工业的发展，与能产生丙酮、丁醇微生物的发现，产品用途的开发及原料的选用有关。1861 年，Pasteur 观察到由乳酸或乳酸钙做丁酸发酵时，丁醇以副产物出现。1914 年 Weizmann 成功分离得到一种丙酮丁醇梭菌，可以发酵各种谷物原料。溶剂组成比例是丁醇、丙酮、乙醇质量比为 6∶3∶1。20 世纪初，汽车工业高速发展，天然橡胶供应不足，促进了合成橡胶的研究。当时英国发明用丙酮为原料，经异戊二烯再聚合可制得橡胶。以正丁醇为原料，经 1,3-丁二烯也可获得人造橡胶。特别是第一次世界大战对丙酮需求的激增，刺激了丙酮、丁醇发酵技术的发展。1914 年英国建立起第一座丙酮发酵工厂，由于当时以丙酮为主要产物，所以又称丙酮发酵。第一次世界大战结束后，杜邦公司开发了丁醇制乙酸丁酯工艺，作为硝酸纤维喷漆的优良溶剂。1945 年美国改用糖蜜进行生产，并且开发了丙酮、丁醇新的用途。20 世纪 60 年代末，由于石油化工的发展以低成本的优势淘汰了丙酮丁醇发酵法，但石油危机的出现使得丙酮丁醇发酵工业又重现生机。丙酮、丁醇是重要有机溶剂和化工原料。1945 年我国依靠自己的力量首先在上海市改造酒精厂生产丁醇，1956 年正式投产。1958 年后我国各省也纷纷建立起以玉米和山芋干为原料的总溶剂生产厂，只有少数工厂利用糖蜜和大米等其他原料。我国丙酮、丁醇质量和生产技术已达到世界先进水平，能源与原料消耗也很低。生产工艺普遍实现了连续化和自动化。

燃料丁醇是指掺混在汽油中的丁醇，制成的混合燃料称为丁醇汽油。目前世界上汽车对丁醇汽油的使用方法一般有两大类：用汽油发动机的汽车，丁醇加入量为 5%~22%；专用发动机的汽车，丁醇加入量为 85%~100%。目前丁醇已不单是一种优良燃料，它已经成为一种优良的燃油品质替代剂。利用燃料丁醇的优点如下：（1）可替代或部分替代汽油做发动机燃料，减少汽油用量，缓解化石燃料紧张，从而减轻对石油进口的依赖，提高国家能源安全性；（2）丁醇作为汽油的高辛烷值组分，可提高点燃式内燃机的抗爆震性，使发动机运行更平稳；（3）由于丁醇是有氧燃料，掺混到汽油中，可替代对水资源有污染的汽油增氧剂 MTBE（甲基叔丁基醚），使燃烧更充分，使颗粒物、一氧化碳、挥发性有机化合物等大气污染物排放量降低；（4）可以有效消除火花塞、气门、活塞顶部及排气管、消声器部位积炭的形成，延长主要部件的使用寿命。

木质纤维素先在酸催化下水解，然后将水解产物用于微生物丁醇发酵过程。由于木质纤维素的水解产物中单糖成分较为复杂，要求发酵菌种对单糖具有普适性，利用效率要高。发酵微生物利用水解产生的单糖作为发酵碳源生产丙酮、丁醇。丙酮丁醇梭菌可以利用五碳糖，这是丙酮丁醇发酵与乙醇发酵最显著的差别。这一特点决定了丙酮丁醇发酵更适合与纤维素水解技术相结合，单糖利用效率更高。传统的丙酮丁醇发酵主要以间歇发酵和蒸馏提取的方式进行，目前产量较低而能耗很高，所以竞争力差。其主要问题在于较低的产物浓度导致后续分离提取能耗很大，成本大幅度提高。提高发酵液中丙酮、丁醇浓度，开发低能耗的提取工艺是增强丙酮丁醇发酵法竞争力的根本途径。丙酮丁醇发酵的生产工艺改进主要有萃取发酵、气提发酵、全蒸发和廉价原料发酵。

萃取发酵采用萃取和发酵相结合，利用萃取剂将丙酮、丁醇从发酵液中分离出来，控制发酵液中丁醇的浓度小于对丙酮丁醇梭菌生长的抑制浓度。萃取发酵的关键是选择分离因子大、对微生物无毒性的萃取剂。研究表明：以生物柴油为萃取剂进行丙酮丁醇萃取发酵，丁醇的生产强度有所提高。

气提法是在一定温度的稀释液中，通入一定流速的惰性气体时，溶液组分被气提到气相中，从而达到丙酮、丁醇的及时分离。

全蒸发是一种新型膜分离技术。该技术用于液体混合物的分离，其突出优点是能以低能耗实现蒸馏、萃取、吸收等传统方法难以完成的分离任务。由于渗透蒸发的高分离效率和低能耗，它在丙酮丁醇发酵中有广阔的发展前景。

D 生物质制多元醇

生物质多元醇包括山梨醇、木糖醇、甘露醇、麦芽糖醇、甘油和乙二醇等 C_2~C_6 的多羟基化合物。传统的多元醇制备原料多源于石油和天然气等资源，但随着石油、天然气等资源的日渐短缺和人们环保意识的增强，且相当一部分可再生的生物质资源可以用来制备多元醇，使得对生物质多元醇的研究越来越多地受到人们的关注。随着人们对多元醇的逐步重视和工业技术的进步，多元醇现在已广泛应用于制备聚氨酯材料、烷烃、氢气、燃油以及化工中间体等领域，成为新一代的能源平台化合物。2004 年，美国能源部在一份报告中将甘油和山梨醇等多元醇列为在未来生物质开发过程中最为重要的 12 种"building block"分子，可见从纤维素出发制备多元醇的意义非常重大。

2006 年，Fukuoka 等利用固体酸（γ-Al$_2$O$_3$ 或 Al$_2$O$_3$-SiO$_2$ 等）负载金属 Pt 或 Ru 为催化剂，在水相中 463K 下实现了纤维素的催化转化。采用环境友好的固体酸来替代传统的液体酸，在产物分离以及催化剂的循环利用上已经取得了很大进步。北京大学刘海超教授等发展了利用高温水原位产生的酸催化纤维素水解同时结合 Ru/C 催化剂催化氢化葡萄糖一步法生产六碳多元醇的过程，首先纤维素在高温水原位产生的酸催化下水解成葡萄糖，葡萄糖在 Ru/C 催化剂的继续作用下，直接加氢还原生成六碳多元醇。该反应过程在 518K 下，六碳多元醇的产率达 23.2%，而且高温水原位产生的酸在低温时消失，对环境友好，成本低，无污染。Ru/C 催化剂的催化活性要超过 Pt/Al$_2$O$_3$，因为相比 Pt，Ru 是更好的 C＝O 双键氢化催化剂。中国科学院大连化学物理研究所的张涛教授研究组进一步改善了纤维素的水解体系，在 518K 下，采用添加 Ni 的活性炭作为载体担载 W$_2$C，高效地实现了纤维素的催化转化，产物乙二醇的选择性高达 70% 以上，反应后催化剂可多次循环使用，而且仍然保持着很高的活性。W$_2$C 是类 Pt 的催化物质，在 C—C 键断裂过程中有很好的促进作用。从纤维素出发，经 Ni-W$_2$C/AC 体系催化，最后转化为乙二醇的反应过程与纤维素水解生成六碳醇的过程相似，首先都是纤维素水解生成单糖（葡萄糖），接下来单糖在催化剂的作用下转化为乙二醇。此反应过程脱离了贵金属的使用，效率非常高，有望实现纤维素转化的工业化。目前由生物质制备多元醇的技术已在长春大成集团公司实现了 10^{6}t 级的生产和工业应用。由油脂制多元醇的途径除了油脂水解得到甘油外，还可以由大豆油环氧化合成环氧大豆油，环氧大豆油发生开环反应制备植物油多元醇，它的特点是全部为仲羟基，官能度、羟值较高。目前已实现了工业化生产。长春工业大学张龙教授成功开发了以淀粉为原料制备聚醚多元醇的专利技术，并用于替代石油基的聚醚多元醇产品。目前正在进行 10^{6}t 级中试。

E　生物质制乙酰丙酸

近年来国外学者的研究表明，从纤维素水解生成葡萄糖并进一步脱水和脱甲酸后得到的另一个化合物——乙酰丙酸（levulinic acid，LA），用途十分广泛，将有可能成为一种新的平台化合物。从乙酰丙酸的分子结构中可知，它既有一个羟基，又有一个酮基，因此具有良好的化学反应性，能够进行酯化、氧化还原、取代、聚合等各种反应，合成许多有用的化合物和新型高分子材料。同时，4 位上的羰基是一个潜手性基团，可以通过不对称还原获得手性化合物。乙酰丙酸还是一个具有生物活性的分子。此外，乙酰丙酸能与汽油以任何比例互溶，可直接加入汽油中作为 P 系列汽车燃料，以提高辛烷值，降低尾气的污染。

国外早期都采用糠醇催化水解法生产乙酰丙酸。国内近年才开始小规模生产此产品，总生产量还不足 1000t，且多以糠醇为原料，生产成本很高，酸性废弃物污染严重，难以充当平台化合物的角色。美国 Biofine 公司以含纤维素的生物质资源（包括锯末、废报纸等）为原料，采用高温高压反应器水解直接得到乙酰丙酸，转化率达 80%～90%，为构建新的平台化合物开辟了新的方向。近年来，高温高压水中的无催化水解反应受到重视。研究表明，它具有反应速率较快、可以实现选择性分解、目标产物作为化工原料价值高、工艺无污染、不需进行催化剂的回收和废水处理等优点，显示出广阔的应用前景。吕秀阳等研究表明，纤维素近临界水条件下水解产物主要有有机酸（甲酸、乙酸、乙酰丙酸等）、可溶性多聚糖、葡萄糖和果糖、丙酮醛、5-羟甲基糠醛等。其中乙酰丙酸、甲酸的含量较高，其他成分含量较低。近临界水（near critical water，温度在 250~350℃ 的压缩液态水）具有良好的溶解性能和自身酸碱催化功能。近临界水条件下的水解反应，比用液体酸做催化剂所得产物种类少，副反应少。

F　生物质制己二酸

己二酸是最重要的脂肪族二元弱酸，它具有二元弱酸的通性，因为它有两个 α-碳原子的活泼亚甲基，能与多官能团化合物进行缩合反应，具有极为广泛的应用范围。

1933 年 W. H. Carothers 首先用己二酸与己二胺合成了尼龙 66（nylon66）。1935 年杜邦公司开始生产并推销尼龙 66。随着石油化工的兴起，己二酸的生产开始转向以来源比较便宜的石油化工产品为原料，因此使生产能力得到较大的发展。Frost 提出了利用生物技术来生产己二酸的洁净路线。该路线在酶的催化下先转变 D-葡萄糖为儿茶酚，儿茶酚进一步转化为顺,顺-己二烯二酸，顺,顺-己二烯二酸，再经氢化制备己二酸。Du Pont 公司在 20 世纪 90 年代初开发了生物催化工艺，利用大肠杆菌将 D-葡萄糖转化为顺,顺-粘康酸（muconic acid），然后再加氢生成 AA（adipic acid，己二酸）。最近该公司又开发了新的生物法工艺，用从好氧脱硝菌株（acinetobacter sp.）中分离出来的一种基因簇对酶进行编码，从而得到环己醇转化制 AA 的合成酶。该合成酶的变种主细胞在合适的生长条件下可将环己醇选择性地转化成 AA。Niu 等报道了以埃希氏菌属中的大肠杆菌为催化剂，以苯及苯的衍生物为反应底料，生物催化合成己二酸。

由于生物法采用可再生的物质为原料，因此实现了绿色生产，但缺点是过程费用高，目前尚未实现大规模工业化生产。

G　生物质制氢气

氢气是一种极为理想的新能源，具有清洁无污染、高效、可储存和运输等特点，可广泛应用于化工、冶炼、航天、交通运输等领域。在化工领域，氢最大的用处是在合成氨工业，据统计，世界上约 60% 的氢是用在合成氨上，在我国这个比例更高。在冶炼工业，氢被大量用于脱硫、氢化和化学产品的生产过程中。在航天工业，氢已成为运载火箭航天器的重要燃料之一。在交通运输方面，氢燃料电池可以作为汽车动力，具有零排放、无污染、高效等优点。随着氢应用范围以及需求量的不断扩大，各个国家都纷纷加快氢能的开发步伐。

目前主要的制氢方法可分成以下两类：一类是以化石燃料（煤炭、天然气、低碳烃或石脑油）为原料进行转换制氢，这类方法占据了制氢的 95%；另一类是电解水制氢。前者是一种能源密集型过程，使用的一次能源仍然是化石能源。制氢过程中，原料中的碳都转化为 CO_2，直接排放到大气中，带来严重的环境问题。后者需要大量的电能，用高品位的电能制氢不符合用能匹配标准，且该过程净能量转换效率较低，成本较高。显然，这两类方法都不具有可持续、无污染、经济等特点。从长远来看，氢应该以经济、可持续、非化石原料并且不产生温室气体的方式制备。生物质转化制氢方法是其中较理想的方法之一。

a 热解制氢法

热解是将生物质在隔绝空气下进行加热分解，产物主要包括焦油、焦炭、气体产物。传统的热解多采用低加热速率，在这种情况下焦炭为主要热解产物。近年来，为了获得较高的生物油产量，高加热速率被广泛采用。Demirbas 指出，当氢为目的产物时，热解应该采用高温、高加热速率和长停留时间的操作条件。对热解产物中的碳氢化合物进行蒸汽重整是获得氢气的重要途径。此外，水煤气反应也能导致产氢量的增加。

碳氢化合物重整：

$$C_nH_m + H_2O \longrightarrow CO + H_2 \tag{5-3}$$

水煤气反应：

$$CO + H_2O \longrightarrow CO_2 + H_2 \tag{5-4}$$

美国国家可再生能源实验室（U. S. National Renewable Energy Laboratory，NREL）开发了生物质快速热解液化制氢的方法。该法先是将生物质转化为生物衍生油，然后利用成熟的渣油制氢工艺及技术，通过裂解或水蒸气重整制氢。另外，国内外学者对微波生物质热解制氢也开展了大量研究。

b 气化制氢

与热解不同的是，气化是在有限氧气的环境中进行的。在气化过程中，热解物质和炭化残留物再继续与空气、蒸汽、氧气、二氧化碳或氢气发生反应。采用这种方式不仅能增加产气量，还能向气化反应器提供热量。同样，为了获得较高的产氢量，需要对产物中的碳氢化合物和一氧化碳分别进行蒸汽重整和水煤气反应。生物质气化的介质包括空气、氧气和蒸汽。早期研究多以空气为气化介质，但是空气中的氮气会降低氢气和可燃气含量。虽然使用氧气能有效地克服氮气所带来的缺点，但是大量的氧气使用导致了成本增加。蒸汽的使用最大限度地保证蒸汽重整反应和水煤气反应向着产氢方向进行，从而最大限度地增加产氢量。目前，蒸汽气化已经成为生物质热化学转化制氢的一个发展趋势。在此基础上，发展成水蒸气部分氧化制氢。该方法是利用高温水蒸气作为气化介质，对生物质进行气化，以获得富氢燃料气的一种方法。

c 超临界水制氢

生物质超临界水制氢是在超临界水反应气氛中生物质发生催化裂解制取富氢燃气的一种方法。超临界水是指当水处于温度为 647.2K、压力为 22.1MPa 以上状态时的水，它兼具液体溶解力与气体扩散力的双重特性。即使是不溶于水的油及有机物，也可溶于超临界水。由于超临界水中含有分解所需的氧，任何有机物均可分解。在超临界水中进行生物质的催化气化，生物质的气化率可达 100%，产气中 H_2 含量（体积分数）甚至可超过 50%，且反应不生成焦油、木炭等副产品。

美国圣地亚哥通用原子公司对生物质超临界水气化产氢的技术和商业化的可行性进行研究，对污水、污泥、造纸废渣、城市固体废弃物中可燃部分的超临界水气化产氢方法和其他气化系统进行了比较。研究表明，超临界水气化方法对含水量较高及含有有毒有害污染物的处理更有利。

d 高温等离子体制氢

生物质在氮气气氛下经电弧等离子体热解后，产气中的主要组分就是 H_2 和 CO，并基本不含焦油。在等离子体气化中，可通入水蒸气，以调节 H_2 和 CO 的比例，为制取其他液体燃料做准备。目前产生等离子体的手段有很多，如聚集炉、激光束、闪光管、微波等离子体以及电弧等离子体等。其中电弧等离子体是一种典型的热等离子体，其特点是温度极高，可达到上万摄氏度，并且这种等离子体还含有大量各类的带电离子、中性离子以及电子等活性物质。

e 生物质生物制氢技术

生物质生物制氢是在较温和的条件下，利用生物自身的代谢作用将有机质或水转化为氢气。按产氢微生物生长过程中所需的能量来源分类，生物制氢技术可分为光合微生物制氢和发酵法制氢两大类。

光合微生物制氢技术是利用光合微生物直接将太阳能转化为氢能的理想过程，该技术目前主要存在以下问题：（1）无法降解大分子有机物，在底物的选择和应用上受到限制；（2）固氮酶自身需要较多能量，太阳能转换利用效率低；（3）产氢微生物代谢稳定性差，导致氢气产率低；（4）光合反应器占地面积较大；（5）高光利用效率的反应器设计、运行困难，综合控制能力较弱；（6）过程运行成本较高等。以上问题导致了光合微生物制氢技术的产业化近期较难实现。

同光合微生物制氢相比较，发酵法制氢技术具有一定的优越性，主要体现在：（1）过程的稳定性优于光合微生物制氢，发酵法生物制氢主要利用有机底物的降解获取能量，不需光源，产氢过程不依赖于光照条件，工艺控制条件温和、易于实现；（2）发酵产氢微生物的产氢能力较强，发酵产氢菌的产氢能力要普遍高于光合细菌的产氢能力；（3）发酵法制氢微生物的生长速率更快，易于保存和运输，使得发酵法生物制氢技术更易于实现规模化生产；（4）发酵法生物制氢可利用的底物范围广，包括葡萄糖、蔗糖、木糖、淀粉、纤维素、半纤维素、木质素等，且底物产氢效率明显高于光合法制氢，因而制氢的综合成本较低；（5）制氢反应器的容积可以较大，由于不受光源限制，在不影响过程传质及传热的情况下，可以设计大规模反应器，从规模上提高单套装置产氢能力。目前，生物质发酵制氢技术还处于实验室研究阶段，离大规模工业化还有一段距离。

H 基于生物质的功能材料

近年来，基于新型纤维素的先进功能材料正成为纤维素科学的研究热点，并取得了一些进展，如纤维素，纤维材料、膜材料、光电材料、杂化材料、智能材料、生物医用材料等。下面介绍几种。

a 再生纤维素纤维

纤维素纤维是性能优良的纺织原材料。黏胶法是制备再生纤维素纤维最普遍的方法，但是污染严重，急需新的加工工艺来代替。氯化锂/二甲基乙酰胺体系由于溶剂自身特点（回收困难、价格昂贵等），很难实现工业化生产。以 4-甲基吗啉-N-氧化物（NMMO）为溶剂的体系已经实现了工业化，由此生产出的再生纤维素纤维命名为 Lyocell 纤维。这种纤维具有天然纤维的手感柔软、湿强高、模量高、延伸性好、穿着舒适等特点，适合用作高档服装面料、医用织物和个人卫生用品等。但该溶剂价格高，对回收技术要求严格，回收设备投资大。

最近，人们发现一些结构的离子液体可以高效地溶解纤维素。以离子液体为溶剂、水为沉淀剂，通过干喷湿纺工艺可以方便地制备出再生纤维素纤维，所得的再生纤维素纤维的力学性能优于黏胶纤维，和 Lyocell 纤维相仿甚至更高。而且离子液体可有效回收再利用，因此，以离子液体为介质制备纤维素纤维的生产工艺，具有环境友好、生产周期短、溶剂回收方便和可重复使用等优势，是一种很有潜力的纤维素加工的绿色方法。

b 纤维素膜材料

再生纤维素膜是一类重要的膜材料，可应用于透析、超滤、半透、药物的选择性透过、药物释放等方面。以往纤维素膜主要是通过乙酸纤维素水解或者通过化学衍生化溶解再生的方法制备的，制备过程繁琐，有机试剂消耗量大，污染较严重。最近，利用新型的纤维素非衍生化溶剂，如 NMMO、LiCl/DMAC、氢氧化锂/尿素、离子液体，将纤维素溶解，然后用流延法在玻璃板或模具（玻璃模具、聚四氟乙烯模具）中铺膜，浸泡在相应的沉淀剂中再生，得到透明、均匀、力学性能优异的再生纤维素膜，用于异丙醇脱水纯化、超滤、选择性气体分离、细胞的吸附和增殖等方面。Cao 等以农业废弃物玉米秸秆为原料，制备了再生秸秆纤维素膜，其力学性能甚至可以与浆粕纤维素再生的纤维素膜相当。此外，Nyfors 等提出了一种制备纤维素膜的新方法，以纤维素三甲基硅醚为原料，通过与少量聚苯乙烯共溶，然后旋涂制成超薄膜，再用稀 HCl 溶液进行水解，得到超薄的纤维素纳孔膜，孔径大小通过调节聚苯乙烯的含量来改变。

c 生物医用材料

基于纤维素出色的生物相容性、生物可降解性和优异的力学性能，开发了很多纤维素生物医用材料，在伤口修复、抗菌消毒、细胞培养、药物释放、组织工程等诸多领域都有广泛的应用。纤维素/聚环氧乙烷（PEO）和纤维素/PEG 复合材料具有良好的生物相容性，在生物工程、药物释放等方面应用广泛；纤维素/硅酸钠复合材料可用于药物缓释领域；纤维素/玉米蛋白、纤维素/壳聚糖、纤维素/乳糖可用于细胞培养；纤维素/蒙脱土凝胶、纤维素/磷酸钙和纤维素/壳聚糖可用作组织工程支架、骨修复材料。Park 等以离子液体为溶剂，制得了纤维素/肝磷脂/活性炭多孔微球，可以吸附药物分子，在误服药物、服药过量等药物中毒时进行解毒。

d 含纤维素纳米纤维的复合材料

纤维素纳米纤维是天然纤维素 I 晶所组成的纤维状聚集体，力学性能优异，可用作复合材料的增强相，提高材料的力学性能。纤维素纳米纤维已被用来增强聚乙烯（PE）、聚丙烯（PP）、聚氨酯（PU）、PVA、嵌段共聚物、PLA、聚己内酯（PCL）、导电聚合物等合成高分子，也可以用来增强淀粉、壳聚糖、DNA 等天然高分子，所得复合材料力学性能均得到显著提高。通过控制溶解过程或将纤维素纳米纤维加入纤维素溶液，然后再生，得到纤维素纳米纤维增强的全纤维素复合材料。

由于纤维素纳米纤维直径很小，在 2~50nm，将其与聚合物复合对聚合物的透明性影响较小，而且这类复合材料质量轻、强度高、柔性好，在柔性光电器件、精密光学仪器、太阳能电池、包装材料等方面有着广阔的应用前景。为了得到纤维素纳米纤维均匀分散的纳米复合材料，Capadona 等提出了纳米纤维自组装模板法，即通过溶胶—凝胶过程得到纤维素纳米纤维凝胶，然后浸入聚合物溶液、干燥，可得到纳米纤维均匀分散的聚合物/纤维素纳米复合材料。

e 基于纤维素的有机无机杂化材料

有机无机杂化材料近年来引起了广泛的关注，因为它不仅保持了有机材料的性质，还具有无机材料的特性，如超强的光、电、磁、催化等性能，在光电、催化、生物、医药、传感等领域有着广泛的应用。纤维素有机无机杂化材料的常规制备方法可分为以下四类：(1) 在纤维素或纤维素衍生物溶液中原位合成纳米颗粒，然后再生得到纤维素/纳米颗粒复合材料；(2) 将纤维素膜或纤维浸入纳米颗粒前驱体溶液中，然后原位合成纳米颗粒，最后将纤维素材料取出、干燥；(3) 将纤维素膜或纤维直接浸入纳米颗粒悬浮液，然后将纤维素材料取出、干燥；(4) 将纳米颗粒分散到纤维素或纤维素衍生物溶液中，然后再生得到纤维素/纳米颗粒复合材料。纤维素/TiO_2 杂化材料具有独特的紫外线屏蔽、光催化作用、光电活性、抗菌和自清洁能力等优越性能，用于太阳能电池、光电器件、废水处理、空气净化、生物医药、杀菌等方面。

纤维素/Ag 纳米颗粒杂化材料具有很好的抗菌性，可作为抗菌性创伤敷料、组织工程支架、抗菌膜等来使用。纤维素/Au 纳米颗粒杂化材料是一种智能材料，可作为电子器件、固体催化剂、化学传感器来使用，还可以负载生物酶，用于生物电分析、生物电催化、生物传感等领域，如细菌纤维素/Au 纳米颗粒杂化材料负载酶可作为 H_2O_2 检测器，检测极限达 $1\mu mol/L$。纤维素/铁氧化物杂化材料具有强的铁磁性，饱和磁化强度甚至可达 70emu/g，可作为安全纸、信息存储材料、电磁屏蔽材料、药物的靶向传递和释放材料等来使用。

目前这方面的研究领域包括：以天然的生物质（如木材、竹材等）、农业废弃物（如秸秆、甘蔗渣等）和高强度、高结晶度的细菌纤维素和纤维素纳米纤维为原料制备纤维素功能材料；通过高效、环境友好的新技术和新工艺方法制备纤维素功能材料；基于新型分子设计和结构设计制备纤维素功能材料；与纳米、生命科学等学科充分交叉设计和制备纤维素功能材料；纤维素功能材料的实用化。

5.3.2 绿色能源

5.3.2.1 太阳能

太阳能是指太阳所负载的能量，一般以阳光照射到地面的辐射总量（包括太阳的直接辐射和天空散射辐射）进行计量，自然生态系统维持正常运转所需要的能量，全部来自太阳。据资料报道，3 日内投射到地球的太阳能量等于全世界煤、石油和天然气的确证储量，或相当于全世界每日能耗的 9000 倍。目前人类生活所消耗的能源中有 90% 是化石能源，化石能源也是一种过去储存下来的太阳能。太阳能是洁净的、用之不尽的可再生能源。据美国能源部和环境质量委员会估计，2000 年美国直接或间接利用的太阳能可满足该年能源需求量的 20%~25%。但是太阳能也有一些缺点。首先，它的能量密度平均仅约 $1kW/m^2$，而且其数值还因地而异，变化幅度很大。最有利于收集和开发太阳能的地方限于南、北纬 35° 之间，这些地区太阳能的入射量是 $(1.25~2.5)\times10^4 kJ/(m^2 \cdot d)$，每年接受日照的时间是 2000~2500h。此外，太阳能投射到地表的过程中，还常受到不可预测的因素的干扰，具有不连续和不稳定的性质。

即便如此，人们还是研究了许多而且还在继续研究直接和间接地利用太阳能的方法。如图 5 23 所示就是太阳能利用形式的概念图。

直接利用太阳能的主要设备有太阳能集热器、蓄热水箱、太阳灶等热转化设备。如太阳能集热器一般是由涂上黑色的金属板和金属管，加上玻璃盖，底层有绝热保温材料而组成的。集热器可分固定式和活动式两种。固定式集热器能收集到的热能，最高可达 150t；

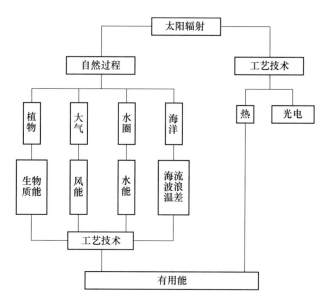

图 5-23　太阳能利用形式概念图

若再采用选择性表面涂层或用聚光装置，可以获得更高的温度。但这种能源利用方式较为分散低效。太阳炉、太阳灶等已在我国能源短缺的某些县中获得较广泛的应用；太阳能的低温热水系统，在全国许多地区的澡房、食堂、住宅等场所已应用，最简便的家用太阳能热水装置，只需花几元钱即可制成。如图 5-23 所示，通过一定的工艺技术过程，太阳辐射可以转变为电或者其他能量密集型能源是太阳能更有效且易于大规模采用的利用方式。太阳能发电技术主要包括以下三种技术：一是利用光热转换把太阳能转换为热能，利用热能发电；二是利用光电转换直接把太阳能转换为电能，即光伏发电（PV）技术；三是通过太阳能—化学能转换，继而转化为电能。

A　光热发电技术

聚光类太阳能热发电（以下称太阳能热发电）是利用聚光集热器将太阳辐射能转换成热能，并通过热力循环持续发电的技术。20 世纪 80 年代以来，美国、以色列、德国、意大利、俄罗斯、澳大利亚、西班牙等国相继建立起不同形式的示范装置，有力地促进了太阳能热发电技术的发展。美国 Sunlab 联合实验室的研究表明，到 2020 年前后，太阳能热发电成本约为每千瓦时 5 美分，从而可能成为实现大功率发电、代替常规能源的最经济手段之一。世界现有的太阳能热发电系统大致有塔式系统、槽式系统和碟式系统三类，其中槽式系统在 20 世纪 90 年代初期实现了商业化，其他两类系统目前处于商业化示范阶段，有巨大的应用前景。

B　光伏发电技术

由太阳光的光量子与材料相互作用而产生电势，从而把光的能量转换成电能，此种进行能量转化的光电元件称为太阳能电池（solar cell），又称为光伏电池。1954 年 Bell 实验室研发出第一个太阳能电池，不过由于效率太低，造价太高，缺乏商业价值。随着航天技术的发展，太阳能电池的作用不可替代，太阳能电池成为太空飞行器中不可取代的重要部分。1958 年 3 月发射的美国 Vanguard 1 号首次装设了太阳能电池。1958 年 5 月苏联发射的第三颗人造卫星上也装设了太阳能电池。1969 年美国人登陆月球，这使得太阳能电池的发展达到了第一个巅峰期。此后，几乎所有发射的人造天体上都装设太阳能电池。20世纪 70 年代初期，由于中东战争，石油禁运使得工业国家的石油供应中断，出现了"能源危机"，人们开始认识到不能长期依靠传统能源。特别是近年来面临矿物燃料资源减少与环境污染的问题，于是太阳能电池的应用已被提上了各国政府的议事日程。

a　太阳能发电的优点

（1）太阳能取之不尽，用之不竭，照射到地球上的太阳能比人类消耗的能量大 6000倍。太阳能发电安全可靠，不会遭受能源危机或燃料市场不稳定的冲击。

（2）太阳能随处可得，可就近供电，不必远距离输送，避免了输电线路等损失。

（3）太阳能不用燃料，运行成本很低。

（4）太阳能发电没有运动部件，不易损坏，维护简单，特别适合无人值守情况下使用。

（5）太阳能发电不产生任何废弃物，没有污染、噪声等公害，对环境无不良影响，是理想的清洁能源。

（6）太阳能发电系统建设周期短，而且可以根据负荷的增减，任意添加或减少太阳能电池容量，避免浪费。

b　太阳能发电的缺点

（1）地面应用时有间歇性，发电量与气候条件有关，在晚上或阴雨天就不能发电或很少发电，与用电负荷常常不相符合，所以通常要配备储能装置，并且要根据不同使用地点进行专门的优化设计。

（2）能量密度较低，在标准测试条件下，地面上接收到的太阳辐射强度为 $1kW/m^2$。大规模使用时，需要占用较大面积。1000kW 太阳能电站约需占地 $2000m^2$，而同样容量的燃煤电站，约需 $3000m^2$。而且太阳能电站可建在沙漠地区。

（3）目前价格仍较高，为常规发电的 2～10 倍。初始投资大，影响了其大量推广应用。

C　光能转化为化学能

光电化学反应是光作用下的电化学过程，即分子、离子等因吸收光使电子处于激发态而产生的电荷传递过程。光电化学反应是在具有不同类型（电子和离子）电导的两个导电物相的界面上进行的。正如电化学反应一样，光电化学反应系统也伴随着电流的流动。半导体作为光电化学的研究对象，它与金属的重大差别在于被电子完全填充的价带（E_{vb}）和未填充或半填充的导带（E_{cb}）被带隙（E_g）隔开。由于存在带隙，价带电子态和导带电子态之间的相互作用就弱。因此，受光激发后，半导体的价带电子进入导带并在价带中留下空穴，这些价带电子具有较长的寿命（直到复合），使它们有充足的时间参加在电极/电解液界面上的电化学反应，正是这种在半导体电极上由光生电子和光生空穴引发的光电化学反应成为太阳能光电转换、光化学转换与储存的理论基础。

直接利用太阳能分解水制氢是最具吸引力的制氢途径。自 1972 年日本科学家Fujishima 和 Honda 在英国《自然》杂志上报道 TiO_2 电极上光解水产氢的现象以来，光电化学分解水制氢，以及随后发展起来的光催化分解水制氢已成为全世界关注的热点。目前该技术还处于研究阶段，利用可见光催化分解水制氢是科学家们要努力实现的目标。

5.3.2.2 风能

风的形成是由于地球表面各处情况不同，接受太阳辐射能不同，各地区的温差或气压也不同，风能是取之不尽的清洁能源。据估计太阳传给地球的辐射能约有2%被转换成风能。据经典的估算，在距地面100m的距离内，陆地风机可吸取的能量每年约1万亿千瓦时，这和世界上水力发电容量相近，等于全世界电力产量的1/10左右。但风能也存在分散、间歇、能量密度不高，风力不均匀等弱点。风能利用的环境影响，主要是噪声；风车布置不当时，也会影响景观，甚至造成鸟类撞击伤亡而破坏生态平衡。巨型风车会因桨叶强度不够，或受飓风袭击，部件外抛造成事故等等。这些情况均需加以周密考虑。

我国的风能利用极受限制，原因是我国属季候风国家，风能时效不稳定，大小波动及空间分布差异大；而且风能储量也低于美国、英国等国。例如同一纬度下，我国一级风能的能量密度平均为200W/m^2；英国为600W/m^2，近年来，我国西北如内蒙古以及一些海岛的风电技术发展很快。

风能大小取决于风速和空气的密度。风力发电是目前利用风能的主要形式，也是当今新能源开发利用中技术成熟、最具备开发条件、发展前景良好的项目。风力发电经历了从独立系统到并网系统的发展过程，大规模风力发电机组的建设已成为发达国家风电发展的主要形式。实践证明，任何风力机械也不可能把全部风能开发利用，其最大效率约50%。由于机械能转变为电能的效率一般为75%～95%，并考虑在风速过大时为避免发电机超载而切除部分风速，所以风能转变成电能的效率就只有15%～30%了。即便如此，全世界可能提供的风能数量还是相当可观的。不过，今后风能是否能够作为向人类提供能源需求的重要途径，其决定的因素，自然不是技术问题，而是国家的能源政策、成本和群众是否乐于采用。

风力发电的原理是利用风力带动风车叶片旋转，再通过增速机将旋转的速率提升，来驱动发电机发电。目前大型风力发电机组一般为水平轴风力发电机，它由风轮、增速齿轮箱、发电机、偏航装置、控制系统、塔架等部件组成，风轮的作用是将风能转化为机械能，低速转动的风轮通过传动系统由增速齿轮箱增速，将动力传送给发电机。上述部件安装在机舱平面上，整个机舱由高大的塔架举起，由于风向经常变化，为了有效地利用风能，必须有偏航装置（它根据风向传感器测得的风向信号，由控制器控制偏航电动机，驱动与塔架上大齿轮咬合的小齿轮转动，使机舱始终对准风）。

在过去几十年里，风电技术不断取得突破，规模经济性日益明显。根据NREL的统计，在过去的几十年间，风电的成本大幅度下降，下降速率明显快于其他几种可再生能源。德国是利用可再生能源最领先的国家，根据其自然保护和核安全部门的统计，风电的成本明显低于其他可再生能源，与传统的水力发电已经非常接近。世界风能协会预计，从世界范围来看，2021年，风电累计装机容量达到837GW，同比2020年增长12.80%，据全球风能理事会预测，未来5年（2022～2026年）全球风电新增557GW，复合年均增长率为6.6%。因此，在建设资源节约型社会的国度里，风力发电已不再是无足轻重的补充能源，而是最具商业化发展前景的新兴能源产业。

中国风能储量很大，分布面广。据国家气象局提供的资料显示：中国陆地上50m高度可利用的风力资源为$5×10^8$kW，海上风力资源也超过$5×10^8$kW，远远超过可利用的水能资源（$3.78×10^8$kW）。在当前可再生能源中，风力发电是最便宜、技术最成熟的，如能合理利用，有望成为仅次于火电和水电的第三大电源。

5.3.2.3　水能

A　水能简介

水不仅可以直接被人类利用，它还是能量的载体。自然界中的水体在流动过程中产生的能量，称为水能，它包括位能、压能和动能三种形式。广义的水能包括河流水能、潮汐水能、波浪能和海洋热能；狭义的水能是指河流水能，即河流、湖泊等位于高处的水流至低处时所具有的位能。水能和风能一样是取之不尽、用之不竭的可再生清洁能源；水能资源蕴藏量大，全世界技术上可开发的水能资源约 15 万亿千瓦时，是目前能大规模开发、经济地提供电力的可再生能源，而且资源分布广泛，适宜就地开发。

水能资源，也称水力资源。在一定技术、经济条件下，水能资源的一部分可以开发利用。按资源开发可能性的程度，水能资源分三级统计，即理论蕴藏量、技术可开发资源和经济可开发资源。根据当前技术、经济水平，可开发资源主要是河川水能资源，潮汐能资源占小部分，波浪能利用尚处于试验阶段。水能资源理论蕴藏量，系河流多年平均流量和全部落差经逐段计算得出的水能资源理论平均出力。水能资源在世界各国的分布差别巨大，一个国家水能资源蕴藏量的大小，与其国土面积、河川径流量和地形高差有关。我国大陆河流众多、径流丰沛、落差巨大，蕴藏着非常丰富的水能资源。技术可开发的水能资源是指按当前技术水平可开发利用的水能资源，它是根据各河流的水文、地形、地质、水库淹没损失等条件，经初步规划拟定可能开发的水电站，统计已建、在建和尚未开发的水电站所定装机容量和平均年发电量得出的数据。经济可利用的水能资源，是在技术可开发水能资源的基础上，根据造价、淹没损失、输电距离等条件，挑选技术上可行、经济上合理的水电站进行统计，得出经济可利用的水能资源。2005 年全国水力资源复查结果表明：我国水力资源理论蕴藏量、技术可开发量、经济可开发量及已建和在建开发量均居世界首位。我国大陆水力资源理论蕴藏量在 1 万千瓦及以上的河流共 3886 条，水力资源理论蕴藏量年发电量为 60829 亿千瓦时，平均功率为 69440 万千瓦，技术可开发装机容量为 54164 万千瓦，年发电量为 24740 亿千瓦时，经济可开发装机容量为 40180 万千瓦，年发电量为 17534 亿千瓦时。2004 年底，已开发装机容量约 1 亿千瓦，年发电量为 3310 亿千瓦时，其中全国农村小水电资源可开发量为 12800 万千瓦。截至 2016 年底，已开发装机容量突破 3 亿千瓦，居世界第一位。

我国水力资源的特点主要有以下几点：

（1）水力资源总量较多，但开发利用率低。我国水能资源总量占全世界总量的16.7%，居全世界之首。但目前我国水能开发利用量约占可开发量的 1/4，低于发达国家60%的平均水平。

（2）水力资源地区分布不均，与经济发展不匹配。水力资源在地域分布上极不平衡，总体来看，西部多、东部少，水力资源相对集中在西南地区，而经济发达、能源需求量大的东部地区水力资源量极小。

（3）大多数河流年内、年际径流分布不均。年内降雨主要集中在汛期，丰、枯季节流量相差较大；年际间江河水量变化大，需要建设调节性能好的水库，对径流进行调节，以缓解水电供应的丰枯矛盾，提高水电的总体供电质量。

（4）水力资源主要集中于大江大河，有利于集中开发和规模外送。全国水力资源技术可开发量最丰富的三省区的排序为四川、西藏、云南。全国江河水力资源技术可开发量排序前三位为长江流域、雅鲁藏布江流域、黄河流域。

B 水能与小水力发电技术

水能的主要应用是水力发电。水力发电是利用河流在流经不同高度地形时产生的能量来发电。当位于高处具有位能的水流至低处冲击水轮机时，将其中所含有的位能转换成水轮机的动能，再由水轮机作为原动机推动发电机发电，因此水力发电在某种意义上讲是水的位能变成机械能，又变成电能的"转换过程"。

水能的大小取决于以下两个因素：河流中水的流量和水从多高的地方流下来（水头）。水的流量是指单位时间内水流通过河流（或水工建筑物）过水断面的体积，一般用立方米/秒（m^3/s）和升/秒（L/s）来表示。水头是用来表示发电站的发电机到水坝的水平面的高度（m）。可利用的水量和一年中不同的流量决定了水力发电站一年的发电量是不同的。水力发电机发出的电能称为发电机的出力，其计算公式为：

$$P = 9.81QH\eta \tag{5-5}$$

式中　P——发电机的输出功率，kW；

　　　Q——流量，m^3/s，单位时间内流过水轮机水的体积；

　　　H——水头，m，水轮机做功用的有效水头，为水轮机进出口断面的总水位差；

　　　η——电厂的效率（包括水轮机和发电机的总效率），%；

9.81——流速和水头转换为 kW·h 的一个常数。

对于小型水电站，水力发电机的出力近似为：

$$P = (6.0 \sim 8.0)QH \tag{5-6}$$

年发电量公式为：

$$E = \overline{P}T \tag{5-7}$$

式中　E——年发电量，kW·h；

　　　$\overline{P}$——平均出力，kW；

　　　T——年利用小时数，h。

水电站在较长时段工作中，供水期所能发出的相应于设计保证率的平均出力，称为该水电站的保证出力。对于水电站而言，其保证出力是一项重要的指标，在规划设计阶段是确定水电站装机的重要依据。

水电站的水轮发电机组在年内平均满负荷运行的时间称为装机年利用小时，它是衡量水电站经济效率的重要指标，对于小水电站年利用小时时要求达到 3000h 以上。

水力发电的成本低、效率高、技术先进，其运行、维护的费用是所有发电技术中最低的；可以按需供电，从小的、分散的乡村小水电到城市和工业的大型、集中供电，水力发电都能保证供电质量和数量。水力发电除了提供廉价的电力外，还有以下优点：在电力系统中可作为调峰、调频、调相及负荷和事故备用；控制洪水泛滥、提供灌溉用水、改善河流航道和提供给旅游景点等，可以带动地方经济发展。

C 水轮机及其工作原理

水轮机是水涡轮机的简称。水轮机是根据水的流量和水头大小进行设计和制造的，作用是将水能转变为机械能，并带动发电机发电。水轮机的本体由转轮、座环、蜗壳和主轴等组成。除此以外，根据型号的不同，还配有附属装置和部件。不同型式的水轮机，其结构和适用范围不甚相同。

水轮机按照工作原理可分为冲击式水轮机和反击式水轮机。冲击式水轮机的转轮受到水流的冲击而旋转，工作过程中水流的压力不变，主要是动能的转换。反击式水轮机的转轮在水中受到水流的反作用力而旋转，工作过程中水流的压力能和动能均发生变化，主要是压力能的转换。

a　冲击式水轮机

冲击式水轮机根据水流喷射条件和转轮结构的不同，可分为水斗式、斜击式和双击式三种，其中以前两种为主。

（1）水斗式水轮机：又称培尔顿（petion）水轮机，如图 5-24 所示。水斗式水轮机主要由主轴、机壳、转轮、折向器、喷嘴、喷针、喷管等组成。在水斗式水轮机中，从喷嘴喷出来的射流沿转轮圆周切线方向射向双 U 形的水斗中部，然后在水斗中转向两侧排出，形成压力水，通过喷嘴形成一股强有力的高速射流射出，冲击转轮上的水斗使其旋转，实现水能向机械能的转换。

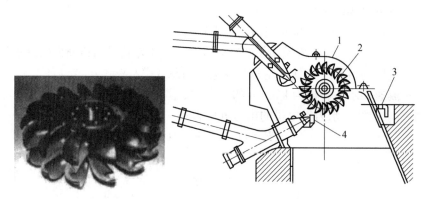

图 5-24　水斗式水轮机转轮及工作原理图
1—转轮室；2—水轮机叶片；3—射流制动器；4—折向器

（2）斜击式水轮机：其结构与水斗式水轮机基本相同，只是射流方向有一个倾角。如图 5-25 所示为斜击式水轮机。斜击式水轮机中，喷嘴与转轮平面大约成 22.5°角，射流倾斜于转轮轴线，从进口平面一侧射向叶片，通过叶片后从另一侧排出。斜击式水轮机具有结构紧凑、运行稳定、操作和维护方便等优点，一般只用于 2MW 以下的小型机组。

（3）双击式水轮机：其喷嘴中的水流首先从转轮外周进入叶片流道，其中大部分（70%～80%）水流的能量转变成转轮的机械能，然后离开流道穿过转轮中心部分的自由空间，第二次从内周进入叶片流道，剩余（20%～30%）的水流能量再转变为转轮的机械能，最后水流从转轮外周流出。

b　反击式水轮机

反击式水轮机根据水轮机转轮内水流的特点和水轮机结构上的特点，可分为混流式、轴流式、贯流式和斜流式四种。在反击式水轮机中，由于水流充满整个转轮流道，全部叶片同时受到水流的作用，所以在同样的水头下其转轮直径小于冲击式水轮机，其最高效率也高于冲击式水轮机。但当负荷变化时，水轮机的效率将受到不同程度的影响。

（1）混流式水轮机：混流式水轮机是世界上使用最广泛的一种水轮机，又称为弗朗

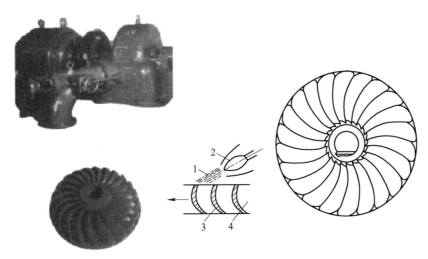

图 5-25　斜击式水轮机转轮及其结构原理图

1—射流；2—喷嘴；3—转轮；4—斗叶

西斯水轮机。如图 5-26 所示为混流式水轮机。混流式水轮机结构较简单，运行可靠，适合于中高水头、较大的水电站。

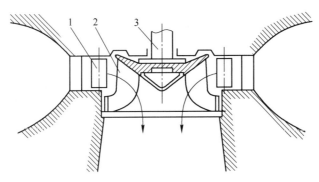

图 5-26　混流式水轮机工作原理图

1—导叶；2—转轮；3—水轮机轴

（2）轴流式水轮机：如图 5-27 所示为轴流式水轮机。在轴流式水轮机中，水流径向进入导水机构中的导叶，轴向进入和流出转轮，带动转轮转动。

（3）贯流式水轮机：贯流式水轮机可分为全贯流式和半贯流式。全贯流式水轮机水力损失小，过流能力大，效率高，结构紧凑。但转轮的外线速度大，叶片强度要求高，密封也复杂，使用水头一般小于 20m。半贯流式水轮机又分为灯泡式和竖井式，其中灯泡式使用最广

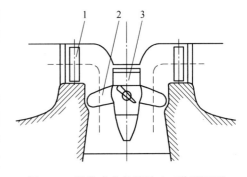

图 5-27　轴流式水轮机导叶工作原理图

1—导叶；2—轮叶；3—转毂

泛。灯泡式水轮机可与发电机直接连接，装设在同一个灯泡形壳体内，如图 5-28 所示。在贯流式水轮机中，水流沿轴向流进导叶和转轮，在导叶和转轮之间基本上无双向流动，加上采用直锥形尾水管，排流不必在尾水管中转弯，所以效率高，过流能力大，比转速高，特别适用于水头为 3~20m 的低水头电站。

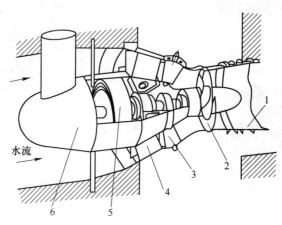

图 5-28　贯流式水轮机结构和原理图

1—尾水管；2—转轮；3—活动导叶；4—固定导叶；5—发电机；6—灯泡体

（4）斜流式水轮机：斜流式水轮机又称为德里亚水轮机。其叶片斜装在转轮体上，随着水头和负荷的变化，转轮体内的油压接力器操作叶片绕其轴线相应转动。其最高效率稍低于混流式水轮机，但平均效率大大高于混流式水轮机。与轴流转桨式水轮机相比，抗汽蚀性能较好，但其结构复杂，造价高，一般只在不宜使用混流式或轴流式时才采用，适用于水头 40~120m。斜流式水轮机与轴流转桨式水轮机的区别在于转轮叶片轴线与水轮机轴线成一夹角（45°或 60°）布置，在斜流式水轮机中，水流径向进入导叶，而以倾斜于主轴某一角度的方向流进转轮。如图 5-29 所示为斜流式水轮机。

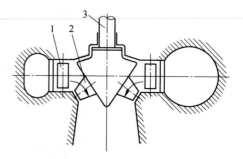

图 5-29　斜流式水轮机工作原理图

1—导叶；2—轮叶；3—水轮机轴

D　水力发电及其控制技术

小型水力发电机多数为同步发电机，异步发电机使用较少。微型水力发电机有异步发电机、同步发电机、永磁发电机，其中又分为单相和三相发电机。以下重点介绍广泛用于小水电的水力同步发电机。

同步发电机是交流电机的一种，其运行特点是转子旋转速度和定子旋转磁场的速度严格同步，即电能的频率与转子转速有着严格的不变关系；同步发电机可通过调节励磁电流来改变功率因数和稳定输出电压，以改善供电质量。额定频率为 50Hz，功率因数为 0.8，容量为 320kW 以下小型水力发电机的额定电压为 400V 或 230V；500kW 以上水力发电机，额定电压一般为 3.15kV 或 6.3kV。

水力同步发电机的运行特性包括空载特性、短路特性、负载特性、外特性和调节特性等。其中外特性和调节特性是主要运行特性，根据这两种特性，可以判断发电机的运行状态是否正常，以便及时调整，确保电能的质量。空载特性、短路特性、负载特性则是检验发电机基本性能的特性。

5.3.2.4 海洋能

海洋能源按其性质或功能，可分为物质能源和空间能源。

海洋物质能源主要有海洋生物能源、海洋矿产能源、海水能源等。海洋生物能源又称海洋水产能源，是指海洋中蕴藏的有生命、能自行增殖和不断更新的海洋经济动物和植物，包括鱼类、软体动物、甲壳动物、哺乳动物、海洋植物、海洋微生物及病毒等。地球上80%以上的生物资源在海洋里，已有记录的海洋生物达20278种，其中鱼类3032种、螺贝类1923种、蟹类734种、虾类546种、藻类790种，主要经济种类达到200多种，生物资源储量极为丰富。据科学家估计，海洋的食物（动、植物）资源是陆地的1000倍，它所提供的水产品能养活300亿人口。另外，在地球上已发现的100余种元素中，有80余种在海洋中存在，其中可提取的有60余种，这些元素以不同形式存在于海洋中，其中，11种元素（氯、钠、镁、钾、硫、钙、溴、碳、锶、硼和氟）占海水中溶解物质总量的99.8%以上。海洋盐业是人类利用海水另一较早的行业，NaCl是人类最早从海水中提取的矿物质之一。中国的盐产量一直居世界首位，2020年，我国海盐产量达2700多万吨。海水中含有的黄金可达$5.5×10^6$t，银$5.5×10^7$t，其他如钡、钠、锌、钼、锂、钙等，储量都是在数十亿吨，甚至千亿吨以上。世界洋底的锰结核矿总量达3万多亿吨，其中太平洋底最多，约$1.7×10^{12}$t，含锰$4.0×10^{11}$t、镍$1.64×10^{10}$t、铜$8.8×10^9$t、钴$5.8×10^9$；这些储量相当于目前陆地锰储量的400多倍、镍储量的1000多倍、铜储量的88倍、钴储量的5000多倍，按现在世界年消耗量计，这些矿产够人类消费数千甚至数万年。更重要的是海底结核矿还在不断生长，太平洋底的锰结核矿以每年$1.0×10^7$t左右的速度生长，一年的产量就可供全世界用上几年。海水中还有丰富的核原料铀和重水，铀在海水中达$4.5×10^9$t左右，相当于陆地总储量的4500倍，按燃烧发生的热量计算，至少可供全世界使用1万年。重水是核聚变核燃料——重氢的主要来源，重水在海洋中的蕴藏量约为$2.0×10^{14}$t，其中所含重氢所产生的总热量相当于世界上所有矿物燃料所发出热量的几千倍。海水本身也是重要的资源，通过海水淡化技术还可以为人类提供饮用及浇灌用水。

浩瀚的海洋既是面积极其巨大的太阳能集热器，又是热容量极其巨大的热能储存库。除去海面的辐射、海水的蒸发等原因而消耗、散失掉的一部分能量之外，还有相当巨大的一部分太阳能以不同的转化形式被海洋吸收并储存起来，构成资源巨大的海洋空间能源。所谓海洋空间能源是指来自海洋的波浪能、海洋温差能、潮流能以及盐浓度梯度中的能量，潮汐能、海流能和波浪能为机械能，海水温差能为热能，海水盐差能为化学能，它们均属间接的太阳能。

A 潮汐能

潮汐能是海岸边因海洋水位每日的升降产生的势能。潮汐涨落主要是月球（在较小程度上还有太阳）的引力作用于随地球旋转的海洋而形成的。潮汐能与潮差的平方和水库的面积成正比。平均潮差在3m以上的潮汐能具有开发价值。潮汐发电是在海湾建水库，涨潮时海水注入水库，落潮时放出海水，利用高、低潮位之间的落差推动水轮机旋转，带动发电机发电。潮汐电站的发电机组要考虑变功况、低水头、大流量及海水腐蚀等因素，远比常规水电站复杂。潮汐电站按照运行方式可分成单库单向型、单库双向型和双库单向型三种。

每年全世界潮汐能的理论资源量为3TW，可开发资源量为0.44TW。我国可开发的潮汐电站坝址有424个，总装机容量21.8GW，其中浙江和福建分别占40.9%和47.4%。

B　波浪能

波浪能是海洋表面波浪的动能和势能。波浪能与波高的平方、波浪的运动周期，以及迎波面的宽度成正比。波浪能是海洋中能量最不稳定的一种能源。发电是波浪能利用的主要方式。此外，波浪能还可用于抽水、供热、海水淡化及制氢等。波浪能利用装置种类繁多，基本原理有以下几种：利用物体在波浪作用下产生的振荡和摇摆运动；利用波浪压力的变化；利用波浪沿岸爬升将波浪能转换成水的势能等。目前波浪发电技术已接近实用化，主要有振荡水柱式、摆式和聚波水库式三种装置。

C　海流能

海流能是海水流动的动能，主要是海底水道和海峡中较为稳定的海流及潮汐产生的有规律的海流。海流的能量与流速的平方和流量成正比。相对波浪能而言，海流能的变化比较平稳且有规律。最大流速达2m/s以上的水道，其海流能具有开发价值。海流能的利用方式主要是发电，其原理和风力发电相似。由于海水的密度约为空气的1000倍，而且装置必须放在水下，故海流发电存在一系列技术问题，包括安装维护、电力输送、防腐、海洋环境中载荷与安全性等。海流发电装置可以安装在海底，也可以安装在浮体的底部。

D　海水温差能

海水温差能是表层海水与深层（约1000m）海水之间温差形成的热能。热带或亚热带海域的这种温差在20℃以上。海水温差能利用装置除发电外，还可以获得淡水、深层海水（用作空调等），也可与深海采矿系统中的扬矿系统相结合。借助温差能装置建立的海上独立生存空间，可以用作海水淡化厂、海洋采矿、海上城市、海洋牧场的支持系统。海水温差能转换主要有开式循环和闭式循环两种方式。

每年全世界海水温差能的理论资源量达22TW，可开发资源量为1TW。我国海水温差能的可开发资源量约150GW。

E　海水盐差能

海水盐差能是海水和淡水之间或两种含盐浓度不同的海水之间的化学电势差形成的能量，主要存在于河海交接处。海水盐差能是海洋能中能量密度最大的一种能源。把半渗透膜（水能通过，盐不能通过）放在不同盐度的两种海水之间，会产生压力梯度，迫使水从盐度低的一侧向盐度高的一侧渗透，直到膜两侧水的盐度相等为止。这一过程将不同盐度的海水之间的化学电势差能转换成水的势能，再利用水轮机发电。

F　海洋能利用的前景和展望

近20多年来，受矿物燃料能源危机和环境变化压力的驱动，作为主要可再生能源之一的海洋能事业取得了很大发展，在相关高技术的支持下，海洋能应用技术日趋成熟，为人类充分利用海洋能展示了美好前景。各主要海洋国家普遍重视海洋能的开发利用，加大了投入力度。美国已把促进可再生能源的发展作为国家能源政策的基石，其中尤为重视海洋发电技术的研究。随着科技的发展，全球海洋能源的利用率将大大提高，海洋被称为未来的"能量之源"。

5.3.2.5　氢能

氢是自然界存在最普遍的元素，据估计它构成了宇宙质量的75%，除空气中含有氢气外，它主要以化合物的形态贮存于水中，而水是地球上最广泛的物质。所有气体中，氢气的导热性最好，比大多数气体的导热系数高出10倍，因此在能源工业中氢是极好的传热载体。除核燃料外氢的发热值是所有化石燃料、化工燃料和生物燃料中最高的，每千克氢燃烧后能放出142.35kJ的热量，约为汽油的3倍，酒精的3.9倍，焦炭的4.5倍。而且氢燃烧性能好，点燃快，与空气混合时有广泛的可燃范围，而且燃点高，燃烧速度快。氢本身无毒，与其他燃料相比氢燃烧时最清洁，除生成水和少量氮化氢外不会产生有害气体和粉尘颗粒等对环境污染物质，而且燃烧生成的水还可继续制氢，反复循环使用。氢能利用形式多，既可以通过燃烧产生热能，又可以作为能源材料用于燃料电池，或转换成固态氢用作结构材料。氢可以以气态、液态或固态的金属氢化物出现，能适应贮运及各种应用环境的不同要求。氢能所具有的清洁、无污染、效率高、重量轻和储存及输送性能好、应用形式多等诸多优点，使其成为受人瞩目的新能源类型。氢的利用目前主要有：氢能汽车、氢能航空航天、氢燃料电池、燃烧氢气能发电。

（1）氢能汽车。氢能汽车可有以下两种形式：

1）通过内燃机燃烧氢产生动能，此时的燃料可以是纯氢，也可以是氢与天然气的混合物。

2）以氢为原料的燃料电池作为汽车的动力，即现在我们所说的氢燃料电池汽车。

在交通运输方面，美、德、法、日等汽车大国早已推出以氢作燃料的示范汽车，并进行了几十万公里的道路运行试验。试验证明，以氢作燃料的汽车在经济性、适应性和安全性三方面均有良好的前景，但目前仍存在贮氢密度小和成本高两大障碍。目前制造一辆燃料电池车的花费大约是普通汽车成本的100倍左右，只有那些为批量上市而生产的车型才能产生经济效益，但其成本仍然是普通汽车成本的10倍。

（2）氢能航空航天。氢的能量密度很高，是普通汽油的3倍，这意味着燃料的自重可减轻2/3，这对航天飞机无疑是极为有利的。早在第二次世界大战期间，氢即用作A-2火箭发动机的液体推进剂。1960年液氢首次用作航天动力燃料。1970年美国发射的"阿波罗"登月飞船使用的起飞火箭也是用液氢作燃料。现在氢已是火箭领域的常用燃料了。现在科学家们正在研究一种"固态氢"的宇宙飞船。固态氢既作为飞船的结构材料，又作为飞船的动力燃料。在飞行期间，飞船上所有的非重要零件都可以转作能源而"消耗掉"。这样飞船在宇宙中就能飞行更长的时间。今天的航天飞机以氢作为发动机的推进剂，以纯氧作为氧化剂，液氢就装在外部推进剂桶内，每次发射需用1450m³，重约100t。在超声速飞机和远程洲际客机上以氢作动力燃料的研究已进行多年，目前已进入样机和试飞阶段。

德国戴姆勒—奔驰航空公司和俄罗斯航空公司已从1996年开始进行试验，证实在配备有双发动机的喷气机中使用液氢，其安全性有足够的保证。由于液态氢的工作温度为-253℃，因此必须改进目前的飞机燃料系统。

（3）氢燃料电池。燃料电池是一种将氢和氧的化学能通过电极反应直接转换成电能的装置。这种装置的最大特点是由于反应过程中不涉及燃烧，因此其能量转换效率不受"卡诺循环"的限制，其能量转换率高达60%~80%，实际使用效率则是普通内燃机的2~

3 倍。

氢燃料电池工作原理：

工作时给负极供给燃料（氢），给正极供给氧化剂（空气）。氢在负极分解成正离子 H^+ 和电子 e^-：$2H_2 \rightarrow 4H^+ + 4e^-$，氢离子进入电解质中，而电子则沿外部电路（含负载）移向正极。氧在正极获得氢离子和电子反应为水：$O_2 + 4H^+ + 4e^- \rightarrow 2H_2O$。

（4）燃烧氢气能发电。利用氢气和氧气燃烧，组成氢氧发电机组。这种机组是火箭型内燃发动机配以发电机，它不需要复杂的蒸汽锅炉系统，因此结构简单，维修方便，启动迅速，要开即开，欲停即停。在电网低负荷时，还可吸收多余的电来进行电解水，生产氢和氧，以备高峰时发电用。这种调节作用对于用网运行是有利的。

另外，氢和氧还可直接改变常规火力发电机组的运行状况，提高电站的发电能力。例如氢氧燃烧组成磁流体发电，利用液氢冷量发电装置，进而提高机组功率等。

氢能的利用主要取决于经济地生产和储运。

A　制氢工艺

各种矿物燃料制氢是目前制氢的最主要方法，但其储量有限，且制氢过程会对环境造成污染。长远看以水为原料制取氢气是最有前途的方法，原料取之不尽，而且氢燃烧放出能量后又生成产物水，不造成环境污染。制取氢气目前最常用的有四种方法。

a　从合烃的化石燃料中制氢

这是过去以及现在采用最多的方法。它是以煤、石油或天然气等化石燃料作原料来制取氢气。用蒸汽作催化剂以煤作原料来制取氢气的基本反应过程为：

$$C + H_2O \longrightarrow CO + H_2$$

用天然气作原料、蒸汽作催化剂的制氢化学反应为：

$$CH_4 + H_2O \underset{}{\overset{800℃}{\rightleftharpoons}} 3H_2 + CO$$

上述反应均为吸热反应，反应过程中所需的热量可以从煤或天然气的部分燃烧中获得，也可利用外部热源。自从天然气大规模开采后，现在氢的制取有 96% 都是以天然气为原料。天然气和煤都是宝贵的燃料和化工原料，用它们来制氢显然摆脱不了人们对常规能源的依赖。

b　电解水制氢

这种方法是基于如下的氢氧可逆反应：

$$H_2 + \frac{1}{2}O_2 \rightleftharpoons H_2O$$

为了提高制氢效率，电解通常在高压下进行，采用的压力多为 3.0~5.0MPa。目前电解效率约为 50%~70%。由于电解水的效率不高且需消耗大量的电能，因此利用常规能源生产的电能来大规模的电解水制氢显然是不合算的。

c　热化学制氢

这种方法是通过外加高温热使水起化学分解反应来获取氢气。到目前为止虽有多种热化学制氢方法，但总效率都不高，仅为 20%~50%，而且还有许多工艺问题需要解决。依靠这种方法来大规模制氢还有待进一步研究。

d　太阳能制氢

随着新能源的崛起，以水作为原料利用核能和太阳能来大规模制氢已成为世界各国共同努力的目标。

（1）太阳热分解水制氢。热分解水制氢有两种方法，即直接热分解和热化学分解。前者需要把水或蒸汽加热到3000K以上，水中的氢和氧才能够分解，虽然其分解效率高，不需催化剂，但太阳能聚焦费用太昂贵。后者是在水中加入催化剂，使水中氢和氧的分解温度降低到900~1200K，催化剂可再生后循环使用，目前这种方法的制氢效率已达50%。

（2）太阳能电解水制氢。这种方法是首先将太阳能转换成电能，然后再利用电能来电解水制氢。

（3）太阳能光化学分解水制氢。将水直接分解成氧和氢是很困难的，但把水先分解为氢离子和氢氧根离子，再生成氢和氧就容易得多。基于这个原理，先进行光化学反应，再进行热化学反应，最后再进行电化学反应即可在较低温度下获得氢和氧。

在上述三个步骤中可分别利用太阳能的光化学作用、光热作用和光电作用。这种方法为大规模利用太阳能制氢提供了实现的基础，其关键是寻求光解效率高、性能稳定、价格低廉的光敏催化剂。

（4）太阳能光电化学分解水制氢。这种方法是利用特殊的化学电池，这种电池的电极在太阳光的照射下能够维持恒定的电流，并将水离解而获取氢气。这种方法的关键是需要有合适的电极材料。

（5）模拟植物光合作用分解水制氢。植物光合作用是在叶绿素上进行的。自从在叶绿素上发现光合作用过程的半导体电化学机理后，科学家就企图利用所谓"半导体隔片光电化学电池"来实现可见光直接电解水制氢的目标。不过由于人们对植物光合作用分解水制氢的机理还不够了解，要实现这一目标还有一系列理论和技术问题需要解决。

（6）光合微生物制氢。人们早就发现江河湖海中的某些藻类也有制氢的能力，如小球藻、固氮蓝藻、绿藻等就能以太阳光作动力，用水作原料，源源不断地放出氢气来。因此深入了解这些微生物制氢的机制将为大规模的太阳能生物制氢提供良好的前景。

e 生物质制氢

生物质制氢的相关内容已在生物质章节进行了详细介绍。

B 氢的储运

氢在一般条件下是以气态形式存在的，这就为储存和运输带来很大的困难。氢储存问题涉及氢生产、运输、最终应用等所有环节。目前，氢的存储主要有以下三种方法：高压气态存储、低温液氢存储和储氢材料储存。

a 高压气态储存

高压储存对器具抗压性、防漏性要求较高。因为氢气易燃易爆，所以在储存运输过程中安全性尤为重要。气态氢可储存在地下库里，也可装入钢瓶中。为减小储存体积，必须先将氢气压缩，为此需消耗较多的压缩功。一般一个充气压力为20MPa的高压钢瓶储氢重量只占1.6%；供太空用的钛瓶储氢重量也仅为5%。为提高储氢量，目前正在研究一种微孔结构的储氢装置，它是一微型球床。微型球系薄壁（1~10μm），充满微孔（10~100μm），氢气贮存在微孔中。微型球可用塑料、玻璃、陶瓷或金属制造。

b 低温液氢储存

将氢气冷却到-253℃，即可呈液态，然后，将其储存在高真空的绝热容器中。液氢储存工艺首先用于宇航中，其储存成本较贵，安全技术也比较复杂。高度绝热的储氢容器是目前研究的重点。

现在一种间壁间充满中孔微珠的绝热容器已经问世。由于这种微珠导热系数极小，其颗粒又非常细可完全抑制颗粒间的对流换热；将部分镀铝微珠混入不镀铝的微珠中可有效地切断辐射传热。这种新型的热绝缘容器不需抽真空，其绝热效果远优于普通高真空的绝热容器，是一种理想的液氢储存桶，美国宇航局已广泛采用这种新型的储氢容器。

c　储氢材料储存

氢与氢化金属之间可以进行可逆反应，当外界有热量加给金属氢化物时，它就分解为氢化金属并放出氢气。反之氢和氢化金属构成氢化物时，氢就以固态结合的形式储于其中。用来储氢的氢化金属大多为由多种元素组成的合金。目前世界上已研究成功多种储氢合金。带金属氢化物的储氢装置既有固定式也有移动式，它们既可作为氢燃料和氢物料的供应来源，也可用于吸收废热，储存太阳能，还可作氢泵或氢压缩机使用。近年来，科学家发现碳纳米材料可能是一种优异的储氢材料，我国科学院金属研究所的研究人员近年来在这一领域取得了世人瞩目的成果，所合成的高质量碳纳米材料，被国际科技界权威认定是世界范围内迄今为止最令人信服的结果。这为人类更充分地利用氢能源迈出了极其重要的一步。

氢的运输与氢的储存方式密切相关，存在着多种运输方式。氢的输运可以是气态、液态和氢化物的形式，无论哪种状态都可以使用管道和车辆进行运输。氢气可以像其他燃料一样，采用储罐车输送或管道输送。对小规模的需要，可以采用储罐车，大规模输送则需采用管道。研究表明用管道输氢要比先将氢能转换成电能再输送电的成本低。此外通过电网输送电力，由于电网不能蓄电，因此电力必须及时用掉，而氢则可保持在管道内。另外一个优点是，管道输氢不需要像输电塔那样占用土地，也不会像输电塔那样影响景观。

氢虽然有很好的可运输性，但不论是气态氢还是液态氢，它们在使用过程中都存在着不可忽视的特殊问题。

首先，由于氢特别轻，与其他燃料相比在运输和使用过程中单位能量所占的体积特别大，即使液态氢也是如此。

其次，氢特别容易泄漏，以氢作燃料的汽车行驶试验证明，即使是真空密封的氢燃料箱，每24h的泄漏率就达2%，而汽油一般一个月才泄漏1%。因此对储氢容器和输氢管道、接头、阀门等都要采取特殊的密封措施。

最后，液氢的温度极低，只要有一滴掉在皮肤上就会发生严重的冻伤，因此在运输和使用过程中应特别注意采取各种安全措施。

随着氢的制造技术的进步以及氢的储存与输运手段的完善，氢能将在21世纪的能源舞台上大展风采。

5.3.2.6　核能

快中子增殖反应堆和核聚变能同属未来的核能，它们在人类未来的能源供应中，可能起着举足轻重的作用。

A　快中子增殖反应堆（fast-breeder reactors）

目前的热中子核反应堆所用铀-235的储量十分有限，它仅占天然铀的0.711%。而铀-238却占99.283%，增殖堆的目的就在于利用极为丰富的同位素铀-238进行裂变反应，而使可用的铀数量增加约 140 倍，从而核燃料的供应可维持两万多年。如不发展增殖堆，则全部裂变堆最终将由于燃料短缺而不得不停止运转。

除了成百倍地扩大铀储量这一优点外，增殖堆设计的温度也比轻水堆要高。大约可提高热能的利用效率 40%，对环境的热污染也减轻了。上述增殖堆的发电成本与燃料价格几乎无关。这是因为它所产生的燃料比所耗用的多。即增殖堆能将不裂变的铀-238 转变为可裂变的钚-239，并在以后参加燃烧，而且所产生的钚-239 要比所燃用的铀-238 多。

能裂变的物质，如铀-235 和钚-239 称为易裂变的材料。而能够转变为易裂变材料的同位素，如铀-238，则称为能增生的材料或可转换的材料。可用于增殖堆的能增生的材料有两种：铀-238 和钍-2321，目前以前者发展较快。利用中子轰击产生裂变同位素的反应式如下：

$$^{238}_{92}U + n \longrightarrow ^{239}_{92}U \xrightarrow{\text{23.5min, b}} ^{239}_{93}Np \xrightarrow{\text{2.35d, b}} ^{239}_{94}Pu$$

$$^{232}_{90}Th + n \longrightarrow ^{233}_{90}Th \xrightarrow{\text{22.2min, b}} ^{233}_{91}Pa \xrightarrow{\text{27d, b}} ^{233}_{92}U$$

在第一个反应式中，铀-238 吸收一个中子，转变为铀-239。随后又自发地转变为镎-239，最后镎-239 再转变为钚-239。钚-239 虽然在自然界中不存在，但它比较稳定，半衰期为 24390 年。它也能吸收一个中子而裂变并放出能量。这样用一个中子使铀-238 转变为钚-239。再用一个中子使钚-239 裂变。就是说，一次裂变共需要两个中子。如果这次裂变又释放出两个中子，那就会使另一个铀-238 原子又转变为钚-239，并接着进行裂变。这样，就产生连锁反应，使核裂变连续进行下去。这就是增殖堆的工作原理，其关键是每次裂变需要两个以上的中子。

顾名思义，增殖堆裂变所产生的易分裂材料应比维持裂变反应所消耗的多，因此，为了达到增殖的目的，就要求有两个以上的中子参加裂变，让多余的中子使更多的铀-238 转变成钚-239，而成为增殖的产品。

B 核聚变能及其环境影响

太阳上，氘核（D²，即轻核）可以聚合为氦核（He⁴，即重核），并由于质量亏损而释放出能量，而成为太阳夺目光辉的能源，也是目前地球上热核武器氢弹的能源。核聚变过程目前虽然尚未能加以控制，一些发达国家如日本正在研究，力图应用在工业上，从而使电力的来源不受限制。

目前正在研究配合利用氦（$_1He^4$）、锂（$_3Li^6$）和氢的重同位素氘（$_1D^2$）及氚（$1T^3$）而产生的几种不同的聚变反应，其中以氘—氚反应和氘—氘反应较为理想，在天然水中含量极为丰富，而且提取也较经济。普通水中每 6500 个氢原子有一个氘原子，提取费用为 8 美分/g。氘—氚反应可以在较低的温度下进行的能量。虽然氘可以从天然海水中提取，但氚只能由人工制造。如用中子轰击锂-6 即可获得氚。

$$_1D^2 + _1T^3 \longrightarrow _2He^4 + n + 17.6MeV$$

$$_3Li^2 + n \longrightarrow _2He^4 + _1T^3 + 4.8MeV$$

不过与氘相比，锂的资源是很少的。由氘—氚反应所得到的能量与化石燃料差不多，只能供应数百年。因此氘—氚反应不能彻底解决能源的问题。如果只用丰富的氘同位素作为原始燃料，让两个氘原子聚合，可能发生如下：

$$_1D^2 + _1D^2 \longrightarrow _2He^3 + n + 3.2MeV$$

$$_1D^2 + _1T^3 \longrightarrow _1T^3 + p + 4.0MeV$$

反应中生成的氚，又能与燃料中的氘反应，而上式中生成的 $_2He^3$ 也能和氘反应：

$$_1D^2 + _2He^3 \longrightarrow _2He^4 + p + 18.3MeV$$

反应的总结果就是：

$$6_1D^2 \longrightarrow _2He^4 + 2p + 2n + 43.1MeV$$

即聚变后每个氘核产生约 7.2MeV 的能量。按此计算，1L 海水所提供的能量约与几百升石油所提供的相当。这样，海洋便成了人类用之不竭的能源了。在安全方面，聚变反应堆不像裂变反应堆那样存在着偏离额定值的所谓功率剧增事故，也不存在像钚那样转变为核武器材料的问题。此外，更不存在来自阴谋破坏和天然灾难所造成的危险。由此看来，聚变反应也是较有希望的一种新的能源。由于氘—氚聚变反应的热利用率为 50% ~ 60%，它的热污染问题较其他任何发电方法少。此外，还可以不通过蒸汽回路直接利用聚变能发电。核聚变能极可能成为未来的最终能源，至少在发电方面是这样的。聚变能发电不但在燃料供应上不受限制，而且对环境的影响也较小。

5.3.2.7 绿色燃料

绿色的燃料多来自于生物质。

A 固体生物质燃料

a 生物质直接燃烧

直接燃烧是最古老、最广泛的生物质利用方式。得到的热量，可直接利用，也可进行后续转换（如发电）。不过，直接燃烧的转换效率往往很低。

与煤炭相比，生物质燃料的特点为：

（1）碳氢化合物受热分解挥发分多，释放的能量过半；

（2）含氧量多，易点燃，而不需太多氧气供应；

（3）密度小，容易充分烧尽，灰渣中残留的碳量小；

（4）含碳量少，能量密度低，燃烧时间短；

（5）松散，体积大，不便运输。

b 固体成型燃料

以木质素为黏合剂，将松散的秸秆、树枝和木屑等农林废弃物挤压成特定形状的固体燃料，即压缩成型。压缩成型可以解决天然生物质分布散、密度低、松散蓬松造成的储运困难、使用不便等问题。原料主要是锯末、木屑、稻壳、秸秆等，其中含有纤维素、半纤维素和木质素，占植物成分的 2/3 以上。一般将原料粉碎到一定细度后，在一定压力、温度和湿度条件下，挤压成棒状、球状、颗粒状的固体燃料。其能源密度相当于中等烟煤，热值显著提高，便于储运。

B 气体生物质燃料

气体燃料的优点包括：

（1）既可直接燃烧，又能用来驱动发动机和涡轮机；

（2）能量转化效率比生物质直接燃烧高；

（3）便于运输，等等。

a 木煤气

可燃的生物质在高温条件下经过干燥、干馏热解、氧化还原等过程后，能产生可燃性混合气体，称为生物质燃气，俗称"木煤气"。主要成分有 CO、H_2、CH_4、C_mH_n 等可燃气体和 CO_2、O_2、N_2 等不可燃气体及少量水蒸气。另外，还有由多种碳氧化合物组成的大量煤焦油。原料多为原木生产及木材加工的残余物、薪柴、农副产物。不同的生物质气化所产生的混合气体成分可能稍有差异。目前常用的生物质燃气发生器，有热裂解装置和气化炉。

热裂解是指在隔绝空气或空气不足的不完全燃烧条件下，将生物质原料加热，将生物质大分子中的化学键切断，使其分解为分子量较低的 CO_2、H_2、CH_4 等可燃气体。气化炉原理：将原料送入炉内，加燃料后点燃，同时通过进气口向炉内鼓风，通过一系列氧化还原反应形成煤气。生物煤气中可燃气体所占比例较低，热值较低。

b　沼气

人畜粪便、农林废弃物、有机废水等，在密封装置中利用特定微生物分解代谢，能产生可燃的混合气体，称为沼气。主要成分是甲烷（CH_4），通常体积占 60%~70%。甲烷的发热值很高，完全燃烧时仅生成 CO_2 和 H_2O，并释放热能，是一种清洁燃料。$1m^3$ 沼气的含热量相当于 0.8kg 标准煤。

利用微生物代谢作用来生产产品的工艺过程称为发酵。沼气发酵又称为厌氧消化，有机物质在一定的水分、温度和厌氧条件下，通过多种微生物的分解代谢，最终形成甲烷和二氧化碳等混合性气体。

沼气池必须符合以下条件（微生物生存、繁殖）：

（1）沼气池要密闭；

（2）维持 20~40℃；

（3）要有充足的养分；

（4）发酵原料要含适量水；

（5）pH 值一般控制在 7~8.5。

中国农村推广的沼气池多为水压式沼气池，详见教材。2019 年中国农村户用沼气池数量为 3380.27 万个，沼气工程数量为 10.27 万个。全国农村超过 3000 万户家庭利用上了沼气能源。尤其是在西部地区，发展更快。沼气发酵技术对工厂废水、城市生活垃圾、农业废弃物等有非常好的处理效果，有积极的环保意义。

C　液体生物质燃料

液体生物质燃料主要包括燃料乙醇、植物油、生物柴油等，都可以直接代替柴油、汽油等由常规液体燃料。生成途径有热裂解和直接液化法等。固态生物质经一系列化学加工过程，转化成液体燃料，称为生物质的直接液化。直接液化得到的产品，物理稳定性和化学稳定性都更好。相关内容在前面章节中已经介绍。

5.3.2.8　清洁煤技术

化石燃料（主要包括石油、天然气、煤等）是目前世界上使用的主要能源，我国化石燃料的特点是贫油、少气、富煤，煤炭在今后相当长的时间内在我国一次能源结构中的主导地位不会发生太大的改变。化石能源的利用是产生温室气体等环境污染的主要根源，与天然气和石油相比，其中煤炭的开采、加工、运输和燃烧对环境的影响又严重得多。化石能源清洁利用的关键，首先是如何利用好煤炭。为了促进能源与环境协调开展，开发推广洁净煤技术是我国以煤为主的能源生产和消费结构下解决环境问题的一个唯一和必然的选择。

　　A　煤的洁净燃烧与高效利用技术

　　煤的碳含量高，氢含量少（只有 5%），含有少量的氮、硫、氧等元素，以及无机矿物质。煤燃烧后排放的粉尘、SO_2、NO_x、CO、CO_2、C_xH_y 等对大气环境造成了严重污染和破坏。20 世纪 80 年代中期，洁净煤技术在美国兴起，洁净煤技术是指从煤炭开发到利用的全过程中，旨在减少污染排放与提高利用效率的加工、燃烧、转化及污染控制等新技术。洁净煤燃烧技术能够较好地解决环保问题和节能问题，发展和推广这一新技术，将成为我国促进以煤为主的能源生产系统向资源节约和环境无害的可持续模式转变的关键战略措施之一，已受到国家的高度重视。

　　煤的洁净燃烧技术主要包括燃烧前的净化加工技术、燃烧中的净化燃烧技术和燃烧后的净化处理技术。

　　（1）煤燃烧前的净化加工技术。煤燃烧前的净化加工技术主要包括洗选、型煤加工和水煤浆技术。

　　1）煤洗选技术。煤洗选是利用煤和杂质（矸石）的物理、化学性质的差异，通过物理、化学或微生物分选的方法使煤和杂质有效分离，并加工成质量均匀、用途不同的煤产品的一种加工技术。选煤方法可分为物理选煤、物理化学选煤、化学选煤及微生物选煤等四种。

　　物理选煤是根据煤和杂质物理性质（如粒度、密度、硬度、磁性及电性等）的差异进行分选，主要的物理分选方法有：①重力选煤，包括跳汰选煤、重介选煤、斜槽选煤、摇床选煤、风力选煤等；②电磁选煤，利用煤和杂质的电磁性能差异进行分选，这种方法在选煤实际生产中没有应用。

　　物理化学选煤又称浮游选煤（简称浮选），是依据矿物表面物理化学性质的差别进行分选，目前使用的浮选设备很多，主要包括机械搅拌式浮选机和无机械搅拌式浮选机两种。

　　化学选煤是借助化学反应使煤中有用成分富集，除去杂质和有害成分的工艺过程。目前在实验室常用化学方法脱硫。根据常用的化学试剂种类和反应原理的不同，化学选煤技术可分为碱处理法、氧化法和溶剂萃取法等。

　　微生物选煤是用某些自养性和异养性微生物，直接或间接地利用其代谢产物从煤中溶浸硫，达到脱硫的目的。

　　目前发达国家需要洗选的原煤已 100% 入洗，重介质旋流器、跳汰机、浮选机等成熟的选煤技术已被广泛采用，洗煤厂处理能力大，洗选效率高。英国、美国已开发了处理 $20\mu m$ 粉煤的洗选新工艺，可脱除 70%~90% 的黄铁矿硫和 90% 的灰粉，使用这种洗选工艺洗精煤的锅炉可以不用安装脱硫装置即可达到排放标准的要求，可以降低电站的投资。目前，国内虽能制造处理能力 400 万吨以下的选煤设备，但存在设备质量差，可靠性低的问题。国内选煤厂平均洗选效率为 85% 左右，国外在 95% 以上，选煤厂生产效率仅为国外的 1/10，精煤质量不高，分选效果差。由于国内煤炭市场还没完全实现以质定价，优质优价的政策未能贯彻，因而导致原煤入选比例很低，洗煤厂出力不足，在全国动力煤的市场总供应量中，洗精煤只占 12% 左右。今后，我国煤炭洗选的重点是研究开发高效洗煤新技术和大规模智能化洗选技术。

　　一般来说，选煤厂由以下主要工艺组成，其流程如图 5-30 所示。

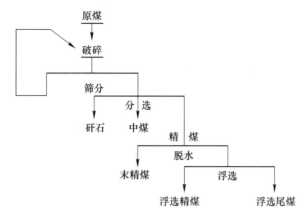

图 5-30   选煤的基本流程

① 原煤准备，包括原煤的接收、储存、破碎和筛分。

② 原煤的分选，目前国内的主要分选工艺包括跳汰—浮选联合流程、重介—浮选联合流程、跳汰—重介—浮选联合流程、块煤重介—末煤重介旋流器分选流程，此外还有单跳汰和单重介流程。

③ 产品脱水，包括块煤和末煤的脱水、浮选精煤脱水、煤泥脱水。

④ 产品干燥，利用热能对煤进行干燥，一般在比较严寒的地区使用。

⑤ 煤泥水的处理。

煤洗选具有以下作用：

① 提高煤质量，减少燃煤污染物排放。煤洗选可脱除煤中 50%~80% 的灰分、30%~40% 的全硫（或 60%~80% 的无机硫），燃用洗选煤可有效减少烟尘、SO_2 和 NO_x 的排放量，洗选 $1×10^8 t$ 动力煤一般可减排 $6×10^5$~$7×10^5 t$ SO_2，去除矸石 $1.6×10^7 t$。

② 提高煤利用效率，节约能源。煤质量提高，将显著提高煤利用率。一些研究表明，炼焦煤的灰分每降低 1%，炼铁的焦炭耗量降低 2.66%，炼铁高炉的利用系数可提高 3.99%；合成氨生产使用洗选的无烟煤可节煤 20%；发电用煤灰分每增加 1%，发热量下降 200~360J/g；每度电的标准煤耗增加 2~5g；工业锅炉和窑炉燃用洗选煤，热效率可提高 3%~8%。

③ 优化产品结构，提高产品竞争能力。发展煤洗选有利于煤产品由单结构、低质量向多品种、高质量转变，实现产品的优质化。我国煤消费的用户多，对煤质量和品种的要求不断提高。有些城市，要求煤硫分少于 0.5%，灰分少于 10%，若不采用煤洗选技术便无法满足市场要求。

④ 减少运力浪费。由于我国的产煤区多远离用煤多的经济发达地区，煤的运量大，运距长，平均煤运距约为 600km。煤经过洗选，可去除大量杂质。

2）型煤加工。型煤是用一种或数种煤按照本身特性经科学配合掺混一定比例的黏合剂、固硫剂、膨松剂等经加工成具有一定几何形状和有一定的理化性能（冷强度、热强度、热稳定性、防水性等）的块状燃料或原料。型煤技术的节能和环境效益十分显著，型煤固硫剂多以生石灰、石灰石、白云石、电石渣等为原料，其主要固硫成分是 CaO，可有效降低煤燃烧过程中的 SO_2 排放量。脱硫剂为生石灰的总反应式为：$CaO+SO_2+2H_2O \rightarrow CaSO_3 \cdot 2H_2O$。

我国型煤主要包括工业型煤和民用型煤两大类。工业型煤包括工业锅炉用型煤、蒸汽机车用型煤、煤气发生炉用型煤（包括化肥造气）、工业窑炉用型煤、炼焦用型煤；民用型煤包括蜂窝煤（上点火蜂窝煤、普通蜂窝煤、航空型煤）和煤球（民用炊事取暖煤球、火锅煤球、烧烤煤球）。

3）水煤浆技术。水煤浆技术是 20 世纪 70 年代世界范围内的石油危机中产生的一种以煤代油的煤利用新方式。其主要技术特点是将煤、水、部分添加剂加入球磨机中，经磨碎后成为一种类似石油一样的可以流动的煤基流体燃料。

洗精煤经破碎成为粒径小于 6mm 的煤粒进入球磨机，并加入水和分散剂在球磨机中一同磨碎成为浆体，经泵送至滤浆器除去未磨碎的粗颗粒和杂质后进入调浆罐，加入稳定剂并调整水煤浆的黏度后送入储浆罐储存备用。

水煤浆具有较好的流动性和稳定性，可以像石油产品一样储存、运输，并且具有不易燃、无污染的优良特性，是目前比较经济的清洁煤代油燃料。由于水煤浆是采用洗精煤制备，其灰分、硫分较低（干基灰分小于 10%、硫分小于 0.5%），在燃烧过程中，水分的存在降低了燃烧火焰的中心温度，抑制了氮氧化物的产生量。另外水煤浆自煤进入球磨机后即可以采用管道、罐车输送，不会产生煤流失造成的环境污染，具有较好的环保效果。

水煤浆作为一种代油燃料可以代替重油和原油用于锅炉和各种窑炉燃烧。但目前水煤浆在技术上尚有一定的问题，包括可靠的现场制浆技术，水煤浆的输送和储备技术，适合不同煤种和煤质的水煤浆燃烧器，以及炉内除垢技术等方面还需要进一步研究开发，在水煤浆上应重点解决工业示范系统中的关键技术问题，如研究高效廉价添加剂、高灰煤泥制浆、脱硫及先进的水煤浆气化技术；开发大型代油水煤浆燃烧工艺和设备

（2）燃烧中的净化燃烧技术。燃烧中的净化燃烧技术主要是流化床燃烧技术和先进燃烧器技术。流化床又称为沸腾床，有泡床和循环床两种，由于燃烧温度低可减少氮氧化物排放量，煤中添加石灰可减少二氧化硫排放量，炉渣可以综合利用，能烧劣质煤；先进燃烧器技术是指改进锅炉、窑炉结构与燃烧技术，减少二氧化硫和氮氧化物排放量的技术。

1）循环流化床。循环流化床（CFB）是目前国外洁净煤技术中一项成熟的技术，正在向大型化方向发展。由于其具有煤种适应性广、燃烧效率高、燃烧温度低而使 NO_x 排放量大大降低以及炉内脱硫等特点，发达国家竞相开发。目前世界上运行中的最大蒸发量 700t/h 的循环流化床锅炉已投入运行，1500t/h 的循环流化床锅炉也在设计之中。目前国外运行，在建和计划建设的循环流化床发电锅炉已达 250 多台。

20 世纪 90 年代循环流化床在国内应用初期，由于研究、设计、制造、安装、运行等各方面经验的缺乏，其应用中的确存在着连续运行时间短、出力不够、点火难、磨损严重、易结焦、辅机故障率高等许多问题，但经过十多年各方面不断完善化工作，不仅可以保证连续运行时间高于 4000h，对有经验的设计、制造、安装和运行单位而言其他问题也已克服。几乎所有与热工程有关的科研院校，如清华大学、浙江大学、华中理工大学、西安交通大学和西安热工研究院等，都投入到循环流化床锅炉的研发当中，各锅炉制造厂先后开发出 20t/h、35t/h、65t/h、75t/h、130t/h 及 220t/h 等中、小型循环流化床锅炉，通

过多年的发展，我国在中、小型循环流化床技术方面已经相当成熟。并相继开发出具有自主知识产权的 100MW、135MW、150MW 及 200MW 等级的循环流化床锅炉，并在全国范围内大量投运。

2）低氮燃烧器。其作用是通过改善燃烧过程中燃料与空气的混合比以降低火焰温度，从而减少 NO_x 生成量。燃煤锅炉采用低氮燃烧器可减少 50%左右的 NO_x 生成量。我国国产 300~600MW 锅炉都采用了引进技术生产的低 NO_x 角置直流燃烧器或同轴燃烧系统，使 NO_x 排放比传统的直流燃烧器降低 $200mg/m^3$ 以上。

（3）燃烧后的净化处理技术。燃烧后的净化处理技术主要是消烟除尘和脱硫脱氮技术。消烟除尘技术很多，静电除尘器效率最高，可达 99%以上，电厂一般采用此技术。脱硫有干法和湿法两种：干法是用浆状石灰喷雾与烟气中二氧化硫反应，生成干燥颗粒硫酸钙，用集成器收集；湿法是用石灰浆液淋洗烟尘，生成浆状硫酸盐和亚硫酸盐排放。两种方法的脱硫率均可达 90%，其中石灰石石膏法烟气脱硫技术的效率可达 98%以上。

目前已经在大、中容量机组上得到广泛应用并继续发展的烟气脱硫工艺有以下三种。

1）湿式石灰石/石膏工艺。湿式石灰石/石膏工艺是目前世界上应用最多且最可靠的脱硫工艺，由于开发较早，也是成熟最早的烟气脱硫工艺，它在国外电厂脱硫工艺中占主导地位。

2）喷雾干燥脱硫工艺。喷雾干燥脱硫工艺用于电厂脱硫始于 20 世纪 70 年代中后期。

3）炉内喷钙—尾部增湿活化工艺。

B　煤的高效利用技术

煤的高效利用是根据终端需要，将经过洁净加工的煤作为燃料或原料使用，从而实现煤资源的宝贵价值。煤的高效利用包括高效燃烧和高效转化。高效燃烧是将煤作为燃料使用，可将煤的化学能转化热能直接加以利用和将煤的化学能先转化为热能再转化为电能加以利用两种方式；洁净转化是将煤作为原料使用，可将煤转化为气态、液态及固态燃料或化学品以及具有特殊用途的碳材料。煤的高效利用技术主要有以下四种。

a　煤的气化技术

煤的气化是指煤在特定的设备内，在一定温度及压力下使煤中有机质与气化剂（如蒸汽/空气或氧气等）发生一系列化学反应，将固体煤转化为含有 CO、H_2、CH_4 等可燃气体和 CO_2、N_2 等不可燃气体的过程。煤经气化后无烟、无硫、无灰，可大大减少环境污染。煤在气化过程中将发生以下反应：

煤气化时，必须具备三个条件，即气化炉、气化剂、供给热量，三者缺一不可。气化过程发生的反应包括煤的热解、气化和燃烧反应。煤的热解是指煤从固相变为气、固、液三相产物的过程。煤的气化和燃烧反应包括两种反应类型，即非均相气—固反应和均相的气相反应。

$$C_xH_yO_z \longrightarrow C + H_2 + CO \qquad\qquad C + O_2 \longrightarrow CO$$
$$C + H_2O \longrightarrow CO + H_2 \qquad\qquad C + H_2O \longrightarrow CO_2 + H_2$$
$$C + CO_2 \longrightarrow CO \qquad\qquad CO + H_2O \longrightarrow CO_2 + H_2$$
$$CO + H_2 \longrightarrow CH_4 + H_2O \qquad\qquad CO + H_2 \longrightarrow CH_4 + CO_2$$
$$CO_2 + H_2 \longrightarrow CH_4 + H_2O \qquad\qquad C + H_2 \longrightarrow CH_4$$
$$CO + O_2 \longrightarrow CO_2 \qquad\qquad H_2 + O_2 \longrightarrow H_2O$$
$$CH_4 + O_2 \longrightarrow CO_2 + H_2O$$

　　不同的气化工艺对原料的性质要求不同，因此在选择煤气化工艺时，考虑气化用煤的特性及其影响极为重要。气化用煤的性质主要包括煤的反应性、黏结性、结渣性、热稳定性、机械强度、粒度、组成（包括水分、灰分和硫分含量）等。煤的气化工艺可按压力、气化剂、供热方式等分类，常用的是按气化炉内煤料与气化剂的接触方式区分。

　　（1）固定床气化。在气化过程中，煤由气化炉顶部加入，气化剂由气化炉底部加入，煤料与气化剂逆流接触，相对于气体的上升速率而言，煤料下降速率很慢，甚至可视为固定不动，因此称之为固定床气化。而实际上，煤料在气化过程中是以很慢的速率向下移动的，称其为移动床气化是比较准确的。

　　（2）流化床气化。它是以粒度小于10mm的小颗粒煤为气化原料，在气化炉内使其悬浮分散在垂直上升的气流中，煤粒在沸腾状态进行气化反应，从而使得煤料层内温度均一，易于控制，提高气化效率。

　　（3）气流床气化。它是一种并流气化，用气化剂将粒度为100μm以下的煤粉带入气化炉内，也可将煤粉先制成水煤浆，然后用泵打入气化炉内。煤在高于其灰熔点的温度下与气化剂发生燃烧反应和气化反应，灰渣以液态形式排出气化炉。

　　（4）熔浴床气化。它是将粉煤和气化剂以切线方向高速喷入一个温度较高且高度稳定的熔池内，把一部分动能传给熔渣，使池内熔融物以螺旋状的方式旋转运动并气化。目前此气化工艺逐渐被淘汰。

　　b　煤的液化技术

　　煤的液化技术是将固体煤转化为液体燃料、化工原料和产品的先进洁净煤技术。煤的液化技术又可分为煤的直接液化技术和煤的间接液化技术。

　　煤的直接液化技术是将固体煤在高温高压下与氢反应，使其降解和加氢从而转化为液体油类的工艺，又称加氢液化。煤直接液化可生产洁净优质汽油、柴油和航空燃料，工艺流程如图5-31所示。

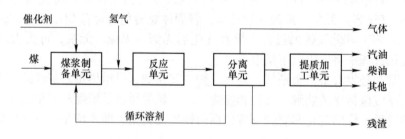

图 5-31　煤的直接液化工艺流程简图

　　该工艺是把煤先磨成粉，再和自身产生的液化重油（循环溶剂）配成煤浆，在高温（450℃）和高压（20~30MPa）下直接加氢，将煤转化成汽油、柴油等石油产品。1t干燥无灰煤可产500~600kg油，加上制氢用煤，3~4t原煤可产1t成品油。

　　煤的间接液化技术是先将煤气化成合成气（氢气和一氧化碳），然后在催化剂作用下合成燃料油、化工原料和产品。其工艺流程如图5-32所示。

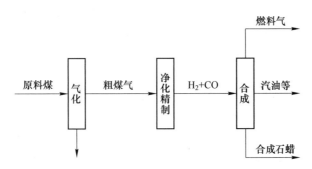

图 5-32 煤的间接液化工艺简图

煤的间接液化工艺具有以下特点：

（1）适用煤种比直接液化广泛。

（2）可以在现有化肥厂已有气化炉的基础上实现合成汽油。

（3）反应压力为 3MPa，低于直接液化；反应温度为 550℃，高于直接液化。

（4）油收率低于直接液化，5~7t 煤才可产出 1t 油，所以产品油成本比直接液化高得多。

c 煤气化联合循环发电技术

煤气化联合循环发电技术可分为整体煤气化联合循环发电技术和煤部分气化联合循环发电技术。

整体煤气化联合循环发电厂的脱硫率可达 99%，NO_x 排放量仅为常规电厂的 15% ~ 30%，具有良好的环保效果。整体煤气化联合循环（IGCC）发电技术通过将煤气化生成燃料气，驱动燃气轮机发电，其尾气通过余热锅炉产生蒸气驱动蒸气轮机发电，使燃气发电与蒸气发电联合起来，其发电效率可达 45% 以上。目前 IGCC 发电技术还处于第二代技术的成熟阶段。燃气轮机初温达到 1288℃，单机容量可望超过 400MW。世界在建、拟建的 IGCC 电站 24 座，总容量 8400MW，最大单机 300MW。IGCC 由于其高效、洁能，该发电方式可望成为未来重要的发电方式之一。我国 IGCC 发电技术的研究开发工作起步较晚，在气化炉、空分设备、煤气脱硫等单项技术方面有一定的基础。鲁南化工集团通过对住 Texaco 气化炉的消化、吸收、创新，基本掌握了设计制造技术，已在其所属化肥厂成功地运行了多年。近年来，国内对世界先进的煤气化技术进行了不同程度的研究，取得了一些成果，但离商业化应用水平还有较大差距。我国煤电在电力构成中占主导地位，跟随国际潮流，发展 IGCC 发电已势在必行。

煤部分气化联合循环发电技术是煤经循环流化床锅炉直接燃烧，生产高温燃气推动燃气机联合循环等。

煤部分气化联合循环发电技术是洁净煤发电技术的一种，20 世纪 70 年代后期由英国煤炭研究所（CRE）首先提出。与整体煤气化联合循环发电技术相比。煤部分气化联合循环发电技术的发电效率略低，但系统简单，耗电少，技术难度低，投资成本小，且更容易与亚临界、超临界蒸汽轮机发电系统匹配，是一种具有竞争力的洁净煤发电技术。煤部分气化联合循环发电技术的主要应用有以下几种。

（1）Foster Wheeler 公司的第二代 PFBC 系统。系统流程如图 5-33 所示。煤、脱硫剂和空气送入焦化炉，气化产生低热值的煤气和半焦。煤气经两级除尘净化后进入前置燃烧室燃烧。产生的高温烟气进入燃气轮机做功。半焦送入增压流化床燃烧锅炉，燃烧后产生的高温烟气经除尘送入燃气轮机前置燃烧室，与煤气燃烧后的高温烟气混合，进入燃气轮机做功，燃气轮机排烟的余热用来产生高温蒸汽，送入蒸汽轮机做功。第二代 PFBC-CC 系统采用部分气化和前置燃烧，把燃机进气温度提高到 1150~1200℃，采用超临界蒸汽参数，使热效率从现有 PFBC 的 42% 提高到 45%~48%。体积更小，排放更清洁，其发电成本比煤粉燃烧加烟气脱硫（PC+FGD）低 20%。第二代 PFBC 的实质是 PFBC 和 IGCC 的结合。ABB 公司制造的 350MW 的 PFBC 锅炉已于 1997 年投入运行。我国已经形成以东南大学为代表的 PFBC 技术开发力量。并正进行 PFBC 锅炉高温烟气净化技术及设备、大功率高初温燃气轮机技术、控制技术等实验室研究开发。另外，我国引进了 4 台 ABB Carbon 公司的 P200 装置，分别在大连台山电厂和徐州贾汪电厂各装设 2 台，以此作为我国 PFBC-CC 示范电站。目前我国 PFBC 技术的开发研究与国际先进水平还有较大的差距，一些科研机构也在研究改进 PFBC 技术，烟气的净化是 PFBC-CC 的关键技术之一。二者结合将为今后国内设计、制造大型加压流化床发电设备奠定基础。今后研究开发的重点应放在与加压流化床锅炉配套的高初温、大功率燃气轮机技术及高温烟气脱硫技术的研究开发工作上面。

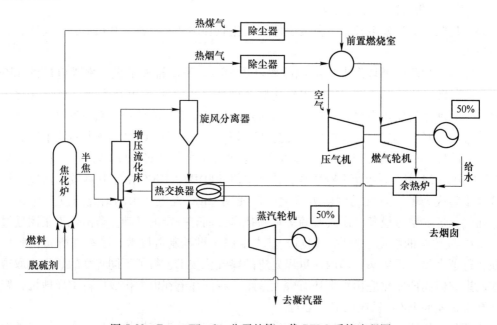

图 5-33　Foster Wheeler 公司的第二代 PFBC 系统流程图

2）英国的 APFBC 技术。与 Foster Wheeler 公司的方案相比，半焦送入常压循环流化床燃烧，燃烧释放出的热量全部用于产生蒸汽；同时燃气轮机排气也向蒸汽系统提供热量。效率可达 46%~48%。

（3）PGFBC-CC 发电系统方案。G. Lozza 等提出一种采用部分气化工艺和常压流化床（AFBC）燃烧半焦的联合循环方案，系统流程如图 5-34 所示。其特点在于半焦在 AFBC 内燃烧时所需的氧气是由燃气轮机排气提供的（由于需要将煤气燃烧后的高温烟气冷却到燃机入口温度的要求，在前置燃烧室中混有大量冷却空气，因此燃机排气中的含氧量很高）。AFBC 的炉床温度为 870℃，其排烟热量在余热炉中用以给水加热产生蒸汽，其热效率为 45%~47%。

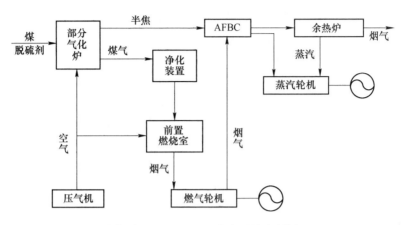

图 5-34　PGFBC-CC 发电系统流程图

d　燃煤磁流体发电技术

燃煤磁流体发电技术也称为等离子体发电，它是磁流体发电的典型应用，当通过燃烧煤而得到的 2.6×10^6℃以上的高温等离子气体以高速流过强磁场时，气体中的电子受磁力作用，沿着与磁力线垂直的方向流向电极，发出直流电，直流电经逆变为交流电送入交流电网。

磁流体发电本身的效率仅 20% 左右，但由于其排烟温度很高，从磁流体排出的气体可送往一般锅炉继续燃烧产生蒸汽，驱动汽轮机发电，总的热效率可达 50%~60%，是目前正在开发的高效发电技术中效率最高的。同样，它可有效地脱硫、控制 NO_x 的产生，也是一种低污染的煤气化联合循环发电技术。在磁流体发电技术中，高温陶瓷能否在 2000~3000K 磁流体温度下正常工作，是燃煤磁流体发电系统能否正常工作的关键。目前，高温陶瓷的耐受温度最高可达 3090K。

燃煤开环磁流体发电自 2010 年开始局部商业化，它会对节能和减少 CO_2 排放从而实现电力行业的绿色生产作出重大贡献。非平衡电离式闭环磁流体发电由于工作温度较低，又适合于 100~300MW 中型机组和配合发展以煤为燃料的燃气发电行业，具有巨大的潜力。液体金属式闭环磁流体发电的工作温度范围宽，能源种类的适应性大，电导率高，可适用于小型发电装置，发展前途广阔。

5.3.3　绿色化工材料

5.3.3.1　水

水是自然界中最丰富的溶剂，它无毒、无污染、价廉，水相中的有机反应操作简便、安全，没有有机溶剂的易燃易爆等问题。水分子具有一定的空间结构，分子间依赖强的具有方向性的氢键，构成具有一定空间结构的网络。除了具有强大的氢键网络结构外，水还具有高的介电常数（$\varepsilon = 78$）和高的内聚能密度（CED = 550），与有机溶剂相比，水为反应介质的有机反应主要表现出如下一些特性。

A　疏水效应

可离解的极性化合物能溶于水中，这类化合物为亲水性化合物。与亲水化合物相反，烃类及其他的非极性化合物在水中的溶解度很小，当这类有机分子与水相混合时，在水分子的排斥作用下，非极性化合物的分子聚集起来，以减少与水分子的接触面，这种现象就叫做疏水效应。这种疏水效应可提高反应速率和选择性，由于有机化合物的非极性部位因疏水作用而聚集在一起，在溶剂的内部形成空穴，同时由于水具有高的内聚能和氢键作用使得其表面张力很大，这样水就对空穴内部的反应底物产生压力，可以承受高压的异构体的过渡态就成为优势构象。因此，介质水能起到了类似高压的作用而对底物的反应速率和选择性产生影响。在生物体内，疏水效应起着非常关键的作用，它是决定蛋白质、核酸折叠及生物膜自组装的方式。

B　螯合作用

螯合作用是控制水介质中立体选择性的重要因素，螯合作用是指反应底物与 Lewis 酸催化剂的金属离子形成双齿或多齿配位行为。通过螯合作用，反应物可以形成稳定的五元或六元环过渡态，从而加快反应速率，提高了产物的选择性。Paquette 和他的合作者研究了在有机介质、水介质及水与有机介质混合溶剂中镁、铈盐催化的 α 位和 β 位取代的醛、酮的烯丙基化反应。许多反应可在水中成功进行。水中一些 Knoevenagel 反应不用催化剂就可反应，Burgess 等人曾发现在水介质中用硫酸锰和碳酸钠作催化剂，H_2O_2 作氧化剂可以进行烯烃环氧化反应制备环氧化合物。

C　氢键

以水为介质的反应，有些反应底物及中间过渡态能与水形成氢键，从而活化某些键或对反应的区域选择性起控制作用。尽管水作为反应介质有如此多的优点，但纯水作为反应介质因存在下列缺陷而受到限制：（1）许多试剂在水中分解，因此过去的有机反应一般避免用水作反应介质；（2）大多数有机化合物在水中的溶解性差，因此水不能成为有效的介质。

针对上述存在的问题，化学家围绕着以水为介质的绿色化学研究，主要做了以下几方面工作。

（1）寻找在水中稳定的试剂、催化剂。在这方面，近年来水中稳定路易斯酸（三氟甲基磺酸稀土盐）催化剂的广泛应用就是一个示例。

（2）将传统的有机相中的反应转入水相，或在有机相的基础上添加水，发挥水的作用；或以水为溶剂添加少量与水互溶的极性溶剂，如乙醇、DMSO、DMF、THF 和 1,4-二氧六环等，以达到增溶的效果。

（3）在水相反应中加入乳化剂（或表面活性剂），一方面可以起到增溶作用；另一方面形成胶束或微乳，发挥它的疏水效应；此外，胶束中的疏水作用对一些水敏感的试剂可以起保护作用，这也是当前绿色化学中的一个研究热点。

超临界流体是指当物质的温度和压力处于临界点以上时所处的状态，它具有许多不同于传统溶剂的独特性质。超临界流体既具有气体黏度小、扩散系数大的特性，又具有液体密度大、溶解能力好的特性，而且在临界点附近流体的性质（密度、黏度、扩散系数、介电常数、界面张力等）有突变性和可调性，可以通过调节温度和压力方便地控制体系的相平衡特性、传递特性和反应特性等，从而使分离、反应等化工过程更加可控。超临界流体技术作为一种"绿色化"的过程强化方法，不仅可以大大降低化工过程对环境的污染，而且超临界流体的扩散系数远大于普通溶剂的扩散系数，可以显著改善传质效果，从而提高分离、反应等化工过程的效率。

超临界流体内部的分子和原子处在激烈的高能量热运动状态，它能加速和促进反应物质在分子或原子水平上的化学和物理反应。目前，最引人注目的是超临界二氧化碳和超临界水的应用。这主要是因为这两种物质都是无毒、不燃、化学性能稳定、价廉易得、对环境相容性好，并且其临界状态容易实现。

水在超临界态时，对极性分子或非极性分子构成的物质都可以表现出良好的溶解性。如 O_2、CO_2、CH_4 和烷烃与超临界水可以互溶，因此，可燃物在超临界水里便可直接与 O_2 进行燃烧反应，并且产生耀眼的火焰。超临界水的非凡的溶解能力、可压缩性和传质特性，使它成为一种异乎寻常的化学反应介质，它甚至能溶解像多氯代二联苯这样的非极性有机废弃物，使之与 O_2 在超临界水中燃烧，生成水、CO_2 和其他一些小分子。燃烧产物全部溶在超临界水中，因为不论是极性还是非极性分子，和超临界水都是无限互溶的。如果用一般的焚烧炉处理有机废弃物如垃圾等，燃烧废气，可避免地会对环境产生不利影响。用超临界水处理有机废弃物时，只要含碳量达到 10%，就可以为处理过程提供足够的能量而无需另加燃料，工作温度不过 500~600℃，这种处理是在密封条件下进行的，所以是一种不需要烟囱的无排放型"焚烧炉"，有着诱人的应用前景。

5.3.3.2　超临界 CO_2

地球上有极为丰富的 CO_2 资源。目前每年排入大气的 CO_2 约为 290 亿吨，有一半存留于大气中。大气层中 CO_2 含量逐年上升温室效应越来越严重；燃烧时产生 CO_2 的化石燃料日渐枯竭。在这种形势下，开发 CO_2 的利用技术以及 CO_2 这种价廉无毒的资源的研究就很有意义。CO_2 临界温度和临界压力较低，分别为 31.26℃和 7.38MPa（见图 5-35），是应用最广泛的超临界流体。CO_2 应用于绿色化学，有利于实现可持续发展战略。

超临界 CO_2 具有以下特性：（1）流体黏度低、密度高；（2）分子呈对称结构，极性很小，根据相似相溶原理，能溶解水不溶的非极

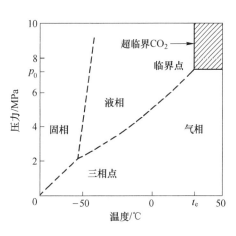

图 5-35　超临界二氧化碳相图

性或极性较低的有机物，并且它的溶解能力可以通过温度和压力进行调节；（3）具有惰性，不产生副反应；（4）对高聚物具有很强的溶胀和扩散能力；（5）价廉易得，非易燃易爆，无毒，无腐蚀性。这些优点使其成为替代常规有机溶剂的一种绿色介质，而广泛应用于化工合成、材料改性、萃取、染色、纤维的特殊整理等，并且都获得了很好的效果。

早在 1822 年 Cagniard 就发现了临界现象的存在，1869 年 Andrews 测定了 CO_2 的临界

参数，1879 年 Hanny 和 Hogarth 发现超临界流体对固体具有溶解能力，超临界流体技术应用提供了依据。虽然从发现临界现象至今已有约 200 年的历史，但其迅猛发展只是近三十多年的事情。随着近年来理论和应用研究的深入开展，超临界流体已广泛应用于萃取、反应、造粒、色谱、清洗等技术过程，并在化工、医药、食品、环保、材料等领域显示出广阔的应用前景。

A　超临界流体萃取

超临界流体萃取技术是研究最多的一种。前期研究主要侧重于理论方面，包括对超临界流体密度和黏度等的测定和关联、对超临界状态下相平衡数据的测定和热力学模型的建立、对超临界状态下萃取过程传质动力学的研究等。近年来许多研究者还从微观上研究了超临界状态下的分子相互作用，尝试从分子水平上解释选择性萃取的机理。在应用方面，超临界流体萃取技术主要用于天然产物中有效成分的提取，也可用于金属离子和农药等痕量组分的脱除。自 1978 年德国 HAG 公司建立第一家用超临界流体萃取技术脱除咖啡因的工厂以来，其工业化取得了快速发展，美国、日本、加拿大、意大利、中国等也相继建立了生产装置，并将其用于啤酒花香精、天然香料、色素和油脂等的提取。虽然对超临界流体萃取技术的研究日益成熟，但 CO_2 对极性物质的溶解能力不强仍是制约该技术发展的瓶颈。为此，有人利用在超临界 CO_2 形成微乳液或添加螯合剂的方法来提高蛋白质等生物大分子或金属离子等在超临界 CO_2 中的溶解度，这些强化方法大大拓展了超临界流体萃取的应用范围。

B　超临界流体化学反应

超临界流体化学反应是以超临界流体作为反应介质或作为反应物的反应，超临界流体的独特性质使其在反应速率、产率和转化率、催化剂活性和寿命及产物分离等方面较传统方法均有显著改善。超临界二氧化碳作为反应介质已用于几乎所有的基本有机合成反应。由于其自身的独特性能，超临界二氧化碳不仅仅是有机溶剂简单的替代者，很多超临界二氧化碳中的有机反应均呈现出值得人们关注的新现象、新规律。超临界 CO_2 中的化学反应包括氧化、加氢、烷基化、羰基化、聚合和酶催化反应等，研究者不仅从理论上对反应机理和反应动力学，反应体系相行为和分子间相互作用对反应的影响等进行了广泛的研究，而且进行了产业化探索。下面举几个例子：

加氢反应。环己酮是重要的工业原料，可以在超临界 CO_2 中利用硅胶负载的钯催化剂 Pd/Al-MCM-41 来催化苯酚加氢来合成环己酮，其反应式为：

由表 5-9 可知，苯酚的加氢反应在超临界二氧化碳介质中，控制反应条件可改变生成物的比例。

表 5-9　苯酚的加氢反应在超临界二氧化碳中不同压力下的产物

溶　剂	压力/MPa	催化剂	转化率/%	产　物
超临界 CO_2	12	Pd/Al-MCM-41	98.4	环己酮
超临界 CO_2	<8	Pd/Al-MCM-41	98.4	环己酮和环己醇

傅-克烷基化反应（Friedel-Crafts reaction）。傅-克烷基化反应是指芳香族化合物在无水 $AlCl_3$ 等催化剂作用下，芳环上的氢原子被烷基亲电取代的反应。这是一种制备烷基烃的方法。如在110℃、二氧化碳压力10MPa条件下，分子筛负载的磷钨酸（HPW(30)/MCM-41）可有效催化对甲苯酚与叔丁醇反应，得到2,6-二叔丁基对甲苯酚，产率最高达58%。该催化体系同样适用于邻甲苯酚和间甲苯酚的二叔丁基化反应，且催化剂可重复使用三次。其反应式为：

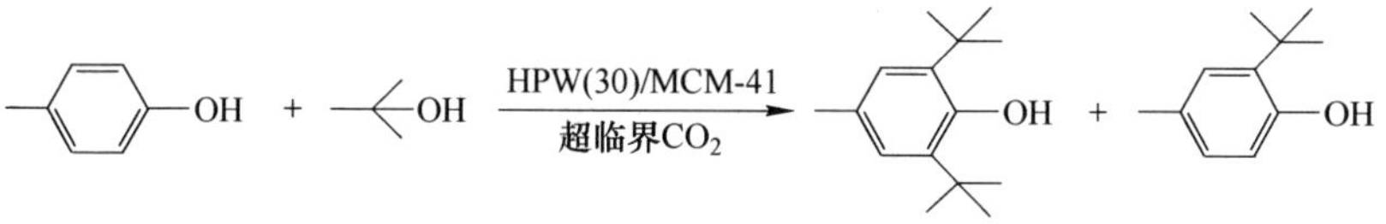

Wang 等在超临界二氧化碳中以磺酸功能化的离子液体[PSPy][BF_4]为催化剂，连续催化2,3,5-三甲基氢醌（TMHQ）与异植醇（IPL）发生缩合，烷基化反应合成 D,L-α-生育酚。其反应式为：

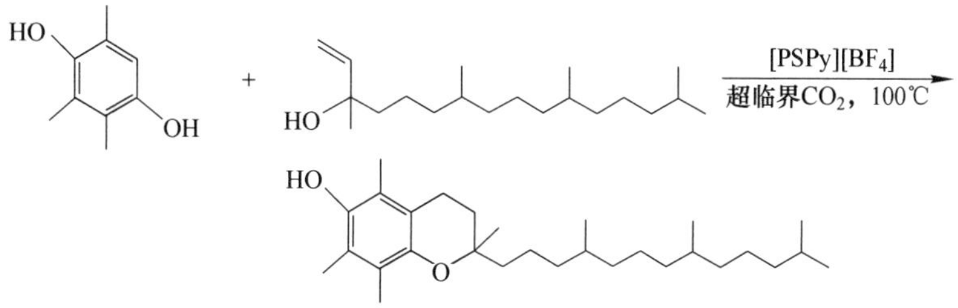

在反应过程中采用超临界二氧化碳萃取的方法可以实现产物与催化体系的顺利分离。在100℃、二氧化碳压力20MPa条件下，D,L-α-生育酚的产率高达90.4%，较常规反应的产率大幅提高。

酶催化反应。酶具有高效和专一的催化性能，酶催化反应在不对称合成反应中具有十分重要的意义。传统的酶催化在水溶液中进行。最近一些研究表明：酶在超临界二氧化碳介质中也具有良好的催化活性。Matsuda 等用超临界 CO_2/H_2O 两相体系实现醇脱氢酶（Geotrichum candidum NBRC 5767）催化酮不对称加氢反应。体系中需要添加碳酸氢钠来控制体系的 pH 值以防止酶失活，反应得到的产物 ee 值高达99%。

超临界二氧化碳流体中的合成反应远不止上述这些，其研究正如火如荼地开展。这种绿色无害化的技术革新，有助于从根本上消除污染的发生，也将为合成化学带来革命性的变革。

C　超临界流体的其他应用

a　高分子材料工业

超临界 CO_2 流体技术在高分子材料中的应用主要包括：（1）作为聚合反应的介质。对于某一种聚合物来说，在一定温度下，超临界 CO_2 的压力越大，则其所溶解的该聚合物的相对分子质量就越大。超临界 CO_2 流体可以应用于均相溶液聚合物反应，特别是高含氟类聚合物的聚合反应，用来替代用于高含氟类聚合物合成、溶解及加工的有毒有害的氟氯烃类溶剂，真正实现绿色化生产与加工。（2）作为高分子加工助剂。超临界 CO_2 流体对聚合物有很强的溶胀能力，利用此特性可以很方便地在 CO_2 溶胀协助下，把一些小分子物质渗透进高聚物，待 CO_2 从聚合物中解吸逸出后，这些物质就留在了高聚物中。用这种方法可以将香料、药物等引进高聚物。若将引进的物质进一步反应，则可得到多样的共混材料和高分子复合材料。在一定条件下将超临界 CO_2 渗透进某些高聚物，然后减压解吸，就可以得到微孔泡沫材料。此外，还可以利用超临界 CO_2 流体技术制备高聚物微粒和微纤。

b　医药工业

超临界 CO_2 在医药工业上的应用远超过其他工业，主要表现在生物活性物质和天然药物提取、药剂学和分析检测中的应用。

（1）生物活性物质和天然药物提取。如浓缩沙丁鱼油，提取扁藻中的 EPA 和 DHA，为综合利用海藻资源开辟了新的途径；从蛋黄中提取蛋黄磷脂；从大豆中提取大豆磷脂；从番茄中提取胡萝卜素等。

（2）药剂学上的应用。超临界流体结晶技术是根据物质在超临界流体中的溶解度对温度和压力敏感的特性制备超细颗粒。其中 GAS 法常用于生物活性物质的加工。GAS 是指在高压条件下溶解的二氧化碳使有机溶剂膨胀，内聚能显著降低，溶解能力减小，使已溶解的物质形成结晶或无定型沉淀的过程。例如：提高溶解性差的分子的生物利用度；开发对人体损害较少的非肠道给药方式等。

（3）分析检测上的应用。将超临界流体用于色谱技术称为超临界流体色谱，兼有高速度、高效和强选择性、高分离效能，且省时，用量少，成本低，条件易于控制，不污染样品等，适用于难挥发、易热解高分子物质的快速分析。用超临界流体色谱已成功地分析了咖啡、姜粉、胡椒粉、蛇麻草、大麻等的有效成分和血清中的游离药物等。

c　食品工业

过去通常采用压榨法、蒸馏法、溶剂萃取法等方法，从天然物中提取香料、色素、油脂等有效成分和生物活性成分等。这些方法都存在能耗高、原料利用率低、污染大及产品纯度不高等缺点，还存在利用水蒸气蒸馏法及溶剂萃取法获得天然提取物时，天然提取物往往会受热分解或后续操作中除去溶剂时，而损失部分低沸点的有用成分，以及溶剂残留和不能有效地对有效成分选择性萃取等问题。超临界 CO_2 流体技术已在食品工业中得到广泛应用，主要用于食品中有害成分的脱去以及有效成分的提取、食品原料的处理等方面。例如：从咖啡、茶叶中去除咖啡因；从奶油、鸡蛋中除去胆固醇等；啤酒花的有效萃取；从植物中萃取风味物质、脂肪酸和色素等。

D　超临界流体的问题与展望

随着超临界流体技术的快速发展，其理论和应用研究也逐渐深入。近年来，不仅超临界流体技术的应用领域不断拓展，而且多种超临界流体技术已经实现了产业化。但是，由于超临界流体的非理想性和高压下研究手段的匮乏，其理论研究多集中在宏观层次上的热力学和动力学研究，分子水平上的研究相对较少，对超临界状态下多元体系的研究仍然十分缺乏，因此，超临界流体技术的理论基础研究仍需加强。由于分子模拟不需进行高压下的实验即可得到热力学、传递特性和谱学性质等有用的信息，在今后的研究中将发挥越来越重要的作用。超临界流体萃取、反应等技术虽然已实现工业化，但由于超临界流体的溶解能力有限，造成设备体积大、投资高，仅适用于高附加值的物质。加入改性剂虽然可以在一定程度上提高超临界流体的溶解能力，但同时也降低了其"绿色性"，增加了后处理的难度。如果能在超临界流体新介质和高压设备的规模化、自动化研究方面取得突破，将大大提高超临界流体技术的经济性。另外，超临界流体技术与其他技术（如精馏、吸附、膜分离等）相耦合，也有助于提高化工过程的效率，降低成本，这将成为超临界流体技术研究的新趋势。

5.3.3.3 离子液体

离子液体是由有机阳离子和无机阴离子构成的，通过调整阴、阳离子的组成，可改变离子液体对反应物和产物的溶解度。离子液体作为一种新型的溶剂，具有不挥发、蒸气压为零、液态范围广、溶解性能好、热稳定性好、不燃、不爆炸等优良特性。离子液体在聚合反应中的应用研究得到了空前的发展，取得了许多优异的成果。

A 自由基聚合

聚合反应速率快，相对分子质量增大。

在1-丁基-3-甲基咪唑六氟磷酸盐（[bmim]PF$_6$）离子液体中，甲基丙烯酸甲酯（MMA）能够容易地实现自由基聚合。随着离子液体浓度的增大，链增长速率常数增大，链终止速率常数减小。

通过比较 MMA 在离子液体[bmim]PFfi 和苯中的自由基聚合反应发现，MMA 在离子液体中的聚合反应速率约为在苯中的 10 倍，得到的聚甲基丙烯酸甲酯（PMMA）的相对分子质量更大。由于[bmim]PF$_6$浓度的增大使溶液的极性逐渐增强，反应系统在聚合过程中一直保持均相，因而聚合反应速率大。

普通自由基聚合反应一般不能用来合成嵌段共聚物，自从采用离子液体做溶剂后，自由基聚合反应合成嵌段共聚物成为现实。

将苯乙烯（St）和 MMA 单体在[bmim]PF$_6$中聚合，得到重均相对分子质量为 $2 \times 10^5 \sim 8 \times 10^5$的 PS-b-PMMA 嵌段共聚物。

离子液体中的自由基聚合反应有以下两个特点：

（1）离子液体的黏度较大，随着聚合物的析出，增长链自由基通过扩散而发生碰撞的概率较小，因而寿命延长，得到的产物的相对分子质量变大，聚合速率增加。

（2）聚苯乙烯在离子液体中的溶解度很小，而 PMMA 在离子液体中的溶解度很大。先加入 St，合成 PS，聚合到一定程度减压将未反应的 St 抽出，再加入 MMA。由于 MMA 是完全溶解在离子液体中的，所以聚合反应可以继续进行。

B 离子聚合

理论上，离子液体的高极性对离子聚合反应更有利，但离子聚合反应在离子液体中的应用报道极少。

Vijayaraghavan 等以一种新型的 Bronsted 酸——双草酸根硼酸（HBOB）为引发剂，研究了苯乙烯在二氯甲烷（DCM）和离子液体[P14]Tf2N(N-甲基-N-丁基吡咯三氟甲基磺酰胺酸盐）中的阳离子聚合，反应式如下：

与传统的有机溶剂 DCM 相比，在[P14]Tf2N 中聚合得到的聚合物相对分子质量较小，相对分子质量分布范围较窄，离子液体和引发剂的混合物可以回收利用。

C　缩聚和加聚

到目前为止，有关离子液体中缩聚和加聚反应的报道相对较少。Vygodskii 等发现在以［R1R3im］为阳离子的离子液体中，无须外加催化剂，肼和四羧酸双酐加聚可以生成聚酰亚胺，肼和二酰基氯缩聚可以生成聚酰胺，得到的聚合物相对分子质量非常高。其反应式如下：

或

$R_1 = CH_3$、C_2H_5、C_3H_7

$R_2 = C_2H_5$、C_3H_7、C_4H_9、C_5H_{11}、C_6H_{13}、$C_{12}H_{23}$

$Y = Br$、BF_4、PF_6、$(CF_3SO_2)_2N$

D　配位聚合

配位聚合反应大多是在 Ziegler-Natta 催化剂作用及高温高压的情况下实现的。Pinheiro 等以二亚胺镍为催化剂，在［bmim］$AlCl_4$ 离子液体中，在比较温和的条件下（$10^5 Pa$，$-10 \sim 10$℃）实现了乙烯的聚合反应。

Mastrorilli 等以 Rh（Ⅰ）为催化剂，三乙胺为助催化剂，分别研究了苯基乙炔在［bmim］BF_4 和［BPy］BF_4（N-丁基吡啶四氟硼酸盐）中的聚合。

$$nC_6H_5 - C \equiv CH \xrightarrow[\text{［bmim］}BF_4 \text{ 或［BPy］}BF_4]{Rh(I)/NEt_3} PPA$$

结果表明，在两种离子液体中的配位聚合反应产率都非常高，得到的聚合物相对分子质量达到 $55000 \sim 200000$，且催化剂活性未明显降低，可以回收利用。

E　电化学聚合

离子液体在电化学聚合反应中的应用研究较其他聚合方法开展得早。1978 年，Ostery-oung 等通过电化学方法实现了在 bupy/$AlCl_4$ 离子液体中苯聚合为聚对苯（PPP）的反应。

Arnautov 尝试用 bupy/$AlCl_3$（OC_2H_5）离子液体代替传统的氯铝酸盐离子液体，实现了聚对苯的电化学合成。Zein 等采用对空气和水均稳定的［hmim］CF_3SO_3（1-己基-3-甲基咪唑三氟甲基磺酸盐）和［P14］Tf2N 离子液体为电解质，深入研究了 PPP 膜的合成。研究发现，与过去采用的 18mol/L 的硫酸和液态 SO_2 溶剂相比，离子液体无毒、无臭、无腐蚀性，得到的 PPP 膜电化学活性很好，且聚合速率较快。

此外，吡咯也可以在［emim］CF_3SO_3 离子液体中发生电化学聚合反应。吡咯还可以在［bmim］PF(i.［emim］Tf3N，［bmpy］Tf2N）等离子液体中发生电化学聚合反应生成聚吡咯膜。由于离子液体具有独特的结构特点，它们不仅可以作为电解质，还可以作为聚吡咯的生长自由基，大大改善了聚吡咯膜的形态结构，提高了聚吡咯膜的电化学活性。

聚噻吩在离子液体中的电化学合成也有报道，离子液体［bmim］PF$_6$既可作为溶剂，又可作为支持电解质，得到的聚噻吩膜具有良好的稳定性和充放电能力。

由此看出，离子液体的出现为导电高分子的合成、材料的组装提供了一个新的研究途径。与传统的易挥发性有机溶剂相比，离子液体在提高反应速率和选择性及催化剂的循环利用等方面均有明显的优势，但要大规模地取代传统有机溶剂乃至工业化尚有一定距离。

5.4 开发绿色产品

5.4.1 绿色农药

农业的发展方向是优质、安全、高产、高效，农药在其中具有十分重要、无法回避的作用和影响。在全世界，农业病虫草害种类有十多万种。其中，昆虫 1×10^4 种，线虫（8~10）$\times10^4$ 种，微生物 2000 种，杂草 1000 种，据统计，农药挽回了每年因其造成的 30% 的谷物损失，大约每年价值 3000 亿美元。化学农药是指具有杀虫、杀菌、杀病毒、除草等功能的化学药物。按照作用靶标的不同，化学农药可分为杀虫剂、杀菌剂和除草剂。化学农药由于具有见效快、能耗低及容易大规模生产等特点，至今仍是防治病虫害的主要手段。

在 1939 年 9 月，米勒正式公开了他的研究成果：新型的杀虫剂对家蝇有惊人的触杀作用。随后，他又制备出这一药物的各种衍生物，合成了双对氯苯基三氯乙烷，即威力超强的著名杀虫剂 DDT。DDT 的化学结构是由苯环和三氯乙烷基构成的，其中苯环是致毒部分，三氯乙烷是脂溶性部分，能使 DDT 通过体壁进入虫体，起到触杀作用。DDT 发明后，在消灭蝗虫，灭杀老鼠、臭虫、蚊子的战役中屡建奇功。然而，这项举世闻名的诺贝尔发明，却在其问世的 100 年后被禁用了。20 世纪 50 年代大量使用农药杀虫剂，到 60 年代才开始认识到其危害。1962 年，美国生物学家莱切尔·卡逊女士出版了《寂静的春天》一书，在美国引起了轰动和世界舆论的关注，也引起了人们对有关化学农药杀虫剂的争论。DDT 在土壤中的半衰期长达 2~4 年，消失 95% 需要 10 年时间。长期使用就会造成土壤、水质和大气的严重污染。当在人体内积存到一定数量时，就会伤害中枢神经、肝脏和甲状腺，积存更多则可引起痉挛和死亡。有机氯农药大多具有长效性，化学性质十分稳定，这种原来被认为的"优点"也慢慢给人类带来了灾害，会随着食物链的不断积累，危害在不断增加。因此，到 1970 年，瑞典、美国、加拿大已经停止生产和使用 DDT，其他国家也陆续停止了生产，我国也已停止生产和使用。

绿色农药，就是指对人类安全、环境生态友好、超低用量、高选择性、作用模式及代谢途径清晰，具有绿色制造过程和高技术内涵的化学农药和生物农药。绿色农药根据来源不同可分为化学农药、微生物农药、植物源农药、动物源农药及矿物源农药。

在化学农药发展中，杂环化合物是新药发展的主流，在世界农药的专利中，大约有 90% 是杂环化合物，很多是超高效的农药，农药的用量为 10~100g/hm^2，有的甚至仅为

$5\sim10g/hm^2$。这样不但使使用成本降低，对环境的影响也很小。这些新农药对温血动物的毒性小，对鸟类、鱼类的毒性也很低。1982年杜邦公司研制出了第一种磺酰脲类除草剂（绿黄隆）。此后，经过结构修改，又开发出一系列新品种。由于氟原子具有模拟效应、电子效应、阻碍效应、渗透效应等性质，因此它的引入可使化合物生物活性倍增。利用已知的含氟活性基团与其他活性基团的组合，可得到新的含氟化合物，如氟虫脲、定虫隆和溴氟菊酯等。据统计，超高效农药中有70%是含氟杂环，而含氮杂化农药中又有70%为含氟化合物。自20世纪70年代发现某些天然氨基酸具有杀虫活性以来，人类开始研制氨基酸类农药，相继开发了氨基酸类、氨基酸酯类和氨基酸酰胺类农药。作为农药用的氨基酸衍生物具有毒性低、高效无公害、易被全部降解利用、原料来源广等特点。

微生物源农药是利用微生物如细菌、病菌、真菌和线虫等，或者利用其代谢产物作为防治农业有害物质的生物制剂。从20世纪60年代以来，我国生物农药的研究、开发和生产迄今为止已有60多年的历史。苏云金菌属于芽杆菌类，是目前世界上用途最广、开发时间最长、产量最大、应用最成功的生物杀虫剂。现在通过对微生物的生理机理的研究，明确了苏云金菌产生菌的一些理化特性，如其芽孢和伴胞晶体成熟后，菌体产生裂解。故可应用现代化的发酵控制技术手段，大幅度提高杀虫晶体蛋白的产量。目前我国的苏云金菌技术已达到了世界领先水平，以用于水稻、玉米、棉花、蔬菜及林业上多种鳞翅目害虫的防治。真菌类生物农药主要是昆虫病原真菌，菌液接触昆虫体壁进入害虫体内，很快会萌发菌丝，吸收害虫的体液，使害虫变僵发硬而死，对防治松毛和水稻黑尾叶有特效。目前真菌农药的生产工艺有了新突破，如木霉菌发酵生产采用了液体一步法生产，在木菌剂中加入了麸皮作为稀释剂为木霉菌提供良好的载体，提高木霉菌在土壤中的各种能力等。

植物源农药在我国已成为一类重要的农药，多年来通过对植物资源的开发研究，发现可成为农药的植物种类很多，作为农药的植物主要集中在楝科、菊科、豆科等。通过对植物源农药作用机理的研究，明确了一些植物源农药的特点，如发现烟碱除虫菊素可使昆虫神经系统过量释放肾上腺素，从而对其心血管和食欲产生抑制作用；再如雷公藤可产生能抑制某些病菌孢子的成长或阻止病菌侵入植株体内的效果。现在我国开发生产的植物源农药品种包括烟碱、苦参碱、鱼藤酮等。

研究人员同时还发现了昆虫内激素（昆虫体内腺分泌物质）、蜕皮激素（蜕皮激素固酮防治蛾类幼虫）和保幼激素（成虫保幼激素使昆虫无法成活）、昆虫外激素（成虫期分泌的能诱导一定距离的同种异性昆虫的物质，具有高度的专一性）等，迄今为止已发现的外激素和性引诱剂超过1600种。我国已商品化的昆虫信息素有20多种，主要能杀死对有机氯、有机磷、氨基甲酸酯、拟除虫菊等有对抗性的害虫。华东理工大学研制出具有高活性的化合物酰胺噁二唑及芳酚基叔丁基脲，对野果蝇、抗性小菜蛾等具有良好的昆虫生长调节性。从大型动物中发现了一批动物源生物农药。如在蛇、蚁、蝎、蜂等产生的毒素中发现对昆虫有特异性作用的物质，并鉴定了其化学结构，根据沙蚕产生的沙蚕素的化学结构衍生合成杀虫剂，如巴丹或杀螟丹等品种已大量生产使用。

矿物源农药，是指有效成分源于矿物的无机化合物和石油类农药。如无机杀螨杀菌剂，包括硫制剂，如硫悬浮剂、可湿性硫、石硫合剂；铜制剂，如硫酸铜、王铜、氢氧化铜、波尔多液等。

绿色农药的创新主要包括两方面的内容，一是分子结构创新，即根据现有作用机制或靶标，通过计算机辅助分子设计、化学或生物合成、生物筛选及药效评价发现新结构类型活性化合物的先导结构；二是农药作用靶标创新，即综合运用生物信息学、分子生物学和药理学等方法发现农药作用新靶标（农药作用的对象分子）和新作用机制，从而指导新先导结构的发现。如克拉克（Clarke）公司合成了一种改进型的多杀霉素（spinosad），针对蚊子幼虫的灭杀非常有效。多杀霉素是一种环境安全的杀虫剂，但它在水中不稳定，不能对蚊子幼虫起到灭杀作用，限制了它在水环境中的推广应用。Clarke 公司利用一种包埋的方法将多杀霉素包裹于石膏基质中，这样可以使多杀霉素缓慢释放到水里，实现对蚊子幼虫的有效控制。这种杀幼虫剂的药效时间是传统杀虫剂的 2~10 倍，毒性为有机磷制剂的 1/15；在环境中无残留，对野生动物无毒。这种基质是不溶于水的硫酸钙和水形成的石膏，通过添加不同量的、亲水的聚乙烯醇，可以调整杀虫剂的释放时间。聚乙烯醇缓慢溶解，将杀虫剂和硫酸钙暴露于水中，硫酸钙吸收水形成石膏并释放出杀虫剂。克拉克公司因此获得了 2010 年美国"设计更安全化学品奖"。

　　未来"绿色农药"剂型呈现四大发展趋势：水性化—减少污染，降低成本；粒状化—避免尘粒飞扬；高浓度化—减少载体与助剂用量，减少材料消耗；功能化—能更好地发挥药效。就技术层面而言，业界开始关注植物体农药的开发，即利用转基因技术培育的抗虫作物、抗除草剂作物，并通过开发抗虫抗病的转基因作物来实现少用农药，甚至不用农药的目的，从而减少其对生态环境的影响。

　　近几年，一方面，信息技术的快速发展正极大地改变着农药先导结构的创新途径，为农药创新提供了新的手段，加速创新步伐，基于计算机的农药数据、虚拟筛选、虚拟受体结构分析及 3D-QSAR 分析开始逐步应用；另一方面，生物（人类、昆虫、植物）基因组测序计划以及后续功能基因组、结构基因组和蛋白质组计划的实施，为农药新靶标的发现与新农药的开发提供了前所未有的机遇。目前，在信息科学和生物科学的指导下以化学科学为基础的农药新先导结构和作用靶标的发现与研究已成为国际农药创新的前言方向，激烈竞争的新局面已经出现。

5.4.2　绿色高分子材料

5.4.2.1　高分子材料简介

　　根据来源可将高分子材料划分为天然、半合成（改性天然高分子材料）和合成高分子材料。人类社会一开始就利用天然高分子材料作为生活资料和生产资料。高分子材料的结构决定了其性能，通过对结构的控制和改性，可获得不同特性的高分子材料。高分子材料独特的结构和易改性等特点，使其具有其他材料不可比拟、不可取代的优异性能，从而广泛用于科学技术、国防建设和国民经济各个领域。现在，被称为现代高分子三大合成材料的塑料、合成纤维和合成橡胶已经成为国民经济建设与人们日常生活必不可少的重要材料。

　　（1）传统高分子材料的缺陷。高分子材料在合成、加工、使用和后处理过程中，都存在这样或那样的缺陷，造成资源和能源的大量消耗，并对环境产生污染。

　　在高分子的合成过程中，会使用大量的溶剂、催化剂等物质，它们可能会残留在产品中，同时，在合成反应中有时会产生有毒的副产物，如果不把这些有害物质去除干净，就会给产品的使用者带来危害。另外对高分子合成来说，一般需要特定的工艺条件，例如高压、加热、冷却等，这样就需要消耗大量的水和能源。

高分子材料传统的加工方法主要是热加工、机械加工和化学加工。热加工的设备大部分是电热式的，热效低、能耗大，导致能源浪费。有些高分子材料受热很容易发生热降解及氧降解行为，例如聚氯乙烯产生有害气体，一方面对环境产生危害，另一方面也严重损害了加工机械和设备。

对于化工产品在使用过程中是否会给环境和人类带来危害，有些产品是可以通过实验方法在比较短的时间内得到答案的，但有些产品却很难迅速、及时做出正确的回答。例如氟利昂（氟氯烷）在使用多年以后才发现它严重破坏大气层中的臭氧。硅橡胶在生物医药领域已经使用多年，但其安全性至今仍受到怀疑。塑料制品的"白色污染"已经严重污染环境、土壤，成为世界各国的主要污染源，而且值得关注的是，它们的产量逐年递增。由于塑料对环境的危害日益严重，最近被世界权威机构评为20世纪最糟糕的发明。

（2）绿色高分子材料。为解决环境污染和资源危机，我们必须走绿色高分子的道路。绿色高分子材料是一种环境友好型材料，它充分合理地利用资源和能源，并把整个预防污染环境的战略持续地应用于生产全过程和产品生命周期全过程，以减少对人类和环境的危害。

5.4.2.2 可降解高分子材料

可降解高分子材料包括光降解高分子材料、生物降解高分子材料和光—生物降解高分子材料三大类。光降解高分子材料是利用高分子材料在太阳光的作用下，分子链发生断裂而降解的机理设计的；生物降解高分子材料则是能在细菌、酶和其他微生物的作用下使分子链断裂的高分子材料；光—生物降解高分子材料是结合光和生物的降解作用，以达到高分子材料的完全降解。

（1）光降解高分子。光降解高分子之所以能降解是因为聚合物材料中含有光敏基团，可吸收紫外线发生光化学反应。在太阳光的照射下引发化学反应，高分子化合物的链断裂和分解，使大分子变成小分子。普通聚合物中一般不含有光敏基团，通过添加少量的光敏剂，用常规合成方法就可以得到光降解材料。光降解塑料的制备方法有以下两种：一是在塑料中添加光敏化合物；二是将含羰基的光敏单体与普通聚合物单体共聚，如以乙烯基甲基酮作为光敏单体与烯烃类单体共聚，成为能迅速光降解的聚乙烯、聚丙烯、聚酰胺等聚合物。常用的光降解促进剂有芳基酮类、二苯甲酮及其衍生物、氮的卤化物、有机二硫化合物以及过渡金属盐或配合物等。

（2）生物降解高分子。生物降解高分子来源有三个方面：合成高分子、天然高分子和微生物合成高分子。在化学合成材料中，已经开发的商业化的绿色塑料主要有聚羟基酸类、聚环内酯类和聚碳酸酯类等。如聚 ε-己内酯（PCL），力学性能与聚烯烃相似，与多种聚合物相容性较好，能够完全地生物降解。PCL现在还被用于医学领域，比如外科手术缝合线和控制药物释放的载体。天然高分子大多数是可生物降解的，但它们的热学及力学性能差，不能满足工程材料的性能要求。目前主要将天然高分子添加到合成高分子基体中，起到降解改性的目的。这类天然可降解高分子有淀粉、纤维素、木质素等。如改性淀粉与聚烯烃共混，制成可降解薄膜，在土壤中微生物的侵蚀下发生生物降解，薄膜被分解成小碎片。淀粉在20世纪70年代作为填料加入到普通聚合物中，但淀粉与聚合物共混得到的高分子材料，只有其中的淀粉可降解，而不能使复合物完全降解。微生物合成可降解高分子是指以碳水化合物为原料，通过生物发酵方法制得的可降解高分子，这是一类极具研究和开发价值的材料。典型代表是聚 3-羟基链烷基酸酯（PHA）。生物降解高分子在医学领域的应用研究特别活跃。在临床主要用作手术缝合线、人造皮肤、骨固定材料、药物控制释放体系等。

（3）光—生物降解高分子。光—生物降解高分子是结合光和生物的降解作用，以达到高分子材料的完全降解。这将是未来可降解高分子研究的重要方向之一。在生物降解高分子中添加光敏剂可以使高分子同时具有光降解和生物降解的特性。光降解塑料只有在较直接的强光下才能发生降解，当埋入地下或得不到直接光照时，不能进行光降解。而生物降解塑料的降解速率和降解程度与周围环境直接相关，如温度、湿度、微生物种类、微生物数量、土壤肥力、土壤酸碱性等，实际上生物降解的降解程度也不完全。为了提高可降解塑料制品的实际降解程度，将光降解和生物降解结合起来，制备出光和微生物双降解材料。

5.4.2.3　绿色高分子材料的合成案例——聚乳酸的合成

A　聚乳酸的性质

聚乳酸在常温下为无色或淡黄色透明物质，玻璃化温度为 $50\sim60℃$，熔点为 $170\sim180℃$，密度约为 $1.25g/cm^3$。可溶于乙醇、氯仿、二氯甲烷等极性溶剂中，而不溶于脂肪烃、乙醚、甲醚等非极性溶液中，易水解。

聚乳酸（PLA）是以微生物的发酵产物 L-乳酸为单体聚合成的一类聚合物，无毒、无刺激性，具有良好的生物相容性，可被生物分解吸收，强度高，不污染环境，是一种可塑性加工成型的高分子材料。它具有良好的力学性能，高抗击强度，高柔性和热稳定性，不变色，对氧和水蒸气有良好的透过性，又有良好的透明性和抗菌、防霉性，使用寿命可达 $2\sim3$ 年。聚乳酸（PLA）是一种真正的生物塑料，30 天内在微生物的作用下可彻底降解生产二氧化碳和水。

由于聚乳酸（PLA）具有优良的生物相容性和生物降解性，对解决长期以来困扰国民经济可持续发展的"白色污染"问题有积极的作用。同时，PLA 产品的原料来源于再生天然资源，如农产品玉米等，原料来源丰富，成本低廉，对人类的可持续发展具有极其重要的意义。

B　聚乳酸的合成

目前国内外对聚乳酸合成、加工及应用的研究较为活跃，但仅在美国、日本和西欧实现了工业化生产。国内由于制备聚乳酸的生产成本过高，对 PLA 的研究和开发还处于起步阶段，尚无生产聚乳酸的企业。但由于聚乳酸优良的机械性能和环境相容性，聚乳酸在未来几年中将得到巨大发展，数以百万吨计的传统塑料将被聚乳酸所替代。

聚乳酸的合成主要有两种方法：由丙交酯开环聚合；由乳酸直接缩聚。

（1）丙交酯开环聚合法。丙交酯开环聚合法合成聚乳酸的过程如下：

由于此法可通过改变催化剂的种类和浓度使所得聚乳酸的相对分子质量提高，机械强度升高，所以适于用作医用材料。

现阶段在对材料性能要求很高的领域中，所使用的聚乳酸大多都是采用丙交酯开环聚合来获得的，因为这种聚合方法较易实现，而且人们对丙交酯开环聚合的反应条件也进行过详尽的研究，这些因素主要包括催化剂浓度、单体纯度、聚合真空度、聚合温度、聚合时间等，因其开环聚合所用的催化剂不同，聚合机理也不同。到目前为止，主要有三类丙交酯开环聚合的催化剂体系：阳离子催化剂体系、阴离子催化剂体系、配位型催化剂体系。

国外普遍采用以 L-乳酸为原料合成丙交酯。由于 L-乳酸主要依靠进口，价格高，因内聚乳酸多是以 D,L-乳酸为原料来合成的。

（2）直接缩聚法制备聚乳酸。直接法是指乳酸在催化剂存在条件下，通过分子间热脱水，直接缩聚成 PLA。反应式为：

$$n\mathrm{HO}-\overset{\overset{\displaystyle CH_3}{|}}{\underset{\underset{\displaystyle H}{|}}{C}}-\mathrm{COOH} \longrightarrow \left[\mathrm{O}-\overset{\overset{\displaystyle CH_3}{|}}{\underset{\underset{\displaystyle H}{|}}{C}}-\mathrm{CO}\right]_n + (n-1)\mathrm{H_2O}$$

该法具有反应成本低、聚合工艺简单、不使用有毒催化剂等优点。但是由于直接缩聚存在着乳酸、水、聚酯及丙交酯的平衡，不易得到高分子量的聚合物。PLA 的直接缩聚法主要有溶液聚合和熔融聚合两种。

1）溶液聚合法。溶液聚合反应既可在纯溶剂中进行，也可在混合液中进行。反应液在高真空和相对低的温度下，水与溶剂形成共沸物被脱出，其中夹带丙交酯的溶剂经过脱水后再返回到聚合反应器中，在有机溶液中通过 DCC/DMAP（二环己基碳二亚胺/二甲基氨基吡啶）催化的缩聚反应，可制备平均相对分子质量为 $2×10^4$ 的 PLA。日本三井东亚（Mitsui Toatsu）化学公司开发了连续共沸除水法直接聚合乳酸的工艺，将乳酸、催化剂和高沸点有机溶剂（一般为二苯醚）置于反应容器中，140℃脱水 2h 后，在 130℃下，将高沸点溶剂和水一起蒸出，在 0.3nm 的分子筛中脱水 20~40h。该工艺制备的聚乳酸相对分子质量可达 $3×10^4$。并实现了商品化生产。溶液聚合法要求采用高真空，装置复杂，不便于操作；同时高沸点溶剂的使用给 PLA 的纯化带来了困难，反应后处理相对复杂，特别是残留的高沸点溶剂，如果去除不尽就会影响 PLA 的应用，因此生产成本比熔融缩聚法高。

2）熔融缩聚法。在催化剂的存在的条件下，乳酸本体熔融聚合。熔融缩聚的特点是反应温度高，有利于提高反应速率。乳酸两步熔融缩聚合成的反应过程如下：

$$\mathrm{HO}-\overset{\overset{\displaystyle CH_3}{|}}{\underset{\underset{\displaystyle H}{|}}{C}}-\overset{\overset{}{}}{\underset{\underset{\displaystyle O}{\|}}{C}}-\mathrm{OH} \underset{150℃,8h}{\rightleftharpoons} \mathrm{H}\left[\mathrm{O}-\overset{\overset{\displaystyle CH_3}{|}}{\underset{\underset{\displaystyle H}{|}}{C}}-\overset{}{\underset{\underset{\displaystyle O}{\|}}{C}}\right]_8\mathrm{H} \xrightarrow[180℃,15h]{\mathrm{SnCl_2}} \mathrm{H}\left[\mathrm{O}-\overset{\overset{\displaystyle CH_3}{|}}{\underset{\underset{\displaystyle H}{|}}{C}}-\overset{}{\underset{\underset{\displaystyle O}{\|}}{C}}\right]_n\mathrm{H}$$

实验研究发现，在反应体系中加入适量抗氧剂并通入惰性保护气体（氮气），可有效抑制产品高温时的氧化，降低产品的颜色。待初步脱水后，再加入催化剂，使合成出的

PLA 平均分子量提高 5%。由于反应体系黏度太大，缩聚反应产生的水很难从体系中排除出去，因此很难得到分子量较高的聚乳酸。与其他方法相比，乳酸本体熔融聚合具有聚合工艺简单、不使用有毒催化剂、PLA 产物无需后处理、免去了高沸点溶剂带来的提纯麻烦等诸多优点，有利于降低 PLA 的生产成本。

聚乳酸的合成在原料和工艺上都存在一些问题需要解决，最主要的问题是聚乳酸的成本过高。从乳酸到聚乳酸的工艺过程复杂，要求有非常严格精细的操作，对温度、湿度的要求非常苛刻，原料及中间产物不必要的损失较大。在现阶段的聚乳酸过程中，原料多采用价格昂贵的 L-乳酸。如能采用价格便宜的 D,L-乳酸来合成高分子量的聚乳酸，可以降低聚乳酸的价格。

C 聚乳酸的应用

PLA 已经广泛应用于医用手术缝合线、体内植入材料、骨科支撑材料、注射用胶囊、微球及理植剂等医用领域，是目前医药领域中最有前景的高分子材料。同时 PLA 制品也用于农用地膜、一次性饭盒、食品饮料包装材料、纺织品等日常生活领域。

用聚乳酸材料做成的可吸收缝合线在伤口愈合后不用拆线，取代了以前使用的聚丙烯、尼龙等不可吸收线，在国内外已广泛应用；还可以作为骨科内固定器件材料，与传统的不锈钢等金属材料相比，可吸收材料避免了取出螺钉的二次手术，减轻了病人的痛苦，节省了费用，同时其刚性也与人体骨骼相近，从而不易发生再次骨折。聚乳酸材料在药物控制释放载体上也有很重要的应用，聚乳酸材料被用作一些半衰期短、稳定性差、易降解及毒副作用大的药物控释制剂的可溶蚀基材，有效地拓宽了给药途径，减少了给药次数和给药量，提高了药物的生物利用程度，最大限度地减少了药物对全身特别是肝、肾的毒副作用。

目前许多高分子材料产品使用后的废弃物难以生物降解，特别是一些塑料和纤维制品已对环境造成不同程度的污染，成为世界性的公害。聚乳酸类化合物可以生物降解，对环境和人没有危害。在不远的将来，聚乳酸类可降解材料必定会取代传统高分子而成为生活用的材料。在不远的将来，聚乳酸类可降解材料必定会取代传统高分子而成为生活用的材料。在服装用材料方面，由 PLA 熔融纺丝制得的纤维具有真丝光泽柔软的手感以及优良的抗紫外线性能等。应用分散颜料在常压下 90℃ 可进行染色，使其获得各种色泽、以及耐洗涤、抗皱等多种性能。在降解塑料领域，国际市场相继出现了 5 种牌号的 PLA 树脂。虽然，现在 PLA 树脂的价格较高，但多数生产商认为 PLA 树脂今后完全可以代替现有的生物降解材料，并对聚烯烃聚合物形成冲击。PLA 被产业界定为新世纪最有发展前途的新型包装材料，是环保包装材料的一颗明星，在未来将有望代替聚乙烯、聚丙烯、聚苯乙烯等材料用于塑料制品。随着人们环保意识的加强和聚乳酸类复合材料研究生产成本的下降，聚乳酸必将从生物医用领域走向通用高分子领域，其应用前景将会十分广阔。

5.4.3 氟利昂和哈龙的替代品

5.4.3.1 氟利昂（CFCs）和哈龙（Halons）对臭氧层的危害

人类居住的地球周围包围着一层大气，臭氧层就存在于地球上方 $11 \sim 48 km$ 的大气平流层中，它保存了大气中 90% 左右的臭氧，这一层高浓度的臭氧称为"臭氧层"。它可以有效地吸收对生物有害的太阳紫外线。如果没有臭氧层这把地球的"保护伞"，强烈的紫外线辐射不仅会使人死亡，而且会消灭地球上绝大多数物种。因此，臭氧层是人类及地表生态系统的一道不可或缺的天然屏障，犹如给地球戴上一副无形的"太阳防护镜"，而人工合成的一些含氯和含溴的物质却是臭氧层的"罪恶杀手"。最典型的是氟利昂（CFCs）和哈龙（Halons）。氟利昂是氯氟烃类化合物的商业名称，缩写为CFCs，主要用于制冷剂、溶剂、塑料发泡剂、气溶胶喷雾剂及电子清洗剂等，当制冷系统破裂、渗漏或更换、清洗时均有可能造成CFCs的外漏。哈龙（Halons）是一类含溴的烃类衍生物，Halons则被用于制作灭火剂。这类化合物具有特殊的灭火效果，而且不导电、毒性低、无残留，在计算机房、文史博物馆、舰船、飞机等部门都有广泛应用。

氟利昂和哈龙的性质非常稳定，且其密度要大于空气，这些化合物在对流层几乎是惰性的，在大气中可以存在60~130年，经过一两年的时间，这些化合物会在全球范围内的对流层分布均匀，在平流层内，强烈的紫外线照射使CFCs和Halons分子发生解离，释放出高活性原子态的氯和溴，氯和溴原子也是自由基。氯原子自由基和溴原子自由基就是破坏臭氧层的主要物质，它们对臭氧的破坏是以催化的方式进行的，例如氯原子自由基的反应为：

$$CCl_2F_2 \xrightarrow{\text{紫外线}} CClF_2 + Cl$$
$$Cl + O_3 \longrightarrow ClO + O_2$$
$$ClO + O \longrightarrow Cl + O_2$$

据估算，一个氯原子自由基可以破坏多达$10^4 \sim 10^5$个臭氧分子，而由Halons释放的溴原子自由基对臭氧的破坏能力更是氯原子的30~60倍。而且，氯原子自由基和溴原子自由基之间还存在协同作用，即二者同时存在时，破坏臭氧的能力要大于二者简单的加和，从而导致平流层臭氧受到破坏，并逐渐减少。并且，由于大气环流作用的影响，氟利昂和哈龙在南极地区平流层内聚积，在南极强紫外线照射下发生光解，产生大量原子氯和原子溴，以致造成严重的臭氧损耗，形成面积达$2700km^2$的巨大南极臭氧洞。类似的现象也出现在北极和素有世界第三极之称的青藏高原。据我国科学家1998年测定，中国西藏的上空也发现了一个臭氧层低谷。

然而更令人忧虑的是，CFCs和Halons具有很长的大气寿命，一旦进入大气就很难去除，这意味着它们对臭氧层的破坏会持续一个漫长的过程，臭氧层正受到来自人类活动的巨大威胁。

为保持臭氧层，使人类免受太阳紫外线的辐射及维护地球生态系统的平衡，联合国1985年制订了《保护臭氧层维也纳公约》，1987年又制订了《关于消耗臭氧层物质的蒙特利尔议定书》，对破坏臭氧层的物质提出了禁止使用的时限和要求，发达国家于1996年1月1日，全部停止氟利昂的生产和使用。作为氟利昂生产和消费大国，我国已加入上述两个公约，1993年，国务院正式批准了《中国逐步淘汰消耗臭氧层物质国家方案》。我国政府承诺，在到2010年全国范围内全面停止对CFCs的生产、销售和使用。2002年1月1日起，我国率先在汽车空调禁用氟利昂制冷剂，使用含氟利昂制冷剂空调的汽车将不得生产和出口。

为减轻因氟利昂和哈龙的生产、使用限制而造成的影响，国际上自20世纪70年代以来就积极开展关于CFCs替代物的研制、生产和相关应用技术的研究。美、英、日、德等发达国家动用了大量人力和物力，投入了巨额资金，开展了CFCs和Halon替代物的研究。

5.4.3.2 CFCs 替代物的开发

CFCs 是人工合成化合物，由溴、氟、氯等元素取代烃中的氢原子，形成稳定结构，如甲烷的卤族衍生物 CFC-11($CFCl_3$)，CF-12(CF_2Cl_2)，乙烷的卤族衍生物 CFC-113 ($CF_2ClCFCl_2$)，CFC-114(CF_2ClCF_2Cl) 等。由于 CFCs 品种多、性能优越、应用面广，这给寻找 CFCs 替代物的研究工作带来一定的困难。

一般而言，CFCs 替代物的选择要求：一是符合环境保护的要求；二是符合使用性能的要求；三要满足实际可行性的要求。

从环境保护的角度看，要求 CFCs 替代物的消耗臭氧潜能值（ODP）和温室效应潜能值（GWP）都应该小于 0.1。从使用性能要求来看，必须考虑到替代物的热力学性质和应用物性等，能符合制冷、发泡、清洗等性能要求。诸如对于制冷剂，替代物的沸点是个重要参数，用来代替 CFC-12 的替代物的沸点应在 -30℃ 左右。特别是替代物必须满足可行性的要求，尽量避免可燃性的问题，生产工艺成熟及用户可以接受的销售价格等。

目前，有希望代替 CFC-12 在家庭制冷设备和空调设备中作为制冷剂的有 HFC-134a（CF_3CFH_2）；在工业制冷装置中以 HCFC-22（CHF_2Cl）用来替代 CFC-12；在发泡工艺中则以 HCFC-141b（$CFCl_2CH_3$）用来替代 CFC-11。代替清洗剂 CFC-113 的有 HCFC-225ca（$CF_3CF_2CHCl_2$）和 HCFC-225cb（CF_2ClCF_2CHClF）混合物等。

HFCs 与 HCFCs 均为易挥发、不溶于水的烃类衍生物。与 CFCs 相比，HFCs 和 HCFCs 含有一个或更多的 C—H 键，因而在低大气层（对流层）中，HFCs 和 HCFCs 容易受到 OH 的进攻。HFCs 不含氯，所以不具有与已证实的氯催化有关联的臭氧消失的可能性。虽然 HCFCs 含有氯，存在不容忽视的臭氧减少可能性，但研究表明其散发到平流层中的氯相对较少，它在对流层中就已降解，而臭氧层主要存在于大气平流层中。这些降解产物的大气浓度都非常低，目前认为，这些浓度极低的化合物不会对环境产生不良影响。所有产物的最终消除过程是溶入雨。海、云的水中并发生水解，因此对环境是友好的。中国科学院上海有机化学研究所在经过深入研究液相法制备 HFC-134a 工艺后，发现以全氟烷氧基磺酰氟作为催化剂，在 230℃ 下，使 HCFC-133a 与氟化钾水溶液进行反应，并得到满意的结果。与杜邦公司的工作相比，由于反应温度地明显降低，使对设备的腐蚀和副产物的产生都得到有效的控制，也使液相法规模化和连续化生产成为可能，初步解决了国外公司认为无法解决的生产难题，从而发展了具有自己特色的 HFC-131a 生产工艺。

四氯乙烯为原料的多步合成法为：

以四氯乙烯为原料制备 HFC-134a 的方法，可以有多种途径，但首先生成 CFC-113 是共同的，接着是氟化和氢化。分子中第一个氯的氢化反应比较容易进行，而第二个氯的氢化要求比较严苛。这也是四氯乙烯法的困难所在。另外，反应步骤多也影响了总的产率，影响了价格上的竞争力。

HFC-152a（1,1-二氟乙烷）与 HFC-134a 一样，对臭氧层无危害，它的工业合成工艺是成熟的，即用乙炔与无水氟化氢在催化剂存在下反应得到 HFC-152a。近年来开发出用氯乙烯为原料合成 HFC-152a 的新技术，减少了"三废"，降低了能耗，使 HFC-152a 的生产工艺更趋合理。HFC-152a 的性能与 CFC-12 相近，可直接灌注家用冰箱。由于它有一定的可燃性，在家用冰箱上的使用尚有争议。为解决 HFC-152a 的可燃性问题，可使其与难燃的氯氟烷替代物组成混合物。如 HFC-152a 与 CFC-12 组成的共沸混合物 R500 可用于大型离心式冷水机组作制冷剂。HFC-152a 与 HFC-32（二氟甲烷）的二元混合物，有可能作为 HCFC-22 的替代物在进行试验和评估。

5.4.3.3　Halons 替代物的开发

Halons 是 20 世纪 50 年代开发的高效能灭火剂，但由于其对大气臭氧层的严重破坏，已经在国际上禁止使用。我国已于 2005 年开始全面禁止使用哈龙产品。

A　Halons 替代品的发展趋势

一般认为，对 Halons 替代物灭火剂的基本要求应是：对臭氧层不破坏，不产生温室效应或温室效应不明显，大气中存活的寿命短；对人体无毒害，灭火性能好，灭火后防护区内不污染，无残留物，成本低，便于推广使用。美国推荐使用较多的是 FM-200（HFC-227ea），而丹麦、瑞典等一些北欧国家及英国则更多地采用甚至是明文规定只能用烟铬尽（IG-541），烟铬尽是由 52% 氮气、40% 氩气及 8% 二氧化碳混合而成的一种惰性气体。

在我国，根据公安部消防局和消防产品行业管理办公室于 1996 年 7 月 5 日印发的公消〔1996〕169 号文《哈龙替代品推广应用的规定》，对于应设置气体灭火系统，推荐使用二氧化碳和惰性气体灭火系统，也可使用烟铬尽。

B　二氧化碳、烟铬尽、FM-200 灭火系统性能比较

a　灭火机理和适用场所

二氧化碳气体灭火系统主要是依靠高浓度的二氧化碳喷放至保护区，使其中的氧气浓度急速下降，产生窒息并降低燃烧物的温度，使燃烧无法再继续进行下去，可扑救 A、B、C 类及电气设备的火灾。

烟铬尽是通过减少火灾燃烧区空气中的氧气含量，从而达到灭火效果的，当空气中的氧气含量降到 15% 以下时，表面燃烧会因不能持续而熄火，烟铬尽无毒、不破坏环境、不导电、无腐蚀，在一定压力下以气态储存，喷射时在 1min 内使防护区内的氧气浓度迅速降低，其全淹没系统适用于扑救 A、B、C 类及电气火灾，尤其适合于经常有人的工作场所及精密设备、珍贵财物场所的保护。

FM-200 是一种无色无味的气体，在一定的压强下呈液态储存，在火灾中具有抑制燃烧过程基本化学反应的链传递，因而灭火能力强、灭火速度快。此外，它还有不导电、不破坏大气臭氧层，毒性低等优点，适用于扑救 A、B、C 类和电气设备的火灾。

b　灭火效能

由于 FM-200 是化学灭火剂，主要通过抑制作用来灭火，而二氧化碳和 Interge 烟铬尽是惰性气体灭火剂，主要通过窒息作用来灭火，两种不同的灭火机理决定了 FM-200 在设计灭火浓度方面要大大低于烟铬尽和二氧化碳，三种系统的最小设计浓度分别为：7%、37.5%、34%。

在灭火时间上，针对烟铬尽和 FM-200 系统生产厂商提供的预设计系统进行了 A 类及 B 类火灾灭火实验，结果为：烟铬尽系统在扑灭 A、B 类试验火灾时所用的灭火时间分别为 24s 和 19s，而 FM-200 系统的灭火时间分别为 64s 和 12s。

在灭火效率上，三种灭火剂中 FM-200 是最好的哈龙替代品，而烟铬尽则在具体的灭火效果方面具有优异性能。

最近，美国 3M 公司的性能材料部宣布开发出一种新的灭火材料——努温克（Novec™）1230。它是第一种可民用的哈龙替代品。在设计中，它平衡了灭火性能、人类安全、低环境影响之间的关系。它具有独特的化学结构，且毒性低。相对于高灭火浓度的灭火剂而言，它提供了有效的安全界限浓度。努温克 1230 具有零臭氧消耗值，在大气中寿命为 5 天。作为灭火剂是一种非常有应用前景的 Halons 替代品。

5.5 化工清洁生产

5.5.1 化工清洁生产的含义

由于工业生产规模的不断扩大，工业污染、资源锐减、生态环境破坏日趋严重。20 世纪 70 年代人们开始广泛地关注由工业飞速发展带来的一系列环境问题，采取了一些措施治理污染。一般采用的都是传统的末端治理办法。企业虽然在污染源排放口安置了治理污染设施，但是常常因为人力的短缺和较高的操作管理成本影响设施的使用和治理效率，加之管理的力度不够、执法不严导致一些废物直接排入环境。这样进行的环境保护污染治理工作，投入大量的人力、物力、财力，结果并不十分理想。此时，人们意识到仅单纯地依靠末端治理已经不能有效地遏制住环境的恶化，不能从根本上解决工业污染问题。环境恶化的问题得不到有效的解决，在相当大的程度上制约了经济的进一步发展。假如通过工业加工过程的转化，原料中的所有组分都能够变成需要的产品，那么就不会有废物排出，也就达到了原材料利用率的最佳化，达到经济效益和环境效益统一的目的。

走可持续发展道路就成为必然，"清洁生产"是实施可持续发展战略的最佳模式。而人类科学技术进步为解决环境污染、低消耗问题提供了新的技术手段，使"清洁生产"成为了现实可能。

清洁生产（clean production）这一术语虽然直至 1989 年才由联合国环境规划署（UNEP）首次提出，但体现出这一思想的概念早在 20 世纪 70 年代就已出现，如"污染预防""废物最少化""清洁技术""源控制"等。

5.5.1.1 清洁生产的定义

1898 年，UNEP 对清洁生产的概念定义如下：清洁生产是对工艺和产品运用一种一体化的预防性环境战略，以减少其对人体和环境的风险。对于生产工艺，清洁生产包括节约原材料和能源，消除有毒原材料，并在一切排放物和废物离开工艺之前，削减其数量和毒性。对于产品，战略重点是沿产品的整个寿命周期，即从原材料获取到产品的最终处置，减少其各种不利影响。

UNEP 定义将清洁生产上升为一种战略，该战略的作用对象为工艺和产品，其特点为持续性、预防性和一体化。该定义的基本要素可用图 5-36 来表示。

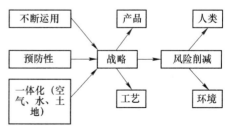

图 5-36 清洁生产定义的基本要素

《中国 21 世纪议程》的定义，清洁生产是指既可满足人们的需要，又可合理地使用自然资源和能源，并保护环境的实用生产方法和措施，其实质是一种物料和能耗最少的人类生产活动的规划和管理，将废物减量化、资源化和无害化，或消灭于生产过程之中。同时对人体和环境无害的绿色产品的生产亦将随着可持续发展进程的深入而日益成为今后产品生产的主导方向。

无论哪种定义方法，清洁生产概念中包含了以下四层含义：

（1）清洁生产的目标是节省能源、降低原材料消耗，减少污染物的产生量和排放量。

（2）清洁生产的基本手段是改进工艺技术、强化企业管理，最大限度地提高资源、能源的利用水平和改变产品体系，更新设计观念，争取废物最少排放及将环境因素纳入服务中去。

（3）清洁生产的方法是排污审计，即通过审计发现排污部位、排污原因，并筛选消除或减少污染物的措施及产品生命周期分析。

（4）清洁生产的终极目标是保护人类与环境，提高企业自身的经济效益。

5.5.1.2　清洁生产的内容

清洁生产内容包括以下四个方面：

（1）清洁能源，包括新能源开发、可再生能源利用、现有能源的清洁利用以及对常规能源（如煤）采取清洁利用的方法，如城市煤气化、乡村沼气利用、各种节能技术等。

（2）清洁原料，即少用或不用有毒有害及稀缺原料。

（3）清洁的生产过程，即生产中产出无毒、无害的中间产品，减少副产品，选用少废、无废工艺和高效设备，减少生产过程中的危险因素（如高温、高压、易燃、易爆、强噪声、强振动声），合理安排生产进度，培养高素质人才，物料实行再循环，使用简便可靠的操作和控制方法，完善管理等，树立良好的企业形象。

（4）清洁的产品，包括节能、节约原料，产品在使用中、使用后不危害人体健康和生态环境，产品包装合理，易于回收、复用、再生、处置和降解。使用寿命和使用功能合理。

5.5.1.3　清洁生产的基本理论基础

清洁生产有着深厚的理论基础，这些理论基础主要包括以下几个方面。

（1）废物与资源转化理论（物质平衡理论）。在生产过程中，物质是遵循平衡定理的，生产过程中产生的废物越多，则原料（资源）消耗也就越大，即废物是由原料转化而来的，清洁生产使废物最小化，也等于原料（资源）得到了最大利用。此外，生产中的废物具有多功能特性，即某种生产过程中产生的废物，又可作为另一种生产过程中的原料（资源）。资源与废物是一个相对的概念。

（2）最优化理论。清洁生产实际上是如何满足特定生产条件下使其物料消耗最少，而使产品产出率最高的问题。这一问题的理论基础是数学上的最优化理论。在很多情况下，废物最小化可表示为目标函数，求它在约束条件下的最优解。

（3）科技进步理论。马克思曾预言："机器的改良，是那些在原有形式上本来不能利用的物质，获得一种在新的生产中可能利用的形式；科学进步，特别是化学的进步，发现了那些废物的有用性"。当今世界的社会化、集约化的大生产和科技进步，为清洁生产提供了必要的条件。因此，有利于社会化最大生产和科技进步的工业政策，特别是有利于经济增长方式由粗放型向集约型转变的技术经济政策等，均可为推行清洁生产提供有利的条件。

5.5.2　与末端控制方式的对比

长期以来，企业的污染防治一般采用末端控制（end-of-pipe-control）的方式，即把污染物全部集中在尾部进行处理。末端控制一般包括去除废物的毒性和废物处理（如废物的焚烧、填埋等），有人将废物的再使用、再循环划为末端控制的内容。清洁生产的主要内容是在生产工艺中对废物源的削减，也有人将废物的再使用、再循环视为清洁生产的主要组成部分。因此，清洁生产与末端控制这两个概念在范围上有相互重叠的地方（见图 5-37）。本书将采用第二种划分方法，即清洁生产包括废物源削减和废物再使用、再循环两个内容。

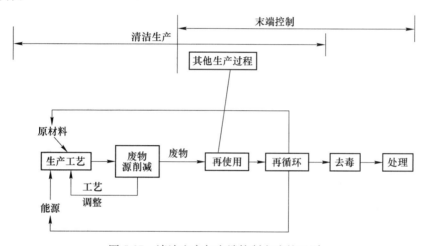

图 5-37　清洁生产与末端控制方式的区别

（1）随着时间的推移，末端控制的弊端越来越明显，已经到了难以为继的程度，主要表现在以下几个方面。

1）投资大，规模效益和综合效益差。鉴于末端控制把污染物全部集中在尾部进行处理，所以需要处理的污染物数量多、负荷大。因此，一次性投资和运行费用高，特别是对分散的污染源，末端控制很难发挥投资的规模效益和综合效益。我国投入到三废的末端处理的费用数十亿增加，尽管这样，治理效果也并不理想，废水处理率只能达到 40%，废气、废渣的处理率为 70%～75%，难以达到环境效益和经济效益的统一。清洁生产与末端控制的费用比较见表 5-10 。

表 5-10　清洁生产与末端控制的费用比较

企业名称	清洁生产	末端控制
某啤酒厂	0.58 元/kg COD	0.63 元/kg COD
某海藻公司	0.3 元/kg COD	2.12 元/kg COD

2）不利于原材料、能源的节约。末端控制只注意末端净化，不考虑全过程控制；只重视污染物排放量，不考虑资源、能源最大限度的利用和减少污染物的产生量，所以资

源、能源浪费严重。

3）有造成二次污染的风险。末端控制在很大程度上是污染物在介质间的转移，不能从根本上消除污染。例如，净化污水可产生污泥；净化废气可产生废水；焚烧固体废物可造成大气污染；填埋有害废物有可能造成土壤和地下水的污染等等。

4）企业员工仍在有污染的环境中工作，有碍员工的身心健康。

（2）清洁生产的主要优点。与末端控制方式相比，清洁生产的优点则在于，大幅度减少污染的产生和排放；节约原材料和能源；投资少，有一定的经济效益。

以清洁生产实践效果较为明显的日本为例。在20世纪60~70年代，日本的河流和海洋普遍遭受污染，尤其以造纸、纸浆行业的集中地带静冈县田子的浦港和濑户内海最为严重。在日本政府的推动下，日本的造纸企业普遍采取了以下三项措施：

1）首先是更换产品。把以往生产的产品更换为对环境压力小的纸浆产品。以往造纸企业所产生的污染主要是由废液中的黑液（木质素与药液的混合物）所引起的，通过更换产品，改为生产黑液回收率高的工艺纸浆产品。

2）其次是提高黑液燃烧率。

3）第三是废水处理。把从工厂排出的废水集中到水池中，用活性污泥法或凝集沉淀法使其得到洁净。

在上述三种措施中，按照一般的分类方法，措施1）和措施2）属清洁生产方式，措施3）属于末端控制方式。这三种措施实施以后，经过20年时间，日本造纸业的污染排放状况有了很大改观。以目前通行的用化学需氧量（COD）来表示污染状况，1970年，日本的造纸、纸浆业所排放的COD为220万吨，而1989年的COD排放量已降低为原来的1/11，即20万吨（见图5-38）。如考虑到这19年间纸的生产量提高了1倍，则单位产出的COD年排放量降低为原来的1/22，可以说上述三项措施的效果是很明显的。

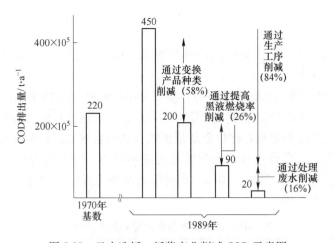

图5-38 日本造纸、纸浆产业削减COD示意图

从图5 38还可以看出，上述二项措施对削减COD排放量的贡献率是不同的。措施1）削减了58%（250万吨）COD排放量，措施2）削减了26%（110万吨）的COD排放量，而措施3）只削减了16%（70万吨）的COD排放量，可见清洁生产与末端控制两种方式对COD排放量削减的贡献比为84∶16。

在本例中,措施 1)、2) 的本质就是提高资源——黑液的回收率和使用效率;造成污染的黑液经过回收变成生产所需的原材料。因此,节约资源与减少污染两种目标是相统一的,清洁生产方式不仅投入较少,还能带来一定的经济效益。

1) 节省资源、能源,提高生产率而带来的经济效益。

2) 由于削减污染得到政府的财政补贴或免除、减少污染税等带来的经济效益。除这两种直接效益外,还有因市场拓展带来的间接效益等。表 5-11 列出了世行技术援助项目 B-4 子项目"推进中国清洁生产"的部分企业的环境经济效益状况。

表 5-11　我国部分 B-4 项目企业实施清洁生产的环境经济效益

企业名称	项目数	投资/万元	污染物(COD)减少/t	经济效益/万元	投入产出比
北京啤酒厂	25	397	1014.7	916.17	1∶2.56
北京东方化工厂	11	17.5	211.9	42.15	1∶2.41
北京化工三厂	4	432	140	512	1∶1.19
烟台第二酒厂	12	1.3	36	5.4	1∶4.15
烟台海藻厂	16	3.4	18	42.0	1∶12.35
阜阳酒精厂	6	56	30	136.7	1∶2.44

(3) 实施的主要途径及步骤。开发清洁生产技术是一个十分复杂的综合性问题,涉及环保法规、生产技术、消费过程,根据清洁生产的概念可采取下列一些措施。

1) 资源的合理利用。资源持续利用是顺利发展工业的基本前提,在一般的工艺产品中,原料费用约占成本的 70%,因此通过原料的综合利用可直接降低产品成本,提高经济效益,同时也减少了废物的产生和排放。

为实现原料的综合利用,首先需要对原料进行正确的鉴别,在此基础上,对原料中的每个组分都应建立物料平衡,列出目前和将来有用的组分,制定将其转变成产品的方案,并积极组织实施。

2) 改革工艺和设备。①简化流程中的工序和设备;②实现过程连续操作,减少因开车、停车造成的不稳定状态;③在原有工艺基础上,适当改变工艺条件,如温度、流量、压力、停留时间、搅拌强度、必要的预处理等;④配备自动控制装置,实现过程的优化控制;⑤改变原料配方,采用惰性、替代原料、原料的预处理;⑥原料的质量管理;⑦换用高效设备,改善设备布局和管线;⑧开发利用最新科学技术成果的全新工艺,如生化技术、高效催化技术、电化学合成、膜分离技术、光化学过程、等离子体化学过程;⑨不同工艺的组合,如化工—冶金流程,化工—动力流程,动力—工艺流程等。

3) 组织厂内物料循环。①将流失的物料回收后作为原料返回流程中;②将生产过程产生的废物经适当处理后作为原料或原料的替代物返回原生产流程中;③将生产过程产生的废物经适当处理后作为原料反用于本厂其他生产过程中。

4) 改进产品体系。工业产品是工业生产的各种效益的载体。在传统发展模式中,产品的设计往往从单纯的经济考虑出发,根据经济效益采集原料,选择加工工艺和设备,确定产品的规格和性能,产品的使用常常以一次为限。

产品的消费过程中,有些产品使用后,废气分散在环境中,会造成始料未及的危害。按照清洁生产的概念,对于工艺产品要进行整个生命周期的环境影响分析。产品生命周期原是指一种产品在市场上从开始出现到消失的过程，包括投入期、成长期、成熟期和衰落期四个时期。在这里这一术语是指一种产品从设计、生产、流通、消费及报废后处置几个阶段（即所谓从"摇篮"到"坟墓"）所构成的整个过程。

产品的生命周期环境影响分析是目前在产品开发过程中所作的产品性能分析、技术分析、市场分析、销售能力分析和经济效益分析的新补充，体现了一种新的产品设计观念，即产品的设计不但应遵循经济原则，而且还要顾及生态效益；不但应考虑它在消费中的使用性能，还要关心产品报废成为废品后的命运。

对于开发清洁产品可提出如下的途径：①产品的全新设计，使产品在生产过程中，甚至在使用之后能对环境无害，与此同时应降低产品的物耗和能耗，减少加工工序；②调整产品结构、优化生产；③赋予产品合理的寿命；④去除多余的功能，盲目追求"多功能"往往会造成资源的浪费；⑤简化包装，鼓励采用可再生材料制成的包装材料以便于多次使用的包装材料；⑥产品报废后易回收、再生和重复使用；⑦产品系列化，品种齐全，满足各种消费要求，避免大材小用，优品劣用；⑧推行清洁（绿色）产品标志制度，提高环保声誉。

5）加强管理。根据全过程控制的概念，环境管理要贯穿于工业建设的整个过程以及落实到企业的各个层次，分解到生产过程的各个环节，与生产管理紧密地结合起来。

国外在推行清洁生产时经常把强化企业管理作为有限考虑的措施，管理措施一般花费较小，不涉及基本的工艺过程，但经验表明往往可能削减多达40%的污染物。这些措施如下：①安装必要的监测仪表，加强计量监督；②消除"跑、冒、滴、漏"；③将环境目标分解到企业的各个层次，考核指标落实到各个岗位，实行岗位责任制；④完备可靠的统计和审核；⑤产品的质量保证；⑥有效的指挥调度，合理安排批量生产的日程；⑦减少设备清洗的次数，改进清洗方法；⑧原料和成品的妥善存放，保持合理的原料库存量；⑨公平的奖惩制度；⑩组织安全文明生产。

6）必要的末端处理。

在全过程控制中同样包括必要的末端处理。此时的末端处理，只成为一种采取其他措施之后的最后把关措施。这种厂内的末端处理，还往往作为送往集中处理前的预处理措施，在这种情况下，它的目标不再是达标排放，而是只需处理到集中处理措施可接纳的程度，因此，对它也相应提出了一些新的要求。①清污分流，减少处理量，有利于组织物料再循环；②减量化处理，如脱水、压缩、包装、焚烧等；③按集中处理的收纳要求进行厂内预处理。

习　题

5-1　为什么说催化剂在绿色化学中有十分重要的意义？

5-2　超临界流体与普通流体相比有何特点？

5-3　什么是生物质，其优点有哪些？

5-4　氢能利用的关键是什么？

5-5　何谓清洁煤技术，其包含哪些类型？

5-6　简述绿色农药的特点。

6 化学与可持续发展

6.1 可持续发展战略

6.1.1 可持续发展战略的由来

人类是在与自然环境之间不断作用、不断协调的过程中发展的。原始时代人们对太阳、月亮顶礼膜拜，19~20 世纪由于科学的迅速发展，人类开始骄傲地提出了"征服自然"的口号。但严酷的环境污染现实迫使人们不得不冷静地思索。人类自感受到环境问题的困扰以来，直接的反应是与之抗争，特别是近几十年来，一直苦苦探索环境问题的解决途径。从总体上看来，迄今为止，人类解决环境问题的努力可分为三个阶段。

6.1.1.1 污染治理阶段

这一阶段大致从 20 世纪 50 年代末到 70 年代末，人们把环境问题只看成是技术问题，而以污染治理为主要解决手段。自第二次世界大战后，世界各国的经济得到长足的发展，产品、产量和产值，包括税收、个人收入都在飞速地增长，人们的物质生活水平得到了迅速的提高。但各国在大力发展经济的同时，根本没有认识到，因而也不可能顾及到环境的承受能力，从而造成了一系列的环境问题。一系列严重的环境公害事件，就是当时环境污染严重程度的写照。

在这个阶段，人们对环境问题的认识只局限于环境污染问题。因为这时环境污染问题明显地显示出对人体健康、甚至生命的严重威胁。1962 年，美国海洋生物学家 Rachel Karson 在潜心研究美国使用杀虫剂所产生的种种危害之后，于 1962 年发表了环境保护科普著作《寂静的春天》。作者通过对污染物富集、迁移、转化的描写，阐明了人类同大气、海洋、河流、土壤、动植物之间的密切关系，初步揭示了污染对生态系统的影响。她告诉人们："地球上生命的历史一直是生物与其周围环境相互作用的历史……，只有人类出现后，生命才具有了改造其周围大自然的异常能力。在人对环境的所有袭击中，最令人震惊的是空气、土地、河流以及大海受到各种致命化学物质的污染。这种污染是难以清除的，因为它们不仅进入了生命赖以生存的世界，而且进入了生物组织内"。

面对严重的环境污染状况，人们意识到必须采取措施进行治理，而且相信只要投入资金，运用技术一定可以解决环境污染问题。在这一时期，各国政府每年都投入大量的资金来进行污染治理，在法律上，则是颁布一系列的防治污染的法令条例；在技术上，则致力于钻研开发治理污染的工艺、技术和设备，建设污水处理厂、垃圾焚烧炉及废物填埋场等。在理论研究上，各个学科分别从不同的角度研究污染物在环境中的迁移扩散规律，研究污染物对人体健康的影响，研究污染物的降解途径和过程等，从而形成了早期的环境科学的基本形态，这一时期的工作对于减轻污染、缓解环境与人类之间的尖锐矛盾，起了很大的作用，也取得了不少成果。但总体说来，这一时期的工作并没有能从根本上解决环境问题，更没有杜绝产生环境问题的根源。因为人类社会在花费大量人力、物力和财力去治理已产生的污染问题的同时，新的环境污染问题又源源不断地出现，加之许多生态破坏的环境问题无论花多少人力、物力和财力都是无法恢复的。另外，污染治理已成了国家财政的巨大负担。

6.1.1.2　环境管理阶段

这一阶段大致从 20 世纪 70 年代末到 80 年代后期，人们进一步认识到环境问题是经济的外部性问题，于是就把经济刺激作为主要解决手段。由于环境治理，包括环境污染治理技术的开发，需要投入大量的资金，并且由于人们的环境意识不高，经济运行准则的限制，环境治理技术的采用以及环境治理措施的运行均难以取得预期的成效。另外，随着时间的推移，其他环境问题诸如生态破坏、资源枯竭等问题也产生了，这时，人们开始注意到酿成各种环境问题的原因在于人类社会的经济发展过程中，在于核算经济成本时不把环境成本计算在内，即所谓的环境成本外部化。也就是说开始认识到单靠科技手段进行末端治理不能从根本上解决问题。于是人们开始思考如何在经济发展过程中加强环境管理，即将环境保护工作纳入经济发展过程中。这一时期的管理思想和原则为"外部性成本内在化"，即设法将环境成本内在化到产品的成本中去。具体说来就是通过对自然环境和自然资源进行赋值，使环境污染和破坏的成本在一定程度上由经济开发建设行为担负，从而推动各类企业从环境角度为降低成本而努力。这一时期最重要的进步就是认识到自然环境和自然资源的价值性。所以，对自然资源进行价值核算，运用收费、税收和补贴等经济手段以及法律的、行政的手段来进行管理，成为这一阶段的主要研究内容和管理办法，并被认为是最有希望解决环境问题的途径。

但实践表明，经济活动为其固有的运行准则所制约，在其运行机制中很难或不可能给环境保护活动提供应有的空间和地位。因此这一阶段的做法还只能算是对目前的经济运行机制进行的小修小补，环境问题还是没有能从根本上得到解决。

6.1.1.3　综合决策阶段

从 20 世纪 80 年代后期起，随着可持续发展思想的出现，人们开始把环境问题看成是社会发展问题，于是就以协调经济发展与环境保护关系为主要解决问题的手段。在 20 世纪 70 年代以后，在环境管理进入第二阶段的同时，解决环境问题的新思路已在开始孕育。人们在解决环境问题的实践中逐渐认识到，环境问题不仅来自工业生产活动，而且还来自对自然资源的低效率、甚至不合理的使用。从经济活动角度分析，出现这一现象的原因在于经济学中的环境（包括自然资源）无价值的前提，以及追求最大经济效益的经济运行规则。它们不但不能保证提供治理环境所需的资金投入，而且还在不断地产生着越来越广泛的环境问题，甚至导致全球环境问题的出现和日益严重。对这一事实，人们开始对"经济发展"本身进行思考。1972 年，以 D. L. Meadows 为首的由西方科学家所组成的"罗马俱乐部"，面对人口激增、污染严重的现实，提出了名为《增长的极限》的著名报告。报告深刻阐明了环境的重要性以及资源与人口之间的基本联系。报告认为：由于世界人口增长、粮食生产、工业发展、资源消耗和环境污染这五项基本因素的运行方式是指数增长而非线性增长，全球的增长将会因为粮食短缺和环境破坏于 21 世纪某个时段内达到极限。就是说，地球的支撑力将会达到极限，经济增长将发生不可控制的衰退。因此，要避免因超越地球资源极限而导致世界崩溃的最好方法是限制增长，即"零增长"。然而，

"零增长"方案，无论是对急需摆脱贫困的发展中国家，还是对仍想增加财富的发达国家，都是难以接受的。因此，更多的人在寻找和探索一种在环境和自然资源可承受基础上的发展模式，并提出了"协调发展""有机增长""同步发展""全面发展"等许多设想。在此情况下，1980 年联合国向全世界呼吁：必须研究自然的、社会的、生态的、经济的，以及利用自然资源过程中的基本关系，确保全球持续发展。1987 年，由原挪威首相 G. H. Brunland 任首任主席和由 21 个国家的环境与发展问题著名专家组成的联合国世界环境与发展委员会（WECD），在其长篇调查报告《我们共同的未来》中指出："以前我们感到国家之间在经济方面联系的重要性，而现在我们则感到国家之间在生态学方面相互依赖。生态和经济从来没有像现在这样互相紧密地联系在一个互为因果的'网络之中'。并正式提出了"可持续发展"（sustainable development）的概念。从环境与经济协调发展思想到可持续发展思想的提出，是人类探索环境问题解决途径的必然结果。它一经提出，即成为解决环境问题的根本指导思想和原则，成为环境管理第三阶段的基本内容和主要特征：环境问题的解决必须伴随着社会的整体发展和进步。

从 1972 年联合国人类环境会议召开到 1992 年的 20 年间，尤其是 20 世纪 80 年代以来，国际社会关注的热点已由单纯注重环境问题逐步转移到环境与发展二者的关系上来，而这一主题必须由国际社会广泛参与。在这一背景下，联合国环境与发展大会（UNCED）于 1992 年 6 月在巴西里约热内卢召开。共有 183 个国家的代表团和 70 个国际组织的代表出席了会议，102 位国家元首或政府首脑到会讲话。会议通过了《里约环境与发展宣言》（又名《地球宪章》）和《21 世纪议程》两个纲领性文件。可持续发展得到世界最广泛和最高级别的政治承诺。

6.1.2 可持续发展战略的内涵

可持续发展战略作为一个全新的理论体系，正在逐步形成和完善，其内涵与特征也引起了全球范围的广泛关注和探讨。各个学科从各自的角度对可持续发展进行了不同的阐述，至今尚未形成比较一致的定义和公认的理论模式。尽管如此，其基本含义和思想内涵却是一致的。

6.1.2.1 可持续发展的定义

（1）布伦特兰的可持续发展定义。《我们共同的未来》是这样定义可持续发展的："既满足当代人的需求，又不对后代人满足其自身需求的能力构成危害的发展"。这一概念在 1989 年联合国环境规划署第 15 届理事会通过的《关于可持续发展的声明》中得到接受和认同。即可持续发展系指满足当前需要，而又不削弱子孙后代满足其需要之能力的发展，而且绝不包含侵犯国家主权的含义。

（2）着重于自然属性的定义。可持续性的概念源于生态学，即所谓"生态持续性"（ecological sustainability）。它主要指自然资源及其开发利用程度间的平衡。国际自然保护同盟（IUCN）1991 年对可持续性的定义是"可持续地使用，是指在其可再生能力（速度）的范围内使用一种有机生态系统或其他可再生资源"。同年，国际生态学联合会（INTECOL）和国际生物科学联合会（IUBS）进一步探讨了可持续发展的自然属性。他们将可持续发展定义为"保护和加强环境系统的生产更新能力"。即可持续发展是不超越环境系统再生能力的发展。

（3）着重于社会属性的定义。1991 年，由世界自然保护同盟、联合国环境规划署和世界野生生物基金会共同发表了《保护地球——可持续生存战略》。其中提出的可持续发展定义是："在生存不超出维持生态系统涵容能力的情况下，提高人类的生活质量"。

（4）着重于经济属性的定义。这类定义均把可持续发展的核心看成是经济发展。当然，这里的经济发展已不是传统意义上的以牺牲资源和环境为代价的经济发展，而是不降低环境质量和不破坏世界自然资源基础的经济发展。

（5）着重于科技属性的定义。这主要是从技术选择的角度扩展了可持续发展的定义，倾向这一定义的学者认为："可持续发展就是转向更清洁、更有效的技术，尽可能接近'零排放'或'密闭式'的工艺方法，尽可能减少能源和其他自然资源的消耗"。还有的学者提出："可持续发展就是建立极少产生废料和污染物的工艺或技术系统"。他们认为污染并不是工业活动不可避免的结果，而是技术水平差、效率低的表现。他们主张发达国家与发展中国家之间进行技术合作，缩短技术差距，提高发展中国家的经济生产能力。

6.1.2.2 可持续发展战略的基本思想

可持续发展是一个涉及经济、社会、文化、技术及自然环境的综合概念。它是一种立足于环境和自然资源角度提出的关于人类长期发展的战略和模式。这并不是一般意义上所指的在时间和空间上的连续，而是特别强调环境承载能力和资源的永续利用对发展进程的重要性和必要性。它的基本思想主要包括以下三个方面：

（1）可持续发展鼓励经济增长。它强调经济增长的必要性，必须通过经济增长提高当代人福利水平，增强国家实力和社会财富。但可持续发展不仅要重视经济增长的数量，更要追求经济增长的质量。这就是说经济发展包括数量增长和质量提高两部分。数量的增长是有限的，而依靠科学技术进步，提高经济活动中的效益和质量，采取科学的经济增长方式才是可持续的。因此，可持续发展要求重新审视如何实现经济增长。要达到具有可持续意义的经济增长，必须审计使用能源和原料的方式，改变传统的以"高投入、高消耗、高污染"为特征的生产模式和消费模式，实施清洁生产和文明消费，从而减少每单位经济活动造成的环境压力。环境退化的原因产生于经济活动，其解决的办法也必须依靠经济过程。

（2）可持续发展的标志是资源的永续利用和良好的生态环境。经济和社会发展不能超越资源和环境的承载能力。可持续发展以自然资源为基础，同生态环境相协调。它要求在严格控制人口增长、提高人口素质和保护环境、资源永续利用的条件下，进行经济建设、保证以可持续的方式使用自然资源和环境成本，使人类的发展控制在地球的承载力之内。可持续发展强调发展是有限制条件的，没有限制就没有可持续发展。要实现可持续发展，必须使自然资源的耗竭速率低于资源的再生速率，必须通过转变发展模式，从根本上解决环境问题。

（3）可持续发展的目标是谋求社会的全面进步。发展不仅仅是经济问题，单纯追求产值的经济增长不能体现发展的内涵。在人类可持续发展系统中，经济发展是基础，自然生态保护是条件，社会进步才是目的。而这三者又是一个相互影响的综合体，只要社会在每一个时间段内都能保持与经济、资源和环境的协调，这个社会就符合可持续发展的要求。

6.1.3 可持续发展战略的实施

一个国家政府制定并推行的经济与社会发展战略和政策决定着这个国家社会经济发展的方向,影响着这个国家可持续发展的进程。在 1992 年联合国环境与发展大会之前,许多国家的经济发展战略和政策基本上都属于不可持续发展的范畴。在这次大会通过了《21 世纪议程》和其他重要国际协议后,许多国家政府开始认识到可持续发展的重要性,从而陆续制定新的发展战略和政策,以响应《21 世纪议程》。

6.1.3.1 典型国家的可持续发展战略与政策

A 美国的可持续发展战略

美国是世界上头号经济强国,但它同样存在着许多深层次的经济和环境方面的问题。美国于 1993 年 6 月成立了"总统可持续发展委员会",该委员会用了 3 年时间,制定了一个"美国国家可持续发展战略",该战略涉及 10 个问题:宏观经济、消费与废物、能源、空气质量、交通运输、粮食和农业、森林、野生动物、海洋和渔业、水。

B 欧洲联盟的可持续发展目标

欧洲联盟曾于 1993 年 2 月 1 日通过了第五个环境规划,称为环境与可持续发展新战略。其主要内容如下。

(1) 可持续发展的目标以可持续发展为指导思想,以推进欧洲联盟经济发展模式的转换为最终目的,为此,强调以下几点:1) 必须认识到人类社会和经济的发展要以保护自然资源和环境质量为基础;2) 为避免浪费和自然资源储量的耗竭,应在原料加工、消费和使用的各个阶段,推进资源再利用的管理模式;3) 应使人们注意到,决不能以牺牲任何其他资源为代价,只顾及自己这一代人的利益而危及后代人的安全。由以上几点可以看出,欧洲联盟的可持续发展战略带有较浓的资源战略色彩。

(2) 欧洲联盟可持续发展的优先领域,自然资源,包括土壤、水、自然保护区及海岸带的管理;污染综合控制及废物治理;降低不可更新资源的消费;改进交通管理,包括合理的交通规划与模式;制定改进城市环境质量的措施;公众健康及安全的改善,特别强调工业风险评估及管理、核安全及辐射保护。

从 1997 年开始,实施可持续发展战略就成为欧盟的基本目标之一,并且写入了欧盟条约之中。2000 年,欧洲理事会在里斯本会议为欧盟提出了一个新的战略目标——至2010 年将欧洲建设成为富有竞争力、富有活力的知识经济社会,促进经济的可持续增长,为人们提供更多、更好的工作,并促进社会融合。同时,还提出可持续发展战略是欧盟整个社会经济改革战略的一个补充。2001 年,欧盟在哥德堡峰会上通过了一个平等的长期实施可持续发展战略的行动计划(SDS)。该行动计划提出要建设一个可持续发展的欧洲,指出可持续发展战略应着重关注对欧洲社会将来的康乐构成严重或不可逆转威胁的少数问题上,并据此确定了应对威胁的 6 个重点方向及其目标和措施:(1) 向贫穷和社会排斥宣战;(2) 处理老年化社会所带来的经济和社会问题;(3) 控制气候变化,促进清洁能源的使用;(4) 向威胁公共健康的因素宣战;(5) 更负责任地管理自然资源;(6) 改善运输系统,加强土地利用管理。2005 年 2 月,欧盟委员会公布了一份对可持续发展战略实施情况进行评估的报告。其中强调指出,有几种不可持续发展倾向自 2001 年以来日益严重,如气候变化、公共健康面临威胁、贫困增加、社会分裂、自然资源消耗、物种灭绝等。当时争论的焦点是，可持续发展战略与促进经济增长和就业的里斯本改革战略计划之间的关系不明确；欧盟的可持续发展战略与欧盟各成员国的可持续发展战略之间的关系不明确。2005 年 6 月，欧盟发表了"可持续发展指导原则"声明，全面、系统地阐述了欧盟的可持续发展计划，宣布继续执行 2001 年出台的《欧盟可持续发展行动计划》。2005年 12 月 13 日，欧盟委员会与一些研究机构及相关方面进行磋商之后，提出了关于评估"行动计划"的建议报告。该报告中要求着重关注 6 个重要问题（气候变化、公共健康、社会分裂、可持续交通运输、自然资源、全球贫困），并且提出解决这些问题的关键性措施。此外，该报告还提出了更有效地实施监控的方法，如欧盟委员会每两年发布一次可持续发展战略实施进展报告。2006 年 6 月，经过多次讨论，欧洲理事会对其可持续发展战略进行修改。在修订后的欧盟可持续发展战略中，列出了欧盟当前在可持续发展方面面临的六项严峻挑战（气候变化及清洁能源方面的挑战，可持续交通运输方面的挑战，可持续消费和生产方面的挑战，保护和管理自然资源方面的挑战，公共卫生，社会融合，人口与移民），以及针对各项挑战所制定的战略总体目标、具体目标和将实施的具体措施。

　　C　巴西的可持续发展政策

　　作为发展中国家的巴西，具有丰富的自然资源，是拉丁美洲最大的发展中国家。但自从 1990 年陷入经济危机后，40%的家庭濒临贫困，仅东北部地区就有 3000 万人受贫困威胁。由于缺医少药，卫生条件差，全国传染病人数很多，社会治安明显恶化，城市污染日益严重，部分地区水土流失直接影响了农业的生产和持续发展。加之贫富悬殊，改革措施难以奏效，社会和经济问题成堆。1992 年里约环境与发展大会前后，巴西政府开始较为清醒地认识到制定可持续发展战略已迫在眉睫，并把社会稳定发展与自然供需平衡作为可持续发展战略的基石。其可持续发展战略与政策的内容主要包括：（1）逐步消除贫困；（2）合理利用资源，包括不能过分利用自然能源和化石能，而要充分发展新科学，增加生物能，大力进行技术改革，发展节能低耗工业，开发生物技术，处理和深化利用垃圾；（3）建立新的交通体系；（4）建立生态平衡经济发展区；（5）发展农业多品种种植和食品多样化；（6）开发多样化生物品种；（7）强化可持续发展手段。把培养人才、扩大教育面当作社会头等大事，增加科技投入，加强与国际科研机构的人员交流。积极调整产业结构，发展高新技术产业，增加环保投资。

6.1.3.2　我国政府的可持续发展战略与对策

　　中国是发展中国家，要提高社会生产力，增强综合国力和不断提高人民生活水平，就必须毫不动摇地把发展国民经济放在第一位，各项工作都要紧紧围绕经济建设这个中心来开展。中国是在人口基数大、人均资源少、经济和科技水平都比较落后的条件下实现经济快速发展的，这使本来就已经短缺的资源和脆弱的环境面临更大的压力。在这种形势下，我国政府认识到，只有遵循可持续发展的战略思想，从国家整体的高度协调和组织各部门、各地方、各社会阶层和全体人民的行动，才能顺利完成预期的经济发展目标，才能保护好自然资源和改善生态环境，实现国家长期、稳定的发展。中国政府高度重视联合国环境与发展大会，在这次大会不久，中国政府即提出了促进中国环境与发展的"十大对策"，并着手制定《中国 21 世纪议程——中国 21 世纪人口、环境与发展白皮书》，该议程于 1994 年 3 月 25 日经国务院常务会议讨论通过。《中国 21 世纪议程》集中体现了中国政府可持续发展的战略和政策。

A 《中国 21 世纪议程》的基本内容

《中国 21 世纪议程》共 20 章，78 个方案领域，主要内容分为四大部分。第一部分，可持续发展总体战略与政策。论述了实施中国可持续发展战略的背景和必要性，提出了中国可持续发展战略目标、战略重点和重大行动，建立中国可持续发展法律体系，制订促进可持续发展的经济技术政策，将资源和环境因素纳入经济核算体系，参与国际环境与发展合作的意义、原则立场和主要行动领域。第二部分，社会可持续发展。包括人口、居民消费与社会服务，消除贫困，卫生与健康，人类住区可持续发展和防灾减灾等。第三部分，经济可持续发展。把促进经济快速增长作为消除贫困、提高人民生活水平、增强综合国力的必要条件，其中包括可持续发展的经济政策、农业与农村经济的可持续发展、工业与交通、通信业的可持续发展、可持续能源和生产消费等部分。着重强调利用市场机制和经济手段推动可持续发展，提供新的就业机会，在工业活动中积极推广清洁生产，尽快发展环保产业，提高能源效率与节能，开发利用新能源和可再生能源。第四部分，资源的合理利用与环境保护。包括水、土等自然资源保护与可持续利用，还包括生物多样性保护、防治土地荒漠化、防灾减灾、保护大气层（如控制大气污染和防治酸雨）、固体废物无害化管理等。着重强调在自然资源管理决策中推行可持续发展影响评价制度，对重点区域和流域进行综合开发整治，完善生物多样性保护法规体系，建立和扩大国家自然保护区网络，建立全国土地荒漠化的监测和信息系统，开发消耗臭氧层物质的替代产品和替代技术，大面积造林，建立有害废物处置、利用的新法规和技术标准等。

B 《中国 21 世纪议程》的实施

一是在实施《中国 21 世纪议程》过程中，既充分发挥市场对资源配置的基础性作用，又注重加强宏观调控，克服市场机制在配置资源和保护环境领域的"失效"现象；二是促进形成有利于节约资源、降低消耗、增加效益、改善环境的企业经营机制，有利于自主创新的技术进步机制，有利于市场公平竞争和资源优化配置的经济运行机制；三是加速科技成果转化，大力发展清洁生产技术、清洁能源技术、资源和能源有效利用技术以及资源合理开发和环境保护技术等，加大重大工程和区域、行业的软科学研究，为国家、部门、地方的经济、社会管理决策提供科技支撑；四是坚持资源开发与节约并举，大力推广清洁生产和清洁能源，千方百计减少资源的占用与消耗，大幅度提高资源、能源和原材料的利用效率；五是结合农业、林业、水利基础设施建设、"高产、高效、低耗、优质"工程和生态农业的推广，调整农业结构，优化资源和生产要素组合，加大科技兴农的力度，保护农业生态环境；六是研究、制定和改进可持续发展的相关法规和政策，研究可持续发展的理论体系，建立与国际接轨的信息系统；七是研究、改进、完善和制定一系列的管理制度，包括使可持续发展的要求进入有关决策程序的制度、对经济和社会发展的政策和项目进行可持续发展评价的制度等，以保证《中国 21 世纪议程》有关内容的顺利实施。

6.1.4 可持续发展步履艰难

不可否认，自里约热内卢会议以来，对可持续发展的支持是广泛和有力的，人类社会也接受了如果不采取行动就会发生严重后果的预测，"狼真的来了"近乎成为共识。但同样不可否认，可持续发展在实践上进展甚微，虽然对可持续发展的热情很大程度上是被富国对环境的关注刺激起来的，但主要发达国家在行动上并不认真。以削减二氧化碳排放为例，排放量最大的美国在唱高调的同时拒绝做出具体承诺，而它的实际排放量还在不断增长。在其影响下，最早做出承诺的加拿大反而于 1997 年撤销了承诺。直到 1997 年底的京都会议达成全球性协议，这一状况才有所改观。以五年多的时间才就某一类污染物的排放达成一项并没有多大约束力的协议，其进展之艰难对全球的可持续发展无疑是重大的打击。在可持续发展的国际论坛上，最引人注目的风景则莫过于南北方国家持久而激烈的争论。

从社会角度观察，应该承认各国政府对环境问题的关注很大程度上反映了公众的意见。英国的一次投票中，将环境问题作为主要问题的占 30%，而 3 年前还仅占 8%。在欧盟的一次调查中，55% 的人将环境保护和自然资源保护视为发展的必要条件，而将经济发展置于环境之上者仅 7%。但是当人们就业机会受到威胁，福利面临下降时是否仍然如此就很值得怀疑了。

与可持续发展的长远目标相比，政治周期不可避免是短期的。无论在什么国家，政治上的生存取决于能否向公众提供安全，满足物质需要和精神需要，取决于避免采取不合公众口味的行动。使一国朝向可持续发展转变，这种说法听起来是吸引人的，并且看上去好像是一种单纯的政策改变，但实际上却是发展模式的根本转变。但是，即使是布伦特兰报告也颇为淡化了发展模式变化的含义。在当前的技术条件下，可持续发展意味着个人交通的严重缩减，农业实践的变化，对非再生性资源使用的严格限制，能源供应的缩减，强调再使用和再循环，强烈抑制污染，所有这些意味着要在现代资本主义工业经济上打一个大问号，依靠剥夺资源维持增长，鼓励消费和鼓励个人机会的做法会被全盘否定。发达国家政府不可能做出这样的决定。也就是说，虽然发达国家在鼓吹可持续发展方面是领导世界潮流的，但它们显然没打算认真去做。那么，应该由谁来为全球可持续发展承担成本，是发展中国家吗？

在这方面，全球变暖的责任问题的争论是一个典型的例子。应该说有关温室气体源的数据是不完整的，包含着许多假定。导致这些数据可以做出很多不相同的解释。

环境法的产生和发展，与环境问题的产生和发展有着密切的联系。第二次世界大战结束以后，西方国家率先进入工业化阶段。与此同时，在这些国家，因工业污染引起的公害事件层出不穷。

图 6-1 显示了 2015～2021 年全球二氧化碳排放量及增速，近些年由于碳减排的相关举措，二氧化碳全球排放快速增值趋势有所减缓。图 6-2 显示 2021 年全球二氧化碳排放量前十名的国家，其中既有发展中国家又有发达国家。发达国家排放量主要归咎于他们使用了世界半数以上的能源，发达国家的人均能耗是发展中国家的 12 倍（如果将生物量的消耗考虑在内则为 7 倍）。发展中国家则因为人口体量大，导致排放量较大。世界银行公布的最新二氧化碳人均排放量如图 6-3 所示，从中不难看出发达国家与发展中国家在人均二氧化碳排放量上的悬殊差别。从这张表格来看，澳大利亚的人均碳排放量是中国的 3.38 倍，美国是中国的 3.27 倍，加拿大是中国的 2.96 倍，俄罗斯是中国的 2.18 倍，德国是中国的 1.74倍，英国是中国的 1.54 倍。在碳排放问题上，发达国家则千方百计地开脱自己。

美国的世界能源研究所编制了一份温室气体的混合来源构成报告，指出 6 个主要排放国的三个是发展中国家（巴西、中国和印度），尽管美国消费了全球 20% 的化石能源，但温室气体排放仅占 17.6%。之所以这样，主要是这一报告将森林砍伐计算在内了。世界

图 6-1　2015~2021 年全球二氧化碳排放量及增速

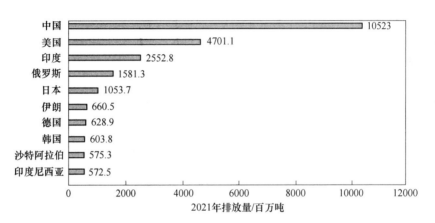

图 6-2　2021 年全球二氧化碳排放量前十名的国家

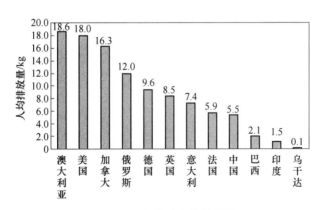

图 6-3　二氧化碳人均排放量

能源研究所炮制这份研究报告的目的是为了使发达国家和发展中国家在全球变暖问题上分摊责任。这份报告只是近些年来发达国家逃避环境责任的许多例子中的一个。当然也应该承认发达国家执行了一些有利于可持续发展的政策，如某些方面的环境保护政策，土地使用计划，保护自然和历史遗产，以及完善资源和环境管理等。但它们真正感兴趣的是成为富裕社会中生活质量那一部分的环境质量的改善。也就是说，这些国家的环境保护，性质是保护自己国家的那些成为生活质量组成部分的环境。富国政府几乎没有什么动力去承担使全球转向可持续发展的经济和政治的成本。

6.2　可持续发展相关的国际环境公约与法规

环境法的产生和发展，与环境问题的产生和发展有着密切的关系。第二次世界大战结束以后，西方国家率先进入工业化阶段。与此同时，在这些国家，因工业污染引起的公害事件层出不穷。

这些公害事件不仅造成了数以亿计的直接经济损失，而且还导致大量的人员伤亡。因而引起社会的强烈不满。在社会舆论的强大压力下，西方国家明显加快了环境立法的步伐。例如，英国先后修订和颁布了1956年的《清洁大气法》；1960年的《清洁河流法》；1960年的《水资源法》；1960年的《噪声控制法》和1967年的《生活环境舒适法》等；美国先后颁布了《水污染控制法》（1948年）、《清洁空气法》（1963年）、《固体废物处置法》（1965年）等；德国仅在20世纪60年代就颁布了《自然保护法》《联邦河流净化法》《空气污染防治法》《建筑噪声管理法》等三十多部环境法律和法规。这些法律法规的颁布和实施，在一定程度上对于控制环境污染问题的发展起到了积极作用。20世纪70年代以后，随着人们对环境问题认识的不断提高，环境立法逐渐步入一个崭新的发展阶段。如前所述，在1987年，联合国环境与发展委员会发表的《我们的共同未来》的报告，正式确立了可持续发展的概念。在1992年6月里约热内卢召开 的联合国环境与发展大会上，通过的5个文件充分阐明了全人类在环境保护与可持续发展之间应做出的抉择和行动方案，它们是《里约环境与发展宣言》《21世纪议程》《关于森林问题的原则声明》《生物多样性公约》《联合国气候变化框架公约》。

现在国际上某些国家的立法，已经将环境权的主体很自然地从当代的公民，扩大到公民的后代，其环境立法也呈现出一些新的特征。首先，大部分国家加强了环境管理机构建设，形成了各具特色的环境管理体制，为环境立法和环境执法提供了组织保障，客观上推动了环境法制建设；其次，在实践中，环境立法的指导思想不断丰富和完善，逐步确立了"预防为主，防治结合"，"社会、经济与环境协调发展"等环境立法原则，并制定了相应的环境法律制度。第三，从世界范围看，环境立法已不再局限于狭隘的污染防治方面，而是扩大到包括自然资源、自然生态在内的整个自然环境的保护。总之，随着环境立法的深入，环境法内容不断充实，环境法体系日益成熟。联合国193个会员国在2015年9月举行的历史性首脑会议上一致通过了可持续发展目标，这些目标述及发达国家和发展中国家人民的需求并强调不会落下任何一个人。《2030年可持续发展议程》是2015年在联合国大会第七十届会议上通过，2016年1月1日正式启动的议程。新议程呼吁各国采取行动，为今后15年实现17项可持续发展目标而努力。新议程范围广泛且雄心勃勃，涉及可持续发展的三个层面：社会、经济和环境，以及与和平、正义和高效机构相关的重要方面。该议程还确认调动执行手段，包括财政资源、技术开发和转让以及能力建设，以及伙伴关系的作用至关重要。

这 17 个可持续发展目标是：

目标 1：在全世界消除一切形式的贫困；

目标 2：消除饥饿，实现粮食安全，改善营养状况和促进可持续农业；

目标 3：确保健康的生活方式，促进各年龄段人群的福祉；

目标 4：确保包容和公平的优质教育，让全民终身享有学习机会；

目标 5：实现性别平等，增强所有妇女和女童的权能；

目标 6：为所有人提供水和环境卫生并对其进行可持续管理；

目标 7：确保人人获得负担得起的、可靠和可持续的现代能源；

目标 8：促进持久、包容和可持续的经济增长，促进充分的生产性就业和人人获得体面工作；

目标 9：建造具备抵御灾害能力的基础设施，促进具有包容性的可持续工业化，推动创新；

目标 10：减少国家内部和国家之间的不平等；

目标 11：建设包容、安全、有抵御灾害能力和可持续的城市和人类住区；

目标 12：采用可持续的消费和生产模式；

目标 13：采取紧急行动应对气候变化及其影响；

目标 14：保护和可持续利用海洋和海洋资源以促进可持续发展；

目标 15：保护、恢复和促进可持续利用陆地生态系统，可持续管理森林，防治荒漠化，制止和扭转土地退化，遏制生物多样性的丧失；

目标 16：创建和平、包容的社会以促进可持续发展，让所有人都能诉诸司法，在各级建立有效、负责和包容的机构；

目标 17：加强执行手段，重振可持续发展全球伙伴关系。

2022 年 7 月，联合国可持续发展解决方案联盟（SDSN）与德国贝塔斯曼基金会等联合发布了《2022 年可持续发展报告》，评估了 163 个成员国 2030 议程和可持续发展目标的落实情况，并进行了全球排名和地区比较。报告所呈现的交互式指标盘，直观地展示了各国在对标可持续发展目标的年度表现，有助于确定有针对性的行动重点。根据报告，中国以综合指标得分 72.4 分排名第 56 位。在消除贫困、优质教育、清洁饮水与卫生设施、工业、创新和基础设施、负责任的消费和生产、体面工作和经济增长、可持续城市与社区、气候行动等方面成效显著；在消除饥饿、良好健康与福祉、性别平等、廉价和清洁能源、和平、公正与强大机构等方面均有改善和提升，展现出我国在履行国际承诺和为共同实现可持续发展目标所做出的不懈努力。

中国在 20 世纪初也开始出现较大规模的环境问题，经历了中华人民共和国建立初期的工业化阶段，环境问题开始严重起来，我国的现代环境立法从这时就开始了，但环境法在我国真正的发展是在 1972 年联合国在瑞典斯德哥尔摩召开了人类环境会议后，这次会议为我国敲响了警钟。此后的几十年，中国环境立法进入了一个活跃的时期，大量的法律、法规出台，法律制度不断完善，环境法的体系逐渐建立起来，环境法从民法，行政法等传统法律部门中独立出来。

6.3　化工生产循环经济与生态工业

6.3.1　循环经济

6.3.1.1　循环经济的产生背景

A　循环经济是对传统线性经济的革命

循环经济（circular economy）是物质闭环流动型（closing materials cycle）经济的简称。20 世纪 90 年代以来，在实施可持续发展战略的旗帜下，许多学者认识到，当代资源环境问题日益严重的原因在于工业化运动以来以高开采、低利用、高排放（所谓"两高一低"）为特征的线性经济模式，为此提出未来的社会应该建立一种以物质闭环流动为特征的经济（即循环经济），从而实现可持续发展所要求的环境与经济双赢，即在资源环境不退化甚至得到改善的情况下促进经济增长的战略目标。

从物质流动和表现形态的角度看，传统工业社会的经济是一种由"资源—产品—污染排放"单向流动的线性经济。在这种线性经济中，人们高强度地把地球上的物质和能源提取出来，然后又把废弃物大量地扔到空气、水系、土壤、植被这类被当作地球"阴沟洞"或"垃圾箱"的地方。线性经济正是通过这种持续不断地将资源变成垃圾的运动，以反向增长的自然代价来实现经济的数量型增长的。与此不同，循环经济倡导的是一种与生态和谐的经济发展模式。它要求把经济活动组织成一个"资源—产品—再生资源"的反馈式流程，所有的物质和能源能在这个不断进行的经济循环中得到合理和持久的利用，从而将经济活动对自然环境的影响降低到尽可能小的程度。

循环经济本质上是一种生态经济，它要求运用生态学规律而不是机械论规律来指导人类社会的经济活动。循环经济与线性经济的根本区别在于，后者内部是一些相互不发生关系的线性物质流的叠加，由此造成出入系统的物质流远远大于内部相互交流的物质流，使经济活动具有"高开采，低利用，高排放"的特征；而前者则要求系统内部要以互联的方式进行物质交换，以最大限度利用进入系统的物质和能量，从而能够形成"低开采、高利用、低排放"的结果。一个理想的循环经济系统通常包括四类主要行为者：资源开采者、处理者（制造商）、消费者和废物处理者。由于存在反馈式，网络状的相互联系，系统内不同行为者之间的物质流远远大于出入系统的物质流。循环经济可以为优化人类经济系统各个组成部分之间的关系提供整体性的思路，为工业化以来的传统经济转向可持续发展的经济提供战略性的理论范式，从而从根本上消解长期以来环境保护与经济发展之间的尖锐冲突。

B　循环经济的发展

循环经济的思想萌芽可以追溯到环境保护思潮兴起的时代。20 世纪 60 年代美国经济学家 K. E. Boulding 提出的"宇宙飞船理论"可以作为循环经济的早期代表。在环境运动兴起的初期，他就敏锐地认识到必须进入经济过程思考环境问题产生的根源。他认为，地球就像在太空中飞行的宇宙飞船（当时正在实施"阿波罗"登月计划），这艘飞船靠不断消耗自身有限的资源而生存，如果人们像过去那样不合理地开发资源和破坏环境，超过了地球的承载能力，就会像宇宙飞船那样走向毁灭。因此，"宇宙飞船"经济要求以新的

"循环式经济"代替旧的"单程式经济"。鲍尔丁的"宇宙飞船"经济理论在今天看来相当超前，它意味着人类社会的经济活动应该从效法以线性为特征的机械论规律转向服从以反馈为特征的生态学规律。

然而，在国际社会开始有组织的环境整治运动的20世纪70年代，循环经济的思想更多地还是先行者的一种超前性理念，人们并没有积极地沿着这种思路发展下去。当时，世界各国关心的问题仍然是污染物产生之后如何治理以减少其危害，即环境保护的末端治理方式。20世纪80年代，人们注意到要采用资源化的方式处理废弃物，思想上和政策上都有所升华。但对于污染物的产生是否合理这个根本性问题，是否应该从生产和消费源头上防止污染产生，大多数国家仍然缺少思想上的洞见和政策上的举措。总之，20世纪70~80年代环境保护运动主要关注的是经济活动造成的生态后果，而经济运行机制本身始终落在其研究视野之外。只是到了20世纪90年代，特别是可持续发展战略成为世界潮流的近几年，源头预防和全过程治理才代替末端治理成为国家环境与发展政策的真正主流，零敲碎打的做法才有可能整合成为一套系统的循环经济战略。与线性经济相伴随的末端治理存在以下局限性。

（1）末端治理是问题发生后的被动做法，不可能从根本上避免污染发生。

（2）末端治理随着污染物减少而成本越来越高，它在相当大的程度上抵消了经济增长带来的收益。

（3）由末端治理而形成的环保市场产生虚假的和恶性的经济效益。

（4）末端治理趋向于加强而不是减弱已有的技术系统，从而牺牲了真正的技术创新。

（5）末端治理使得企业满足于遵守环境法规而不是去投资开发污染少的生产方式。

（6）末端治理没有提供全面的看法，从而造成环境与发展，以及环境治理内部各领域间的隔阂。

（7）末端治理阻碍发展中国家直接进入更为现代化的经济方式，加大了在环境治理方面对发达国家的依赖性。

C 循环经济的三个支撑点

正是在上述背景下，20世纪90年代以来世界上出现了循环经济快速崛起的迹象，人们提出了一系列诸如"零排放工厂""产品生命周期""为环境而设计（DFE）"等体现循环经济的思想，特别是在经济活动的三个重要层次形成了物质闭环型经济的三种关键性思路。

a 生态经济效益（eco-efficiency）的理念和实践

这是1992年世界工商企业可持续发展理事会（WBCSD）在报告《变革中的历程》中提出的新概念。生态经济效益理念的本质是要求组织企业做到生产层次上物料和能源的循环，从而达到污染排放的最小量化。WBCSD提出注重生态经济效益的企业应该做到以下几点：

（1）减少产品和服务的物料使用量。

（2）减少产品和服务的能源使用量。

（3）减少有毒物质的排放量。

（4）加强物质的循环使用能力。

（5）最大限度可持续地利用可再生资源。

（6）提高产品的耐用性。

（7）提高产品与服务的服务强度。

WBCSD 是一个由 120 个国际著名企业组成的联盟，其成员来自 33 个国家和 20 多个主要产业部门。在共同的生态经济效益理念下，它们有力地推动了循环经济在企业层次上的实践。

b　工业生态系统（industrial ecology）的理念和实践

工业生态系统理念的提出被认为与当时在通用汽车公司研究部任职的福罗什和加劳布劳斯有关。1989 年他们在《科学美国人》杂志发表了题为"可持续发展工业发展战略"的文章，提出了生态工业园区的新概念，要求在企业与企业之间形成废弃物的输出、输入关系，其实质是运用循环经济思想组织企业共生层次上的物质和能源的循环。1993 年生态工业园区建设逐渐在各国推开。美国的可持续发展总统委员会（PCSD）专门组建了生态工业园区特别工作组，到 1997 年已经有约 15 个生态工业园区建设规划分布在全美各地。此外，除了早期的丹麦（卡伦堡），在加拿大（哈利法克斯）荷兰（鹿特丹），奥地利（格拉茨）等地也出现了类似的计划。

c　生活废弃物的反复利用和再生循环得到重视

20 世纪 90 年代，发达国家生活垃圾处理的工作重点开始从无害化转向减量化和资源化，这实际上是要在更广阔的社会范围内或层次上组织物质和能源的循环。1991 年，德国首次按照循环经济思路制定了《包装条例》，要求德国生产商和零售商对于用过的包装，首先要避免其产生，其次要对其回收利用，以大幅度减少包装废物填埋与焚烧的数量。1996 年德国公布更为系统的《循环经济和废物管理法》，把物质闭路循环的思想从包装问题推广到所有的生活废弃物。20 世纪 90 年代以来，德国的生活垃圾处理思想对世界其他各国产生了很大的影响。欧盟诸国、美国、日本、澳大利亚、加拿大等国家都先后按照资源闭路循环、避免废物产生的思想重新制定了各国的废物管理法规。1995 年美国世界观察所在《世界状况》上发表重要文章"建立一个可持续的物质经济"，从理论高度提出 21 世纪应该以再利用和再循环为基础，建立一个以再生资源为主导的世界经济。

6.3.1.2　循环经济的基本原则

循环经济是国际社会推进可持续发展战略的一种优化模式，是运用生态学和经济学规律，按照"减量化（reduce），再利用（reuse），再循环（recycle）"的原则（简称"3R"原则）实现经济发展过程中物质和能量循环利用的一种新型经济发展模式。它以物质、能量梯次和闭路循环使用为特征，在环境方面表现为污染低排放甚至零排放，把清洁生产、资源综合利用、生态设计和可持续消费等融为一体，是一种生态经济。

循环经济作为一种新的生产方式，是在生态环境成为经济增长制约要素、良好的生态环境成为一种公共财富阶段的一种新的技术经济范式，是建立在人类生存条件和福利平等基础上的以全体社会成员生活福利最大化为目标的一种新的经济形态。"资源消费—产品—再生资源"闭环型物质流动模式，资源消耗的减量化，再利用和资源再生化都仅仅是其技术经济范式的表征。其本质是对人类生产关系进行调整，其目标是追求可持续发展。循环经济是适应可持续发展战略对经济活动进行重组和改造的一种思想方法，为了实现经济、环境和社会的"三赢"，它要求在经济运行中，必须遵循循环经济的"3R"原则。

循环经济是一种低投入，高利用和低排放的"物尽其用"的先进经济形态，按照联合国环境署的解释，可持续消费是指"提供服务及有关产品以满足人类的基本需求，提高生活质量，同时使自然资源和有毒材料的使用量最少，使服务或产品的生命周期中所产生的废物和污染物最少，从而不危及后代人的需要"。按照国内著名学者吴季松的观点，"循环经济就是在人、自然资源和科学技术的大系统内，在资源投入、企业生产、产品消费及废弃的全过程中，实现废物的减量化、再利用和资源化，不断提高资源利用效率，把传统的、依赖资源消耗线性增加的发展，转变为依靠生态型资源循环来发展的经济"。

从内涵上看，循环经济和可持续消费的本质是相同的：两者都以不破坏后代人的生存条件为前提，都以减少经济发展和消费对自然资源的消耗和对环境的负面影响为基本准则，都以提高人的生活质量为最终目的。从原则来看，可持续消费是发展循环经济的内在要求。这是因为，循环经济每一项原则（减量化、再利用、再循环）的贯彻落实都必须建立在可持续消费的基础之上，发展循环经济必须以可持续消费为前提条件。

（1）减量化原则要求我们不仅要减少进入生产流程的物质流量，而且要减少进入消费过程的物质流量。在消费领域，减量化要求节约消费和适度消费，节约消费是指在消费中尽量做到节省和节减，包括节能、节水、节电、节材、节地等，不铺张浪费，不追求奢华；适度消费是指消费量不能超出消费品的生产水平，以及资源和环境容量，是适应国情国力、生产发展水平和自然资源的一种消费状态。从生产与需求的相互关系来看，消费领域的减量化对发展循环经济更为重要，这是因为消费是生产的动力和最终目的，厂家的生产是以消费者的需求为导向的，如果不能从产品末端减少物质产品的需求，也就不可能从源头上减少物质产品的投入。

（2）再利用原则要求延长产品和服务的使用时间，减少生产和消费过程中废弃物的产生，防止资源和物品过早成为垃圾。它既是对生产行为的客观要求，也是对消费行为的客观要求。从消费方面看，再利用要求人们尽可能多次及多种方式地使用人们所买的物品，尽可能多次或多种形式利用产品和包装容器，而不是用过一次就扔掉，减少一次性产品的使用。通过再利用，可以防止物品过早成为垃圾，延长产品和服务的期限。

（3）再循环原则是指生产出来的物品在完成其使用功能后能重新变成可以利用的资源。其目的是减少废弃物最终处理量，缓解垃圾无害化处理的压力。再循环原则要求消费者改变消费行为和消费习惯，将垃圾分类回收，使其循环再生，实现资源的循环利用。

6.3.2 生态工业

生态工业是循环经济的典型实例。生态工业园（eco-industrial park，EIP）概念最先由 Indigo 发展研究所的 L. Ernest 教授提出，他是依据清洁生产要求，循环经济理念和工业生态学原理而设计建立的一种新型工业组织形态。在园区内，各成员单位通过共同管理环境和经济事宜来获取更大的环境效益、经济效益和社会效益。在园区内，允许企业排放废物以降低生产成本，废物可成为原料进入其他企业的生产过程实现资源的循环利用以提高资源利用率，防止污染。生态工业园是指以工业生态学及循环经济理论为指导，使生产发展、资源利用和环境保护形成良性循环的工业园区建设模式，是一个能最大限度地发挥人的积极性和创造力的高效、稳定、协调和可持续发展的人工复合生态系统。它是高新技术工业园的升级和发展，体现了新型工业化特征及实现可持续发展战略的要求。

生态工业园建设的过程本身就是城市化的过程。首先，工业园区地域上的农村人口失去农业用地，在户籍上转化为城镇人口，而随着生态工业园经济的发展，这部分人口的生活方式也迅速向城市生活方式转变。其次，生态工业园的基础设施建设遵循的是高起点的城市建设标准，划入生态工业园的土地在硬质空间上已不可逆地转变为城市化地区。再次，生态工业园经济结构以第二、第三产业为主，具有标准的城市经济特征，由于生态工业园是产业聚集区，它必然引起外部人口的聚集，使城市化在人口规模上迅速扩大。因此，生态工业园的建设无论是从量上还是质上都是不可逆的城市化过程。

丹麦、美国、德国、日本等很早就开始规划进行生态工业实践，并取得丰富的经验。我国生态工业园在国家有关部门的大力倡导和支持下，也迅速地发展起来，据不完全统计，目前已有各种类型的十余个生态工业园区正在建设中。

6.3.2.1　卡伦堡生态工业园区模式

丹麦卡伦堡工业园在世界环境保护界知名度极高，是世界上最早和目前国际上运行最为成功的生态工业园，被认为是循环经济的"圣地"。卡伦堡是丹麦一个仅有 2 万居民的工业小城市，位于北海海滨，距哥本哈根 100km 左右，是丹麦的旅游胜地，风景秀美。卡伦堡工业生态系统（见图 6-4）是在商业基础上逐步形成的，它是一个自发的过程，所有企业通过彼此利用"废物"而获益。经过多年的滚动发展和优化组合，目前该系统已成为一个包括发电厂、炼油厂、生物技术制品厂、塑料板厂、硫酸厂，水泥厂，种植业、养殖业和园艺业，以及卡伦堡镇的供热系统在内的复合生态系统。各个系统单元（企业）之间通过利用彼此的余热，净化后的废水，废气，以及将硫、硫化钙等副产品作为原材料等，一方面实现了整个城镇的废弃物产生最小化；另一方面，各个系统单元均从相互合作中降低了生产成本，获得了直接的经济效益。

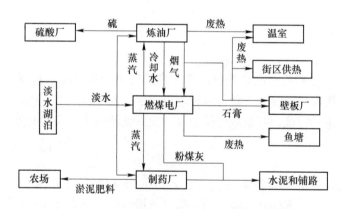

图 6-4　卡伦堡工业共生系统结构和物流图

园区共生系统的成功是建立在不同合作伙伴之间已有的信任关系和充分的信息交流基础上的。这种合作模式没有通过政府干预，工厂之间的交换或者贸易均通过民间谈判和协商解决。其中一些合作基于经济利益，而另一些则基于基础设施的共享。当然在某些情况下，环境管理制度的制约也刺激了对废弃物的再利用，最终促成了各方合作的可能性。卡伦堡工业园通过"从副产品到原料"的企业间的合作，产生了显著的环境和经济效益，形成了经济发展与资源环境的良性循环。

6.3.2.2 我国生态工业园区案例

许多国家都在根据各自的国情和特点进行生态工业园区的实践。在我国,生态工业园的概念已经被接受,并进行了一些富有成效的实践。我国1999年启动生态工业示范园区建设试点工作,建立了第一个国家级生态工业示范园区——广西贵港生态工业(制糖)示范园区。据统计,截至"十一五"期末,我国通过规划论证正在建设的国家生态工业示范园区超过40个,其中通过验收的国家生态工业示范园区超过10个。此外,在联合国环境署的帮助下,大连、烟台、天津和苏州等地的开发区也已经开展了生态规划和改造的实践。生态工业园目前在我国还处于试点阶段。全国主要生态工业园项目如表6-1所示。

表6-1 全国主要生态工业园

生态工业园	空间分布	园区类型	核心企业	主要产业	关联产业
贵港国家生态工业园	西部(广西壮族自治区)	现有改造型	贵糖集团	制糖业	种植业、造纸业和能源乙醇业
石河子国家生态工业园	西部(新疆维吾尔自治区)	现有改造型	新疆天业集团	氯碱化工、煤化工、石油化工	建筑、食品加工、纺织、节水器材、热电、矿业,水泥等
包头国家生态工业园	西部(内蒙古自治区)	现有改造型	包铝集团	冶金、机械、建材、电力和稀土业	—
黄兴国家生态工业园	中部(湖南省)	全新规划型	远大空调	电子信息、新材料、生物、制药和环保产业	—
南海国家生态工业园	东部(广东省)	全新规划型	—	环保产业	资源再生产业
鲁北国家生态工业园	东部(山东省)	现有改造型	鲁北化工集团	化工,造纸业	—

A 广西贵港生态工业园

贵糖集团曾是成立于1954年的中国最大的国有制糖企业,员工超过3800人,甘蔗种植面积147km²。1998~1999年制糖期全国糖业亏损总额近22亿元,但贵糖集团一枝独秀。究其原因,贵糖集团走了一条循环经济的发展道路,形成了具有2条主链的生态工业雏形:甘蔗制糖,废糖蜜制乙醇,乙醇废液制复合肥;甘蔗制糖,蔗渣制浆造纸。物流中没有废物概念,只有资源概念,充分实现资源共享。贵港生态工业系统(见图6-5)由蔗田、制糖、乙醇、造纸、热电联产和环境综合处理等六个子系统组成。各系统内分别有产品产出,各系统之间通过中间产品和废弃物的相互交换而互相衔接,从而形成一个比较完整的工业和种植业相结合的生态系统。为了进一步完善生态工业系统,贵糖集团目前正在建设总投资为36亿元的六大系统12个项目,占总投资一半以上的项目已经投产或在建之中。

B 天津泰达生态工业园

天津泰达生态工业园区属于国家级工业园区(见图6-6),是国内第一家通过生态工业园建设规划的经济技术开发区,正在逐步形成一个产品代谢和废物代谢的闭合产业链条。该生态工业园区主要以电子信息业、生物制药业、汽车制造业和食品饮料业四个支柱产业为重点,通过产业链、产品链和废物链的构建与完善,资源和废物的减量化等措施,大力发展生态工业。各主导产业之间积极开展共生合作,实现了物流、能流、信息流乃至

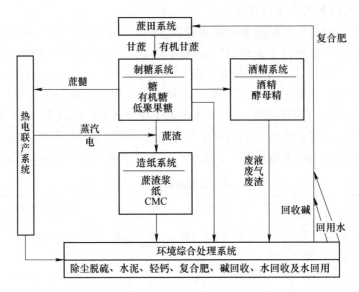

图 6-5 贵港国家生态工业（制糖）园区总体结构

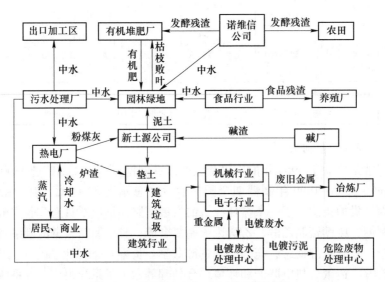

图 6-6 天津泰达生态工业园区总体框架

资金流的跨产业流动。

泰达生态工业园区以"循环经济"为基本理念，致力于在企业与企业之间建立共生关系，以一个企业的废料作为另一个企业的原料；在政府与社区之间建立合作机制，开展资源开发、清洁生产、生态设计、绿色消费、环保服务等活动，从而实现整个区域"废物零排放"的生态工业梦想。2003 年 3 月至 2004 年 2 月间，园区共引进 20 家丰田体系一级供应商，汽车产业链在园区的不断扩大有助于这一共生网络的完善与成熟。除了汽车产业链外，泰达生态工业园区还逐步构建和完善跨行业物质代谢链（跨行业废物交换与再生利用），如针对食品饮料业能源消耗量大且稳定的特点，积极开展企业内部和行业间的蒸汽梯级利用；积极开展各行业之间以及污水处理厂、新土源公司、园林绿化公司、市政公司的共生合作，构建废水代谢链条。与此同时，园区还将致力于雨水的收集和再生利用，致力于垃圾分拣和再生，使泰达生态工业园形成一体化固体废物管理方案：占总量1%的危险废物全部由具有合资资质的单位进行分类回收，实现资源化；占总量9%的有机废物进行堆肥处理；剩余生活垃圾经过分类回收，循环利用后进行垃圾焚烧发电，底灰进行填埋处置。总之，21世纪工业化、城市化的快速发展，以及人口的不断增长，必然要求我国选择建立循环经济。很显然，如果继续沿用传统"三高"发展模式来带动经济高速增长，则只能继续削弱我国社会经济发展的可持续性。换言之，如果在传统的"三高"发展模式下，我国现有的资源和能源供给几乎不可能继续满足未来经济的高速发展。正确的选择应该是利用高新技术和绿色技术改造传统经济，大力发展循环经济和新经济，使我国经济真正走上可持续发展的道路。

习　题

6-1　可持续发展观的主要观点是什么，它与传统的发展观有何区别？

6-2　清洁生成的主要途径是什么？

6-3　生态工业园区规划所遵循的原则是什么？

附录 环境与可持续发展相关法规

附录一 相关法律、法规、标准

附表 1 相关法律、法规、标准

序号	法律法规名称	发布部门	发布/执行日期
1	中华人民共和国环境保护法	七届人大常委会	2015 年 1 月 1 日实施
2	中华人民共和国环境保护税法	主席令第 61 号	2016 年 12 月 25 日通过，2018 年 1 月 1 日实施
3	中华人民共和国大气污染防治法	主席令第 31 号	1987 年 9 月 5 日发布，自 1988 年 6 月 1 日起实施，2018 年 10 月 26 日修正
4	中华人民共和国水污染防治法	六届人大常委会	2008 年 2 月 28 日，2008 年 6 月 1 日（最早通过、实施），2017 年 6 月 27 日通过，2018 年 1 月 1 日施行
5	中华人民共和国固体废物污染环境防治法	八届人大常委会	2004 年 12 月 29 日（发布）最新，2016 年 11 月 7 日（修正）（发布）最新，2020 年 9 月 1 日实施
6	中华人民共和国环境噪声污染防治法	国家主席［1996］77 号令	1996 年 10 月 29 日通过，1997 年 3 月 1 日实施，2018 年 12 月 29 日修订
7	中华人民共和国节约能源法	全国人大常委会	1998 年 1 月 1 日实施，2007 年 10 月 28 日（修订、实施），2008 年 4 月 1 日（修订、实施），2016 年 7 月 2 日通过，2018 年 10 月 26 日修订
8	中华人民共和国环境影响评价法	国家主席［2002］3 号令	2002 年 10 月 28 日，2003 年 9 月 1 日（最终通过、实施），2016 年 7 月 2 日修订，2016 年 9 月 1 日实施，2018 年 12 月 29 日修订
9	中华人民共和国清洁生产促进法	全国人大常委会	2012 年 2 月 29 日最新修订，2012 年 7 月 1 日施行
10	中华人民共和国消防法	全国人大常委会	2009 年 5 月 1 日实施，2019 年 4 月 23 日修订

续附表 1

序号	法律法规名称	发布部门	发布/执行日期
11	中华人民共和国安全生产法	主席令 88 号	2021 年 6 月 10 日发布，2021 年 9 月 1 日实施
12	中华人民共和国职业病防治法	九届全国人大常委会	2002 年 5 月 1 日实施，2018 年 12 月 29 日修订
13	中华人民共和国特种设备安全	主席令第 4 号	2013 年 6 月 29 日发布，2014 年 1 月 1 日起施行
14	生产安全事故报告和调查处理条例	国务院令第 493 号	2007 年 4 月 9 日，2007 年 6 月 1 日实施
15	危险化学品安全管理条例	国务院令第 344 号	2002 年 1 月 26 日实施，2013 年 12 月 7 日修订
16	安全生产许可证条例	国务院令第 397 号	2004 年 1 月 7 日发布，2014 年 7 月 29 日修订
17	易制毒化学品管理条例	国务院令第 445 号	2005 年 8 月 26 日实施，2018 年 9 月 18 日修订
18	特种设备安全监察条例	国务院令第 373 号	2003 年 3 月 11 日公布，自 2003 年 6 月 1 日起施行，2009 年 5 月 1 日修订
19	使用有毒物品作业场所劳动保护条例	国务院令第 352 号	2002 年 4 月 30 日国务院第 57 次常务会议通过，2002 年 5 月 12 日实施
20	建设项目环境保护管理条例	国务院令第 253 号	1998 年 11 月 29 日实施，2017 年 10 月 1 日修订
21	淮河流域水污染防治暂行条例	国务院[95]183 号令	1995 年 8 月 8 日实施，2011 年 1 月 8 日修订
22	国家安全监管总局关于废止和修改危险化学品等领域七部规章的决定	安监总局令第 79 号	2015 年 7 月 1 日实施
23	生产安全事故应急预案管理办法	安监总局令第 17 号	2009 年 5 月 1 日实施，2019 年 7 月 11 日修订
24	危险化学品目录（2015 版）	国家安监局公告 2015 年第 5 号	2015 年 5 月 1 日实施
25	有限空间安全作业五条规定	安监总局令第 69 号	2014 年 9 月 25 日公布并实施
26	严防企业粉尘爆炸五条规定	安监总局令第 68 号	2014 年 8 月 11 日公布并实施
27	化工（危险化学品）企业保障生产安全十条规定	安监局总令第 64 号	2013 年 7 月 15 日公布并实施
28	关于修改《生产经营单位安全培训规定》等 11 件规章的决定	安监局总令第 63 号	2013 年 8 月 19 日公布并实施
29	化学品物理危险性鉴定与分类管理办法	安监局总令第 60 号	2013 年 6 月 24 日通过，2013 年 9 月 1 日实施

序号	法律法规名称	发布部门	发布/执行日期
30	危险化学品安全使用许可证实施办法	安监局总令第 89 号	2017 年 1 月 10 日实施
31	危险化学品经营许可证管理办法	安监局总令第 55 号	2012 年 7 月 17 日发布，2012 年 9 月 1 日实施，2015 年 5 月 27 日修订
32	危险化学品登记管理办法	安监局总令第 53 号	2012 年 5 月 21 日通过，2012 年 8 月 1 日实施
33	用人单位职业健康监护监督管理办法	安监局总令第 49 号	2012 年 3 月 6 日发布，2012 年 6 月 1 日实施
34	职业病危害项目申报办法	安监局总令第 48 号	2012 年 3 月 6 日发布，2012 年 6 月 1 日实施
35	工作场所职业卫生监督管理规定	安监局总令第 47 号	2012 年 3 月 6 日发布，2012 年 6 月 1 日实施
36	危险化学品建设项目安全监督管理办法	安监局总令第 45 号	2012 年 4 月 1 日实施
37	危险化学品输送管道安全管理规定	安监局总令第 43 号	2012 年 3 月 1 日实施
38	危险化学品重大危险源监督管理暂行规定	安监局总令第 40 号	2011 年 12 月 1 日实施，2015 年 7 月 1 日修订
39	"十四五"规划	中国共产党第十九届中央委员会第五次全体会议	2020 年 10 月 29 日通过
40	危险废物转移联单管理办法	国家环境保护总局令第 5 号发布	1999 年 6 月 22 日通过，1999 年 10 月 1 日实施
41	最高人民法院、最高人民检察院关于办理环境污染刑事案件适用法律若干问题的解释	最高人民法院最高人民检察院	2013 年 6 月 19 日实施，2016 年 12 月 8 日，2017 年 1 月 1 日修订
42	建设项目环境保护设施竣工验收管理规定	国家环保总局 14 号	1994 年 12 月 31 日公布并实施
43	国家危险废物名录（2021 版）	国家发展和改革委员会 1 号	2020 年 11 月 5 日通过，2021 年 1 月 1 日实施
44	环境标准管理办法	国家环保总局	1999 年 4 月 1 日实施
45	水污染物排放许可证管理暂行办法	国家环保总局	1998 年 3 月 2 日，1998 年 3 月 20 日，1988 年 3 月 20 日发布并实施
46	排污许可证管理办法	环境保护部	2017 年 11 月 6 日由环境保护部部务会议审议通过，于 2018 年 1 月 10 日公布并实施
47	建设项目竣工环境保护验收管理办法	国家环保总局	2002 年 2 月 1 日实施，2010 年部令第 16 号修定

序号	法律法规名称	发布部门	发布/执行日期
48	江苏省安全生产条例	江苏省人大常委会	2009 年 6 月 1 日实施，2016 年 7 月 29 日通过，2016 年 10 月 1 日实施
49	江苏省劳动防护用品配备标准	苏安监〔2009〕16 号	2007 年 11 月 20 日实施
50	江苏省特种设备安全监察条例	江苏省人大常委会	2002 年 12 月 17 日实施，2015 年 7 月 1 日修订
51	特种作业人员安全技术培训考核管理办法	国家安监	2010 年 7 月 1 日实施，2015 年 7 月 1 日修定
52	江苏省特种作业人员安全技术培训考核管理细则	江苏省安监局	2001 年 11 月 8 日公布并实施
53	江苏省安全生产监督管理规定	省政府令第 181 号	2001 年 9 月 1 日实施
54	江苏省职业病防治条例	江苏省人民代表大会常务委员	1999 年 1 月 29 日通过，2002 年 6 月 22 日修正
55	江苏省消防条例	省人代会常委会公告第 6 号	2010 年 11 月 19 日修订，2011 年 5 月 1 日实施
56	关于印发《江苏省危险化学品建设项目安全监督管理实施细则》的通知	苏安监〔2012〕153 号	2018 年 2 月 26 日实施
57	关于深入开展全省危险化学品企业安全生产专项整治工作的通知	苏安监〔2012〕157 号	2012 年 9 月 28 日公布并实施
58	关于印发《江苏省危险化学品生产企业安全生产许可证实施细则》的通知	苏安监〔2013〕119 号	2017 年 5 月 11 日发布，2017 年 6 月 12 日实施
59	江苏省固体废物污染环境防治条例	省人大	2009 年 9 月 23 日通过，2017 年 6 月 3 日修订
60	江苏省环境噪声污染防治条例	省人大	2006 年 3 月 1 日实施
61	江苏省排放水污染物许可证管理办法	省政府令第 74 号	2011 年 10 月 1 日实施
62	江苏省大气颗粒物污染防治管理办法	省政府令第 91 号	2013 年 8 月 1 日实施
63	关于加强建设项目环评文件固体废物内容编制的通知	苏环办发〔2013〕283 号	2013 年 9 月 18 日实施
64	化学品生产单位特殊作业安全规范	GB 30871—2014	2015 年 6 月 1 日实施
65	化学品生产单位吊装作业安全规范	国家安监总局 AQ3021—2008	2009 年 1 月 1 日实施
66	化学品生产单位动火作业安全规范	国家安监总局 AQ3022—2008	2009 年 1 月 1 日实施

续附表 1

序号	法律法规名称	发布部门	发布/执行日期
67	化学品生产单位动土作业安全规范	国家安监总局 AQ3023—2008	2009 年 1 月 1 日实施
68	化学品生产单位断路作业安全规范	国家安监总局 AQ3024—2008	2009 年 1 月 1 日实施
69	化学品生产单位高处作业安全规范	国家安监总局 AQ3025—2008	2009 年 1 月 1 日实施
70	化学品生产单位设备检修作业安全规范	国家安监总局 AQ3026—2008	2009 年 1 月 1 日实施
71	化学品生产单位盲板抽堵作业安全规范	国家安监总局 AQ3027—2008	2009 年 1 月 1 日实施
72	化学品生产单位受限空间作业安全规范	国家安监总局 AQ3028—2008	2009 年 1 月 1 日实施
73	常用危险化学品贮存通则（GB 15603）	国家技术监督局	1995 年 7 月 26 日通过，1996 年 2 月 1 日实施
74	安全帽	GB 2811—2007	2007 年 11 月 26 日实施
75	化学品安全标签编写规定	GB 15258—2009	2010 年 5 月 1 日实施
76	气瓶安全监察规定	质量监督检验检疫总局	2003 年 4 月 3 日，2003 年 6 月 1 日，2015 年 8 月 25 日修订
77	危险化学品重大危险源辨识	市场监管总局 标准委	2019 年 3 月 1 日实施
78	危险化学品重大危险源监督管理暂行规定	国家安全生产监督管理总局 40 号令	2011 年 7 月 22 日审议，2011 年 12 月 1 日实施，2015 年 7 月 1 日修订
79	建设项目职业病危害风险分类管理办法	安监总安健〔2012〕73 号	2012 年 5 月 31 日实施
80	职业性接触毒物危害程度分级	GB 230—2010	2010 年 11 月 1 日实施
81	粉尘防爆安全规程	GB 15577—2018	2018 年 11 月 19 日发布，2019 年 6 月 1 日实施
82	工作场所有害因素职业接触限值 化学有害因素	GBZ 2.1—2007	2007 年 11 月 1 日实施
83	工业场所有害物质因素　物理因素	GBZ 2.2—2007	2007 年 11 月 1 日实施
84	消防安全标志设置要求	GB 15630—1995	1996 年 2 月 1 日实施
85	工作场所职业病危害作业分级 第 4 部分：噪声	GBZ/T 229.4—2012	2012 年 12 月 1 日实施
86	声环境质量标准	GB 3096—2008	2008 年 10 月 1 日实施
87	工业企业厂界环境噪声排放标准	GB 12348—2008	2008 年 10 月 1 日实施
88	污水综合排放标准	GB 8978—2002	1998 年 1 月 1 日实施
89	大气污染物综合排放标准	GB 16297—1996	1997 年 1 月 1 日实施

续附表 1

序号	法律法规名称	发布部门	发布/执行日期
90	环境保护图形标志（排放口、固废贮存场）	GB 15562.1—1995 GB 15562.2—1995	1996 年 7 月 1 日实施
91	城镇污水处理厂污染物排放标准	GB 18918—2002	2003 年 7 月 1 日实施
92	一般工业固体废物贮存、处置场污染控制标准	GB 18599—2020	2002 年 7 月 1 日实施，2020 年 11 月 26 日发布，2021 年 7 月 1 日实施
93	危险废物焚烧污染控制标准	GB 18484—2001	2002 年 1 月 1 日实施
94	生活垃圾焚烧污染控制标准	GB 18485—2001	2014 年 7 月 1 日实施
95	生活垃圾填埋场污染控制标准	GB 16889—2008	2008 年 7 月 1 日实施
96	危险废物鉴别标准	GB 5085.7—2007	2007 年 10 月 1 日实施，2019 年 11 月 7 日发布，2020 年 1 月 1 日实施
97	化学品分类和危险性公示 通则	GB 13690—2009	2009 年 6 月 21 日发布，2010 年 5 月 1 日实施
98	常用化学危险品贮存通则	GB 15603—1995	1996 年 2 月 1 日实施
99	包装与包装废弃物　第 1 部分：处理和利用通则	GB/T 16716.1—2008	2008 年 7 月 18 日发布，2009 年 1 月 1 日实施
100	环境管理体系要求及使用指南	GBT 14001—2016	2016 年 10 月 13 日发布，2017 年 5 月 1 日实施
101	制定地方大气污染物排放标准的技术方法	GB/T 3840—91	1992 年 6 月 1 日实施
102	建筑施工场界环境噪声排放标准	GB 12523—2011	2012 年 7 月 1 日实施
103	恶臭污染物排放标准	GB 14554—93	1994 年 1 月 15 日实施
104	环境空气质量标准	GB 3095—2012	1996 年 10 月 1 日实施，2018 年 7 月 31 日修订
105	地表水环境质量标准	GB 3838—2002	2002 年 6 月 1 日实施
106	危险废物贮存污染控制标准	GB 18597—2001	2001 年 12 月 28 日发布，2002 年 7 月 1 日实施
107	危险化学品应急救援管理人员培训及考核要求（AQ/T 3043—2013）	国家安全生产监督管理总局	2013 年 6 月 8 日发布，2013 年 10 月 1 日实施
108	生产安全事故应急条例	国务院令第 708 号	2019 年 3 月 1 日公布，2019 年 4 月 1 日实施
109	职业健康安全管理体系要求及使用指南	中国国家标准化管理委员会	2020 年 3 月 6 日发布并实施
110	挥发性有机物无组织排放控制标准（GB 37822—2019）	生态环境部公告，2019 年第 18 号	2019 年 5 月 24 日发布，2019 年 7 月 1 日实施
111	建设项目职业病防护设施"三同时"监督管理办法	国家安监总局	2017 年 3 月 9 日发布，2017 年 5 月 1 日实施

续附表 1

序号	法律法规名称	发布部门	发布/执行日期
112	固定污染源废气中非甲烷总烃排放连续监测技术指南（试行）	生态环境部办公厅	2020 年 3 月 2 日发布并实施
113	江苏省化学工业挥发性有机物排放标准	DB32/3151—2016	江苏省人民政府 2016 年 12 月 9 日批准，自 2017 年 2 月 1 日起实施
114	中华人民共和国国家环境保护标准	生态环境部发布	2020 年 3 月 24 日实施
115	中华人民共和国刑法修正案	中华人民共和国主席令第六十六号	2021 年 3 月 1 日实施
116	难降解有机废水深度处理（GB 39308—2020）	GB 39308—2020	2020 年 11 月 19 日发布，2021 年 10 月 1 日实施
117	排污许可证管理条例	中华人民共和国国务院令第 736 号	2020 年 12 月 9 日国务院第 117 次常务会议通过，现予公布，自 2021 年 3 月 1 日起施行

附录二 中国参加的部分环境保护多边条约

一、危险废物的控制

1. 控制危险废物越境转移及其处 B 巴塞尔公约（1989 年 3 月 22 日）

2. 《控制危险废物越境转移及其处 H 巴塞尔公约》修正案（1995 年 9 月 22 日）

二、危险化学品国际贸易的事先知情同意程序

1. 关于化学品国际贸易资料交换的伦敦准则（1987 年 6 月 17 日）

2. 关于在国际贸易中对某些危险化学品和农药采用事先知情同意程序的鹿特丹公约 26（1998 年 9 月 11 日）

三、化学品的安全使用和环境管理

1. 作业场所安全使用化学品公约（1990 年 6 月 25 日）

2. 化学制品在工作中的使用安全公约（1990 年 6 月 25 日）

3. 化学制品在工作中的使用安全建议书（1990 年 6 月 25 日）

四、臭氧层保护

1. 保护臭氧层维也纳公约（1985 年 3 月 22 日）

2. 经修正的《关于消耗臭氧层物质的蒙特利尔议定书》（1987 年 9 月 16 日）

五、气候变化

1. 联合国气候变化框架公约（1992 年 6 月 11 日）

2. 《联合国气候变化框架公约》京都议定书（1997 年 12 月 10 日）

六、生物多样性保护

1. 生物多样性公约（1992 年 6 月 5 日）

2. 国际植物新品种保护公约（1978 年 10 月 23 日）

3. 国际遗传工程和生物技术中心章程（1983 年 9 月 13 日）

七、湿地保护、荒漠化防治

1. 关于特别是作为水禽栖息地的国际重要湿地公约（1971 年 2 月 2 日）

2. 联合国防治荒漠化公约（1994 年 6 月 7 日）

八、物种国际贸易

1. 濒危野生动植物物种国际贸易公约（1973 年 3 月 3 日）

2. 《濒危野生动植物种国际贸易公约》第二十一条的修正案（1983 年 4 月 30 日）

3. 1983 年国际热带木材协定（1983 年 11 月 18 日）

4. 1994 年国际热带木材协定（1994 年 1 月 26 日）

九、海洋环境保护

［海洋综合类］

1. 联合国海洋法公约摘录（摘录第 12 部分《海洋环境的保护和保全）（1982 年 12 月 10 日）

［油污民事责任类］

2. 国际油污损害民事责任公约（1969 年 11 月 29 日）

3. 国际油污损害民事责任公约的议定书（1976 年 11 月 19 日）

［油污事故干预类］

4. 国际干预公海油污事故公约（1969 年 11 月 29 日）

5. 干预公海非油类物质污染议定书（1973 年 11 月 2 日）

［油污事故应急反应类］

6. 国际油污防备、反应和合作公约（1990 年 11 月 30 日）

［防止海洋倾废类］

7. 防止倾倒废物及其他物质污染海洋公约（1972 年 12 月 29 日）

8. 关于逐步停止工业废弃物的海上处置问题的决议（1993 年 11 月 12 日）

9. 关于海上焚烧问题的决议（1993 年 11 月 12 日）

10. 关于海上处置放射性废物的决议（1993 年 11 月 12 日）

11. 防止倾倒废物及其他物质污染海洋公约的 1996 年议定书（1996 年 11 月 7 日）

［防止船舶污染类］

12. 国际防止船舶造成污染公约（1973 年 11 月 2 日）

13. 关于 1973 年国际防止船舶造成污染公约的 1978 年议定书（1978 年 2 月 17 日）

十、海洋渔业资源保护

1. 国际捕鲸管制公约（1946 年 12 月 2 日）

2. 养护大西洋金枪鱼国际公约（1966 年 5 月 14 日）

3. 中白令海狭鳕养护与管理公约（1994 年 2 月 11 日）

4. 跨界鱼类种群和高度洄游鱼类种群的养护与管理协定（1995 年 12 月 4 日）

5. 亚洲-太平洋水产养殖中心网协议（1988 年 1 月 8 日）

十一、核污染防治

1. 及早通报核事故公约（1986 年 9 月 26 日）

2. 核事故或辐射紧急援助公约（1986 年 9 月 26 日）

3. 核安全公约（1994 年 6 月 17 日）

4. 核材料实物保护公约（1980 年 3 月 3 日）

十二、南极保护

1. 南极条约（1959 年 12 月 1 日）

2. 关于环境保护的南极条约议定书（1991 年 6 月 23 日）

十三、自然和文化遗产保护

1. 保护世界文化和自然遗产公约（1972 年 11 月 23 日）

2. 关于禁止和防止非法进出口文化财产和非法转让其所有权的方法的公约（1970 年 11 月 17 日）

十四、环境权的国际法规定

1. 经济、社会和文化权利国际公约（摘录）（1966 年 12 月 9 日）

2. 公民权利和政治权利国际公约（摘录）（1966 年 12 月 9 日）

十五、其他国际条约中关于环境保护的规定

1. 关于各国探索和利用包括月球和其他天体在内外层空间活动的原则条约（摘录）（1967 年 1 月 27 日）

2. 外空物体所造成损害之国际责任公约（摘录）（1972 年 3 月 29 日）

参 考 文 献

［1］ Allen D T, Shonnard D R. 绿色工程——环境友好的化工过程设计 ［M］. 李桦，译. 北京：化学工业出版社，2006.

［2］ Anastas P T, Warner J C. Green chemistry：theory and practice ［M］. London：Oxford University Press，1998.

［3］ Clark J H. Green chemistry：challenges and opportunities ［J］. Green Chemistry，1999，1：1-8.

［4］ Curzons A D, Constable D J C, Mortimer D N, et al. So you think your process is green, how do you know? —Using principles of sustainability to determine what is green—a corporate perspective ［J］. Green Chemistry，2001，3：1-6.

［5］ 蔡卫权，程蓓，张光旭，等. 绿色化学原则在发展 ［J］. 化学进展，2009，21（10）：2002-2008.

［6］ 陈洪章，王岚. 生物质生化转化技术 ［M］. 北京：冶金工业出版社，2012.

［7］ 陈炅，钟发春，赵小东，等. 聚苯胺复合材料应用研究进展 ［J］. 化学推进剂与高分子材料，2006，4（4）：25-28.

［8］ 陈运法，朱廷钰，程杰，等. 关于大气污染控制技术的几点思考 ［J］. 中国科学院院刊，2013，28（3）：364-370.

［9］ 迟锡增. 微量元素与人体健康 ［M］. 北京：化学工业出版社，1997.

［10］ 戴树贵. 环境化学 ［M］. 北京：高等教育出版社，1997.

［11］ 翟秀静，刘奎仁，韩庆. 新能源技术 ［M］. 北京：化学工业出版社，2010.

［12］ 冯裕华，傅仲述. 环境污染控制 ［M］. 北京：中国环境科学出版社，2004.

［13］ 贡长生. 绿色化学——我国化学工业可持续发展的必由之路 ［J］. 现代化工，2002，22（1）：8-14.

［14］ 贡长生. 绿色化学化工实用技术 ［M］. 北京：化学工业出版社，2002.

［15］ 郭春梅，赵朝成. 环境工程基础 ［M］. 北京：石油工业出版社，2007.

［16］ 何强，井文涌，王羽亭. 环境学导论 ［M］. 北京：清华大学出版社，1994.

［17］ Hong K L, Zhang H W, Mays J M, et al. Conventional free radical polymerization in room temperature ionic liquids：a green approach to commodity polymers with practical advantages ［J］. Chemistry Communication，2002，13：1368-1369.

［18］ 江寅. 绿色合成化学 ［J］. 大众科技，2008（2）：106-107.

［19］ 金征宇. 食品安全导论 ［M］. 北京：化学工业出版社，2005.

［20］ Kadam K L, Wooley R J, Aden A, et al. Softwood forest thinnings as a biomass source for ethanol production：A feasibility study for California ［J］. Biotechnology Progress，2008，16（6）：947-957.

［21］ 李德华. 绿色化学化工导论 ［M］. 北京：科学出版社，2005.

［22］ 李江涛. 电力行业大气污染物排放与规制 ［J］. 环境工程，2021，39（12）：293.

［23］ 李金. 有害物质及其检测 ［M］. 北京：中国石化出版社，2002.

［24］ 李群，代斌. 绿色化学原理与绿色产品设计 ［M］. 北京：化学工业出版社，2008.

［25］ 沈玉龙，魏利滨，曹文华，等. 绿色化学 ［M］. 北京：中国环境科学出版社，2004.

［26］ 刘建超，贺红武，冯新民. 化学农药的发展方向——绿色化学农药 ［J］. 农药，2005，44（1）：1-3.

［27］ 刘清术，刘前刚，陈海荣，等. 生物农药的研究动态、趋势及前景展望 ［J］. 农药研究与应用，2007，11（1）：17-25.

［28］ 龙新宪，杨肖娥，倪吾钟. 重金属污染土壤修复技术研究的现状与展望 ［J］. 应用生态学报，2002（6）：757-762.

[29] Li C J. Developing metal-mediated and catalyzed reactions in air and water [J]. Green Chemistry, 2002, 4 (1): 1-4.

[30] 闵恩泽, 傅军. 绿色化学的进展 [J]. 化学通报, 1999 (1): 10-15.

[31] 闵恩泽. 绿色化学技术 [M]. 南昌: 江西科学技术出版社, 2001.

[32] 闵恩泽, 等. 绿色化学与化工 [M]. 北京: 化学工业出版社, 2000.

[33] Matlack A S. 绿色化学导论 [M]. 汪志勇, 王官武, 王中夏, 等译. 北京: 中国石化出版社, 2006.

[34] Matlack A. Some recent trends and problems in green chemistry [J]. Green Chemistry, 2003, 5 (1): G7-G12.

[35] 钱易, 唐孝炎. 环境保护与可持续发展 [M]. 北京: 高等教育出版社, 2000.

[36] 单永奎. 绿色化学的评估准则 [M]. 北京: 中国石化出版社, 2006.

[37] 沈玉龙, 魏利滨, 曹文华, 等. 绿色化学 [M]. 北京: 中国环境科学出版社, 2004.

[38] 孙婷. 我国国家级生态工业示范园建设研究 [J]. 长春理工大学学报 (高教版), 2009 (8): 37-41.

[39] 孙志浩. 生物催化工艺学 [M]. 北京: 化学工业出版社, 2005.

[40] Sanchez O J, Cardona C A. Trends in biotechnological production of fuel ethanol from different feedstocks [J]. Bioresource Technology, 2008, 99 (13): 5270-5295.

[41] Sekiguchi K, Atobe M, Fuchigami T. Electro polymerization of pyrrole in 1-ethylimidazolium trifluoromethanesulfonate room temperature ionic liquid [J]. Electrochemistry Communications, 2004, 4: 881-885.

[42] Sheldon R A. Organic synthesis—part, present and future [J]. Chemistry Industry, 1992(7): 903-906.

[43] Swindall W J. Environmental policy and clean technology in Europe [J]. Clean Technologies and Environmental Policy, 2002, 4: 1-2.

[44] 田金平, 刘巍, 李星, 等. 中国生态工业园区发展模式研究 [J]. 中国人口资源与环境, 2012, 22 (7): 60-66.

[45] Trost B M. The atom economy—a search for synthetic efficiency [J]. Science, 1991, 254: 1471-1477.

[46] 王爱军, 袁从英. 绿色生物农药研究现状及发展 [J]. 河北化工, 2006, 1: 54-59.

[47] 魏荣宝, 梁娅, 孙有光. 绿色化学与环境 [M]. 北京: 国防工业出版社, 2007.

[48] 魏荣宝, 阮伟祥. 高等有机化学 [M]. 北京: 国防工业出版社, 2006.

[49] Winterton N. Twelve more green chemistry principles [J]. Green Chemistry, 2001, 3 (6): G73-G75.

[50] 谢晔. 哈龙替代品的介绍与分析 [J]. 江西化工, 2009 (3): 147-148.

[51] 胥金辉, 张天胜. 氟利昂替代品研究现状 [J]. 化工新型材料, 2010, 32 (8): 1-4.

[52] 叶文虎. 可持续发展引论 [M]. 北京: 高等教育出版社, 2001.

[53] 詹茂盛. 绿色高分子材料的研究现状和发展 [J]. 塑料助剂, 2003 (1): 12-17.

[54] 张建安, 刘德华. 生物质能源利用技术 [M]. 武汉: 北京: 化学工业出版社, 2009.

[55] 张龙, 贡长生, 代斌. 绿色化学 [M]. 武汉: 华中科技大学出版社, 2014.

[56] 张玉芬, 乔聪震, 张金昌, 等. 离子液体——环境友好的溶剂和催化剂 [J]. 化学反应工程与工艺, 2003, 19 (2): 164-170.

[57] 张治学. 循环经济与生态工业园区建设 [J]. 中国科技论坛, 2005 (5): 21-25.

[58] 郑丹星. 环境保护与绿色技术 [M]. 北京: 化学工业出版社, 2002.

[59] 周淑晶. 绿色化学 [M]. 北京: 化学工业出版社, 2014.

[60] 周云. 铅元素对人体的危害与防治 [J]. 化学教育, 2005, 26 (11): 4-5.

[61] 朱蓓, 王焰新, 肖军. 生态工业园的发展与规划 [J]. 中国地质大学学报 (社会科学版), 2005,

5 (3)：47-51.

［62］朱慎林，赵毅江.清洁生产导论［M］.北京：化学工业出版社，2001.

［63］朱宪.绿色化学工艺［M］.北京：化学工业出版社，2001.

［64］曾庆祝，曾庆孝.食品质量与安全性控制技术［J］.食品科学，2003，24 (8)：155-159.

冶金工业出版社部分图书推荐

书　名	作者	定价(元)
安全生产与环境保护（第2版）	张丽颖	39.00
安全学原理（第2版）	金龙哲	35.00
大气污染治理技术与设备	江　晶	40.00
大宗工业固体废物综合利用——矿浆脱硫	宁　平	50.00
典型废旧稀土材料循环利用技术	张深根	98.00
典型砷污染地块修复治理技术及应用	吴文卫	59.00
典型新兴有机污染物PPCPs的自由基降解机制	苏荣葵	82.00
典型有毒有害气体净化技术	王　驰	78.00
防火防爆	张培红	39.00
废旧锂离子电池再生利用新技术	董　鹏	89.00
粉末冶金工艺及材料（第2版）	陈文革	55.00
高温熔融金属遇水爆炸	王昌建	96.00
贵金属循环利用技术	张深根	136.00
基于"4+1"安全管理组合的双重预防体系	朱生贵	46.00
金属功能材料	王新林	189.00
离子吸附型稀土矿区地表环境多源遥感监测方法	李恒凯	69.00
离子型稀土矿区土壤氮化物污染机理	刘祖文	68.00
锂电池及其安全	王兵舰	88.00
锂离子电池高电压三元正极材料的合成与改性	王　丁	72.00
露天矿山和大型土石方工程安全手册	赵兴越	67.00
钛粉末近净成形技术	路　新	96.00
羰基法精炼铁及安全环保	滕荣厚	56.00
铜尾矿再利用技术	张冬冬	66.00
吸附分离技术去除水中重金属	贾冬梅	40.00
选矿厂环境保护及安全工程	章晓林	50.00
冶金动力学	翟玉春	36.00
冶金工艺工程设计（第3版）	袁熙志	55.00
增材制造与航空应用	张嘉振	89.00
重金属污染土壤修复电化学技术	张英杰	81.00